Lebensmittelführer 1

G. Vollmer, G. Josst, D. Schenker,
W. Sturm, N. Vreden

Das Buch

Aus der Fülle des Lebensmittelangebots das Richtige auszuwählen, ist nicht leicht. Die Platzierung in den Regalen der Supermärkte, die Verpackung oder das äußere Erscheinungsbild verleiten den Verbraucher oft zu einem unüberlegten Einkauf. Auch die Kennzeichnung von Lebensmitteln gibt häufig mehr Probleme auf, als daß sie Klarheit schafft. Am verlässlichsten ist eine Beurteilung von Lebensmitteln anhand ihrer Inhaltsstoffe. Kennt sie der Verbraucher und weiß er, welche davon (nicht) kennzeichnungspflichtig sind, kann er sich leichter orientieren und besser nach seinen Bedürfnissen auswählen. In diesem Band werden deshalb Obst, Gemüse und Hülsenfrüchte, Kartoffeln und Pilze, Getreide, Backwaren und Knabbererzeugnisse, Zucker, Schokolade, Zuckerwaren, Speiseeis, Honig, Konfitüre, andere Süße Brotaufstriche und neuartige Lebensmittel nach ihren Inhaltsstoffen bewertet. Dabei sind die Inhalts- und Nährstoffe (Eiweiß, Kohlenhydrate, Fette, Vitamine, Mineralstoffe, Ballaststoffe) der jeweiligen Lebensmittel, die (nicht) zugelassenen Zusatzstoffe und die möglicherweise enthaltenen Schadstoffe (natürliche Schadstoffe oder umweltbedingte wie Schwermetalle und synthetische wie Pflanzenbehandlungsmittel) angegeben und ihre Bedeutung am Anfang des Buches in einem einführenden Kapitel erläutert. Des weiteren gibt der Band Auskunft über Anbaumethoden beziehungsweise Herstellungsverfahren sowie über das Warensortiment des Handels (eingeteilt nach Warengruppen oder Handelsklassen bzw. alphabetisch geordnet). Informationen und praktische Hinweise für den Haushalt runden die einzelnen Kapitel ab.

Die Autoren

Dr. Günter Vollmer ist Professor für Chemie und ihre Didaktik an der Universität Düsseldorf. Verfasser zahlreicher Werke für die Aus- und Fortbildung sowie populärwissenschaftlicher Bücher.

Dr. Gunter Josst studierte Chemie und Lebensmittelchemie in Bonn; Promotion 1970 im Fach Biochemie; stellvertretender Leiter des Chemischen und Lebensmitteluntersuchungsamtes Düsseldorf; zahlreiche Veröffentlichungen.

Dr.-Ing. Dieter Schenker studierte in Berlin Lebensmitteltechnologie und Lebensmittelchemie; seit 1993 Leiter des Chemischen und Lebensmitteluntersuchungsamtes Duisburg.

Dr. Wolfgang Sturm studierte Lebensmittelchemie; langjährig in der Lebensmittelindustrie und an verschiedenen Untersuchungsämtern, zuletzt in Duisburg, tätig; zahlreiche wissenschaftliche Veröffentlichungen.

Norbert Vreden studierte Chemie mit Spezialisierung auf Lebensmittelchemie; seit 1993 stellvertretender Leiter des Chemischen und Lebensmitteluntersuchungsamtes Duisburg; zahlreiche Veröffentlichungen in Fach- und Verbraucherzeitschriften.

Lebensmittelführer 1

Obst, Gemüse, Getreide, Brot, Gebäck, Knabberartikel, Honig, Süßwaren

Inhalte, Zusätze, Rückstände

Günter Vollmer
Gunter Josst
Dieter Schenker
Wolfgang Sturm
Norbert Vreden

2., neubearbeitete Auflage

52 Tabellen

WILEY-VCH

WILEY-VCH Verlag GmbH & Co. KGaA

Professor Dr. Günter Vollmer
Universität Düsseldorf
Lehrstuhl für Chemie und
ihre Didaktik
Universitätsstraße 1
D-40225 Düsseldorf

Dr. Gunter Josst
Chemisches und
Lebensmitteluntersuchungsamt
Lambertusstraße 1
D-40213 Düsseldorf

Dr. Dieter Schenker
Chemisches und
Lebensmitteluntersuchungsamt
Wörthstraße 120
D-47053 Duisburg

Dr. Wolfgang Sturm
Johanniterstraße 35
D-47053 Duisburg

Norbert Vreden
Chemisches und
Lebensmitteluntersuchungsamt
Wörthstraße 120
D-47053 Duisburg

1. Nachdruck 2007

Die deutsche Bibliothek – CIP-Einheitsaufnahme

Ein Titeldatensatz für diese Publikation ist bei der deutschen Bibliothek erhältlich

ISBN 978-3-527-30878-1

Gedruckt auf säurefreiem Papier

Satz: Mitterweger Satz GmbH, Heidelberg
Druck: buch bücher dd ag, Birkach

Inhaltsverzeichnis

1 Kleiner Leitfaden der Lebensmittelchemie (Ernährung, Zusätze, Risiken, Kennzeichnung)

2 Obst, Gemüse, Hülsenfrüchte

3 Getreide, Backwaren und Knabbererzeugnisse

5 Neuartige Lebensmittel

Kapitel 1

Kleiner Leitfaden der Lebensmittelchemie

(Ernährung, Zusätze, Risiken, Kennzeichnung)

1.1 Ernährung

Durch die Ernährung und durch die Wahl der Lebensmittel kann der Mensch seine Gesundheit, Leistungsfähigkeit und Lebenserwartung am stärksten beeinflussen.

Die Lebensmittel enthalten die lebensnotwendigen Nährstoffe Eiweiß, Fett, Kohlenhydrate, als Wirkstoffe Vitamine, Mineralstoffe und Spurenelemente, gleichzeitig auch das wichtige Wasser und in pflanzlichen Lebensmitteln die verdauungsfördernden Ballaststoffe:

- Eiweiß (Protein) muß täglich zur Erneuerung sowie zum Aufbau und Wachstum von Körperzellen zugeführt werden; es ist für die Aufrechterhaltung zahlreicher Stoffwechselvorgänge verantwortlich.
- Kohlenhydrate sind die bevorzugten Energielieferanten.
- Fette und Öle sind ergänzende Energielieferanten, Öle liefern dazu die sog. »essentiellen« (lebensnotwendigen) Fettsäuren.
- Mineralstoffe zählen zu den wichtigsten Aufbaustoffen des Organismus, sie regulieren u.a. die Druckverhältnisse im Blut sowie in den Körperzellen.
- Vitamine und Spurenelemente sind »Biokatalysatoren«, die den normalen Ablauf von Stoffwechselfunktionen steuern und die optimale Ausnutzung der Nährstoffe fördern.
- Ballaststoffe bewirken auch eine längere Sättigung und verzögern den Abbau der Kohlenhydrate.

Für alle Nähr- und Wirkstoffe werden durchschnittliche Tageszufuhren empfohlen (Deutsche Ges. f. Ernährung 1991). Der Mensch verzehrt jedoch diese Stoffe nicht einzeln, sondern als Lebensmittel, in denen sie in unterschiedlicher Mischung enthalten sind. Wer sich gesund ernähren und leistungsfähig bleiben will, sollte sich mit allen genannten Stoffen bedarfsgerecht versorgen. Dazu muß er wissen, welche Lebensmittel die lebenswichtigen Nähr- und Wirkstoffe in welchen Mengen enthalten.

Andererseits ist vor möglichen Risiken durch bakteriologisch veränderte Lebensmittel zu warnen sowie auf darin möglicherweise vorkommende Schadstoffe – teils auch natürlicher Herkunft – hinzuweisen.

Erfahrungsgemäß besteht das dringende Bedürfnis nach sachlicher Information über die Bedeutung der vielen Lebensmittelzusatzstoffe.

Es kann jedoch nicht genug betont werden, wie wichtig es ist, auch nicht mehr zu essen, als der Körper benötigt. Viele schaden ihrer Gesundheit, weil sie zu viel, zu fett, zu süß oder auch zu salzig essen.

Die mit unserer heutigen Ernährung verbundenen Risiken sind wissenschaftlich weithin untersucht, und ihre Ursachen werden wie folgt gewichtet:

1. Überernährung sowie Alkoholmißbrauch,
2. akute Vergiftung durch krankheitserregende Mikroorganismen (z.B. Salmonellen),
3. langzeitige Vergiftung durch natürliche Giftstoffe (z.B. Aflatoxine),
4. Belastungen durch Umweltchemikalien (z.B. Schwermetalle, chlorierte Kohlenwasserstoffe),
5. Zusatzstoffe.

Der erste und größte Risikofaktor unserer Wohlstandsgesellschaft, die – oft einseitige – Überernährung mit zuviel fettreichen Lebensmitteln, läßt sich durch eine abwechslungsreiche, den individuellen Bedingungen angepaßte Ernährungsweise mit mehr vitamin- und mineralstoffhaltigen pflanzlichen Lebensmitteln vermeiden. Das einfachste Mittel zur Regelung der Nahrungszufuhr ist dabei die regelmäßige Kontrolle des Körpergewichts.

Auch die Gefahr von Vergiftungen durch Krankheitserreger läßt sich durch hygienische Vorsichtsmaßnahmen wirksam zurückdrängen.

In jedem Fall sind Kenntnisse über Warenkunde und Inhaltsstoffe unabdingbare Voraussetzung, um die Beschaffenheit von Lebensmitteln bewerten zu können.

1.1.1 Energie- und Nährstoffbedarf in der Übersicht

Grundlage für die in diesem Buch verwendeten Vergleichsdaten für eine bedarfsgerechte Ernährung bilden die »Empfehlungen für die Nährstoffzufuhr«, die von der Deutschen Gesellschaft für Ernährung (DGE) herausgegeben werden. Diese beruhen, soweit möglich, auf der Basis wissenschaftlicher Beobachtungen. Bei unklarem Wissensstand erfolgen Sicherheitszuschläge. Je nach Absicherung der Erkenntnisse haben diese

Ernährungsdaten dann den Rang von Empfehlungen, Richtwerten oder Schätzwerten. Bei Beachtung dieser »Empfehlungen« kommt man einer vollwertigen Ernährung nahe. Sie müssen jedoch nicht etwa an jedem einzelnen Tag und noch weniger anteilig von einer einzelnen Mahlzeit erfüllt werden. Doch sollte die Zufuhr möglichst gleichmäßig (und nicht in seltenen, dafür hohen Mengen) erfolgen.

Den folgenden Werten liegt der durchschnittliche Tagesbedarf eines (männlichen) Erwachsenen zugrunde. Sie sind auch als Orientierungshilfe für andere Personen geeignet. Nähere Angaben über den Vitamin- und Mineralstoffbedarf finden sich an späterer Stelle in diesem Kapitel.

Tabelle **1** Durchschnittlicher Tagesbedarf an Energie und Nährstoffen (Deutsche Gesellschaft für Ernährung 1991)

Energie, gesamt	10 000 (2 400)	kJ (kcal)
davon aus Fett	25–30	%
aus Eiweiß	10	%
aus Kohlenhydraten	60–65	%
Fett	70	g
Eiweiß	55	g
Kohlenhydrate	390	g
Essentielle Fettsäuren	10	g
	3,5	% der Energie
Ballaststoffe	30	g
Wasser, gesamt	2400	ml
davon über Getränke	1300	ml
über feste Nahrung	800	ml
über Oxidationswasser aus der Nährstoffverbrennung im Körper	300	ml
Physiologische Brennwerte pro Gramm (gesetzlich festgelegt [Lebensmittelrecht: Nährwert-Kennzeichnungs-VO]) für		
Fett	37 (9)	kJ (kcal)
Eiweiß	17 (4)	kJ (kcal)
Kohlenhydrate	17 (4)	kJ (kcal)
Ethylalkohol	29 (7)	kJ (kcal)
Organische Säuren	13 (3)	kJ (kcal)
Mehrwertige Alkohole (Zuckeraustauschstoffe)	10 (2,4)	kJ (kcal)

1.1.2 Nährstoffe

Eiweiß (Protein)

Im Gegensatz zu den Kohlenhydraten und Fetten, die weitgehend unspezifische Energieträger sind und bei Bedarf ineinander umgewandelt werden können, liefern die Proteine hauptsächlich Bau- und Ersatzstoffe für Blut und Zellen des menschlichen Organismus. Die Bedeutung der Eiweißstoffe hängt ab von ihrem Gehalt an lebensnotwendigen (essentiellen) Grundbausteinen (Aminosäuren) und ihrer biologischen Wertigkeit.

Aufbau des Eiweißes

Grundbausteine des Eiweißes sind Aminosäuren. Diese Aminosäuren lassen sich über sogenannte Peptidbindungen (R – CO · NH – R) miteinander verbinden. In den Eiweißen sind hundert bis tausend Aminosäuren miteinander verknüpft; Eiweiß kann daher als Polymerverbindung von Aminosäuren angesehen werden. Eiweiße, die weitere Komponenten enthalten (z.B. Phosphorsäure, Kohlenhydrate, Metalle) werden als Proteide bezeichnet. Neben der chemischen Zusammensetzung und der Reihenfolge (Sequenz) der Einzelbausteine ist besonders die räumliche Anordnung der riesigen Ketten (Kettenkonformation) von großer Bedeutung. (Zur vertiefenden Information sei auf Spezialliteratur verwiesen.)

Eine Eigentümlichkeit des Eiweißes ist seine Denaturierung (z.B. beim Eierkochen), bei der weniger ein Verlust chemischer Bestandteile, als vielmehr eine Strukturänderung der makromolekularen Ketten von einem hochgeordneten in einen ungeordneten Zustand eintritt. Besondere Eigenschaften von Eiweißen sind zum einen die Wasserbindungsfähigkeit durch ihre kolloidale Beschaffenheit, zum anderen ihre Unlöslichkeit in Wasser und Salzlösungen, wenn sie als Stützsubstanzen (Keratin) dienen.

Eiweißverdauung

Die Aufspaltung des Nahrungseiweißes im Organismus erfolgt durch Enzyme. Im Magen wirkt Pepsin ein, im Dünndarm bauen dann Proteinasen und Peptidasen das Eiweiß bis zu den Grundbausteinen, den Aminosäuren, ab. Je nach Ernährungssituation dienen mehr als 50% der aufgenommenen Aminosäuren als Grundbausteine zum Aufbau von Körpereiweiß.

Eiweißbedarf

Wie schon erwähnt, sind Aminosäuren die Grundbausteine der Eiweiße. Der menschliche Körper vermag einige, aber nicht alle Aminosäuren selbst aufzubauen, andererseits gehen beim Eiweißabbau mit den täglichen Ausscheidungen beträchtliche Mengen als Harnstoff verloren. Ein ständiger Nachschub an ,Nahrungseiweiß ist daher lebenswichtig. Der Eiweißbedarf beträgt für Säuglinge etwa 2 g pro kg Körpergewicht, für

Tabelle **2** Biologische Wertigkeit von Eiweiß verschiedener Lebensmittel

Einzeleiweiß	Biologische Wertigkeit	Eiweißgemisch	Biologische Wertigkeit
Vollei	100	Vollei (35%) und Kartoffeln (65%)	138
Kartoffel	86	Vollei (60%) und Soja (40%)	123
Milch	84	Vollei (71%) und Milch (29%)	122
Soja	84	Vollei (68%) und Weizen (32%)	118
Rindfleisch	83	Vollei (60%) und Reis (40%)	106
Reis	83	Milch (75%) und Weizen (25%)	106
Weizen	58	Rindfleisch (77%) und Kartoffeln (23%)	90

Erwachsene etwa 0,7 bis 0,9 g pro kg Körpergewicht (Jekat 1984). Die heutige vor allem durch Fleisch und Eier übermäßige Aufnahme (110 g pro Tag) sollte ebenso vermieden werden wie eine Unterversorgung. Empfehlenswert ist eine ausgewogene Eiweißzufuhr, die je zur Hälfte aus tierischem (Milch, Eier, Fleisch, Fisch usw.) und pflanzlichem (Getreide, Hülsenfrüchte usw.) Eiweiß besteht.

Eiweißwertigkeit

Die biologische Wertigkeit von Eiweiß stellt ein Maß für seine Eignung zur Deckung des Eiweißbedarfs dar; sie hängt ab von Art und Menge der enthaltenen Aminosäuren, insbesondere der nicht vom Körper synthetisierbaren, essentiellen Aminosäuren. Als essentielle Aminosäuren gelten Valin, Leucin, Isoleucin, Lysin, Phenylalanin, Tryptophan, Methionin, Threonin und Cystein (als Schwefelquelle). Per Definition wird Vollei-Eiweiß als Bezugsgröße gleich 100 gesetzt. Von Bedeutung ist, daß durch die gegenseitige Ergänzung von pflanzlichem und tierischem Eiweiß Wertigkeiten von über 100 erreicht werden können (Tab. **2**).

Eiweißquellen

Eiweiß von hoher biologischer Wertigkeit ist in Milch, Fisch, Fleisch und deren Produkten ebenso enthalten wie in Getreide, Kartoffeln, Hülsenfrüchten und Erzeugnissen daraus. Pflanzliche Eiweißquellen haben darüber hinaus den Vorteil, daß wenig Cholesterin, Fett und Purine enthalten sind.

Wissenswertes für die Praxis

Da der Körper Eiweiß nur in geringer Menge speichern kann, muß er täglich mit 45 bis 55 g Eiweiß (Erwachsene) versorgt werden; die Hälfte davon sollte aus Milch, Käse, Eiern, Fleisch und Fisch stammen.

Eine einseitige und eine zu hohe Zufuhr von Fleischeiweiß sollte wegen der Purin- und Cholesterinproblematik vermieden werden.

Rohes Hühnerei-Eiweiß sollte nicht in größeren Mengen verzehrt werden, da seine Inhaltsstoffe das Verdauungsenzym Trypsin stören und das Vitamin Biotin inaktivieren.

Denaturiertes (gegartes) Eiweiß ist meist leichter verdaulich, da es enzymatisch leichter abbaubar ist.

Fett

Fette sind in jeder menschlichen, tierischen und pflanzlichen Zelle enthalten und werden in der Zelle durch Umformung von Kohlenhydraten gebildet. Für den Organismus sind die Fette eine wichtige Energiequelle; ihre Verbrennungswärme beträgt etwa 39 kJ (9,3 kcal) für 1 g. Ferner sind sie ernährungsphysiologisch wichtig als Träger der fettlöslichen Vitamine A, D, E und K. Bei Mensch, Tier und Pflanze sind sie wichtige Reservestoffe. Allgemein werden feste Fette als Fett, flüssige als Öl bezeichnet; in ihrem chemischen Aufbau unterscheiden sie sich nicht.

Aufbau der Fette

Chemisch gesehen sind Fette Ester (organische Verbindungen) des Glycerins mit 3 Molekülen Fettsäure. Das Grundgerüst der Fettsäuren besteht aus einer Kette von meist 4 bis 24 Kohlenstoffatomen, die entweder durch einfache Verbindungen miteinander verknüpft sind (gesättigte Fettsäuren) oder eine Doppelbindung (einfach ungesättigte Fettsäure) oder auch mehrere Doppelbindungen (mehrfach ungesättigte Fettsäuren) enthalten können.

Fettverdauung

Die mit der Nahrung aufgenommenen Fette werden teils im Magen, überwiegend aber im Darm bis zu den Fettsäuren abgebaut, die dann über die Dünndarmwand direkt in den Blutkreislauf überführt werden (kurzkettige Fettsäuren C_6-C_{10}) oder in den Lymphstrom gelangen (95% der langkettigen Fettsäuren). Im Körper werden die Fettbausteine und Fett im Fettgewebe gespeichert oder in der Musculatur zur Energiegewinnung abgebaut (Tab. **3**).

Fettbedarf

Lebensnotwendig ist lediglich die Zufuhr von essentiellen Fettsäuren der Linolsäurereihe, da diese nicht vom Körper selbst synthetisiert werden

Tabelle **3** Einige wichtige Fettsäuren

Kohlenstoffzahl	gesättigte Fettsäuren	einfach ungesättigte- Fettsäuren	mehrfach ungesättigte Fettsäuren
C_4	Buttersäure	–	–
C_6	Capronsäure	–	Sorbinsäure**
C_{10}	Caprinsäure	Caproleinsäure	–
C_{12}	Laurinsäure	Lauroleinsäure	–
C_{14}	Myristinsäure	Myristoleinsäure	–
C_{16}	Palmitinsäure	Palmitoleinsäure	–
C_{18}	Stearinsäure	Ölsäure	Linolsäure (2 DB*) Linolensäure (3 DB)
C_{20}	Arachinsäure	Gadoleinsäure	Arachidonsäure (4 DB)
C_{22}	Behensäure	Erucasäure	Clupanodonsäure (5 DB)

* DB = Doppelbindung

** nicht lebenswichtig, findet als Konservierungsstoff Verwendung

können. Ihr Bedarf (etwa 8 bis 10 g pro Tag) wird bei gemischter Kost im allgemeinen gedeckt, da Linolsäure weit verbreitet vorkommt. Auch vermag sie der Körper im Depotfett zu speichem. Wirksame Form im Stoffwechsel für den Aufbau von Hormonen ist die Arachidonsäure, die im Körper aus Linolsäure aufgebaut werden kann.

Die Fettzufuhr sollte in Grenzen gehalten werden und nicht mehr als 20 bis 30% der Kalorienzufuhr ausmachen; dies entspricht etwa 80 g Fett pro Tag. Der heutige Pro-Kopf-Verbrauch liegt mit 130 g deutlich zu hoch und ist mitverantwortlich für Übergewicht und erhöhte Blutfettwerte.

Fettquellen

Besonders fettreiche Nahrungsmittel sind neben Butter, Margarine und Schmalz beispielsweise Wurst, Nüsse, Chips, Sahne, Mayonnaise, Schokolade, fettes Fleisch; fettarm sind z.B. Seelachsfilet, Buttermilch, Reis, Grieß, Linsen, Obst, Gemüse, Kartoffeln, Brot.

Wissenswertes für die Praxis

Der Verzehr von Fett sollte möglichst niedrig gehalten werden. Auf versteckte Fette achten: Daher fettarme Lebensmittel bevorzugen.

Soweit es möglich ist, sollten tierische Fette durch pflanzliche Fette mit hohem Linolsäureanteil ersetzt werden (Sojaöl, Sonnenblumenöl, Mais- und Weizenkeimöl).

Öle und Fette immer kühl und dunkel lagern, da sie sonst leicht verderben.

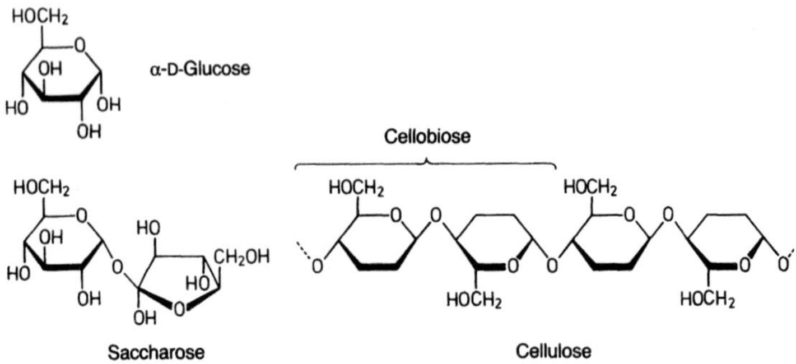

Abb. **1** Beispiele für die chemische Struktur eines Monosaccharids (Glucose), Disaccharids (Saccharose) und eines Polysaccharids (Cellulose).

Speisefette nicht überhitzen, da sonst gesundheitsschädliche Abbauprodukte entstehen.

Zum Fritieren Fette mit hohem Anteil gesättigter Fettsäuren nehmen.

Kohlenhydrate (Saccharide)

Kohlenhydrate sind organische Verbindungen, die als Gerüstsubstanzen von Zellwänden (Cellulose), als Reservestoffe (Stärke und Glykogen) und als Energie- und Geschmacksträger (Zuckerarten) eine Rolle spielen. Die Kohlenhydrate sind unerläßliche Nährstoffe für Mensch und Tier.

Die chemisch am einfachsten aufgebauten Kohlenhydrate sind die Monosaccharide (einfache Zucker), z.B. Glucose ($C_6H_{12}O_6$). Sie sind die Grundbausteine aller anderen Kohlenhydrate, die sich zu komplizierten Molekülen aufbauen, den Oligosacchariden, zu denen die Disaccharide und Trisaccharide gehören (2 bzw. 3 Monosaccharide), und den Polysacchariden, in denen bis zu zigtausend Monosaccharidmoleküle verbunden sind (Abb. **1**).

Die wichtigsten Kohlenhydrate

Monosaccharide

D(+)-Glucose (Traubenzucker, Dextrose) ist das häufigste Monosaccharid. Sie kommt frei im tierischen Organismus im Blut vor und in fast allen süßen Früchten und im Honig. Glucose ist ein wichtiger Energielieferant der lebenden Zelle; sie kann vom Körper direkt verwertet werden. D(+)-Galaktose findet sich besonders im Milchzucker und wird von der Milchdrüse aus Glucose gebildet; daneben ist sie Baustein von Sacchariden der Muttermilch, pflanzlichen Gummiarten, Schleimen und

Pektinen. Die Galaktosämie (Galaktoseintoleranz) ist eine erbliche Stoffwechselstörung, bei der aufgrund eines Enzymdefekts die bei der Spaltung des Milchzuckers entstehende Galaktose nicht in Glucose umgewandelt werden kann. D(-)-Fructose (Fruchtzucker, Lävulose) ist in Honig enthalten und weit verbreitet in Früchten. Sie wird im Körper ohne Beteiligung von Insulin verwertet und ist deshalb für Zuckerkranke gut verträglich.

Disaccharide

Saccharose (Rohr-, Rübenzucker) ist das wichtigste Disaccharid. Sie kommt in vielen Pflanzensäften vor und wird aus Zuckerrohr oder Zuckerrüben als Haushaltszucker gewonnen. Sie wird landläufig als »Zucker« bezeichnet. Im Darm wird Saccharose schnell durch Enzyme in Fructose und Glucose gespalten, die dann rasch resorbiert werden können. Lactose (Milchzucker) ist Bestandteil der Milch (Frauenmilch etwa 5 bis 7, Kuhmilch etwa 5%). Angeborener oder erworbener Mangel an Lactase (ein Enzym, das Lactose in Glucose und Galaktose spaltet) führt zu Milchunverträglichkeit, die sich in Durchfall, Leibkrämpfen und Blähungen bemerkbar macht.

Polysaccharide

Stärke kommt reichlich in den Reserveorganen (Samen, Knollen) der Pflanzen vor (vor allem Getreide, Hülsenfrüchte, Kartoffeln). Sie liefert den Hauptteil unseres Kohlenhydratbedarfs. Stärke findet in der Nahrungmittelindustrie breite Anwendung u.a. als Konsistenzbildner. Glykogen ist das Reservekohlenhydrat des tierischen und menschlichen Organismus, das in der Leber und der Muskulatur gespeichert wird. Die Steuerung des Glykogen-Aufbaus in der Leber wird durch Insulin, die des Abbaus durch Adrenalin und Glucagon (Hormone) geregelt. Cellulose ist Hauptbestandteil der pflanzlichen Zellmembranen und Gerüstelement (Holz). Cellulose gehört als Ballaststoff zu den unverdaulichen, enzymatisch nicht abbaubaren Anteilen der Nahrung.

Kohlenhydratverdauung und Stoffwechsel

Im Darm können nur Monosaccharide resorbiert werden; Oligo- und Polysaccharide müssen deshalb vor der Resorption erst abgebaut werden. Der Abbau (Verdauung) beginnt bereits in der Mundhöhle durch die d-Amylase des Speichels; er wird im Dünndarm durch Amylasen und Disaccharidasen fortgesetzt, bis die Kohlenhydrate als Monosaccharide in die Blutbahn transportiert werden können. Die resorbierten Kohlenhydrate werden zur Energiegewinnung dem Stoffwechsel zugeführt; ein Teil wird als Glykogen gespeichert, überschüssige Anteile in Fett verwandelt. Zentrale Stelle zum Speichern und für Auf-, Um- und Abbau ist die Leber. Polysaccharide, z.B. Cellulose, die der menschliche Dünndarm nicht abzubauen vermag, dienen als Ballaststoff.

Kohlenhydratbedarf

Um einige lebenswichtige Funktionen des Körpers aufrecht zu erhalten – beispielsweise um das Gehirn unmittelbar mit Energie zu versorgen – besteht ein Grundbedarf an Glucose; die meisten anderen Organe (z.B. die Leber oder die Muskeln) können neben Glucose auch Fettsäuren in Energie umwandeln. Bei ausreichender Energiezufuhr können im Körper aus Kohlenhydraten und Aminosäuren Fette aufgebaut werden, sofern die essentiellen Fettsäuren vorhanden sind. Etwa 100 g Kohlenhydrate pro Tag gelten langfristig als Minimalbedarf für einen Erwachsenen. Empfohlen wird eine Zufuhr von 55 bis 60% der täglichen Nahrung in Form von Kohlenhydraten (ca. 290 bis 390 g beim Erwachsenen), der tatsächliche Verzehr liegt zur Zeit nur bei 40 bis 45%. Sie sollen überwiegend aus stärkehaltigen Quellen, z.B. aus Getreideprodukten, Kartoffeln, Reis, Hülsenfrüchten oder Obst stammen, die langsam abgebaut werden, damit die resorbierbaren Einfachzucker nicht allzu schnell zur Verfügung stehen. Die Zufuhr von reinen Mono- und Disacchariden (z.B. Zucker, Honig, Süßwaren, Konfitüren) sollte möglichst niedrig liegen, da sie als »Blutzuckerspritzen« wirken (zu schnell den Blutzuckerspiegel erhöhen) und wenig sättigen.

Kohlenhydratquellen

Empfehlenswerte kohlenhydratreiche Lebensmittel sind z.B. Kartoffeln, Naturreis, Haferflocken, Roggen- und Weizenvollkornmehl, Hülsenfrüchte. Weniger zu empfehlende kohlenhydratreiche Nahrungsmittel sind z. B. Haushaltszucker, der zu 100% aus Kohlenhydraten besteht, Bienenhonig, Schokolade, Himbeersirup, Konfitüre, Limonaden. Auch Zuckeraustauschstoffe liefern Kalorien wie Kohlenhydrate, sie erhöhen nur nicht den Insulinbedarf bei Diabetikern.

Wissenswertes für die Praxis

Die »Kohlenhydratspender« Kartoffeln, Reis, Getreide sind eine sehr billige und außerdem wichtige Nährstoffquelle, sowohl als Energie- als auch als Vitaminlieferanten. Damit die Vitamine soweit wie möglich

Tabelle **4** Energiegehalt von Nährstoffen

Eiweiß	1 g liefert 17 kJ bzw. 4 kcal
Fett	1 g liefert 37 kJ bzw. 9 kcal
Kohlenhydrate	1 g liefert 17 kJ bzw. 4 kcal
Alkohol	1 g liefert 29 kJ bzw. 7 kcal
organische Säuren	1 g liefert 13 kJ bzw. 3 kcal
mehrwertige Alkohole (z.B. Sorbit, Xylit, Mannit, Isomalt)	1 g liefert 10 kJ bzw. 2,4 kcal

erhalten bleiben, sollten alle Produkte nicht länger als nötig gegart und nicht mehr als nötig bearbeitet werden, das heißt:

Kartoffeln sollten möglichst als Pellkartoffeln zubereitet werden, es sollte nur unpolierter und unbehandelter Reis verwendet werden (also kein Parboiled oder Weiß-Reis),

Getreideprodukte sollten nur als Vollkornprodukte eingesetzt werden, da diese besonders viel Vitamin B_1 liefern.

Brennwerte – Energiewerte

Die Nährstoffe werden vom Körper teils unvollständig aufgenommen, was von der Art und Zusammensetzung der Nahrung und dem Zustand der Verdauungsorgane beeinflußt wird.

Alle aufgenommenen Nährstoffe enthalten als wesentlichen Grundbaustein Kohlenstoff. Dieser wird durch vielfältige biochemische Umsetzungen mit Sauerstoff im Organismus unter Energiefreisetzung »verbrannt«, wobei Fett und Kohlenhydrate vollständig zu Kohlendioxid und Wasser abgebaut werden können, aus Eiweiß entstehen noch Harnstoff und Harnsäure. Beim Eiweißabbau ergibt sich damit ein etwas geringerer Energiegewinn.

Die freiwerdende Energie wird als »Energiewert« – früher »physiologischer oder kalorischer Brennwert« – bezeichnet und in der Maßeinheit kJ (Kilojoule) – früher kcal (Kilokalorie) – angegeben.

Grundlage für die Energieberechnung bilden die durch Verbrennung der reinen Nährstoffe ermittelten, gerundeten Energiegehalte, angegeben in kJ je Gramm (bzw. in kcal, s. Tabelle **4**).

Da von den früher als brennwertfrei angesehenen Ballaststoffen der lösliche Anteil nach neueren Erkenntnissen doch zur Energiegewinnung beitragen kann, sollten bei ballaststoffreichen Lebensmitteln Nährwerttabellen jüngeren Datums verwendet werden.

Die Benutzer aller Tabellenwerke müssen berücksichtigen, daß die darin angegebenen Zahlen Durchschnittswerte sind. Die tatsächlichen Nährstoffgehalte unterliegen bei Rohstoffen einer natürlichen, biologischen Streuung, dabei sind je nach Sorte, Zucht, Herkunft oder Reifegrad erhebliche Schwankungen möglich. Bei verarbeiteten Lebensmitteln können zusätzlich starke Rezepturschwankungen auftreten.

Mineralstoffe und Spurenelemente

Mineralstoffe sind die anorganischen Bestandteile pflanzlicher und tierischer Gewebe. Sie spielen bei allen Lebensvorgängen eine wichtige Rolle. Die Mineralstoffe

- bilden und stabilisieren die Gerüst- und Stützsubstanzen des Körpers wie Knochen und Zahnsubstanz,
- unterstützen die Enzyme bei den Stoffwechselvorgängen,

Tabelle **5** Täglicher Bedarf an Mineralstoffen und Spurenelementen (Deutsche Gesellschaft für Ernährung 1991)

	Säuglinge	Kinder 1–14 Jahre	Jugendliche 15–18 Jahre
Mineralstoffe:			
Calcium [mg]	500	600–1000	1200
Chlorid [mg]*	200–270	450–830	830
Eisen [mg]	6–8	8/15**	12/15**
Kalium [mg]*	450–650	1000–1900	2000
Magnesium [mg]	40–60	80–130	350–400
Natrium [mg]*	130–180	300–550	550
Phosphor [mg]	250–500	800–1500	1600
Spurenelemente:			
Chrom [µg]*	10–60	20–200	50–200
Fluor [mg]***	0,25	0,5–1,0	1,0
Jod[mg]	0,05–0,08	0,10–0,20	0,20
Kupfer[mg]*	0,4–0,7	0,7–2,5	1,5–3,0
Mangan[mg]*	0,3–1,0	1,0–5,0	2,0–5,0
Molybdän[µg]*	15–40	25–250	75–250
Selen[µg]*	5–30	10–100	20–100
Zink[mg]	5	7–15	12–15

* Geschätzter Mindestbedarf
** Bedarf Männer/Frauen; für nicht menstruierende Frauen: 10 mg
*** Diese Angaben beziehen sich auf den zur Kariesprophylaxe notwendigen Tagesbedarf

- übertragen als elektrisch geladene Ionen (Elektrolyte) die Nervenreize,
- steuern die Durchlässigkeit der Zellwände,
- stellen als Bestandteile von Puffersystemen bei allen Körperflüssigkeiten den erwünschten pH-Wert ein und
- halten aufgrund ihrer variablen Konzentration den notwendigen osmotischen Druck in den Zellen und Geweben aufrecht.

Mineralstoffe sind aus Sicht des Chemikers Bestandteile von »Salzen«. Diese bestehen meist aus zwei elektrisch geladenen Teilchen, von denen eines positiv (Kation) und das andere negativ (Anion) geladen ist. Auch wenn man üblicherweise von den Mineralstoffen »Natrium«, »Magnesium« oder »Chlor« spricht, sind immer die Ionen, also Natriumion, Magnesiumion oder Chloridion gemeint. Ionen sind stabile Formen der chemischen Elemente; bei ihrer Bildung geben die Elemente Elektronen ab und werden zu Kationen oder nehmen Elektronen auf und werden zu Anionen. Die Zahl der aufgenommenen oder abgegebenen Elektronen bestimmt die Ladung (Na^+, Mg^{2+}, Cl^-, SO_4^{2-}). Ihre Verschiedenheit im atomaren Aufbau, ihre Größe und Ladung sowie ihr Wasserbindungsver-

Erwachsene	Schwangere Frauen	Stillende Mütter	Senioren ab 65 Jahren
800	1200	1300	800
830	930	1035	830
10/15**	30	20	10
2000	2000	2000	2000
300–350	300	375	300–350
550	620	690	550
1200–1500	1600	1700	1200
50–200	50–200	50–200	50–200
1,0	1,0	1,0	1,0
0,20	0,23	0,26	0,18
1,5–3,0	1,5–3,0	1,5–3,0	1,5–3,0
2,0–5,0	2,0–5,0	2,0–5,0	2,0–5,0
75–250	75–250	75–250	75–250
20–100	20–100	20–100	20–100
12–15	15	22	12–15

mögen machen die Ionen für die Erfüllung ihrer Aufgaben geeignet. Kochsalz, chemisch Natriumchlorid, NaCl, ist das bekannteste Salz; es besteht aus dem Natrium-Kation Na^+ und dem Chlorid-Anion Cl^-.

In gelöster Form ist ein Salz in Kation und Anion aufgespalten (»dissoziiert«); die Ionen sind durch eine Wasserhülle voneinander getrennt. Nur in Ionenform kann der Organismus der Nahrung Mineralstoffe entziehen. Sie werden in den Körperflüssigkeiten zu dem Ort ihrer Funktion transportiert. Entsprechend ihren Aufgaben liegen die Mineralstoffe dann in unterschiedlichen Formen vor: als schwerlösliche Salze (z.B. Calciumphosphat in Knochen), gelöst als Ionen (z.B. Na^+ oder Cl^- in der Körperflüssigkeit) oder organisch gebunden (z.B. Phosphor und Schwefel in Eiweiß).

Nach dem Anteil der Mineralstoffe an der Körpersubstanz unterscheidet man Mengenelemente (über 50 mg Anteil pro kg Körpersubstanz) und Spurenelemente. (Obwohl der Begriff »Mineralstoffe« eigentlich die Elemente beider Gruppen umfaßt, wird er im allgemeinen Sprachgebrauch vorwiegend für die Mengenelemente verwendet.) Als anorganische Salze sind Mineralstoffe zwar sehr beständig; sie unterliegen allerdings einem dauernden Austausch, und die Verluste durch Ausscheidungen müssen durch die Nahrung notwendigerweise wieder aufgefüllt werden. Mengenelemente werden dabei in weit größerer Menge benötigt (im Gramm-Bereich) als die Spurenelemente (in Milli- oder Mikrogramm-Mengen).

Mengenelemente: Calcium, Chlorid, Eisen, Kalium, Magnesium, Natrium, Phosphor.

Spurenelemente (etwa 50 sind bekannt): Chrom, Fluor, Jod, Kobalt, Kupfer, Lithium, Mangan, Molybdän, Selen, Silicium, Zink.

Alle genannten Mengen- und Spurenelemente gelten als essentiell (unentbehrlich); essentiell deshalb, da bei deren Fehlen Mangelerscheinungen auftreten, bzw. da sie bestimmte physiologische Funktionen erfüllen. Dagegen haben sich andere Spurenelemente als entbehrlich erwiesen, z. B. Aluminium, Barium oder Bor. Spurenelemente, die schon in kleinsten Mengen schädlich wirken, rechnet man den Schadstoffen zu, z. B. Antimon, Arsen, Blei, Cadmium oder Quecksilber.

Die Mineralstoffe und Spurenelemente im Überblick

Diese Übersicht enthält folgende Angaben zu den wichtigsten Mineralstoffen (Mengenelementen) und Spurenelementen (jeweils in alphabetischer Folge): Aufgaben und Vorkommen, Tagesbedarf (Tab. **5**), Folgen bei mangelhafter und überdosierter Zufuhr sowie Hinweise für die Praxis.

Es ist zu betonen, daß der genaue Bedarf an Mineralstoffen und Spurenelementen für den Menschen nicht angegeben werden kann. Die Tabellenwerte sind deshalb als Empfehlungen, bei besonderer Kennzeichnung auch nur als Schätzwerte zu verstehen. Seit 1994 gelten europaweit für einige Mineralstoffe gesetzlich festgelegte „empfohlene Tagesdosen". Diese Werte sind bei Angaben auf Packungen zugrunde zu legen (s. Tabelle **8a**, S. 35).

Mineralstoffe

Calcium (Ca^{2+})

Aufgaben: Calcium wird für die Bildung und Stabilität der Knochen und der Zahnsubstanz, die Funktion der Nerven und Muskeln und für die Blutgerinnung benötigt.

Vorkommen: Vor allem in Milch und Milchprodukten, des weiteren in Hülsenfrüchten, Nüssen, Spinat.

Tagesbedarf (Angaben jeweils in mg):

Säuglinge	500	Schwangere Frauen	1200
Kinder (1–14 Jahre)	600–1000	Stillende Mütter	1300
Jugendl. (15–18 Jahre)	1200	Senioren (ab 65 Jahren)	800
Erwachsene	800		

Jeweils 100 g der folgenden Nahrungsmittel enthalten Calcium in durchschnittlich folgender Menge: Emmentaler (45% Fett i.Tr.) 1020 mg,

Joghurt 120 mg, Haselnüsse 226 mg, ein Liter Milch enthält etwa 1200 mg. (139) Folgen: Calciummangel kann zu Knochenabbau und zu Knochenbrüchen führen, bei Kindern zu Rachitis; außerdem kann es zu Übererregbarkeit der Nerven und Muskeln kommen. Zu viel aufgenommenes Calcium wird über die Nieren ausgeschieden und kann zu Nierensteinen führen.

Hinweise für die Praxis: Der Calcium-Stoffwechsel ist eng mit dem des Phosphors gekoppelt. Zu Störungen kann es kommen, wenn eine geringe Calcium-Zufuhr (weniger als 300 mg) mit überhöhter Phosphoraufnahme verbunden ist, z. B. bei Ernährung ohne Milch und Milchprodukte bei gleichzeitigem reichlichen Genuß von phosphorsäurehaltigen Cola-Getränken. Von Calciummangel sind vor allem Heranwachsende und Frauen betroffen (Deutsche Gesellschaft für Ernährung 1984).

Calcium aus der Nahrung wird zu weniger als 40% vom Körper resorbiert (dies ist beim oben angegebenen Tagesbedarf bereits berücksichtigt). Gut verwertet wird an Eiweiß gebundenes Calcium (Milch); Vitamin D verbessert die Calcium-Aufnahme. In Verbindung mit Oxalsäure aus Rhabarber oder Spinat bilden sich unverwertbare, schwerlösliche Calciumsalze. Mehrausgaben für calciumangereicherte Lebensmittel sind bei ausgewogener Ernährung unnötig.

Chlorid (Cl^-)

Aufgaben: Als Gegenion des Natriums ist Chlorid wichtig zur Aufrechterhaltung des osmotischen Drucks der Zellen und zur Funktion der Nieren; es ist Bestandteil der Magensäure (Salzsäure, HCl).

Vorkommen: Vor allem in gesalzenen Nahrungsmitteln, als Partner des Natriums im Kochsalz (NaCl).

Tagesbedarf: Der geschätzte Mindestbedarf beträgt 830 mg (=0,83 g) pro Tag (entspricht 1,4 g Kochsalz). Der Gehalt an Chlorid in Lebensmitteln steht in direktem Zusammenhang mit dem Natrium- bzw. Kochsalzgehalt (1 g Natrium entspricht 1,5 g Chlorid, 1 g Kochsalz entspricht 0,6 g Chlorid). Unbearbeitetes Obst, Gemüse oder Fleisch ist arm an Chlorid (und Natrium).

Folgen: Wie bei Natrium äußert sich Chloridmangel in Kopfschmerzen, Kreislaufversagen, Muskelkrämpfen.

Eisen (Fe^{2+})

Aufgaben: Eisen ist im Blutfarbstoff (Hämoglobin) enthalten und dient hauptsächlich dem Sauerstofftransport und der Blutbildung.

Vorkommen: Eisen ist enthalten in Leber, Niere, Herz, Fleisch, Vollkornerzeugnissen, grünem Gemüse, Spinat.

Tagesbedarf (Angaben jeweils in mg):

Säuglinge	6–8	Schwangere Frauen	30
Kinder (1–14 Jahre; m/w)	8/15	Stillende Mütter	20
Jugendl. (15–18 Jahre; m/w)	12/15	Senioren (ab 65 Jahren)	10
Erwachsene (m/w)	10/15*		

* Für nicht menstruierende Frauen: 10 mg

Folgen: Mangel an Eisen führt zu Blutarmut, Müdigkeit, Muskelschwäche. Bei dauernder Überdosierung färbt sich die Haut braun, und es kann zu Störungen der Leberfunktion kommen.

Hinweise für die Praxis: Eisen aus tierischen Lebensmitteln wird besser resorbiert als aus pflanzlichen Produkten. Vitamin C verbessert die Resorption, Kaffee und schwarzer Tee hemmen infolge schwer löslicher Gerbstoffkomplexe die Eisenaufnahme. Eisenmangel tritt vor allem bei Schwangeren und bei Frauen vor der Menopause auf.

Jeweils 100 g der folgenden Lebensmittel enthalten Eisen in durchschnittlich folgender Menge: Rinderleber 7,1 mg, Rinderfleisch (Schulter) 3,2 mg, Roggenvollkornbrot 3,3 mg, Brokkoli (gekocht) 0,9 mg, Spinat (gekocht) 2,9 mg.

Kalium (K^+)

Aufgaben: Kalium wird zur Aufrechterhaltung des osmotischen Drucks, insbesondere der Gewebeflüssigkeit zwischen den Zellen benötigt; es fördert außerdem den Wasserentzug aus dem Gewebe.

Vorkommen: Obst, Gemüse, Pilze, Kartoffeln, Fleisch, Milch enthalten Kalium.

Täglicher Mindestbedarf (Angaben jeweils in mg):

Säuglinge	450–650	Schwangere Frauen	2000
Kinder (1–14 Jahre)	1000–1900	Stillende Mütter	2000
Jugendl. (15–18 Jahre)	2000	Senioren (ab 65 Jahren)	2000
Erwachsene	2000		

Jeweils 100 g der folgenden Lebensmittel enthalten Kalium in durchschnittlich folgender Menge: Banane 393 mg, grüne Erbsen 304 mg, Pfifferlinge 507 mg, Kartoffeln (in der Schale gekocht) 443 mg, Kalbskotelett 369 mg; ein Liter Milch enthält 1570 mg.

Folgen: Auswirkungen von Kaliummangel sind Muskelschwäche, Lethargie, Herzfunktionsstörungen. Überdosiert aufgenommenes Kalium wird über den Harn ausgeschieden, was bei normal funktionierenden Nieren keine Probleme verursacht.

Hinweis für die Praxis: Da Kalium wassertreibend wirkt, kommt es bei kaliumreicher Ernährung zu Gewichtsabnahme.

Magnesium (Mg^{2+})

Aufgaben: Magnesium wird gebraucht für den Knochenaufbau, für die Funktion der Muskulatur und der Nerven sowie für zahlreiche Stoffwechselvorgänge.

Vorkommen: In Getreide, Hülsenfrüchten, Milchprodukten, Nüssen, verschiedenen Gemüsen, Mineralwasser ist Magnesium enthalten.

Tagesbedarf (Angaben jeweils in mg):

Säuglinge	40–60	Schwangere Frauen	300
Kinder (1–14 Jahre)	80–130	Stillende Mütter	375
Jugendl. (15–18 Jahre)	350–400	Senioren (ab 65 Jahren)	300–350
Erwachsene	300–350		

Jeweils 100 g der folgenden Lebensmittel enthalten Magnesium in durchschnittlich folgender Menge: Vollkornbrot 92 mg, weiße Bohnen 132 mg, Emmentaler (45% i. Tr.) 35 mg, Joghurt 12 mg, Haselnüsse 156 mg, Spinat 58 mg; ein Liter Milch enthält 120 mg.

Folgen: Magnesiummangel führt zu Stoffwechselstörungen, Übererregbarkeit der Muskulatur.

Hinweis für die Praxis: Leistungssportler haben einen höheren Magnesiumbedarf. Er läßt sich z.B. mit ausgewähltem Mineralwasser decken.

Natrium (Na^{+})

Aufgaben: Natrium hält Wasser im Gewebe fest, baut so den osmotischen Druck in den Körperzellen und damit die Gewebespannung auf und regelt den Wasserhaushalt; es ist außerdem wichtig für die Erregbarkeit der Muskeln sowie für viele Stoffwechselvorgänge.

Vorkommen: In Kochsalz und Meersalz sowie in sehr hohem Anteil in allen zubereiteten gesalzenen Lebensmitteln wie Wurst, Käse, Brot, Fischkonserven, Fertiggerichten, Mayonnaise, Knabbergebäck. In Lebensmitteln in unbearbeitetem Zustand ist der Anteil gering; Mineralwässer können viel Natrium enthalten (über 100 mg pro l).

Tagesbedarf: Der Mindestbedarf pro Tag liegt bei 550 mg (= 0,55 g), was 1,4 g Kochsalz (NaCl) entspricht; eine gute Versorgung liegt bei 2000 mg (= 2 g) Natrium bzw. 5 g Kochsalz.

Folgen: Mangel an Natrium führt zu Kopfschmerzen, Kreislaufversagen, Muskelkrämpfen; bei Überdosierung besteht die Gefahr des Bluthochdrucks.

Hinweise für die Praxis: Kochsalz (NaCl) besteht neben Chlorid aus Natrium, und davon wird derzeit in der Bundesrepublik zu viel verbraucht, nämlich täglich über 5 g Natrium bzw. 12,5 g Kochsalz. Natrium bindet Wasser, was die Belastung von Herz und Nieren erhöht und die Gefahr von zu hohem Blutdruck begünstigt. Die Einführung »kochsalzverminderter« Erzeugnisse (Lebensmittelrecht: Nährwertkennzeichnungsverordnung) bei Fertiggerichten, Wurst und Brot (»mit dem blauen Punkt«) kann dem Verbraucher helfen, den Kochsalzkonsum zu verringern. Vor allem das Nachsalzen sollte stark eingeschränkt werden; man schätzt allein diese zusätzliche Aufnahme auf 5 bis 20 g Kochsalz pro Tag. Es ist erwiesen, daß eine Verminderung der Kochsalzeinnahme auf unter 1 g (0,4 g Natrium) täglich blutdrucksenkend wirkt.

Meersalz ist keine »gesündere« Form von Kochsalz. Die in der Werbung herausgestellten Vorzüge, es enthalte Mineralstoffe und Spurenelemente, die in normalem Kochsalz nicht vorkommen, sind differenziert zu betrachten. Untersuchungen von Meersalz zeigen, daß der Natriumchloridgehalt 93,2 bis 97,1% beträgt. Lediglich der Rest von 2,9 bis 6,8% entfällt auf weitere Bestandteile, davon im Mittel auf Calcium 0,17%, auf Kalium 0,16% und auf Magnesium 0,56%, im Vergleich zum mittleren Natriumanteil von 38,1% also sehr wenig. Weiterhin wird aus ernährungsphysiologischer Sicht angezweifelt (Vollmer u. Franz 1985), daß die im Meersalz enthaltenen Spurenelemente in ihrer Menge dem Bedarf des Menschen entsprechen. Und schließlich hängt die Menge an Kochsalzbegleitern stark vom Herstellungsverfahren ab: wird weiße Farbe, Rieselfähigkeit und Geschmacksreinheit gewünscht (höhere Anteile an Kalium- und Magnesiumsalzen ergeben einen bitteren Geschmack), so ist ein Reinigungsverfahren notwendig, unabhängig davon, ob es sich um Meersalz oder um Salz aus Salzbergwerken – im übrigen nichts anderes als Millionen Jahre altes Meersalz – handelt.

Kochsalzersatz: Man kann ausweichen auf natriumarme Salzmischungen, die kochsalzähnlich schmecken; es handelt sich dabei um diätetische Produkte aus Kalium-, Calcium-, Magnesium- und Cholin-Salzen der Adipin-, Bernstein-, Glutamin-, Kohlen-, Milch-, Salz-, Wein-, Schwefel- und Citronensäure.

Kochsalzempfindliche müssen bedenken, daß Kochsalz auch z. B. in eßfertig zubereiteten Gemüsen, Wurst, Käse oder vielen Mineralwässern vorkommt.

Phosphor (P), Phosphat (PO_4^{3-})

Die resorbierbare Form des Phosphors ist das Phosphat.

Aufgaben: Zusammen mit Calcium ist Phosphor Baustoff der Knochen und der Zahnsubstanz; er ist Bestandteil von Enzymen und beteiligt an der Energieübertragung im Stoffwechsel.

Vorkommen: Fleisch und Fleischerzeugnisse, Milch, Milchprodukte, Eier, Fisch, Getreide, Nüsse, Cola-Getränke.

Tagesbedarf (Angaben jeweils in mg):

Säuglinge	250– 500	Schwangere Frauen	1600
Kinder (1–14 Jahre)	800–1500	Stillende Mütter	1700
Jugendl. (15–18 Jahre)	1600	Senioren (ab 65 Jahren)	1200
Erwachsene	1200–1500		

Jeweils 100 g der folgenden Lebensmittel enthalten Phosphor in durchschnittlich folgender Menge: Rinderfilet 164 mg, Schweinsbratwurst

190 mg, Schmelzkäse (45% i. Tr.) 944 mg, Eigelb 590 mg, Forelle 240 mg, Knäckebrot 318 mg, Mandeln 455 mg; ein Liter Milch enthält 910 mg, ein Liter Cola-Getränk 147 mg.

Folgen: Phosphor-Mangelerscheinungen kommen nicht vor. Zuviel Phosphor kann den Calcium-Stoffwechsel ungünstig beeinflussen. Lebensmitteln zugesetzte Ortho- und Polyphosphate sind in dem vom Gesetzgeber zugelassenen Umfang unbedenklich (Deutsche Gesellschaft für Ernährung 1991).

Hinweise für die Praxis: Phosphor wird in der Form des Phosphats resorbiert und wurde mit Übererregbarkeit (Hyperkinese) von Kindern in Verbindung gebracht (Hafer 1979); meist handelt es sich dabei jedoch um Einzelbeobachtungen. Breiter angelegte Studien haben diesen Zusammenhang nicht erwiesen. Phosphatreduzierte oder phosphatfreie Diäten haben sich weder als vorbeugend wirksam noch als ernährungswissenschaftlich empfehlenswert herausgestellt (Bundesgesundheitsamt 1979b, Deutsche Gesellschaft für Kinderheilkunde 1986, Droese u. Mitarb. 1978/79), da sie zu Schäden des Knochenaufbaus und der Muskulatur führen. Die als Zusatzstoffe z.B. in Brühwurst, Schmelzkäse oder Cola-Getränken eingesetzten Phosphate dürften als Auslöser nicht in Frage kommen, weil sie im Stoffwechsel nicht vom natürlichen Phosphat unterschieden werden und bei der Klein- und Schulkinderernährung kaum 10% des insgesamt aufgenommenen Phosphats ausmachen (Deutsche Gesellschaft für Ernährung 1984).

Spurenelemente

Chrom (Cr^{3+})

Aufgaben: Chrom unterstützt den Kohlenhydratstoffwechsel.

Vorkommen: Chrom ist enthalten in Fleischprodukten, Bierhefe, Käse und Vollkornprodukten.

Geschätzter Tagesbedarf (Angaben jeweils in µg):

Säuglinge	10–60	Jugendliche	50–200
Kinder (1–14 Jahre)	20–200	Erwachsene	50–200

Jeweils 100 g der folgenden Lebensmittel enthalten Chrom in durchschnittlich folgender Menge: Gouda-Käse 95 µg, Weizenvollkornbrot 49 µg, Kartoffel 33 µg, Hühnerei 27 µg, Roggenkorn 25 µg, Rindfleisch 14 µg, Orangensaft 13 µg.

Folgen: Näheres hierüber ist nicht bekannt.

Hinweise für die Praxis: Das in der Nahrung enthaltene dreiwertige Chrom ist wenig giftig. Es ist von dem sechswertigen Chrom zu unterscheiden, das als Arbeitsplatzchemikalie (chromhaltige Stäube) wegen seiner krebserzeugenden Wirkung gefürchtet ist.

Fluor, Fluorid (F^-)

Aufgaben: Fluorid dient der Stabilität der Knochen sowie der Härtung des Zahnschmelzes und damit der Kariesvorsorge.

Vorkommen: Seefisch, Getreide, Innereien, Wasser, schwarzer Tee.

Tagesbedarf (diese Empfehlungen beziehen sich auf die zur Kariesprophylaxe notwendigen Fluormengen; Angaben jeweils in mg):

Säuglinge (bis 1 Jahr)	0,25	Schwangere Frauen	1,0
Kinder (1–14 Jahre)	0,5–1,0	Stillende Mütter	1,0
Jugendl. (15–18 Jahre)	1,0	Senioren (ab 65 Jahren)	1,0
Erwachsene	1,0		

Jeweils 100 g der folgenden Nahrungsmittel enthalten Fluor in durchschnittlich folgender Menge: Kabeljau 0,70 mg, Sojabohnen 0,36 mg, Rinderleber 0,15 mg, Mineralwasser 0 bis 6 mg.

Folgen: Mangel an Fluor hat Knochenschwund und Neigung zu Karies zur Folge. Höhere Dosen (ab 2 mg) sind gesundheitsschädlich. Obwohl Fluorid in der Natur weit verbreitet ist, enthalten Nahrungsmittel in der Regel nicht so viel Fluorid; eine überhöhte Aufnahme mit der Nahrung ist somit unwahrscheinlich.

Hinweis für die Praxis: Um überhöhte Fluoreinnahmen zu vermeiden, sollte zum Schutz vor Karies nur bei Bedarf Zahnpasta mit Fluor verwendet werden.

Iod, Iodid (I^-)

Aufgabe: Iod ist für den Aufbau der Schilddrüsenhormone unentbehrlich.

Vorkommen: Iod kommt in Seefisch, Innereien, Milch, Eiern vor.

Tagesbedarf (Angaben jeweils in mg):

Säuglinge	0,05–0,08	Schwangere Frauen	0,23
Kinder (1–14 Jahre)	0,10–0,20	Stillende Mütter	0,26
Jugendl. (15–18 Jahre)	0,20	Senioren (ab 65 Jahren)	0,18
Erwachsene	0,18–0,20		

Jeweils 100 g der folgenden Lebensmittel enthalten Iod in durchschnittlich folgender Menge: Kabeljau 0,10 mg, Schweineleber 0,014 mg, Milch 0,040 mg. Besonders iodreich sind Algen; können bis zu 400 mg Iod pro 100 g enthalten (!).

Folgen: Iodmangel führt zur Vergrößerung der Schilddrüse und zu Kropfbildung.

Hinweise für die Praxis: Bei Iodmangel empfiehlt es sich, den Speiseplan mit Seefisch anzureichern (bereits 200 g Kabeljau decken den Tagesbedarf an Iod) oder iodiertes Speisesalz zu verwenden (»Iodsalz«). Dieses Diätsalz (zu erkennen an der gelben Verpackung) enthält pro Kilogramm 15–25 mg »Iod«, das sich aus dem natürlichen Gehalt an Iodiden (NaI, KI) sowie dem als Ergänzung beigemischten Iodat ($NaIO_3$, KIO_3) zusammensetzt. Iodsalz sollte genauso sparsam wie normales Salz verwendet werden. Im übrigen ist auch vor übermäßiger Iodaufnahme zu warnen: Über 1 mg Iod pro Tag kann auf Dauer zu Schilddrüsenüberfunktion führen (Ammon 1986).

Entgegen der weitverbreiteten Meinung unterscheidet sich der Iodgehalt von Meersalz nicht wesentlich von dem des normalen Speisesalzes.

Kupfer (Cu^{2+})

Aufgaben: Kupfer ist Bestandteil vieler Enzyme, die Oxidations- und Reduktionsprozesse katalysieren, und ist am Eisenstoffwechsel beteiligt.

Vorkommen: Kupfer ist enthalten in Innereien, Leber, Fischen, Nüssen, Kakao und einigen grünen Gemüsen.

Geschätzter Tagesbedarf (Angaben jeweils in mg):

Säuglinge	0,4–0,7	Jugendliche	1,5–3,0
Kinder (1–14 Jahre)	0,7–2,5	Erwachsene	1,5–3,0

Jeweils 100 g der folgenden Lebensmittel enthalten Kupfer in durchschnittlich folgender Menge: Kalbsleber 8,4 mg, Schweinsleber 5,5 mg, Hagebutte 1,8 mg, Haselnuß 1,3 mg, Erbsen 0,4 mg, Scholle 0,35 mg.

Folgen: Kupfermangel führt zu Bluterkrankungen und zu hohen Eisenwerten in der Leber; außerdem wird die Pigmentation der Haut gestört.

Mangan (Mn^{2+})

Aufgaben: Viele Enzyme enthalten Mangan oder werden durch Mangan aktiviert.

Vorkommen: Mangan ist enthalten in Lebensmitteln pflanzlicher Herkunft wie Tee, Vollkornmehl, Getreidekeimlingen und Walnüssen.

Geschätzter Tagesbedarf (Angaben jeweils in mg):

Säuglinge	0,3–1,0	Jugendliche	2,0–5,0
Kinder (1–14 Jahre)	1,0–5,0	Erwachsene	2,0–5,0

Jeweils 100 g der folgenden Lebensmittel enthalten Mangan in durchschnittlich folgender Menge: Schwarzer Tee 73 mg, Weizenkeime 9 mg, Haferflocken 5 mg, Roggen 2,4 mg, Walnüsse 2 mg.

Folgen: Manganmangel führt zu Wachstumsstörungen, Veränderungen des Skeletts und zu Störungen des Kohlenhydrat- und Fettstoffwechsels. Er kommt aber nur sehr selten vor.

Hinweise für die Praxis: Mangan ist in großen Mengen toxisch und führt zu Magen-Darm-Störungen und Lungenentzündungen. Vergiftungen über Lebensmittel sind nicht bekannt. (Über Mangan in Mineralwasser: siehe Band II, Kapitel 6, Exkurs Wässer für Babynahrung).

Molybdän (Mo^{4+})

Aufgaben: Molybdän ist Bestandteil mehrerer Enzyme wie der Aldehydoxidase oder der Sulfitoxidase.

Vorkommen: Molybdän ist enthalten in Innereien, Milchprodukten und Getreide. Genauere Gehalte sind nicht bekannt.

Geschätzter Tagesbedarf (Angaben jeweils in µg):

Säuglinge	15–40	Jugendliche	75–250
Kinder (1-14 Jahre)	25–250	Erwachsene	75–250

Folgen: Molybdänmangel ist bei normaler Ernährung nicht zu erwarten. Eine umweltbedingte, extrem hohe Zufuhr an Molybdän (10–15 mg pro Tag) wurde als Ursache einer gichtähnlichen Erkrankung angenommen (Deutsche Gesellschaft für Ernährung 1991).

Selen (Se^{4+}/Se^{2-})

Aufgaben: Selen ist Bestandteil des wichtigen Enzyms Glutathion-Peroxidase, das im Körper giftige Peroxid-Verbindungen abbaut, bevor diese zu Sauerstoff-Radikalen zerfallen. Es unterstützt das Vitamin E, welches seinerseits Fett in den Zellmembranen vor dem Angriff reaktiver Sauerstoff-Radikale schützt. Außerdem wird ihm eine Schutzwirkung gegen Krebs zugesprochen.

Vorkommen: Selen ist hauptsächlich im Eiweiß gebunden, wobei Schwefel zum Teil durch Selen ersetzt ist. Hauptlieferanten sind Leber, Muskelfleisch, Getreide und Hülsenfrüchte.

Geschätzter Tagesbedarf (Angaben jeweils in µg):

Säuglinge	5–30	Jugendliche	20–100
Kinder (1–14 Jahre)	10–100	Erwachsene	20–100

Jeweils 100 g der folgenden Lebensmittel enthalten Selen in durchschnittlich folgender Menge: Rinderniere 350 µg, Hering 140 µg, Steinpilz 100 µg, Paranuß 100 µg, Sojabohnen 60 µg.

Folgen: Selenmangel (unter 10 µg pro Tag) kann zu Störungen der Muskelfunktionen führen.

Hinweise für die Praxis: Die in Deutschland ermittelte Selenzufuhr von 55 µg pro Tag ist ausreichend. Selenmengen über 800 µg pro Tag können giftig wirken. Dies ist bei Einnahme mancher selenhaltiger Nahrungsergänzungsmittel zu beachten.

Zink (Zn^{2+})

Aufgaben: Bestandteil und Hilfselement für Enzyme.

Vorkommen: Zink ist enthalten in Innereien, Muskelfleisch, Milchprodukten, verschiedenen Fischarten und besonders in Schalentieren.

Tagesbedarf (Angaben jeweils in mg):

Säuglinge	5	Schwangere Frauen	15
Kinder (1–14 Jahre)	7–15	Stillende Mütter	22
Jugendl. (15–18 Jahre)	12–15	Senioren (ab 65 Jahre)	12–15
Erwachsene	12–15		

Jeweils 100 g der folgenden Lebensmittel enthalten Zink in durchschnittlich folgender Menge: Kalbsleber 8 mg, Schweineleber 6 mg, Rind- und Schweinefleisch 4 mg, Miesmuscheln 3 mg, Hecht 1 mg, ein Liter Milch enthält 4 mg.

Folgen: Bei Zinkmangel treten Wachstumsstörungen, Appetitlosigkeit, Verzögerung der Wundheilung und erhöhte Infektionsgefahr auf.

Hinweise für die Praxis: Zink ist relativ ungiftig.

Wissenswertes für die Praxis

Mineralstoffverlust bei Herstellung und Zubereitung

Der hohe Industrialisierungsgrad bei der Herstellung mancher Lebensmittel (z.B. Fertiggerichte, Konserven, Auszugsmehle) führt bisweilen zu Mineralstoffverlust; hier ist es besser, naturbelassene Lebensmittel zu verwenden. Da Mineralstoffe meist wasserlöslich sind, sollten Lebensmittel nicht lange gewässert werden.

Dünsten und Dämpfen ist für die Erhaltung der Mineralstoffe am günstigsten.

Tagesbedarf an Mineralstoffen

In der Regel wird durch eine normale, ausgewogene Ernährung der Bedarf an Mineralstoffen gedeckt (Deutsche Gesellschaft für Ernährung 1984). Der Tagesbedarf ist bei den einzelnen Mineralstoffen genannt und in Tab. **5** zusammengefaßt.

Der Bedarf an Mineralstoffen hängt von Alter und Geschlecht ab; bei gewissen Krankheiten kann der Bedarf erhöht sein; im Wachstumsalter und bei Schwangerschaft gelten ebenfalls andere Werte.

Einseitige und häufige Abmagerungskuren können zu einem Mangel an bestimmten Mineralstoffen führen.

Die verschiedenen Mineralstoffe stehen in Wechselwirkung zueinander, zu Vitaminen und zu anderen Substanzen; daher sollte auf ein ausgewogenes Verhältnis aller Mineralstoffe geachtet werden – am besten durch abwechslungsreiche Ernährung.

Mineralstoffe – Gesetzliche Bestimmungen

Der Gesetzgeber hat alle Mineralstoffe außer Kochsalz sowie die Spurenelemente als Zusatzstoffe eingestuft, um unerwünschte Zugaben bei gängigen Lebensmitteln zu unterbinden. So sind zugesetzte Mineralstoffe – je nach Eigenschaft – nur mit mehr oder weniger großen Einschränkungen zugelassen, und von den Spurenelementen dürfen nur Chrom, Iod, Kupfer, Mangan, Molybdän und Zink, und diese nur auf bilanzierte Diäten begrenzt, verwendet werden. Die übrigen Spurenelemente, selbst weitere essentielle wie Fluor, dürfen Lebensmitteln nicht zugegeben werden.

Vitamine

Vitamine sind organische Substanzen, deren Fehlen Mangelerscheinungen im Körper hervorruft; auch ein Überangebot kann zu Erkrankungen führen. Vitamine sind essentielle Nahrungsbestandteile. Sie können vom Körper nicht (oder nicht ausreichend) hergestellt werden; sie kommen – zum Teil auch als Vorstufen (Provitamine) – in Lebensmitteln vor und werden nur in ganz kleinen Mengen benötigt. Normalerweise enthält unsere Nahrung sämtliche Vitamine im erforderlichen Umfang. Die Vitamine ermöglichen den Abbau der Hauptnährstoffe, die Steuerung des Stoffwechsels und den Aufbau körpereigener Substanzen, indem sie den Ablauf enzymatischer Vorgänge unterstützen. Die Vitamine werden in wasserlösliche und fettlösliche eingeteilt.

Wasserlösliche Vitamine: Die Vitamin-B-Gruppe, bestehend aus Vitamin B_1 (Thiamin), Vitamin B_2 (Riboflavin, Lactoflavin), Vitamin B_6 (Pyridoxin), Vitamin B_{12} (Cyanocobalamin), Folsäure, Niacin (Nicotinamid, früher Vitamin PP) und die Pantothensäure; Vitamin C (Ascorbinsäure); Biotin (früher Vitamin H).

Fettlösliche Vitamine: Vitamin A (Retinol); Vitamin D (Calciferol); Vitamin E (Tocopherol); Vitamin K (Phyllochinon).

Nicht zu den Vitaminen zählen: Orotsäure (früher Vitamin B_{13}), p-Aminobenzoesäure (= ein Folsäure-Baustein), Sphingomyelin, Lecithin und deren Bestandteil Cholin (= Fettbegleitstoffe) oder Inosit (Baustein der B-Vitamine). Vielen dieser Stoffe rechnete man früher fälschlicherweise Vitamineigenschaften zu, und bei manchen hat sich sogar bis heute noch – freilich zu Unrecht und oft aus Werbegründen – das »Vitamin« im Namen erhalten, so bei »Vitamin F« (= essentielle Fettsäuren), »Vitamin P« (= Bioflavonole), »Vitamin B_r« (= Carnitin) und anderen.

Die Vitamine im Überblick

Diese Übersicht enthält folgende Angaben zu den wichtigsten Vitaminen (in alphabetischer Ordnung): Aufgaben und Vorkommen der Vitamine, der Tagesbedarf an Vitaminen (Tab. **6**), die Folgen bei mangelhafter und überdosierter Zufuhr sowie Hinweise für die Praxis.

Es ist zu betonen, daß ein genauer Vitaminbedarf für den Menschen nicht angegeben werden kann. Die Tabellenwerte sind deshalb als Empfehlungen, bei besonderer Kennzeichnung auch nur als Schätzwerte zu verstehen. Zur Vereinheitlichung der Kennzeichnung auf Packungen wurde 1994 europaweit für 12 Vitamine eine entsprechende »empfohlene Tagesdosis« gesetzlich festgelegt (s. Tab. **8a**, S. 35).

Vitamin A (Retinol), 1 mg Vitamin A = 3333 IE*
Aufgaben: Wachstum, Sehvorgang, Funktion von Haut und Schleimhäuten.

Vorkommen: Lebensmittel tierischer Herkunft wie Leber, Butter, Margarine, Eigelb, Milch. Als Provitamin in pflanzlichen Lebensmitteln wie gelben Gemüsen und Früchten sowie in Blättern grüner Pflanzen.

Tagesbedarf (Angaben jeweils in mg):

Säuglinge	0,5–0,6	Schwangere Frauen	1,1
Kinder (1–14 Jahre)	0,6–1,1	Stillende Mütter	1,8
Jugendl. (15–18 Jahre)	0,9–1,1	Senioren (ab 65 Jahren)	0,8–1,0
Erwachsene	0,8–1,0		

Jeweils 100 g der folgenden Lebensmittel enthalten Vitamin A (umgerechnet auf reines Vitamin A) in durchschnittlich folgender Menge: Rindsleber 8,2 mg, Kalbsleber 3,9 mg, Butter 0,6 mg, Pflanzenmargarine 0,5 mg, Hühnerei 0,2 mg, Karotten 2,0 mg, Spinat 0,7 mg, Aprikosen 0,3 mg; 1 Liter Milch enthält 0,3 mg. (Deutsche Gesellschaft für Ernährung 1991, Merz-Ulrich 1984).)

Folgen: Bei Vitamin-A-Mangel Wachstums- und Sehstörungen (Nachtblindheit), Hautschäden; bei dauernder Überdosierung (zum Beispiel Vitaminpräparate) sind Gesundheitsschädigungen möglich.

Hinweise für die Praxis: Lebensmittel in lichtgeschützter kühler Umgebung lagern, da Vitamin A zerfällt, wenn es Licht und Hitze in feuchter Umgebung ausgesetzt ist. Durch Kochen verlieren die Lebensmittel bis zu 40% ihres Vitamingehalts. In gefrorenen Lebensmitteln gehen bei Lagerung bei minus 23 Grad während 12 Monaten 5 bis 10% des ursprünglichen Vitamingehalts verloren.

Vitamin B_1, Thiamin (Aneurin)
Aufgaben: Unentbehrlich für den Stoffwechsel der Kohlenhydrate und von Alkohol.
Vorkommen: Hefe, Getreide (Keime, Schale), Leber und Muskelfleisch, besonders vom Schwein.

Tagesbedarf (Angaben jeweils in mg):

Säuglinge	0,3–0,4	Schwangere Frauen	1,4–1,5
Kinder (1–14 Jahre)	0,7–1,4	Stillende Mütter	1,6–1,7
Jugendl. (15–18 Jahre)	1,3–1,6	Senioren (ab 65 Jahren)	1,1–1,3
Erwachsene	1,1–1,4		

Jeweils 100 g der folgenden Lebensmittel enthalten Vitamin B_1 in durchschnittlich folgender Menge: Schweinekotelett 0,82 mg, Rinderleber 0,30 mg, Vollkornbrot 0,25 mg, Hefe 1,43 mg.

Folgen: Vitamin-B_1-Mangel führt zu Appetitlosigkeit, Müdigkeit, Konzentrationsschwäche, schwerer Mangel zu Beri-Beri. Schäden durch Überdosierung wurden bisher nicht bekannt.

Allgemeiner Hinweis: Mangelerscheinungen treten bei schweren Alkoholikern auf. Alkoholhaltige Getränke enthalten meist kein Vitamin B_1, während beim Abbau von Alkohol dieses Vitamin in recht großen Mengen benötigt wird.

Hinweise für die Praxis: Polierter Reis oder Weißmehle enthalten praktisch kein Vitamin B_1 im Gegensatz zu Vollkorngetreide. Beim Kochen geht bis zu 50% des Vitamins B_1 verloren; je weniger Wasser für die Zubereitung verwendet wird, desto weniger Vitamin B_1 geht verloren.

Tabelle **6** Täglicher Vitaminbedarf (Deutsche Gesellschaft für Ernährung 1991)

	Säuglinge	Kinder 1–14 Jahre	Jugendliche 15–18 Jahre
Vitamin A (mg)	0,5–0,6	0,6–1,1	0,9–1,1
Vitamin B_1 (mg)	0,3–0,4	0,7–1,4	1,3–1,5
Vitamin B_2 (mg)	0,3–0,5	0,8–1,5	1,7–1,8
Vitamin B_6 (mg)	0,3–0,5	0,7–2,0	1,8–2,1
Vitamin B_{12} (µg)	0,5–0,8	1,0–3,0	3,0
Vitamin C (mg)	40–50	55–75	75
Vitamin D (µg)	10,0	10,0	10,0
Vitamin E (mg)	3,0–4,0	6,0–12,0	12,0
Vitamin K (µg)	5–10	15–50	60–70
Biotin (µg)*	10–15	20–100	30–100
Folsäure (mg)	0,1	0,1–0,3	0,3
Niacin (mg)	5,0–8,0	0–1,0	16,0–20,0
Pantothensäure (mg)*	2,0–3,0	4,0–6,0	6,0

* Schätzwerte

Vitamin B_2 (Riboflavin, Lactoflavin), E 101, E 101a
Aufgaben: Nötig für den Energiehaushalt der Zellen.
Vorkommen: Milch, Käse, Eier, Fleisch, Hefe, Leber.

Tagesbedarf (Angaben jeweils in mg):

Säuglinge	0,3–0,5	Schwangere Frauen	1,8
Kinder (1–14 Jahre)	0,8–1,5	Stillende Mütter	2,3
Jugendl. (15–18 Jahre)	1,7–1,8	Senioren (ab 65 Jahren)	1,5–1,7
Erwachsene	1,5–1,7		

* Eine *Internationale Einheit (IE)* ist die international festgelegte Menge eines hochreinen Vitamins; man erhält dadurch einen Standard für eine definierte Vitaminwirkung.

Beispiel: Vitamin A kommt in verschiedenen Formen versteckt vor: verestert mit Essigsäure, als Provitamin A oder als Bestandteil bestimmter Carotinoide. Bei allen ist die Vitaminwirkung unterschiedlich. Als Vergleichsbasis dient nun die Vitaminwirkung einer IE (festgelegt als 0,3 µg Retinol = reines Vitamin A). Um diese Wirkung zu erhalten, braucht man 0,4 µg an Vitamin-A-Ester, 1,8 µg an Provitamin oder 3,6 µg an geeigneten Carotinoiden. Man sagt: 1 IE Vitamin A – 0,4 µg Vitamin-A-Ester usw.

Der Begriff »Internationale Einheit« wird bei Arzneimitteln auch zur Standardisierung von Hormonen, Antibiotika und anderer Wirkstoffe gebraucht.

Bei Lebensmitteln müssen Vitaminangaben in Milli- oder Mikrogramm erfolgen. Von zusätzlichen IE-Angaben versprechen sich manche Hersteller offenbar eine höhere Wertschätzung der Ware durch den Verbraucher.

Erwachsene 19–65 Jahre	Schwangere Frauen	Stillende Mütter	Senioren ab 65 Jahren
0,8–1,1	1,1	1,8	0,8–1,0
1,1–1,4	1,4–1,5	1,6–1,7	1,1–1,3
1,5–1,7	1,8	2,3	1,5–1,7
1,5–1,7	2,6	2,2	1,6–1,8
3,0	3,5	4,0	3,0
75	100	125	75
5,0	10,0	10,0	5,0
12,0	14,0	17,0	12,0
60–80	65	65	65–80
30–100	30–100	30–100	30–100
0,3	0,6	0,5	0,3
15,0–18,0	17,0	20,0	15,0–18,0
6,0	6,0	6,0	6,0

Jeweils 100 g der folgenden Lebensmittel enthalten Vitamin B_2 in durchschnittlich folgender Menge: Hühnerei 0,31 mg, Käse 0,4 mg, Schweinefilet 0,31 mg, Rinderleber 2,88 mg, Bierhefe 4,0; 1 Liter Milch enthält 1,8 mg. Der Tagesbedarf wird im allgemeinen durch Milch, Käse, Eier und Fleisch gedeckt.

Folgen: Bei Vitamin-B_2-Mangel Augensymptome (Lichtscheu, Lidkrämpfe usw.), entzündliche Veränderungen von Haut, Schleimhäuten und Lippen sowie des Magen-Darm-Traktes. Schäden durch Überdosierung wurden bisher nicht bekannt.

Hinweis für die Praxis: Beim Kochen kann bis zu 60% des Vitamin-B_2-Gehaltes verlorengehen.

Vitamin B_6 (Pyridoxin)
Aufgaben: Aminosäurestoffwechsel.

Vorkommen: Außer in Zucker, Stärke und Fetten ist Vitamin B_6 in fast allen Lebensmitteln enthalten; gute Quellen sind z.B. Fleisch, Brot, Eier und Nüsse.

Tagesbedarf (Angaben jeweils in mg):

Säuglinge	0,3–0,6	Schwangere Frauen	2,6
Kinder (1–14 Jahre)	0,9–1,8	Stillende Mütter	2,2
Jugendl. (15–18 Jahre)	1,8–2,1	Senioren (ab 65 Jahren)	1,6–1,8
Erwachsene	1,6–1,8		

Jeweils 100 g der folgenden Lebensmittel enthalten Vitamin B_6 in durchschnittlich folgender Menge: Rinderfilet 0,5 mg, Lachs 1,0 mg, Vollkornbrot 0,36 mg, Hühnerei 0,12 mg, Walnüsse 0,87 mg. Der Tagesbedarf wird durch normale Kost gedeckt.

Folgen: Bei Mangel treten Appetitlosigkeit, Muskelschwund, Krämpfe und Hautveränderungen auf. Bestimmte, über einen längeren Zeitraum eingenommene Medikamente können Vitamin-B_6-Mangel auslösen. Bei Überdosierung wurden Nervenstörungen beobachtet.

Hinweis für die Praxis: Bis zu 40% Vitamin-B_6-Verlust beim Kochen.

Vitamin B_{12} (Cyanocobalamin)
Aufgaben: Vitamin B_{12} wird für das Wachstum und die Teilung der Zellen, besonders der roten Blutzellen, benötigt.

Vorkommen: Leber, Nieren, Fleisch, Milch, Hühnerei, Bier; in Pflanzen ist Vitamin B_{12} kaum enthalten.

Tagesbedarf (Angaben jeweils in µg):

Säuglinge	0,5–0,8	Schwangere Frauen	3,5
Kinder (1–14 Jahre)	1,0–3,0	Stillende Mütter	4,0
Jugendl. (15–18 Jahre)	3,0	Senioren (ab 65 Jahren)	3,0
Erwachsene	3,0		

Jeweils 100g der folgenden Lebensmittel enthalten Vitamin B_{12} in durchschnittlich folgender Menge: Rinderleber 65 µg, Rindernieren 33,4 µg, Rinderfilet 2 µg, Hühnereigelb 2 µg, 1 Liter Kuhmilch enthält 4,2 µg. Der gegenüber den anderen Vitaminen geringe Bedarf an Vitamin B_{12} wird durch normale Ernährung ausreichend gedeckt.

Folgen: Nur bei bestimmten Erkrankungen des Magen-Darm-Traktes entstehen Mangelerscheinungen; es kommt dann zu Blutarmut (Verminderung der roten Blutkörperchen) und Störungen des Nervensystems. Schädliche Folgen von Überdosierung wurden bisher nicht bekannt.

Hinweis für die Praxis: Bei jahrelanger streng vegetarischer Ernährung (ohne Eier und Milch) kann es zu Mangelerscheinungen kommen, da Pflanzen kaum Vitamin B_{12} enthalten.

Vitamin C (L-Ascorbinsäure)
Aufgaben: Vitamin C ist notwendig für die Entwicklung des Bindegewebes, es fördert die Zellatmung und verbessert die Resorption von Eisen. Es hemmt wahrscheinlich die Bildung der krebserregenden Nitrosamine.

Vorkommen: Gemüse und Obst, besonders Zitrusfrüchte, Salat, schwarze Johannisbeeren, Hagebutten, Paprikaschoten, Kartoffeln.

Tagesbedarf (Angaben jeweils in mg):

Säuglinge	40–50	Schwangere Frauen	100
Kinder (1–14 Jahre)	55–75	Stillende Mütter	125
Jugendl. (15–18 Jahre)	75	Senioren (ab 65 Jahren)	75
Erwachsene	75		

Jeweils 100 g der folgenden Lebensmittel enthalten Vitamin C in durchschnittlich folgender Menge: Brokkoli 90 mg, Zitronen 53 mg, Apfelsinen 50 mg, schwarze Johannisbeeren 177 mg, Hagebutten 1250 mg, Paprikaschoten 139 mg.

Folgen: Bei Fehlen von Vitamin C tritt Skorbut (Zahnfleischverkümmerung) auf; bei Mangel Zahnfleischblutungen, verzögerte Wundheilung und Appetitlosigkeit. Vitamin-C-Mangelzustände kommen in der Bundesrepublik praktisch nicht mehr vor; lediglich männliche Senioren, die offenbar zu wenig Obst und Gemüse verzehren, können betroffen sein. Überdosiert aufgenommenes Vitamin C wird über den Urin ausgeschieden und belastet die Nieren infolge Oxalat-Bildung.

Hinweise für die Praxis: Große Vitamin-C-Mengen haben keine vorbeugende Wirkung bei Erkältungen, auch bewirken sie weder eine Beschleunigung der Wundheilung noch eine Erhöhung sportlicher Leistungen (Sengupta 1988). Vitamin C wird durch Sauerstoff beim Erhitzen schnell zerstört (bis zu 100%). Da Vitamin C durch Kupfer zerstört wird, sollte beim Kochen kein Kupfergeschirr verwendet werden.

Vitamin D (Calciferol)
Aufgaben: Knochenbildung, Calcium- und Phosphatstoffwechsel.

Vorkommen: Vitamin D kann vom Körper selbst produziert werden: Das Provitamin 7-Dehydrocholesterin wird unter Einwirkung von Sonnenlicht in der Haut zu Vitamin D umgewandelt. Auch aus der Natur wird Vitamin D aufgenommen: gute Quellen sind Fisch, Eigelb, Butter, Milch.

Tagesbedarf (Angaben in µg):

Säuglinge	10,0	Schwangere Frauen	10,0
Kinder (1–14 Jahre)	10,0	Stillende Mütter	10,0
Jugendl. (15–18 Jahre)	10,0	Senioren (ab 65 Jahren)	5,0
Erwachsene	5,0		

Jeweils 100 g der folgenden Lebensmittel enthalten Vitamin D in durchschnittlich folgender Menge: Sardinen 7,5 µg, Hühnerei 1,7 µg, Butter 1,3 µg; 1 Liter Milch enthält 0,6 µg.

Folgen: Mangelzustände sind in der Regel nicht durch fehlende Aufnahme von Vitamin D durch die Nahrung, sondern durch zu wenig Sonnenlicht bedingt und führen bei Kindern zu Rachitis, bei Erwachsenen zu Osteomalazie (Knochenerweichung). Überdosen verursachen erhöhte Calcium- und Phosphatkonzentration in Blut und Urin, gelegentlich Nierenschäden sowie Ablagerung in Blutgefäßen.

Hinweis für die Praxis: Vitamin-D-Präparate sollten nicht unkontrolliert eingenommen werden; dies gilt auch für die Verabreichung an Säuglinge.

Vitamin E (Tocopherol), 1 mg Vitamin E (D,L-α-Tocopherylacetat) = 1 Internationale Einheit (IE)

Aufgaben: Vitamin E ist nötig für die Fortpflanzung und den Fettstoffwechsel. Es schützt ungesättigte Fettsäuren und Vitamin A vor Oxidation.

Vorkommen: Pflanzenöle, Getreidekeime, Butter, Margarine, Ei, Leber.

Tagesbedarf (Angaben jeweils in mg):

Säuglinge	3,0–4,0	Schwangere Frauen	14,0
Kinder (1–14 Jahre)	6,0–12,0	Stillende Mütter	17,0
Jugendl. (15–18 Jahre)	12,0	Senioren (ab 65 Jahren)	12,0
Erwachsene	12,0		

Jeweils 100 g der folgenden Lebensmittel enthalten Vitamin E in durchschnittlich folgender Menge: Weizenkeimöl 215 mg, Sonnenblumenöl 55,8 mg, Butter 2,2 mg, Pflanzenmargarine 16 mg, Hühnereigelb 2,1 mg, Weizenkleie 2,8.

Folgen: Mangel an Vitamin E tritt kaum auf. Vitamin-E-Einnahmen über den Tagesbedarf hinaus bringen keine heilende oder vorbeugende Wirkung. Überdosierung kann zu Nebenwirkungen führen.

Hinweis für die Praxis: Bei Tageslichteinwirkung zersetzt sich Vitamin E.

Bezugsgröße für die Vitamin-E-Wirkung verschiedener Tocopherole ist in den deutschen Nährwerttabellen das »D-α-Tocopherol-Äquivalent«, das der Wirksamkeit von reinem Vitamin E entspricht. Im Gegensatz dazu hat die IE das D,L-α-Tocopherylacetat als Standard, weil sich diese Substanz synthetisch sehr rein herstellen läßt.

Es besteht folgende Umrechnung:

1 mg D-α-Tocopherol-Äquivalent = 1,49 mg D,L-α-Tocopherylacetat
1 mg D,L-α-Tocopherylacetat = 0,671 mg D-α-Tocopherol-Äquivalent

Vitamin K (Phyllochinon)

Aufgaben: Vitamin K ist für die Blutgerinnung notwendig.

Vorkommen: Grünes Gemüse, Sauerkraut, Leber, Hühnerfleisch; ein Teil des Bedarfs wird von den Darmbakterien produziert.

Tagesbedarf (Angaben jeweils in µg):

Säuglinge	5–10	Schwangere Frauen	65
Kinder (1–14 Jahre)	15–50	Stillende Mütter	65
Jugendl. (15–18 Jahre)	60–70	Senioren (ab 65 Jahren)	65–80
Erwachsene	60–80		

Jeweils 100 g der folgenden Lebensmittel enthalten Vitamin K in durchschnittlich folgender Menge: Sauerkraut 1500 µg, Brokkoli 130 µg, Rosenkohl 570 µg, Rinderleber 300 µg, Hühnerfleisch 300 µg, Hühnerleber 600 µg.

Folgen: Bei Mangel an Vitamin K kommt es zu verzögerter Blutgerinnung und Neigung zu Blutungen.

Hinweis für die Praxis: Der Vitamin-K-Verlust beim Kochen ist gering; Vitamin K ist jedoch empfindlich gegen Tageslicht und ionisierende Strahlung.

Biotin (früher Vitamin H)
Aufgaben: Biotin ist notwendig für viele Reaktionen des Fettstoff-, Kohlenhydrat- und Aminosäurestoffwechsels.

Vorkommen: Biotin ist enthalten in Leber, Niere, Eigelb, Sojabohnen, Erdnüssen. Es wird auch im Darm produziert.

Geschätzter Tagesbedarf (Angaben jeweils in µg):

Säuglinge	10–15	Kinder (über 10 Jahre)	30–100
Kinder (1–10 Jahre)	20–30	Erwachsene	30–100

Jeweils 100 g der folgenden Lebensmittel enthalten Biotin in durchschnittlich folgender Menge: Rinderleber 100 µg, Kalbsniere 80 µg, Hühnerei 25 µg, Sojabohnen 60 µg, Erdnüsse 34 µg.

Folgen: Mangelerscheinungen sind nur bei übermäßigem Verzehr rohen Hühnereiklars bekannt. Das hierin enthaltene Avidin bindet Biotin. Es kommt dann zu Hautveränderungen und Müdigkeit.

Hinweis für die Praxis: Biotin wird beim Kochen nicht zerstört.

Folsäure
Aufgaben: Die zur Vitamin-B-Gruppe zählende Folsäure beeinflußt zahlreiche Stoffwechselreaktionen, bei denen sie auch mit Vitamin B_{12} zusammenwirkt; diese sind erforderlich für die Reifung und Teilung vor allem der roten Blutzellen.

Vorkommen: Folsäure ist in Lebensmitteln weit verbreitet; besonders reich an Folsäure sind grünes Gemüse, Weizenkeime und Rinderleber.

Tagesbedarf: Schwangere Frauen haben einen doppelt so hohen, stillende Mütter einen erhöhten Folsäure-Bedarf. (Angaben in mg):

Säuglinge	0,1	Schwangere Frauen	0,6
Kinder (1–14 Jahre)	0,1–0,3	Stillende Mütter	0,5
Jugendl. (15–18 Jahre)	0,3	Senioren (ab 65 Jahren)	0,3
Erwachsene	0,3		

Jeweils 100 g der folgenden Lebensmittel enthalten Folsäure in durchschnittlich folgender Menge: Brokkoli 0,1 mg, Spinat 0,1 mg, Weizenkeime 0,3 mg, Rinderleber 0,22 mg.

Folgen: Nicht ausreichende Aufnahme von Folsäure führt zu Blutarmut, Veränderungen der Mundschleimhaut und Durchfall. Zusätzlicher Eisen- und Vitamin-B_{12}-Mangel verschlimmert die Folgen. Schwangere Frauen und Senioren sind häufig unterversorgt.

Hinweis für die Praxis: Durch Kochen kann bis zu 80% der Folsäure verlorengehen.

Niacin (Nicotinsäureamid, Nicotinsäure, früher Vitamin PP, d. h. Pellagra preventing)
Aufgaben: Niacin zählt zur Vitamin-B-Gruppe und wird für den Energiehaushalt der Zellen gebraucht.

Vorkommen: Niacinreich sind Fleisch, Fisch, Innereien, Getreide, Kartoffeln, Hefe. Aus der essentiellen Aminosäure Tryptophan kann auch der Körper Niacin bilden.

Tagesbedarf (Angaben jeweils in mg):

Säuglinge	5,0–6,0	Schwangere Frauen	17,0
Kinder (1–14 Jahre)	9,0–17,0	Stillende Mütter	20,0
Jugendl. (15–18 Jahre)	16,0–20,0	Senioren (ab 65 Jahren)	15,0–18,0
Erwachsene	15,0–18,0		

Jeweils 100 g der folgenden Lebensmittel enthalten Niacin in durchschnittlich folgender Menge: Rinderfilet 4,6 mg, Hering 3,8 mg, Rinderleber 14,7 mg, Weizenkleie 17,7 mg.

Folgen: Niacinmangel bewirkt Pellagra (Hautveränderung: rauhe, dunklere Haut). Daneben kommt es auch zu Störungen der Herzfunktion und im Verdauungstrakt sowie bei schwerem Niacinmangel zu psychischen Veränderungen. Bei hohen Dosen kann es zu Nebenwirkungen kommen. Versorgungsprobleme gibt es in Mitteleuropa nicht.

Hinweis für die Praxis: Beim Kochen können bis zu 50% des Niacins verloren gehen.

Pantothensäure
Aufgaben: Die Pantothensäure, die zur Vitamin-B-Gruppe zählt, greift als Teil des Co-Enzyms A in den Fettsäure- und Essigsäurestoffwechsel ein.

Vorkommen: Pantothensäure kommt in allen Lebensmitteln vor; reich enthalten ist sie z. B. in Innereien, Hefe und Eigelb.

Geschätzter Tagesbedarf (Angaben jeweils in mg):

Säuglinge	2,0–3,0	Schwangere Frauen	6,0
Kinder (1–14 Jahre)	4,0–6,0	Stillende Mütter	6,0
Jugendl. (15–18 Jahre)	6,0	Senioren (ab 65 Jahren)	6,0
Erwachsene	6,0		

Jeweils 100 g der folgenden Lebensmittel enthalten Pantothensäure in durchschnittlich folgender Menge: Rinderleber 7,3 mg, Hühnereigelb 3,7 mg.

Folgen: Bei normaler Ernährung tritt Pantothensäuremangel nicht auf.

Hinweis für die Praxis: Pantothensäure ist wasserlöslich und hitzeempfindlich; es ist mit Zubereitungsverlusten von 30% zu rechnen.

Tabelle **7** Beständigkeit von Vitaminen gegenüber äußeren Einflüssen (Bässler u. Mitarb. 1992), (+ beständig, – unbeständig)

Vitamin	Sauerstoff	Licht	Temperatur	Säuregrad sauer	Säuregrad basisch	Säuregrad neutral
A	–	–	–	–	+	+
B_1	–	+	–	+	–	–
B_2	+	–	–	+	–	+
B_6	+	–	–	+	+	+
B_{12}	–	–	+	+	+	+
C	–	–	–	+	–	–
D	–	–	–		–	+
E	–	–	–	+	+	+
K	+	–	+	–	–	+
Biotin	+	+	–	+	+	+
Folsäure	–	–	–	–	+	–
Pantothensäure	+	+	–	–	–	+

Wissenswertes für die Praxis

Vitaminverlust bei der Lagerung und beim Zubereiten

Da Vitamine gegenüber äußeren Einflüssen wie Hitze, Sauerstoff und Licht sehr empfindlich sind, ist bei unsachgemäßer Lagerung und Zubereitung zum Teil mit erheblichen Vitaminverlusten zu rechnen. Vitamine werden auch durch enzymatische Vorgänge beim Lagern von Obst, Gemüse und Kartoffeln abgebaut. So verliert zum Beispiel frischer Kopfsalat bei zweitägigem Aufbewahren bei Raumtemperatur schon die Hälfte seines Vitamin-C-Gehalts, bei geschnittenem Mischsalat ist der Verlust noch höher. Kartoffeln erleiden nach 6-monatiger Einkellerung Verluste an Vitamin C bis zu 70%. Vitaminhaltige Lebensmittel sollten deshalb in kühler und lichtgeschützter Umgebung gelagert werden. Beim Kochen kann die gleichzeitige Einwirkung von Hitze und Sauerstoff den Verlust steigern: So zerfallen zum Beispiel die Vitamine A und C besonders schnell, wenn man in offenen Gefäßen kocht; besser ist die Verwendung von Schnellkochtöpfen. Am schlimmsten wirkt sich das Warmhalten fertiger Speisen aus; nach zwei Stunden sind beispielsweise der Folsäure- und Vitamin-C-Gehalt in einer Gemüsebeilage fast völlig verschwunden (Tab. **7**).

Wasserlösliche Vitamine werden durch das Putz- und Kochwasser leicht ausgewaschen; deshalb sollte man zum Beispiel Gemüse vor dem Kochen wenig zerkleinern und nicht wässern und beim Waschen und Garen wenig Wasser verwenden.

Von den fettlöslichen Vitaminen ist bekannt, daß der Körper sie besser ausnutzen kann, wenn sie zusammen mit ihrem »Lösungsmittel« Fett aufgenommen werden (z. B. Speiseöl zum Salat).

Tabelle **8** Empfohlene Mehrzufuhr von Vitaminen in der Schwangerschaft und Stillzeit (Bässler u. Mitarb. 1992)

Vitamin	Mehrzufuhr und Steigerung			
	Schwangerschaft		Stillzeit	
A	0,3 mg	38%	1,0 mg	125%
B_1	0,4 mg	36%	0,6 mg	54%
B_2	0,3 mg	20%	0,8 mg	53%
B_6	1,0 mg	63%	0,6 mg	38%
B_{12}	0,5 µg	17%	1,0 µg	20%
C	25,0 mg	33%	50,0 mg	67%
D	5,0 µg	100%	5,0 µg	100%
E	2,0 mg	17%	5,0 mg	42%
Folsäure	0,15 mg	100%	0,08 mg	50%
Niacin	2,0 mg	13%	5,0 mg	33%

Die gebrauchsfertige Zubereitung vitaminhaltiger Lebensmittel durch die Industrie kann mit ausgereiften technischen Maßnahmen sehr schonend erfolgen. Insbesondere Tiefkühlkost ist – was ihren Vitamingehalt betrifft – akzeptabel. Erst die Folgeverluste an Vitaminen durch Lagern und tischfertiges Aufwärmen macht sie fachgerecht selbst zubereiteten Speisen unterlegen.

Tagesbedarf an Vitaminen

Bei vielseitiger und ausgewogener Ernährung stehen alle Vitamine in ausreichender Menge zur Verfügung. Der jeweilige Tagesbedarf ist bei den einzelnen Vitaminen genannt und in Tab. **6** zusammengefaßt.

Bei gewissen Krankheiten, einseitigen Ernährungsgewohnheiten, in bestimmten Lebensabschnitten oder bei Arzneimitteleinnahmen kann es allerdings vorkommen, daß der Bedarf an einzelnen Vitaminen nicht gedeckt wird. Mangel an Vitamin B_1 kann z.B. auftreten bei zu hohem Verzehr von Zucker- und Weißmehlerzeugnissen sowie bei ständig hohem Alkoholkonsum; einen höheren Bedarf (um bis zu 40%) an Vitamin C haben beispielsweise Raucher und ältere Männer; während sonnenarmer Monate können Säuglinge und ältere Menschen unter Vitamin-D-Mangel leiden, ebenso bettlägerige Patienten, wenn sie sich nie im Freien aufhalten und gleichzeitig einseitig ernährt werden.

Bei älteren Menschen ergibt sich zudem noch, daß der Energiebedarf altersbedingt um etwa 25 Prozent sinkt, der Vitaminbedarf aber unverändert bleibt. Es ist daher eine gezielte, vitaminreichere Ernährung vonnöten. Dies bleibt jedoch – insbesondere von sich allein versorgenden Männern – häufig unbeachtet.

Bei schwangeren Frauen und stillenden Müttern liegt der Vitamin-Mehrbedarf wesentlich höher als der Mehrbedarf an Nahrungsenergie, der etwa 13 bzw. 30 Prozent beträgt. Die Tab. **8** zeigt die empfohlene

Mehrzufuhr von Vitaminen für Frauen in der Schwangerschaft (ab 4. Monat) und während der Stillzeit.

Die Zufuhr von Vitaminen über den Bedarf hinaus nützt nichts (Sengupta 1988). Eine erhöhte Aufnahme von Vitamin B bewirkt beim Normalsportler keine Leistungssteigerung, ebensowenig wie eine erhöhte Einnahme von Vitamin C oder E vorbeugend bei Erkältungskrankheiten oder heilungsfördernd wirkt. Eine Einnahme über den Bedarf hinaus kann bei den Vitaminen A, B_6, C, D, E, Folsäure und Niacin sogar nachteilige Folgen haben.

Bei wirklichem Vitaminmangel kann durch eine Änderung der Eßgewohnheiten oder durch die Gabe von Vitaminen, die nur durch einen Arzt erfolgen sollte, meist rasch Abhilfe geschaffen werden; die Einnahme von Multivitaminpräparaten ist jedoch fraglich (Sengupta 1988).

Angaben des Vitamingehalts – Gesetzliche Bestimmungen

Um mißbräuchliche Vitaminzusätze (die natürlich in Lebensmitteln vorkommenden Vitamine sind nicht betroffen) zu verhindern, hat der Gesetzgeber viele Vitamine und vitaminaktive Substanzen den Zusatzstoffen gleichgestellt und sich damit detaillierte Regelungen über die Verwendungsmöglichkeit vorbehalten (Lebensmittelrecht: Diät-Verordnung, Vitamin-Verordnung). Bei den meisten Vitaminen reicht die Angabe des Namens, der Menge und der Prozentsatz der Tagesdosis gemäß der Tabelle **8a** aus. Bei den Vitaminen A und D, die der Körper speichern kann und die im Übermaß schwere Schäden auslösen können, hat der Gesetzgeber ihre Verwendung der Menge nach streng begrenzt und nur die Vitaminierung von Margarine, Mahlzeiten für Übergewichtige, bilanzierte Diäten und bestimmte Kleinkinderdiäten erlaubt. Der Verbraucher kann im übrigen davon ausgehen, daß er bei einem Hinweis auf Vitamine, ob natürlicher Herkunft oder zugesetzt, in 100 g eines Lebensmittels oder in einer Portionspackung mindestens 15 Prozent des Tagesbedarfs gemäß Tabelle **8a** erhält.

Im Rahmen der europäischen Harmonisierung wurde 1984 für die meisten Vitamine und einige Mineralstoffe jeweils eine »empfohlene Tagesdosis« gesetzlich (Nährwert-Kennzeichnungsverordnung) festgelegt, die bei Angaben auf den Packungen als Bezugswert dient. Diese

Tabelle **8a** Empfohlene Tagesdosis von Vitaminen und Mineralstoffen gemäß Nährwert-Kennzeichnungsverordnung 1994)

Vitamin A	800 µg	Niacin	18 mg	Calcium	800 mg
Vitamin B_1	1,4 mg	Vitamin B_{12}	1 µg	Phosphor	800 mg
Vitamin B_2	1,6 mg	Vitamin C	60 mg	Eisen	14 mg
Vitamin B_6	2 mg	Vitamin D	5 µg	Magnesium	300 mg
Pantothensäure	6 mg	Vitamin E	10 mg	Zink	15 mg
Folsäure	200 µg	Biotin	0,15 mg	Jod	150 µg

Werte weichen nur unerheblich von den Empfehlungen der DGE (s. Tabellen **5** und **6**) ab, die in diesem Buch zugrunde gelegt werden.

1.1.3 Ballaststoffe

Ballaststoffe sind die organischen Rückstände pflanzlicher Lebensmittel, die im Magen-Darm-Trakt von den Verdauungssäften nicht abgebaut und nur im Dickdarm teilweise noch zersetzt werden können. Da der Körper diese Stoffe größtenteils wieder ausscheidet, betrachtete man sie früher als »Ballast« und bezeichnet sie heute – im Gegensatz zu Stärke und Zuckern – auch als »nicht verwertbare Kohlenhydrate«. Von ihrer Funktion her in der Natur sind Ballaststoffe Gerüstsubstanzen für Zellwände und Gewebe von Pflanzen. International werden sie auch als »dietary fibers«, d. h. Nahrungsfasern, bezeichnet.

Aufbau der Ballaststoffe

Ballaststoffe bestehen überwiegend aus den hochmolekularen Kohlenhydraten Cellulose (Abb. **1**), Hemicellulose (aus 4 verschiedenen Einzelzuckern), Pektin (aus Zuckersäuren) und zum Teil aus dem Nicht-Kohlenhydrat Lignin (aus Phenylpropanoleinheiten), das den Hauptinhaltsstoff verholzter Gewebe ausmacht. Zu den Ballaststoffen zählt man außerdem Pflanzengummi (wie Gummi arabicum, Traganth), Schleimstoffe (Pentosane, Glucane, Glucofructane), Quellstoffe (wie Guarkernmehl), ferner Tannine sowie die beim Erhitzen von Lebensmitteln (z. B. beim Backen) entstehenden aromatischen Bräunungsstoffe (Maillardprodukte und Melanoidine); im weiteren Sinne gelten als Ballaststoffe auch Wachse, wachsähnliche und andere Pflanzenstoffe.

Die also stofflich recht verschiedenartigen Ballaststoffe werden noch unterteilt in unlösliche und lösliche, was vor allem praktische Bedeutung hat bei ihrer sehr unterschiedlichen Fähigkeit, mit Wasser aufzuquellen. Nur Pektin, das besonders reichlich in Äpfeln und Citrusfrüchten enthalten ist, kommt ausschließlich wasserlöslich vor (im Zellsaft). Teile der Hemicellulosen sind wasserlöslich, doch auch die unlöslichen Hemicellulosen und die als unlöslich geltende Cellulose können mit mehr oder weniger Wasser aufquellen und so Wasser binden.

Bedeutung der Ballaststoffe für Sättigung und Darmbewegung

Das notwendigerweise gründlichere und längere Kauen ballaststoffreicher Lebensmittel dient der Erhaltung der Zähne, bewirkt einen größeren Speichelfluß und fördert damit die Vorverdauung; der alkalische Speichel verhindert auch eine Übersäuerung des Speisebreies. Aufgrund der ebenfalls verlängerten Verweildauer des Speisebreies im Magen erzeugen Ballaststoffe auch ein frühzeitiger spürbares und länger anhaltendes Sättigungsgefühl (»Appetitzügler«). Bei ballaststoffhaltiger Nahrung kann der Abbau aller Kohlenhydrate verzögert werden, wodurch auch der Zuckergehalt im Blut (»Blutzuckerspiegel«) langsamer ansteigt; das wiederum bewirkt ein verzögert einsetzendes Hungergefühl (wichtig für Diabetiker).

Die mit in den Dickdarm gelangten unlöslichen Ballaststoffe Cellulose und Hemicellulose binden zwar auch Wasser, die löslichen wie Pektin quellen hier stärker auf und die typischen Quellstoffe können sogar ein Vielfaches (ihres Eigengewichtes) an Wasser aufnehmen, wobei der Darminhalt durch höheren Wassergehalt und größeres Volumen zugleich weich erhalten bleibt. Dadurch werden vermehrt Reize auf die Darmwandungen ausgelöst, die wiederum zu verstärkter Darmbewegung und einer erwünscht kürzeren Passagezeit der Stuhlmasse führen. Andererseits werden das vorwiegend aus Gemüse stammende, wasserlösliche Pektin und ein Teil der Hemicellulose im Dickdarm durch Bakterien-Enzyme abgebaut (fermentiert), und zwar zu Fettsäuren und Gasen; dabei vermehren sich die Bakterienzellen und somit der Darminhalt ganz erheblich. Dies wiederum hilft, Verstopfung und Hämorrhoiden zu verhindern. Durch Ballaststoffe werden teilweise auch Darmgase, Schwermetallspuren und Giftstoffe adsorbiert.

Ballaststoffbedarf

Die Ballaststoffe haben größtenteils keinen Energiegehalt (physiologischen Brennwert); nur die im Dickdarm abbaubaren können als Fettsäuren (Essig-, Propion- und Buttersäure) ins Blut übergehen und auch Energie liefern. Es gibt bisher eigentlich auch keine verbindlichen Mengenangaben an Ballaststoffen – vergleichbar z.B. mit denen für Mineralstoffe –, die der Mensch bei der täglichen Nahrungszufuhr unbedingt brauchte. Aufgrund der jedoch vielseitig förderlichen Funktionen, die die Ballaststoffe im Speisebrei vom Mund bis zum Dickdarm ausüben, hat man bestimmte Erfahrungswerte ermittelt. So empfehlen Ernährungsphysiologen, die derzeitige durchschnittliche Aufnahme von 15 bis 20 g Ballaststoffen pro Tag zu verdoppeln. Dabei sollte mindestens die Hälfte aus Getreide stammen, der Rest aus Gemüse und Obst. Den Tagesbedarf von ca. 15 g Getreide-Ballaststoffen könnte man z.B. mit folgenden Brotmengen decken: ca. 8 g aus 100 g Roggenvollkornbrot, ca. 2 g aus 40 g Weißbrot oder Brötchen und ca. 5 g aus 100 g Roggenmischbrot (Wisker u. Feldheim 1987).

Ballaststoffquellen

Tabelle **9** zeigt den Ballaststoffgehalt einiger Lebensmittelgruppen (vgl. auch Tab. **53** »Soviel Ballaststoffe enthalten unsere Lebensmittel«, S. 287).

Wissenswertes für die Praxis

Ballaststoffhaltige Lebensmittel

Außer den sehr ballaststoffreichen getrockneten Hülsenfrüchten (11 bis 18%) enthalten vor allem Getreideprodukte und Brote aus Vollkorn und danach Mehlbrote die nächstgrößten Anteile an Ballaststoffen (siehe

Tabelle **9** Ballaststoffgehalt einiger Lebensmittelgruppen (Wisker u. Feldheim 1985)

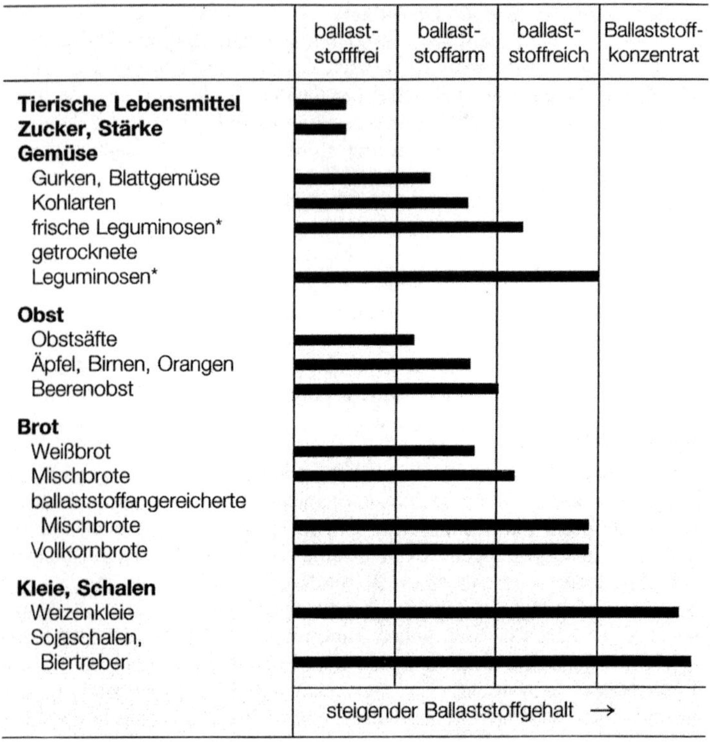

* Hülsenfrüchte

Kapitel 3.2.3). Neben regelmäßig höherem Brotverzehr – oder höherem Verbrauch von Vollkornbrot – liefern daher auch häufigere Gerichte mit Hülsenfrüchten (Bohnen, Erbsen und Linsen) wesentliche Ballaststoffmengen.

Die Hemicellulosen der Getreide-Ballaststoffe gelten als besonders verdauungsfördernd. Auch deshalb wird empfohlen, daß wenigstens 50% der täglichen Ballaststoffzufuhr aus Getreideerzeugnissen stammt (siehe Kapitel 3.1.2).

Für eine ausgewogene Ernährung sind auch Ballaststoffe aus frischem Obst und Gemüse wichtig, denn sie enthalten neben Cellulose vorrangig das sehr quellfähige Pektin. Um jedoch allein über den Verzehr von hellem Brot, Obst und Gemüse genügend Ballaststoffe zur Normalisierung der Darmtätigkeit zuzuführen, müßte man, wegen des niedrigen Ballaststoffgehaltes insbesondere von Obst und Gemüse (nur 1,5 bis 3 %), sehr große Mengen davon verzehren.

Die Ballaststoffe aus Getreide bestehen überwiegend aus Hemicellulosen, wenig Cellulose sowie sehr wenig Pektin und Lignin, dagegen die von Gemüse und Obst aus wesentlich weniger Hemicellulosen, dafür aus mehr Cellulose und viel Pektin (Wisker u. Feldheim 1987).

Zur Ergänzung sind die ballaststoffreicheren Nüsse, Mandel- und Kokoserzeugnisse geeignet (5 bis 9 %), wobei man deren sehr hohe Ölgehalte gegebenenfalls beachten sollte.

Ballaststoff-Lieferanten wie Leinsamen, Sesam- und Sonnenblumenkerne (ca. 6 %) sind allerdings oft relativ hoch mit Cadmium belastet. Gegen deren Verzehr in kleineren Mengen, wie z. B. in Brot oder Brötchen, bestehen jedoch keine Bedenken. Auch Trockenfrüchte, wie Aprikosen, Feigen, Pflaumen oder Rosinen, haben einen ähnlich hohen Ballaststoffgehalt (5 bis 9 %).

Hinweise auf Ballaststoffgehalte

Die auf Fertigpackungen von Vollkornbackwaren und -teigwaren sowie von Müsli- und anderen Getreideerzeugnissen immer häufiger aufgedruckten Ballaststoffgehalte oder Hinweise wie »ballaststoffreich«, aber auch die meisten bisher in Nährwerttabellen und Kochbüchern veröffentlichten Ballaststoffgehalte sind kritisch zu betrachten: Die Untersuchung auf diese Gehalte nach der früher amtlichen sogenannten NDF-Methode (Neutral Detergent Fiber) erfaßt nur die unlöslichen Ballaststoffe, während man mit der neuerdings in der Bundesrepublik vorgeschriebenen sogenannten AOAC-Methode zusätzlich die löslichen, d. h., damit also die Gesamt-Ballaststoffe bestimmen kann (Amtl. Samml. von Untersuchungsverfahren 1988). Da bei deklarierten Ballaststoffgehalten diese Methoden meist mit angegeben sind, kann man nach gleicher Methode ermittelte Werte miteinander vergleichen und sollte beachten, daß die noch nach der NDF-Methode ermittelten niedriger liegen. (Zu Hinweisen wie »ballaststoffreich« oder ähnlich siehe auch Kapitel 3.3.2.)

Ballaststoffverlust bei der Zubereitung

Beim Kochen von Obst oder Gemüse wird der Ballaststoffgehalt grundsätzlich vermindert: Die löslichen Ballaststoffe, Pektin und lösliche Hemicellulose, werden dabei – je nach Zerkleinerungsgrad und Kochdauer – zu einem kleineren Teil herausgelöst und gehen in das Kochwasser über (Becker 1988).

Einfluß auf verdauungsbedingte Erkrankungen

Daß in stärke- und zuckerhaltiger Nahrung auch vorhandene Ballaststoffe den »Blutzuckerspiegel« langsamer ansteigen lassen und das Einsetzen des Hungergefühls hinauszögern, dürfte Übergewichtigen bei

Abnahmediäten bzw. »Kalorienbewußten« spürbar helfen; besonders für Zuckerkranke bedeutet dies, daß ballaststoffhaltige Kost ihren Bedarf an Insulin verringern kann. Bei dem in der Diabetes-Diät auch üblichen Verzehr isolierter Ballaststoffe haben die aus Guarkernmehl eine stärker blutzuckersenkende Wirkung als z.B. (reines) Pektin. Damit (überschüssiges) Cholesterin nicht vollständig ins Blut übergeht, werden die gleichen isolierten Ballaststoffe (Schlierf u. Mitarb. 1982), auch getrocknete Zuckerrübenschnitzel (FIBREX) sowie die sogenannte »Haferspeisekleie« (ca. 15–20 % Ballaststoffe) verabreicht; diese bestehen teils aus β-Glucanen, die Gallensäuren zu absorbieren vermögen.

Eine erhöhte Ballaststoffaufnahme zur Normalisierung der Darmfunktion zeigt auch Erfolge bei der meistens mit Verstopfung verbundenen sogenannten Divertikulose; das sind durch hohen Druck im Darminneren entstandene entzündliche Ausstülpungen der Darmschleimhaut.

Von weiteren in diesem Zusammenhang genannten Beschwerden soll sich nur die Verstopfung (Obstipation) in den meisten Fällen ganz eindeutig auf eine zu geringe Ballaststoffzufuhr zurückführen lassen (Wisker u. Feldheim 1987).

1.1.4 Zubereitung und Werterhaltung der Lebensmittel

Die Zubereitung hat den Zweck, die Lebensmittel in einen verzehrfertigen bzw. genußfähigen Zustand zu überführen. Durch die Zubereitung werden Lebensmittel entscheidend verändert; aber nur teilweise in Form einer Verbesserung. Die Verschlechterung bezieht sich auf Verluste wichtiger Inhaltsstoffe.

Verbesserung durch Zubereitung

Die Entfernung von Verunreinigungen und die Abtötung gesundheitlich bedenklicher Keime verbessern die hygienische Qualität. Verkleistern von Stärke, Quellen von Eiweiß und Gelieren von Pektinen führen durch die Zubereitung zu einer besseren Verdaulichkeit und Ausnutzbarkeit der Nährstoffe, die Bildung von Aroma- und Röststoffen zu einer Erhöhung des Genußwertes. Zum Teil werden durch Schälen, Auslaugen oder Erhitzen auch Pflanzenschutzmittelrückstände, Schwermetalle oder schädliche Pflanzeninhaltsstoffe verringert bzw. abgebaut.

Verschlechterung und Verluste durch Zubereitung

Eine Verschlechterung des Genußwertes zeigt sich insbesondere in den Auslaugverlusten von Aroma- und Farbstoffen, der Bildung unerwünschter Geruchs- und Geschmacksstoffe sowie der Zerstörung der Struktur und Konsistenz. Auch Nährstoffverluste sind mit der Zubereitung verbunden, allgemein durch Schäl-, Auslaug- und Tropfverluste. Bei Eiweißstoffen kann es zusätzlich noch zu Blockierung oder Zerstörung von Aminosäuren kommen. Bei Fetten werden durch Oxidation wertvolle mehrfach ungesättigte Fettsäuren nachteilig verändert. Vitamine werden durch Luft-, Licht- oder Hitzeeinwirkung zerstört.

Maßnahmen zur Werterhaltung

Um Auslaugverluste so gering wie möglich zu halten, sollten Lebensmittel nur unzerkleinert gewaschen werden. Grundsätzlich sollte die Zerkleinerung immer erst kurz vor der Weiterverarbeitung erfolgen.

Die Garverfahren

Von allen Garungsarten führt das Kochen in reichlich Flüssigkeit bei Temperaturen um 100 °C zu den größten Verlusten an wasserlöslichen Substanzen. Dünsten in wenig Wasser oder Dämpfen in Drucktöpfen verringern Auslaugverluste und sind günstiger für die Vitaminerhaltung. Das Braten erfolgt in heißem Fett. Vorteilhaft für den Geschmack sind dabei die entstehenden Röststoffe. Allerdings kommt es beim Braten zumindest oberflächlich zur Denaturierung vieler Inhaltsstoffe. Besondere geschmacksgebende Röststoffe entstehen auch beim Grillen. Bei Holzkohlengrills sollten nur solche Fabrikate benutzt werden, die die Möglichkeit einer seitlichen Befeuerung haben, damit abtropfendes Fett nicht verbrennen kann: Die Entstehung krebserzeugender polycyclischer aromatischer Kohlenwasserstoffe wird so erheblich verringert. Beim Mikrowellengaren dringen elektromagnetische Wellen (Mikrowellen) in das Gargut ein und führen durch Anregung der Wassermoleküle zur Erhitzung von innen. Die Oberflächentemperatur bleibt relativ niedrig, so daß keine Bräunung oder Krustenbildung erfolgt. Bräunung wird nur erreicht, wenn besonderes Geschirr verwendet wird, das sich selbst stark erhitzt und einen sogenannten Pfanneneffekt bewirkt. Da bei der Mikrowelle meist ohne Wasserzusatz in kurzen Zeiträumen gegart wird, gibt es keine Auslaugverluste, und hitzeempfindliche Vitamine werden geschont. Mikrowellen eignen sich weniger für die Behandlung großer Mengen, weil die Garzeit dann zu lang ist. Als Nachteil wird weiterhin eine ungleichmäßige Erhitzung der Speisen angesehen. Wasserarme Lebensmittel lassen sich schlecht erhitzen. Auch wird die eigentliche Garzeit bei Kartoffeln, Nudeln oder Reis nicht wesentlich verkürzt (Anemueller 1993).

1.2 Zusätze

1.2.1 Technische Hilfsstoffe

Sie stellen die Grauzone der Zusatzstoffe dar: Es handelt sich dabei um Stoffe, die bei der Herstellung aus technologischen Gründen verwendet, weitgehend aus den Lebensmitteln wieder entfernt werden und nur Reste im Lebensmittel hinterlassen dürfen, die technisch unvermeidbar, unwirksam, gesundheitlich unbedenklich und weder riechen noch schmecken dürfen. Die Grenze zwischen den technischen Hilfsstoffen und Zusatzstoffen verläuft fließend und hängt oft nur von der Anwendungsweise ab.

Die Tab. **10** zeigt eine unvollständige Übersicht der ca. 300 teils nicht genau bekannten und nicht zulassungbedürftigen Stoffe. Die Gesamtzahl der verwendeten technischen Hilfsstoffe dürfte bei vielen Lebensmitteln die Zahl der verwendeten Zusatzstoffe übersteigen; von der hergestellten Menge werden weit mehr technische Hilfsstoffe bei der Lebensmittelproduktion verwendet als Zusatzstoffe (Kuhnert 1991).

Da diese Stoffe nicht zugelassen werden müssen, steigt der Staat hier aus seiner Verantwortlichkeit aus und überläßt sie voll dem Anwender, der somit nahezu frei über deren Verwendung entscheiden kann. Die eingesetzten technischen Hilfsstoffe bleiben häufig lange verborgen, und damit verbundene Gefahren gelangen erst spät oder überhaupt nicht an die Öffentlichkeit.

Als erster Einbruch in diese Grauzone ist die Extraktionslösungsmittel-Verordnung zu werten, mit der eine kleine, aber wichtige Gruppe technischer Hilfsstoffe rechtlich geregelt wird.

1.2.2 Zusatzstoffe

Diese Wortneuschöpfung entspricht im englischen Sprachgebrauch den »food additive« und löst den früheren Begriff »Fremdstoff« ab.

Inländische Hersteller sind in der Anwendung von Zusatzstoffen eingeschränkt, sie dürfen sie bei der Herstellung von Lebensmitteln überwiegend nur in ganz bestimmten Fällen verwenden; dies ist in einzelnen Verordnungen geregelt. Nur ein Teil der Zusatzstoffe unterliegt der Kennzeichnungspflicht; Rechtsgrundlage ist insbesondere die Zusatzstoff-Zulassungs-Verordnung (ZZulV) Lebensmittelrecht, Band I, 3. Hersteller im EG-Ausland dürfen weit mehr Zusatzstoffe einsetzen. Diese Lebensmittel können importiert werden, auch wenn sie nach inländischem Recht nicht zugelassene Zusatzstoffe enthalten, sofern eine Anmeldung und Prüfung beim deutschen Gesundheitsministerium erfolgte.

Tabelle **10** Technische Hilfsstoffe

Fraktioniermittel:	**Oberflächenbehandlungsmittel:**
Adsorptionsmittel	Antischaummittel
Detergenzien	Freifließmittel
Entfärber	Hydrophobiermittel
Enzym-Fixiermittel	Hydrophiliermittel
Extraktions-Lösungsmittel	Instantisiermittel
Fällmittel	Überzüge, entfernbare
Flockmittel	
Flotationsmittel	**Reaktionsbeeinflusser:**
Filterhilfsmittel	Entkeimungsmittel
Ionenaustauscherharz	Enzyme
Klärmittel	Katalysatoren
Molekularsiebe	Kontakt-Gefriermittel
Reinigungshilfen	Mikroben-Kontrollmittel
Schälmittel	Packgas
Waschmittel	Reaktionsvermittler
Transporthilfen:	Solubisiermittel
Antiklumpmittel	
Formtrennmittel	
Schwemmwasser	
Treibgase	

Nutzen und Risiko

Der Einsatz von Zusatzstoffen erfordert immer eine sorgfältige Nutzen-Risiko-Abwägung. Die gesundheitliche Unbedenklichkeit muß durch aufwendige Untersuchungen nachgewiesen werden. Wenn man von Wirkungen durch falsche Ernährungsgewohnheiten und bei allergisch veranlagten Verbrauchern absieht, ist der weitaus größte Teil der verwendeten Zusatzstoffe nicht bedenklich. Trotzdem sind einige Zusatzstoffe in letzter Zeit in die Schlagzeilen geraten. Bei einem Teil dieser Meldungen wurden Ergebnisse von Tierversuchen unkritisch auf Menschen übertragen und damit unnötig Ängste geweckt. Grundsätzlich ist zu fordern, die Verwendung von Zusatzstoffen einzuschränken, wo immer dies möglich ist. Die Tendenz der EG zeigt bedauerlicherweise in die genau entgegengesetzte Richtung: Es sollen wieder Zusatzstoffe zugelassen werden, die schon vor Jahren als bedenklich eingestuft und ausgemustert wurden; allgemein werden die zulässigen Mengen teils heraufgesetzt, und für eine Vielzahl der Stoffe soll sogar der Grundsatz »quantum satis« gelten – *Menge nach Bedarf* – oder jeder soviel er mag.

Kennzeichnung an Lebensmitteln

In *nicht verpackter Ware* dürfen viele Zusatzstoffe ohne Hinweis darauf verwendet werden, nur folgende Angaben sind dabei vorgeschrieben:

- *mit Farbstoff* (nicht bei natürlichen Farbstoffen)
- *mit Konservierungsstoff* ... (nur bei noch wirksamen Mengen)
- *geschwefelt* (bei mehr als 50 mg SO_2 pro kg verzehrbarer Ware)
- *mit Zuckeraustauschstoff* ... (wenn Anteil über 10% beträgt)
- *mit Süßstoff* ... (sobald künstlich gesüßt wird), (bei Aspartam zusätzlich der Warnhinweis *»enthält Phenylalanin«* und *»nicht zum Backen und Kochen geeignet«*)
- *gewachst* (bei Zitrusfrüchten zum Schutz gegen Austrocknen)
- *geschwärzt* (bei mit Eisensalz gefärbten Oliven)
- *mit Phosphat* (bei Wurstwaren)
- *mit Milcheiweiß* (bei Wurstwaren aus hocherhitzter Verpackung)
- *Oberfläche mit Natamycin behandelt* (wenn behandelte Käserinde nicht entfernt wurde)
- coffeinhaltiges Erfrischungsgetränk (bei Cola-Getränken)
- chininhaltiges Erfrischungsgetränk (bei Bittergetränken)

In der Praxis finden sich selbst diese Angaben nur selten auf Speisekarten von Restaurants, Kantinen, Krankenhäusern, Mensen u. ä., obwohl selbstverständlich auch dort immer Kennzeichnungspflicht besteht.

Lebensmittel *in Fertigpackungen* müssen nach der Lebensmittelkennzeichnungsverordnung (LMKV) folgende Angaben tragen: die Verkehrsbezeichnung, den Namen und die Anschrift des Herstellers, Verpackers oder Verkäufers, das Mindesthaltbarkeits- oder Verbrauchsdatum, den Alkoholgehalt bei mehr als 1,2 Vol.-% und ein Zutatenverzeichnis, in dem alle enthaltenen Bestandteile, also auch die Zusatzstoffe, genannt werden müssen. Die Angabe der Menge wird durch das Eichrecht geregelt. Alle Zusatzstoffe sind im Zutatenverzeichnis unter bestimmten Klassennamen zu nennen, bis auf »modifizierte Stärken« müssen alle zusätzlich mit der chemischen Bezeichnung oder der E-Nummer genannt werden; sie bezeichnet in der Europäischen Gemeinschaft einheitlich beschriebene Zusatzstoffe. Beim Verschleppen während der Verarbeitung (»carry-over«) von Lebensmitteln entfällt bei geringen Mengen die Kennzeichnungspflicht.

Die Klassennamen lauten:

- Farbstoff
- Konservierungsstoff
- Antioxidationsmittel
- Säuerungsmittel
- Säureregulator
- Schmelzsalz
- Stabilisator
- Trennmittel
- Geschmacksverstärker
- Überzugsmittel
- Mehlbehandlungsmittel
- künstlicher Süßstoff

- Geliermittel
- Phosphate
- Emulgator
- Backtriebmittel
- modifizierte Stärke
- Schaumverhüter

Die zugelassenen Zusatzstoffe im Überblick

Die Übersicht enthält folgende Angaben zu den zugelassenen Zusatzstoffen: die E-Nummer (soweit diese vergeben wurde; bei Zahlen ohne E handelt es sich um vorläufige E-Nummern), die chemische Bezeichnung, Informationen über die Eigenschaften und Anwendungsbereiche sowie den ADI-Wert*, sofern dieser vorliegt. Ein **(L)** hinter der chemischen Bezeichnung besagt, daß dieser Zusatzstoff als Lebensmittel gilt. In **fetter Schrift** sind **zugelassene Zusatzstoffe** gekennzeichnet; *kursiv* hervorgehoben sind *Stoffe* oder *Nummern*, die von der *EG zur Verwendung vorgeschlagen* sind.

Zur leichteren Orientierung sind die Zusatzstoffe soweit wie möglich in aufsteigender Numerierung angegeben, ansonsten nach technologischer Funktion eingeteilt:

Farbstoffe	(ab E 100),
Konservierungstoffe	(ab E 200),
Antioxidationsmittel	(ab E 300),
Gelier-/Dickungsmittel	(ab E 400),
Emulgatoren	(ab E 450),
anorganische Verbindungen	(ab 500)

über Nr. 570 findet sich keine durchgängige Systematik mehr. Siehe auch die Liste aller E-Nummern in Bd. II (Anhang).

Farbstoffe

Bei der Zubereitung verlieren Lebensmittel leicht ihre natürliche Farbe, daher dürfen Masse und Oberfläche von Lebensmitteln mit Farbstoffen optisch nachgebessert werden. Häufiger dienen Farbstoffe ausschließlich »kosmetischen« Zwecken und sollen durch ein Farbsignal Wünsche wecken. Verboten ist es jedoch, durch Farbstoffe die Verwendung von z.B. Eigelb, Fruchtsaft o.ä. wertvollen Lebensmitteln vorzutäuschen.

Nur wenige Farbstoffe (E 101, 101a, 160a [α-, β-, γ-Carotin]) sind für nahezu alle »Lebensmittel allgemein« zugelassen, die anderen dürfen nur für bestimmte Lebensmittel oder Zwecke verwendet werden. Eine Gefährdung kann für Allergiker durch einige Farbstoffe gegeben sein, ansonsten gelten die meisten zugelassenen Farbstoffe als wenig bedenk-

* ADI = Acceptable daily intake; unter dem ADI-Wert eines Stoffes versteht man die höchste Tagesdosis, die auch bei lebenslanger Aufnahme keine Gesundheitsschäden hervorruft; die Angabe erfolgt in mg des Stoffes pro kg Körpergewicht pro Tag.

lich. Der Pro-Kopf-Verzehr wird in der Bundesrepublik Deutschland mit 1,5 g pro Jahr angegeben (Fachgruppe Lebensmittelchemie ...: Zusatzstoffe 1986). Es wird unterschieden zwischen natürlichen, synthetischen und anorganischen Farbstoffen sowie färbenden Lebensmitteln (z.B. Spinat, Rote-Bete-Saft, karamelisierten Produkten, Paprika, Curcuma oder deren Extrakten, rotem Traubensaftextrakt), wobei die letzteren frei verwendbar sind.

E 100	**Kurkumin**	orangegelb, aus Gelbwurz (Curry)
E 101	**Lactoflavin (L)**	gelb, identisch mit Vitamin B_2
E 101a	**Riboflavin-5-Phosphat**	
E 102	**Tartrazin**	gelbe Azoverbindung, toxikologisch sehr umstritten, sollte von Allergikern (mit Aspirin- und Benzoesäure-Intoleranz) gemieden werden, starke Beschränkung seit 1990, jetzt nur noch in verschiedenen Spirituosen erlaubt, ADI 7,5 mg (Classen u. Mitarb. 1987)
E 104	**Chinolingelb**	unbedenklich, da schwer resorbierbar, ADI 10 mg (Classen u. Mitarb. 1987).
E 110	**Gelborange S**	rot-orange Azoverbindung, bei Gaben von 5% im Rattenfutter über 2 Jahre Nierentumore, nicht gentoxisch, seit 1990 starke Beschränkung, ADI 2,5 mg
E 120	**Karminsäure,** Cochenille	rot, Naturextrakt der getrockneten Scharlach-Schildlaus, unbedenklich, ADI 5 mg
E 122	**Azorubin**	roter Azofarbstoff, unproblematisch in den verwendeten geringen Mengen, ADI 4 mg (Classen u. Mitarb. 1987)
E 123	**Amaranth**	roter Azofarbstoff, umstritten, weitere Forschungen erforderlich, in USA seit 1981 verboten, nachdem Versuche an Ratten mit Tumorbildung bekannt wurden, starke Beschränkung seit 1990, ADI 0,5 mg
E 124	**Cochenillerot A**	roter Azofarbstoff, wenig Erkenntnisse, in der EG Zulassung geplant für u. a. Wurst bis zu 250 mg/kg und Hackfleisch (40 mg/kg), ADI 4 mg
E 127	**Erythrosin**	rot, beliebt bei kandierten Kirschen, teils als Jodquelle nutzbar, im Tierversuch Verdacht auf Schilddrüsentumore, weitere Prüfung wichtig; in Gegenwart von metallischem Zinn oder Eisen (in unlackierten Konservendosen) kann aus Erythrosin nierentoxi-

		sches Fluorescein entstehen, ADI 0,1 mg, starke Beschränkung seit 1990, bei kandierten Kirschen auf 150 mg/kg begrenzt; findet Verwendung in Kautabletten (5–20 mg) zum Anfärben von Zahnbelag
E 128	*Rot 2G*	in der EG Zulassung für stärkehaltige Wurst geplant, ADI 0,1 mg
E 129	*Allurarot AC*	in der EG Zulassung bei Wurst und Hackfleisch bis zu 150 mg/kg geplant, ADI 7 mg
E 131	**Patentblau**	blau, wenig toxikologisch Bedenkliches bekannt, kein ADI, Zulassung für Blauschimmelkäse geplant
E 132	**Indigotin**	blau, harmlos, schlecht resorbierbar, ADI 5 mg
E 133	*Brillantblau FCF*	allgemeinere Zulassung geplant, ADI 12, 5 mg
E 140	**Chlorophyll**	grüner Naturfarbstoff aus Blättern
E 141	**Kupferverbindung des Chlorophylls**	wie E 140, aber mit Kupfer chemisch verändert, beschränkt wegen Gefahr von Kuprismus bei Überdosierung, ADI 15 mg
E 142	**Brillantsäuregrün,** Grün S	gilt als harmlos, da schlecht resorbierbar, kein ADI
E 150a–d	**Zuckercouleur**	braun, früher häufig in Brot, seit 1990 wegen Vortäuschung »Vollwert« für Brot verboten, von EG wieder Zulassung für Schwarzbrot sowie für Bier geplant, vielfach in Getränken (Cola) Probleme mit *toxi*schem Methylimidazol aus der Herstellung, es führt zu Krämpfen bei Kaninchen und Mäusen, ADI 150 mg für E 150 c, d
E 150b	*Sulfitlaugen-Zuckercoleur*	
E 150c	*Ammoniak-Zuckercoleur*	
E 150d	*Ammoniaksulfit-Zuckercouleur*	
E 151	**Brillantschwarz**	schwarzer Azofarbstoff, ADI 1 mg, unproblematisch bei geringen Mengen
E 153	**Pflanzenkohle**	schwarzes, feines Holzkohlepulver, auch als Arzneimittel »Carbo medicinalis vegetabilis« im Handel
E 154	*Braun FK*	*EG-Zulassung für geräucherten und gesalzenen Fisch geplant, kein ADI*
E 155	*Braun HT*	*umfangreiche EG-Zulassung geplant, ADI 1,5 mg*
E 160a	**Beta-Carotin** (L)	Diskussion der Gefahr von Hypervitaminose wegen der Vitamin-A-Aktivität, ADI 5 mg (Summe a+e+f)

E 160b–f	**Carotinoide**	große Gruppe von „Natur“farbstoffen, mit beschränkter Zulassung:
E 160b	**Bixin, Norbixin**	ADI 0,065 mg
E 160c	**Capsanthin/ Capsorubin**	ADI nicht benannt
E 160d	**Lycopin**	ADI nicht benannt
E 160e	**β-Apo-8-Carotinal (C30)**	ADI 5 mg
E 160f	**β-Apo-8-Carotinsäure-(C30) Ethylester**	ADI 5 mg
E 161a–g	**Xanthophylle**	orange, große „Natur“farbstoffgruppe
E 161a	**Flavoxanthin**	bis auf E 161g gibt es für alle Abkömmlinge
E 161b	**Lutein**	keine ADI-Werte, (Tagetes-Extrakt)
E 161c	**Kryptoxanthin**	
E 161d	**Rubixanthin**	
E 161e	**Violaxanthin**	
E 161f	**Rhodoxanthin**	
E 161g	**Canthaxanthin**	ADI 25 mg
E 162	**Betenrot**	rot, „Natur“farbstoff der roten Rübe
E 163	**Anthocyane**	von rot bis violett, große Gruppe „Natur“farbstoffe aus Blüten und Früchten, unproblematisch
166	*Sandelholz*	rot, EG-Zulassung geplant
E 170	**Calciumcarbonat**	weißes Pigment für Oberflächen
E 171	**Titandioxid**	weißes Pigment, sehr stabil, daher unbedenklich
E 172	**Eisenoxide**	schwarz, rot, gelb, insbesondere für Gelatinekapseln, ADI 0,5 mg
E 173	**Aluminium**	grau-silbrig, reines Metall für Oberflächenfärbung, im Kontakt mit Zahnplomben metallischer Geschmack, ADI 0,6 mg
E 174	**Silber**	silbrig, reines Metall, im Kontakt mit Zahnplomben metallischer Geschmack
E 175	**Gold**	goldgelb, reines, sehr inertes Metall
E 180	**Litholrubin BK** Rubinpigment	rote Azoverbindung, Pigment für Käserinde, wenig Toxikologisches bekannt, wird nicht verzehrt, kein ADI

Konservierungsstoffe

Neben physikalischen Verfahren sind auch zahlreiche chemische Stoffe dazu geeignet, die Entwicklung von Mikroorganismen zu verhindern, zu hemmen oder die Mikroorganismen abzutöten. Nur wenige dieser Chemikalien sind im Lebensmittelbereich zugelassen, andere finden wegen ihrer starken Wirkung als Desinfektionsmittel Verwendung und können bei unsachgemäßer Anwendung in Lebensmittel übergehen (Halogenessigsäuren, Propionsäure, Wasserstoffsuperoxid). Menge und Anwendungsbereiche der zugelassenen Konservierungsstoffe sind streng geregelt. Es besteht Kennzeichnungspflicht mit Namen *oder* E-Nummer.

Eine lückenlose Kenntnis der Wirkungsweise aller Konservierungsstoffe gibt es bis heute noch nicht. Bedenken gegen ihren Einsatz wurden seit ihrer ersten Anwendung erhoben. Sehr kritisch sollte der verstärkte Einsatz von Antibiotika beobachtet werden, da bei Resistenzbildung möglicherweise Humanarzneimittel ihre Wirkung verfehlen können.

Für Konservierungsstoffe ist bei der Nutzen-Risiko-Abwägung zu berücksichtigen, daß weltweit 25–50 % der Lebensmittel durch unsachgemäße Lagerung verderben und durch mikrobielle Zersetzung jährlich Tausende von Lebensmittelvergiftungen verursacht werden. Auch wenn durch Verlängerung der Haltbarkeit ein höherer Gewinn zu erzielen ist, kann dies alleine noch nicht als unredlich angesehen werden; erst wenn das Gesundheitsrisiko den Nutzen überwiegt, ist der Einsatz von Konservierungsstoffen abzulehnen.

E 200 **E 201** **E 202** **E 203**	**Sorbinsäure** **Natriumsorbat** **Kaliumsorbat** **Calciumsorbat**	unbedenklich, wird wie Fettsäure im Körper abgebaut, hemmt Enzyme in der Mikroorganismenzelle, gegen Hefen und Schimmelpilze, ADI 25 mg
E 210 **E 211** **E 212** **E 213**	**Benzoesäure** **Natriumbenzoat** **Kaliumbenzoat** **Calciumbenzoat**	natürliches Vorkommen in Preiselbeeren und fermentierten Produkten (z.B. Milcherzeugnissen), unangenehm kratzig, scharfer Geschmack, im Tierversuch (Katze) krampfauslösend, dennoch keine ernsthaften Bedenken gegen Verwendung, ADI 5 mg, nur im Sauren (unter pH 4,5) wirksam
E 214 **E 215** **E 216** **E 217**	**PHB-Ethylester** **Natrium-Verbindung von E 214** **PHB-Propylester** **Natrium-Verbindung von E 216**	wird viel verwendet in Kosmetika (Parabene), von dort allergisierendes Potential bekannt, Sensibilisierung durch orale Aufnahme möglich, die bei späterem Hautkontakt zu Ekzemen führen kann, ADI 10 mg (Classen u. Mitarb. 1987); geschmack-

E 218 **E 219**	**PHB-Methylester** **Natrium-Verbindung von E 218**	liche Veränderungen bei Lebensmitteln ab 0,08 % möglich, auch im Neutralen wirksam
E 220 **E 228**	**Schwefeldioxid** **Sulfite**	weit verbreitete Zusatzstoffe, die sehr reaktionsfähig sind; antimikrobiell, antioxidativ, enzymhemmend, farbstabilisierend und reduzierend wirksam; im menschlichen Körper werden täglich 1680 mg gebildet, als ADI sind zusätzlich 49 mg täglich erlaubt; wird teilweise bereits im Magen zu Sulfat abgebaut, das bei Störungen der Magensäuerung schlecht vertragen wird; Vitamin B_1 wird zerstört, Asthmatiker reagieren empfindlich auf Sulfit; bei Vitamin-B_1-reicher Ernährung im Tierversuch deutlich geringerer Schadenseffekt zu beobachten
E 230	**Diphenyl**	Wirkung meist indirekt über imprägniertes Einwickelpapier, wenig bedenklich, wenn Schale von Zitrusobst entfernt wird, ADI 0,05 mg
E 231 **E 232**	**Orthophenylphenol** **Natrium-Orthophenylphenol**	im Rattentest, bei 2,5% im Futter, Zunahme von Harnblasentumoren (Classen u. Mitarb. 1987) ADI 0,2 mg
E 233	**Thiabendazol**	hauptsächlich zur Behandlung von Bananenschalen, wird als orales Antiwurmmittel mit 50 mg pro kg Körpergewicht in der Medizin, Veterinärmedizin und viel als Fungizid in der Landwirtschaft benutzt, daher keine Einschätzung über Gesamtaufnahme möglich
E 234	*Nisin*	Antibiotikum einer Polypeptid-Gruppe, durch EG-Harmonisierung vorgesehen gegen Clostridien bei der Produktion von Schmelzkäse, Käse und Sauerrahm, *nicht spezifisch nachweisbar,* wenig Toxisches bekannt, wird in Mundhöhle schnell inaktiviert, kommt natürlich in geringer Menge in Milch vor, ADI 0,13 mg/3000 Units/kg
E 235	**Natamycin** **Pimaricin**	Antimykotikum (Anti-Pilzmittel) aus der Humanmedizin, gegen Schimmel und Hefen bisher nur auf Käseoberfläche bis 5 mm Eindringtiefe erlaubt; Risiko der

		Resistenzbildung, wurde aber hiervon bisher beim Menschen noch nicht beobachtet, ADI 0,3 mg
E 236	**Ameisensäure**	natürliches Vorkommen, u. a. im Urin und in Brennesseln
E 237 **E 238**	**Natriumformiat** **Calciumformiat**	bis 50 mg pro Tag, hohe Mengen in echter Sojasauce vorhanden, mutagene Wirkungen im Drosophila(Fliege)-Testsystem nachgewiesen
E 239	**Hexamethylentetramin**	nur bei Käse der Sorte Provolone erlaubt, spaltet das Allergen Formaldehyd ab (25 mg/kg erlaubt), ADI 0,15 mg
E 242	**Dimethyldicarbonat** (DMDC)	Kaltentkeimer für fruchtsafthaltige Erfrischungsgetränke ohne Kohlensäure und für alkoholfreien Wein, zerfällt zu Methanol (ca. 100 mg/l) und CO_2; Methanol wirkt ab 340 mg toxisch (Classen u. Mitarb. 1987), seit 1990 zugelassen
	Diethylpyrocarbonat = PKE, „Baycovin"	Kaltentkeimer, zerfällt in Ethanol und CO_2, bildet Spuren Urethan, das kanzerogen, mutagenund transplazentar kanzerogen wirkt; wird heute in der Bundesrepublik nicht mehr eingesetzt, allerdings noch im Ausland
	Borsäure	EG-Zulassung für Kaviar im Gespräch, kumulierende, hochtoxische Wirkung, daher nicht tolerierbar
E 249 **E 250**	**Kaliumnitrit** **Natriumnitrit**	Nitrite sind Antioxidans, Farbgeber, Aromabildner und Botulinus-Hemmstoff, aber auch an Nitrosaminbildung beteiligt, mutagene Wirkung bei Pilzen und Bakterien, Säuglinge unter 6 Monaten reagieren empfindlich mit Bildung von Methämoglobin, wodurch bei ihnen der Sauerstofftransport im Blut behindert wird; Nitritzufuhr aus Lebensmitteln ca. 3 mg täglich, orale Aufnahme durch Bildung im Speichel 8–11 mg täglich (s. bei Nitrat), ADI 0,1 mg
E 251 **E 252**	**Natriumnitrat** **Kaliumnitrat**	Bedenklich ist das Vorkommen im Speichel noch Stunden nach der Aufnahme, durch Mikroben werden sie in Nitrit umge-

		wandelt und gelangen dann in den Magen-Darm-Trakt, unter den widersprüchlichen toxikologischen Ergebnissen wird u. a. Magenkrebsrisiko genannt, ADI 5 mg (Classen u. Mitarb. 1987)
E 260	**Essigsäure (L)**	antimikrobiell ab 0,5% wirksam
E 270	**Milchsäure (L)**	natürlich in Sauermilchprodukten vorkommend, geschmacklich in hohen Mengen unangenehm, wird aus Stärke mikrobiologisch hergestellt
E 280 *E 281* *E 282* *E 283*	*Propionsäure* *Natriumpropionat* *Calciumpropionat* *Kaliumpropionat*	stechend-käsiger Geruch, natürliches Vorkommen in Käse (bis 1%), in anderen Molkereiprodukten und Sauerkraut; ab 0,6% Verfütterung an Ratten wird deren Vormagen geschädigt; seit dem 31.3.1988 in der Bundesrepublik Deutschland nicht mehr zugelassen, Wiederzulassung von der EG geplant!
E 290	**Kohlendioxid**	wichtiges konservierendes Gas für Obst und Gemüse in kontrollierter Atmosphäre (CA-Lager) und Backwaren in Verpackungen
E 296	**Äpfelsäure (L)**	kommt viel in Apfelsaft vor, mehr als Geschmacksgeber denn als Konservierungsstoff genutzt
E 297	**Fumarsäure (L)**	mehr Geschmacksgeber bei süßen, fruchtigen Produkten, ADI 6 mg
E 1105	*Lysozym*	Enzym, das nach EG-Vorschlag in Käse und Schmelzkäse (als Nitratersatz) zugelassen werden soll, es wirkt gegen bakterielle Infektionen, wird als Arzneimittel eingesetzt, findet sich viel in Hühnereiweiß und kann daraus gewonnen werden

Antioxidationsmittel

Reaktionen von Sauerstoff mit Lebensmittelbestandteilen, insbesondere Fett, können zu Geschmacksveränderungen bis zum Verderb führen. Sie lassen sich teils durch natürliche, teils durch synthetische, antioxidierend wirkende Stoffe verhindern. Die Verwendung synthetischer Antioxidantien ist beschränkt; anzutreffen sind sie bei trockenen Suppen, Saucen, diversen Knabbererzeugnissen, Marzipan, Kartoffeltrockenprodukten, Nußmassen und in Kaugummi. Antioxidantien sind bei loser Ware nicht kennzeichnungspflichtig.

E 300 **E 301** **E 302** **E 304**	**L-Ascorbinsäure** **Natrium-L-Ascorbat** **Calcium-L-Ascorbat** **6-Palmitoyl-L-Ascorbinsäure**	Ascorbinsäure (E 300) ist identisch mit Vitamin C, verstärkt die Wirkung anderer Antioxidationsmittel, stabilisiert die Farbe bei Fleischwaren, ist Mehlverbesserungsmittel, wirkt der Nitrosaminbildung bei Verarbeitung und im Körper entgegen (Fachgruppe Lebensmittelchemie: Zusatzstoffe 1986), E 304 kann in stark fetthaltigen Lebensmitteln eingearbeitet werden, meist zur unterstützenden Wirkung anderer Antioxidantien
E 306 **E 307** **E 308** **E 309**	**Tocopherole (L)** **Alpha-Tocopherol (L)** **Gamma-Tocopherol** **Delta-Tocopherol**	Tocopherol (E 306) ist identisch mit Vitamin E, hat positive Wirkung auf die Fortpflanzung bei Tieren, natürlicher Extrakt aus Getreidekeimölen; da Vitamin-E-Versorgung zu gering, keine Bedenken gegen Einsatz
E 310 **E 311** **E 312**	**Propylgallat** **Octylgallat** **Dodecylgallat**	die Gallate sind sehr wirksame Antioxidationsmittel, unter 200 mg pro kg toxikologisch unbedenklich, erst über 1% Dodecylgallat (E 312) im Futter von Ratten ruft Wachstumsverzögerung hervor (Souci u. Mergenthaler 1958), Gallate können allergieauslösend sein (Classen u. Mitarb. 1987), ADI von Propylgallat 1,4 mg
E 315 *E 316*	*Isoascorbinsäure* *Natriumisoascorbat*	EG-Zulassung geplant für voll und halb konservierte Fleischerzeugnisse, ADI 6 mg, E 316 zusätzlich noch für Konfitüren u.ä. sowie für Eiprodukte, fast keine Vitaminwirkung
E 320 **E 321**	**Butylhydroxy-anisol (BHA)** **Butylhydroxy-toluol (BHT)**	sehr wirksame, fettlösliche Antioxidationsmittel für Chips, Nüsse, Öle; Wirkung bleibt noch nach der Verarbeitung wirksam (Carry-through-Effekt), als negativ zu sehen ist die Anreicherung im Körper bis 2 mg pro kg) Halbwertszeit bis 10 Tage (WHO 1974), ADI – BHA 0,5 mg; BHT 0,125 mg

385	*Calcium-di-Natrium-Ethylendiamin-tetraessigsäure*	Komplexierungsmittel für Metalle, die sonst als Katalysatoren die Oxidation der Lebensmittel beschleunigen würden, ADI 2,5 mg
E 512	*Zinn-II-chlorid*	EG-Zulassung zur Farbstabilisierung von weißem Gemüse in Konserven geplant
E 1102	*Glucoseoxidase*	EG-Zulassung geplant für nichtalkoholische Erfrischungsgetränke, Saucen, Fischerzeugnisse, Dressings, Mayonnaise und Feinkostsalate, solle Verfärbung und Aromafehler verhindern
	Tertiär-Butylhydrochinon	in USA und vielen andern Ländern erlaubtes neues, synthetisches Antioxidans, mit hoher Stabilität und »Carry-through«-Effekt, nicht in Kombination mit Gallaten erlaubt
	Ethoxyquin	nicht zugelassenes Antioxidans, das aber häufig auf Obst aus Übersee zu finden ist, verhindert Schalenbräune bei Äpfeln und Birnen, Hauptquelle sind Rückstände in tierischen Lebensmitteln, die aus dem mit Ethoxyquin behandelten Futter stammen (Classen u. Mitarb. 1987)

Säuerungsmittel und Säureregulatoren

Hierunter fallen viele natürliche Säuren (Essig-, Zitronen-, Milchsäure u.a.), anorganische Säuren und deren Salze. Als Säureregulatoren dienen auch alkalische Stoffe. Die Säuren sollen einen sauren Geschmack vermitteln, sind saurer Partner in Backtriebmitteln, unterstützen Antioxidanzien oder verbessern die Haltbarkeit durch Senkung des pH-Werts. Zusammen mit alkalischen Säureregulatoren kann jeder beliebige pH-Wert und Säuregrad eingestellt werden.

Toxikologisch bestehen bei allen Mitteln kaum Bedenken. Inwieweit ihre Herstellung mit Hilfe speziell gezüchteter Pilze für Allergiker kritisch ist, kann noch nicht sicher bewertet werden.

E 261 **E 262**	**Kaliumacetat** **Natriumacetat** **Natriumdiacetat**	Salze der Essigsäure häufig in Brot als konservierendes Mittel genutzt, deklarationsfrei ADI 15 mg
E 263	**Calciumacetat**	wie E 262 gegen Fadenziehen in Brot
E 325 **E 326**	**Natriumlactat** **Kaliumlactat**	Salze der Milchsäure haben keinen ADI-Wert

E 327	**Calciumlactat**	
E 329	*Magnesiumlactat*	
E 330	**Zitronensäure = (L)**	in großen Mengen in Zitronensaft, aus dem sie früher auch hergestellt wurde, große Mengen können durch Komplexbildung die Aufnahme von Schwermetallen im Darm begünstigen
E 331	**Natriumcitrat**	
E 332	**Kaliumcitrat**	
E 333	**Calciumcitrat**	
E 334	**L(+)Weinsäure = (L)**	die Gesamtaufnahme der Weinsäure und ihrer Salze soll den ADI-Wert von 30 mg in der Summe nicht überschreiten
E 335	**Natriumtartrat**	
E 336	**Kaliumtartrat**	
E 337	**Natrium-Kalium-tartrat**	
E 350	Natriummalat	Salze der Äpfelsäure, wie diese weitverbreitet in der Natur
E 351	**Kaliummalat**	
E 352	**Calciummalat**	
E 353	**Metaweinsäure**	wie E 334 aus Weinstein hergestellt
E 354	**Calciumtartrat**	
E 355	**Adipinsäure**	findet sich in Rübensaft, wird wie einfache Fettsäure im Körper abgebaut, ADI 5 mg
E 356	*Natriumadipat*	
E 357	**Kaliumadipat**	
E 363	**Bernsteinsäur = (L)**	

Schmelzsalz

Bei der Schmelzkäseherstellung verhindern Phosphate und organische Säuren, daß sich einzelne Käsebestandteile absondern. Je nach Gemisch kann die Konsistenz bestimmt werden.

E 301	**Natrium-L-Ascorbat**	auch Antioxidationsmittel (s. dort) stabilisiert die Farbe
E 302	**Calcium-L-Ascorbat**	
E 325	**Natriumlactat**	Salze der Milchsäure, haben keinen ADI
E 326	**Kaliumlactat**	
E 327	**Calciumlactat**	
E 331	**Natriumcitrat**	(s.a. Säureregulatoren) große Mengen können durch Komplexbildung die Aufnahme von Schwermetallen im Darm begünstigen, bis 4% erlaubt
E 332	**Kaliumcitrat**	
E 333	**Calciumcitrat**	

E 339	**Mono-, Di- oder Tri-Natrium-orthophosphat**	einzeln und als Gemisch bis 20 g je kg als P_2O_5 in Schmelzkäse erlaubt, Phosphate wirken in hohen Mengen als Komplexbildner, können zu Knochenschwund und Kalkablagerungen im Gewebe führen, wenn die Pufferkapazität des Organismus überschritten wird. Sie sind weder teratogen (Mißbildungen erzeugend) noch mutagen (Erbgut verändernd)
E 340	**Mono-, Di-, Tri-kaliumortho-phosphat**	
E 341	**Mono-, Di-, Tri-calciumortho-phosphat**	
E 450	*Diphosphate*	
E 450a	**Di-, Tri-, Tetrana-triumdiphosphat-** *Dikalium-diphosphat*	
E 450a	**Tetrakaliumdi-phosphat**	
E 451	*Triphosphat*	
E 450b	**Pentanatrium-triphosphat**	
E 450b	**Pentakalium-triphosphat**	
E 452	*Polyphosphate*	Polyphosphate werden schlecht resorbiert und teils unverändert ausgeschieden; tolerierbare Gesamtaufnahme von Phosphaten 70 mg pro kg Körpergewicht pro Tag
E 450c	**Natrium-polyphosphat**	
E 450c	**Kaliumpoly-phosphat**	

Geliermittel und Verdickungsmittel

Feste bzw. schwache Gele (aus Stärke, Agar, Pektin u.a.) finden sich bei Süßwaren, Konfitüren und Desserts etc., sie ermöglichen, Flüssigkeit in Form zu bringen. Der Übergang zu den Verdickungsmitteln, die eher eine Konsistenz oder Viskosität stabilisieren sollen, ist fließend und teils nur von deren Einsatzmenge abhängig (s. a. Kapitel 3.1, S. 169). Viele der Dickungsmittel werden wegen ihrer Unverdaulichkeit häufig in diätetischen Lebensmitteln als kalorienreduzierender Stoff eingesetzt.

E 400	**Alginsäure**	Algin ist Zellwandbestandteil von Braunalgen, aus denen durch Behandlung mit z. B. Natronlauge, Natriumalginat gewonnen wird; Alginate können durch Komplexbildung die Verfügbarkeit von Metallen (Fe, Co) vermindern, Propylenglykol
E 401	**Natriumalginat**	
E 402	**Kaliumalginat**	
E 403	**Ammonium-alginat**	
E 404	**Calciumalginat**	

E 405	**Propylenglykol-alginat**	wird nach Spaltung des Esters (E 405) voll verstoffwechselt; ADI 25 mg
E 406	**Agar-Agar**	Zellwandbestandteil der Rotalgen, wird seit über 60 Jahren als kalorienfreies Abführmittel (bis 15 g pro Tag) benutzt
E 407	**Carrageen**	aus Rotalgen gewonnen; Carrageenan führt bei Dosen über 1% im Tierversuch zu Geschwüren im Dick- und Enddarm
E 410	**Johannisbrot-kernmehl**	wird aus den Samen des Johannisbrotbaums gewonnen, ist nicht verdaulich
E 412	**Guarkernmehl**	aus den Samen eines indischen Baums, unverdaulich, verzögert im Tierversuch die Glucoseresorption, senkt den Cholesterinspiegel, toxische Effekte durch Trypsinhemmstoffe aus der Eiweißfraktion und Vergrößerung der Schilddrüse von Ratten bei 5% Zusatz im Futter (Classen u. Mitarb. 1987)
E 413	**Traganth**	aus der Stammrinde einer Leguminosenart gewonnen, ist im Darm abbaubar, allergisierende Potenz ähnlich der von Eialbumin (Classen u. Mitarb. 1987)
E 414	**Gummi-arabicum**	getrockneter Saft von Akazienarten, wird vollständig verstoffwechselt, gelegentlich wurden allergische Reaktionen beim Menschen beobachtet
E 415	**Xanthan**	von Mikroorganismen aus Glucose oder Saccharose hergestellter Gummi ergibt hochviskose Lösungen für Milchprodukte
E 416 *E 417* *E 418*	*Karayagummi* *Tarakernmehl* *Gellan*	von der EG geplante Dickungsmittel aus pflanzlichen Rohstoffen
E 440a	**Pektin**	kommt in der Gerüstsubstanz von Pflanzengewebe, besonders bei Äpfeln und Citrusfrüchten, vor
E 440b	**amidiertes Pektin**	wird durch Behandlung von Pektin mit alkoholischer Ammoniaklösung gewonnen, findet besonders in Milcherzeugnissen Verwendung, da es nicht durch Calcium ausgefällt wird
E 460	**Cellulose**	Gerüstsubstanz in holzigen Pflanzen, wird durch Enzymbehandlung aufgespalten, kann weder verdaut noch resorbiert werden, kleinste Teilchen können aber persor-

		biert werden (Darmwand durchwandern), reichern sich jedoch nicht im Körper an, daher kein ADI
E 461	**Methylcellulose**	durch chemische Behandlung veränderte Cellulose, bei Ratten gehen Spuren in die Muttermilch über, ADI seit 1992 nicht mehr festgelegt (bisher 25 mg)
E 463	**Hydroxypropyl-cellulose**	
E 464	**Hydroxypropyl-methylcellulose**	
E 465	*Ethylmethylcellu-lose*	
E 466	**Carboxymethyl-cellulose** *(Natrium-)*	chemisch mit Monochloracetat behandelte Cellulose, bei hoher oraler Aufnahme können vermehrt Bauchbeschwerden auftreten, bei Bäckern sollen allergische Hautreaktionen vorgekommen sein, ADI 25 mg
E 445	*Harzsäuren-Glycerinester*	identisch mit Kolophonester (915), vorläufiger ADI 0,5 mg
915	**Kolophonester**	

Phosphate

Die Phosphate werden wegen ihrer Vielseitigkeit häufig als Zusatzstoffe genutzt. Sie weisen Hydratationswirkung auf, vermögen aufzuschließen, auf Eiweiß lösend, dispergierend, peptisierend und quellend zu wirken; damit wirken sie als Stabilisatoren und Emulgatoren. Bei der Wurstherstellung sind sie heute wegen der Verwendung von „Kaltfleisch" nötig. Früher waren sie nicht erforderlich, da schlachtwarmes Fleisch verwendet wurde, das ohne Phosphate verwurstet werden kann. Einsatz finden Phosphate besonders bei Kondens-, Trockenmilch-, Sahneerzeugnissen, Schmelz-, Kochkäse, Brühwürsten, Fischzubereitungen, Fertigeis, Cola-, Kakaogetränken und Backpulver (S. 215).

E 338	**Orthophosphor-säure**	bis 0,7 g/l in Kolagetränken
E 339	**Mono-, Di- oder Trinatriumortho-phosphat**	bis 1 g/l in Kondensmilch, Bestandteil von Backtriebmitteln
E 340	**Mono- Di- Tri-kaliumortho-phosphat**	bis 20 g/kg in Schmelzkäse
E 341	**Mono-, Di- Tri-calciumortho-phosphat**	bis 50 g/kg in Getränkeweißer (jeweils als P_2O_5 berechnet)

343	**Magnesiumorthophosphat**	
344	**Tricalciumdiorthophosphat**	
E 450	*Diphosphate*	bis zu 20 g/kg z. B. in backfertigem Mehl, Phosphate wirken in hohen Mengen als Komplexbildner, können zu Knochenschwund und Kalkablagerungen im Gewebe führen, wenn die Pufferkapazität des Organismus überschritten wird. Sie sind weder teratogen noch mutagen
E 450a	**Di-, Tri-, Tetranatriumdiphosphat** *Dikaliumdiphosphat*	
E 450a	**Tetrakaliumdiphosphat**	
540	**Dicalciumdiphosphat** ***Calciumhydrogendiphosphat***	
E 451	*Triphosphate*	
E 450b	**Pentanatriumtriphosphat**	
E 450b	**Pentakaliumtriphosphat**	
E 452	*Polyphosphate*	Polyphosphate werden schlechter resorbiert und teils unverändert ausgeschieden; tolerierbare Gesamtaufnahme von Phosphaten 70 mg pro kg Körpergewicht je Tag
E 450c	**Natriumpolyphosphat**	
E 450c	**Kaliumpolyphosphat**	
543	**Calciumnatriumpolyphosphat**	
544	**Calciumpolyphosphat**	

Emulgatoren und Stabilisatoren

Emulgatoren ermöglichen durch ihre oberflächen-/grenzflächenaktive Wirkung (wie ein Tensid), daß eigentlich nicht mischbare Stoffe (z.B. Wasser mit Öl) zu einer gleichmäßigen Masse stabilisiert werden können. Die entstandenen Emulsionen, Suspensionen oder Schäume vermitteln einen anderen Geschmackseindruck als die Ausgangsstoffe, sie erleichtern die technische Verarbeitung oder erlauben eine längere Stabilität (Haltbarkeit). Sie erlauben aber auch, viel Wasser „schnittfest" zu produzieren, was jedoch als Mißbrauch zu beanstanden wäre.

Der menschliche Körper produziert in den Gallensäuren eigene Emulgatoren, ebenso zählen Lecithine zu den Emulgatoren natürlicher Herkunft. Bei den synthetischen Produkten handelt es sich vielfach um heterogene Gemische, die aus Speisefetten oder durch Fettverseifung hergestellt wurden. Nicht geklärt ist bis heute, ob durch die emulgierende Wirkung die Aufnahme von Schadstoffen über die Darmschleimhaut erleichtert oder erhöht wird.

E 322	**Lecithine**	werden bei der Sojaölherstellung gewonnen, finden sich als natürlicher Emulgator in Eigelb
E 431	*Polyoxyethylen-(40)stearat*	neue Gruppe von Emulgatoren, Zulassung von der EG geplant, ADI 25 mg
E 432	*Polyoxyethylen-sorbitan-monolaurat (Polysorbat 20)*	
E 433	*Polyoxyethylen-sorbitan-monooleat (Polysorbat 80)*	
E 434	*Polyoxyethylen-sorbitan-monopalmitat (Polysorbat 40)*	
E 435	*Polyoxyethylen-sorbitan-monostearat (Polysorbat 60)*	
E 436	*Polyoxyethylen-sorbitan-tristearat (Polysorbat 65)*	
E 442	**Ammoniumsalze von Phosphatidsäuren**	besonders als Netzmittel in Kakaopulver im Einsatz, ADI 30 mg
E 470	**Natrium-, Kalium- oder Calciumverbindung von Speisefettsäuren**	sie sind besser als Seifen bekannt, entstehen bei der Fettgewinnung, werden normal im Körper abgebaut
E 471	**Mono- und Diglyceride von Speisefettsäuren**	normale Nahrungsbestandteile, die wie Fette gespalten werden
E 472a	**Essigsäureester der Monoglyceride von Speisefettsäuren**	alle folgenden Ester werden im Körper zu Spaltprodukten umgesetzt, die normale Bestandteile der Nahrung und damit unbedenklich sind; diese Esteremulgatoren

E 472b	**Milchsäureester von Mono- und Diglyceriden von Fettsäuren**	finden für Fettcremes, Fertigbackmischungen, als Backhilfsmitteln u. ä. breite Verwendung
E 472c	**Zitronensäure-ester von Mono- und Diglyceriden von Fettsäuren**	
E 472d	**Weinsäureester von Mono- und Diglyceriden von Fettsäuren**	ADI der gesamten Weinsäureaufnahme max. 30 mg
E 472e	**Mono- und Diacetylweinsäureester von Mono- und Diglyceriden von Fettsäuren**	
E 472f	**Gemischte Essig- und Weinsäureester von Mono- und Diglyceriden von Fettsäuren**	
E 473	*Zuckerester*	
E 474	**Zuckerglyceride**	
E 475	**Polyglycerinester von Speisefettsäuren**	der chemische Unterschied zu den Glycerinestern macht sich toxikologisch nicht bemerkbar, ADI 25 mg
E 476	*Polyglycerin-Polyricinoleat*	für Schokoladen und fettreduzierte Saucen, ADI 7,5 mg
E 477	*Propylenglycolester von Speisefettsäuren*	insbesondere für Feinbackwaren, Milchimitate, Desserts, ADI 25 g
E 479a	**thermooxidiertes Sojaöl**	im Tierversuch bei hohen Dosen Störungen, unterhalb 2,5% im Futter keine toxischen Wirkungen zu beobachten, als Trennmittel bei Mengen bis zu 50 mg je kg Lebensmittel unbedenklich (Classen u. Mitarb. 1987), für Fettemulsionen zum Braten und Backen, ADI 3 mg

E 479a	*thermooxidiertes Sojaöl mit Mono- und Diglyceriden von Speisefettsäuren*	für Fettemulsionen zum Braten und Backen, ADI 30 mg
E 481	*Natriumstearoyl-2-lactylat*	EG-Zulassung geplant u.a. für Feinbackwaren, Desserts, Getränkepulver, bei beiden ADI 20 mg
E 482	*Calciumstearoyl-2-lactylat*	
E 483	*Stearyltartrat*	
E 491	*Sorbitanmonostearat*	u.a. für Feinbackwaren, Marmelade, Getränkekonzentrate, Milchimitate, Schokolade ist EG-Zulassung geplant, ADI 25 mg
E 492	*Sorbitantristearat*	
E 493	*Sorbitanmonolaurat*	
E 494	*Sorbitanmonooleat*	
E 495	*Sorbitanmonopalmitat*	

Trennmittel

Bei der maschinellen Verarbeitung klebriger oder anbackender Produkte ist es häufig erforderlich, das Verklumpen feiner Pulver zu vermeiden oder eine nicht haftende Zwischenschicht (entsprechend dem Einfetten beim Backen) aufzutragen. Auch Rieselfähigkeitsmittel beim Salz zählen dazu. Nach neuerer Einschätzung des wissenschaftlichen Lebensmittelausschusses (SCF) hat die EG-Kommission Bienen-, Candelilla-, Carnaubawachs, Polyethylenwachsoxidate und Schellack als „befristet akzeptabel bis 1995“, Paraffine und Mineralwachse als „nicht akzeptabel“ bezeichnet.

E 170	**Calciumcarbonat**	unproblematische anorganische Verbindung, ab 20 g tägliche Aufnahme Calciumablagerungen im Gewebe möglich
E 341	**Tricalciumdiorthophosphat** Hydroxylapatit	wenig wasserlöslich, setzt etwas Phosphat frei, das wie natürliches Phosphat verstoffwechselt wird
E 466	**Carboximethylcellulose**	(siehe Stabilisatoren), wird in Süßstofftabletten eingesetzt
E 470	**Calciumstearat**	Verbindung eines häufig vorkommenden Fettbestandteils

E 479a	**thermooxidiertes Sojaöl**	im Tierversuch bei hohen Dosen Störungen, unterhalb 2,5% im Futter keine toxischen Wirkungen zu beobachten, Mengen bis zu 50 mg je kg Lebensmittel unbedenklich (Classen u. Mitarb. 1987)
E 479a	*thermooxidiertes Sojaöl mit Mono- und Diglyceriden von Speisefettsäuren*	
E 504	**Magnesiumcarbonat**	Bewertung wie E 170
E 530	**Magnesiumoxid**	sehr stabile Verbindung
E 535	**Natriumhexacyanoferrat (II)**	verhindert das Zusammenbacken von Kochsalz durch Veränderung der Kristallstruktur; sehr stabile Komplexe, aus denen kein Cyanid im Körper freigesetzt wird, keine Langzeitstudien bekannt, wegen niedriger Dosierung ungefährlich, ADI 0,025 mg für Wein und Kochsalz
E 536	**Kaliumhexacyanoferrat (II)** gelbes Blutlaugensalz	
E 538	**Calciumhexacyanoferrat (II)**	
550	Natriumsilicate	Kieselsäure und ihre Salze sind in der Natur (Quarz) weit verbreitete, chemisch stabile Verbindungen
E 551	**Kieselsäure, SiO_2**	
E 552	**Calciumsilicat**	
E 553a	**Magnesiumsilicat** (synthetisch)	bei dem geringfügigen Einsatz sind keine Wirkungen zu erwarten
E 553a	*Magnesiumtrisilicat*	soll nephrotoxische Wirkung bei Ratten und Hunden auslösen
E 553b	**Talkum**	muß frei von Asbest sein; nicht resorbierbar, daher unkritisch
E 554	**Natriumaluminiumsilicat Aluminiumsilicat**	weit verbreiteter Naturstoff, chemisch inaktiv, wird nicht resorbiert
E 555	*Kaliumaluminiumsilicat*	Bewertung wie alle anderen chemisch inaktiven Silicate
E 556	*Calciumaluminiumsilicat*	
E 570	**Fettsäuren Stearinsäure (L)**	häufiger Fettbestandteil, normale Abbauprodukte der Fettverdauung im Körper
572	**Magnesiumstearat**	Verbindung eines häufig vorkommenden Fettbestandteils (E 570), wird vielfach dem Staubzucker für Backwaren zugesetzt

E 900a	*Polydimethyl-siloxan*	wenig Toxikologisches bekannt, ADI *1,5* mg, geplant für Lebensmittel allgemein, insbesondere Kaugummi
E 900b	*Methylphenyl-polysiloxan*	
E 901	**Bienenwachs**	Naturstoffgemisch, unverdaulich, unbedenklich, kaum toxikologische Daten vorhanden
E 902	**Candellilawachs**	natürliches Wachs von Wüstenpflanzen, bis zu 3,6 g pro kg KG im Tierversuch chronisch untoxisch, sonst wenig bekannt (Classen u. Mitarb. 1987)
E 903	**Carnaubawachs**	aus der brasilianischen Wachspalme, im Tierversuch bis 10% Wachs im Futter nicht toxisch, ADI 50 mg
E 910	**Wachsester Walrat**	unbedenklich, da Ester der Fettsäuren aus dem Öl bestimmter Wale, toxikologische Studien nicht bekannt,
	Holzstreumehl (meist Rotbuche)	wurde häufig bei Broten verwendet, Feinstaub von Buchenholz erzeugt bei chronischer Inhalation Nasentumore (seit 1990 verboten)

Geschmacksverstärker

Sie sollen den Eigengeschmack von Lebensmitteln verbessern, erlauben es aber auch, Geschmacksfehler zu überdecken und verleihen den Produkten einen gleichartigen Geschmack. Die Verwendung der Geschmacksverstärker muß auf das Produkt abgestimmt werden, häufig verringert sich durch synergistische Wirkung dabei der Kochsalz- oder Aromazusatz merklich. Für salzige Erzeugnisse wird Glutamat und Salz im Verhältnis 1:10, für süße meist Maltol eingesetzt. (Ausführlicheres Bd. II, Kapitel 5, S. 135 ff., – Aromen.)

E 620	**Glutaminsäure**	am weitesten verbreiteter Geschmacksverstärker, der immer in Fertiggerichten und in der chinesischen Küche zu finden ist, kann bei empfindlichen Personen zu Herzrasen, Erröten, Kopf- und Magenschmerzen führen (China-Restaurant-Syndrom)
E 621	**Mononatrium-glutamat**	
E 622	**Monokalium-glutamat**	
E 623	**Calcium-glutamat**	
E 624	*Monoammonium-glutamat*	
E 625	**Magnesium-glutamat**	

E 626	*Guanylsäure*	die folgenden Geschmacksverstärker entstehen auch auf natürliche Weise bei der Reifung oder Lagerung von Lebensmitteln, besonders aus Fleisch, sie werden gleichfalls zu unerwünschter Harnsäure umgebaut
E 627	**Dinatriumguanylat**	
E 628	**Dikaliumguanylat**	
E 629	*Calciumguanylat*	
E 630	*Inosinsäure*	
E 631	**Dinatriuminosinat**	
E 632	**Dikaliuminosinat**	
E 633	*Calciuminosinat*	
E 634	*Calcium 5-ribonucleotid*	
E 635	*Dinatrium 5-ribonucleotid*	
E 636	**Maltol**	entsteht als normales Abbauprodukt bei der Röstung stärkehaltiger Produkte, ADI 1 mg
E 637	**Ethylmaltol**	künstlicher Maltolverwandter, ADI 1 mg
E 640	**Glycin und dessen Natriumsalz**	„Leimsüß", findet sich in der Leimsubstanz von Knochen, Haut, Kollagen
	L-Alanin	große Gruppe von natürlichen Eiweißbausteinen; die freien Aminosäuren wurden den Zusatzstoffen gleichgestellt, damit ihre Verwendung geregelt werden kann; bei unkontrollierter Verwendung muß mit Verschiebungen des Aminosäuren-Gleichgewichts gerechnet werden, was gesundheitlich negative Auswirkungen haben haben kann
	L-Arginin	
	L-Asparaginsäure	
	L-Citrullin	
E **920**	**L-Cystein**	
E **921**	**L-Cystin**	
	L-Histidin	
	L-Isoleucin	
	L-Leucin	
	L-Lysin	
	L-Methionin	
	L-Phenylalanin	
	L-Serin	
	Taurin	
	L-Threonin	
	L-Valin	

Überzugsmittel

Als Schutz gegen den Verlust von Wasser und Aromen während der Lagerung werden Zuckerwaren, Weinbeeren, Äpfel und Zitrusfrüchte mit dünnen Überzügen versehen. Bei letzteren soll die Schale behandelter Früchte nicht mitverzehrt werden, so daß sich dafür eine detaillierte Bewertung erübrigt. Bei Zuckerwaren sind neben den bei Trennmittel (s. dort) erwähnten Wachsen und Estern noch folgende Stoffe erlaubt:

E 470a	**Natrium-, Kalium-,Calcium-salze von Fett-säuren**	im Körper Spaltung zu normalen Nahrungsbestandteilen, unbedenklich
E 470b	*Magnesiumsalze von Fettsäuren*	allgemeine Zulassung in der EG geplant
E 904	**Schellack**	Harz aus dem Sekret der Schildlaus, kaum toxikologische Erkenntnisse
905	**Paraffinöl**	Gemisch gereinigter, linearer, gesättigter
905	**Hartparaffin; natürlich**	Kohlenwasserstoffe aus Erdöl, Braunkohle, Schieferteeröl
905	**Hartparaffin**	synthetisch gewonnen, alle drei sind biochemisch stabil
906	**Benzoeharz**	wohlriechendes Baumharz, Parfümgrundstoff, kaum toxikologische Erkenntnisse
907	**mikrokristalline Wachse**	wie 905 zu bewerten
913	**Wollwachs** (gereinigt)	aus Schafwolle gewonnenes natürliches Wachs, ungereinigt oft mit Rückständen belastet
	Polyethylen-wachsoxidate	wie 905 zu bewerten
	Kopal	natürliches Harz von Copaifera-Arten
	Mastix	Harz des Mastixstrauchs, Klebergrundstoff, kaum toxikologische Erkenntnisse
	Sandarakharz	Zypressenharz, Heilmittel, Lackgrundstoff, kaum toxikologische Erkenntnisse

Mehlbehandlungsmittel

Sie dienen der Verbesserung der Teigbeschaffenheit, erlauben es, die technologisch erforderlichen Teigeigenschaften einzustellen zur leichteren Teigbearbeitung oder für das Backverhalten, z. B. um Größe, Volumen oder Aroma der Backware zu beeinflussen; neben den dafür eingesetzten Emulgatoren, Acetaten, Dickungsmitteln etc. finden insbesondere die nachfolgenden Stoffe Verwendung.

E 300	**Ascorbinsäure (L)**	Ascorbinsäure verbessert die Teigeigenschaft (Verwendung auch als Antioxidationsmittel)

E **920**	**Cystein** oder Cysteinhydrochlorid	diese Eiweißbausteine vermögen teilweise die Klebereigenschaft schlechter Weizenmehle zu verbessern, das Zusammenziehen der Teige wird dadurch vermieden, was für die maschinelle Verarbeitung wichtig ist, sie werden u. a. aus Haaren (z. B. Schweineborsten) hergestellt, daher für strenggläubige islamische Verbraucher aus religiösen Gründen abzulehnen
E **921**	**Cystin**	

Süßstoffe

In Nctzeiten erlaubten künstliche Süßstoffe die Herstellung süßer Lebensmittel unter Einsparung des teuren Zuckers. Für Diabetiker sind sie schon immer bedeutsam gewesen, da sie süßen, ohne belastende Glucose zu liefern. Beides sind wichtige Gründe für einen Einsatz. Heute werden jedoch unter dem Vorwand der Kalorieneinsparung Süßstoffe häufig falsch und in immer mehr Produkten eingesetzt und diese zuckerreduzierten Produkte mit einem oft unangemessen hohen Preis verkauft. Die früher billige „künstliche Brause“ (mit Saccharin), ist heute zum teuren Diätetikum (mit Saccharin und Cyclamat) geworden.

Bei dieser Entwicklung gewinnen die Beobachtungen des britischen Psychologen Blundell Beachtung (Carl 1989), nach dem der Verzehr von Süßstoff den Appetit fördern und nachfolgend zu einer erhöhten Nahrungsaufnahme führen soll. Erklärt wird dies von Blundell als „zephalischer Insulinreflex“, der ein subjektiv gesteigertes Hungergefühl auslösen soll. Die Theorie ist umstritten und bedarf sicher noch einer abschließenden Klärung.

Sicher ist aber, daß Übergewichtige ihre Probleme nicht alleine durch Verwendung von Süßstoff lösen können.

E 950	**Acesulfam-K** (Sunett)	seit 1990 zugelassene, sehr stabile Verbindung mit 200facher Süßkraft von Zucker, gesundheitliche Risiken bisher nicht bekannt geworden, im Tierversuch wurde geringer Übergang in die Plazenta und Muttermilch beobachtet, ADI 15 mg
E 951	**Aspartam** (Canderel) (Ekandi)	etwa 180fache Süßkraft von Zucker, nicht kalorienfrei, wegen geringer Dosierung aber kaum bedeutsam, wird im Körper zu Methanol, Phenylalanin und Asparaginsäure abgebaut; die beiden letzten Verbindungen kommen häufig als Eiweißbausteine vor; Phenylalanin ist problematisch für Personen mit Phenylketonurie (= PKU, erbliche Stoffwechselkrankheit durch Enzymdefekt, daher Warnhinweis vorgeschrieben), ADI 40 mg

E 952	**Cyclohexyl-sulfaminsäure Natriumcyclamat Calciumcyclamat**	etwa 45fache Süßkraft von Zucker, nun nur für diätetische Lebensmittel und brennwertverminderte Getränke zugelassen, geht im Tierversuch in die Plazenta und auch in die Muttermilch über; bei Ratten ab 5% im Futter erhöhtes Auftreten von Blasentumoren, über Chromosomenschäden bei Mäusen wird berichtet; als Abbauprodukt kann im Körper Cyclohexylamin entstehen, das ähnlich dem Ephedrin kreislaufanregend wirkt; verstärkt die Wirkung des blutzuckersenkenden Mittels Chlorpropamid; ADI 11 mg
E 954	**Saccharin** Natrium-Saccharin Kalium-Saccharin Calcium-Saccharin	etwa 450fache Süßkraft von Zucker, bei Ratten ab 5% im Futter wurden Blasentumoren beobachtet, eine primäre karzinogene Wirkung wird aber nicht vermutet, eher die Begünstigung der Entstehung; es hat einen unangenehm bitteren Nachgeschmack, der im Gemisch mit Cyclamat (1:10) überdeckt wird, gleichzeitig vervielfacht sich der Süßeffekt, ADI 5 mg.
E 957	*Thaumatin*	aus der Katemfe-Frucht isoliertes Polypeptidgemisch, EG-Zulassung geplant, besitzt 2000- bis 3500fache Süßkraft von Zucker, Wirkung setzt mit Verzögerung ein, wesentlicher ist die aromaverstärkende Wirkung, kein ADI festgelegt
E 959	*Neohesperidin DC*	EG-Zulassung geplant, etwa 330fache Süßwirkung von Zucker, die verzögert wahrgenommen wird und lakritz-, mentholartigen Nachgeschmack aufweist, kein ADI festgelegt

Backtriebmittel

Für die Teiglockerung werden Stoffe benötigt, die durch eigene, thermische Zersetzung oder chemische Reaktion ein Gas freisetzen. Durch einen deutlichen Ammoniakgeruch fällt das Hirschhornsalz bereits weit unterhalb des Grenzwerts geschmacklich negativ auf.

E 334	**L(+)Weinsäure = (L)**	eine der möglichen Säurekomponenten in Backpulver

E 339	**Mono-, Di- oder Tri-natrium-orthophosphat**	häufige Säurekomponente in Backpulver
E 500	**Natrium-carbonate**	sind Hauptkomponenten von Back- und Brausepulver, aus ihnen entsteht nach Reaktion mit einer Säurekomponente Kohlendioxidgas, das den Teig bzw. die Brause aufschäumt
E 501	**Kaliumcarbonate**	Pottasche, Verwendung wie E 500, Treibmittel besonders für Lebkuchen
E 503	**Ammonium-carbonate**	Hirschhornsalz wird hauptsächlich für Amerikaner- und Lebkuchenherstellung gebraucht
E 575	**Glucono-delta-lacton**	Säurekomponente besonders für den Nachtrieb in Backpulver, bis zu 1% in der Backware

Modifizierte Stärke

Diese durch Reaktion mit Säuren chemisch veränderten Stärken wirken wie Dickungsmittel, vielfach wird in der Praxis Distärkephosphat verwendet. Für keine der modifizierten Stärken gibt es ADI-Werte, da sie als toxisch unbedenklich angesehen werden. Sie finden sich häufig in tiefgefrorenen, vorgefertigten Backwaren, damit diese beim Gefrieren und Auftauen stabil bleiben.

E 1404	**oxidierte Stärke**	
E 1410	**Monostärke-phosphat**	mit Phosphat modifizierte Stärken werden wie normale Stärke verdaut, Ratten, die über 2 Jahre mit bis zu 30% gefüttert wurden, zeigten leicht erhöhtes Auftreten von Nephrokalzinose
E 1412	**Distärkephosphat**	
E 1413	**phosphatiertes Distärkephosphat**	
E 1414	**acetyliertes Distärkephosphat**	bei höherer Acetylierung sinkt die Verdaulichkeit auf 30%, im Tierversuch erhöhte sich das Zäkumgewicht
E 1420	**acetylierte Stärke**	Auftreten von Nephrokalzinosen und erhöhtes Zäkumgewicht im Tierversuch
E 1422	**acetyliertes Distärkeadipat**	wird nur langsam und unvollständig verstoffwechselt
E 1440	*Hydroxypropyl-stärke*	chemisch veränderte Stärke
E 1442	*Hydroxypropyl-distärkephosphat*	
E 1450	*Stärkenatrium-octenylsuccinat*	

Schaumverhüter

Bereits geringe Mengen von Paraffinöl, oxidativ polymerisiertem Sojaöl oder normalem Speiseöl verhindern Schaumbildung beim Kochen von zucker- oder milchhaltigen Produkten. Bei höheren Dosen (> 2,5% im Futter) bestimmter, oxidierter Öle konnten diverse toxische Effekte bei Ratten beobachtet werden.

Technologische Enzyme

In allen lebenden Zellen kommen Enzyme als Biokatalysatoren vor. Es handelt sich dabei um kompliziert aufgebaute Eiweißstoffe, die schon bei geringster Konzentration biochemische Stoffwechselvorgänge ermöglichen. Die Enzyme werden aus industriell gezüchteten Mikroorganismen gewonnen, indem die Nährflüssigkeit abgetrennt und die Mikroorganismen durch spezielle Reinigungsverfahren aufgearbeitet werden.

Lipoxygenase	aus Sojamehl gewonnen, zersetzt den Mehlfarbstoff
Pentosanase	verbessert schlechte Roggenmehle
Glucosidase	zur Verzuckerung von Malzprodukten
Amyloglucosidase Amylase	erlauben die Verzuckerung von Stärke aus vielen Rohstoffen

Wissenswertes für die Praxis

Von Zusatzstoffen allein kann man nicht leben, doch manchmal läßt sich mit ihnen besser leben, und nicht jeder Zusatzstoff hat gleich eine bedenkliche Wirkung. Wer sie meiden will, wird dies nicht vollständig tun können; man kann sich aber die Zutatenliste auf verpackten Lebensmitteln ansehen und danach über einen Kauf entscheiden. Doch Vorsicht ist geboten bei Formulierungen wie »ohne Zusatz von ...«: Man muß hier mit natürlichen Gehalten oder sehr geringen Mengen durch die Zugabe anderer Zutaten rechnen.

Wer alle Zusatzstoffe einer losen Ware wissen möchte, kann dies wohl nur über den Hersteller erfahren.

Siehe auch die Liste aller E-Nummern in Bd. II (Anhang).

1.3 Risiken

1.3.1 Schadstoffe

Die Bezeichnung »Schadstoffe« wird bei Lebensmitteln als Oberbegriff für alle Substanzen benutzt. die auf den Menschen schädigend wirken können und deren Anwesenheit entweder generell oder ab bestimmten Konzentrationen unerwünscht ist. Schadstoffe können natürlichen Ursprunges sein oder künstlich hergestellt und durch menschliche Einwirkung in die Lebensmittel gelangt sein.

Nach ihrer Herkunft und Verwendung lassen sich die Schadstoffe zu folgenden Gruppen zusammenfassen:

1. Natürliche Schadstoffe, z. B. Coffein, Cumarin, cyanogene Glykoside, Solanin, Mykotoxine (z. B. Aflatoxin, Ochratoxin, Patulin) und Bakterientoxine (z. B. der Clostridien),
2. Schadstoffe aus der Tier- (z. B. Anabolika, Antibiotika, Thyreostatika, Tranquilizer) und Pflanzenproduktion (z. B. Pestizide, Wachstumsregulatoren),
3. Schadstoffe aus der Nahrungsmittelerzeugung und -verarbeitung (z. B. polycyclische Kohlenwasserstoffe, Nitrit, Phosphate),
4. Schadstoffe aus Verpackungsmaterialien (z. B. Kunststoff-Monomere, Weichmacher),
5. Umweltchemikalien (z. B. organische Lösungsmittel, Radioaktivität, Schwermetalle, chlorierte Kohlenwasserstoffe).

Bewertungsgrößen zur Abschätzung des gesundheitlichen Risikos von Schadstoffen

Die exakte Bewertung der Auswirkung von Schadstoffen auf die menschliche Gesundheit ist äußerst schwierig. Medizinische Befunde lassen Rückschlüsse nur auf möglicherweise verantwortliche Faktoren zu; Versuche am Tier müssen auf die Verhältnisse beim Menschen übertragen werden. Die Ermittlung der akuten Schadwirkung eines Stoffes am Tier bei einmaliger Aufnahme, der LD_{50}-Wert, sowie Untersuchungen zur langfristigen Wirkung sind die Grundlagen des NOEL-Werts, der wiederum der Festsetzung des ADI-Werts dient. Ausgehend vom ADI-Wert lassen sich schließlich für bestimmte Schadstoffe gesetzliche Höchstmengen (Grenzwerte) in Lebensmitteln angeben.

Die genannten Bewertungsgrößen beziehen sich immer auf eine einzelne Substanz. Über die Wirkungen bei gleichzeitiger Aufnahme mehrerer Schadstoffe ist bisher wenig bekannt.

ADI-Wert

Unter der duldbaren Tagesdosis (Acceptable Daily Intake) versteht man diejenige täglich aufgenommene Dosis eines Schadstoffes, die, nach dem

Stand des heutigen Wissens, auch bei lebenslanger Aufnahme kein gesundheitliches Risiko für den Menschen darstellt. Grundlage ist der NOEL-Wert, der durch einen Sicherheitsfaktor von 100 dividiert wird, um die unterschiedlichen Verhältnisse am Menschen zu berücksichtigen. Der AID-Wert wird angegeben in mg pro kg Körpergewicht. (Das ADI-Bewertungsprinzip hat empfehlenden Charakter.)

Höchstmengen

Gesetzlich festgelegte, höchstens erlaubte Rückstandsmengen einzelner Schadstoffe im fertigen Lebensmittel. Zur Berechnung wird überwiegend der ADI-Wert herangezogen.

LD_{50}-Wert

Der LD_{50}-Wert (letale Dosis 50) gibt die Menge eines Schadstoffes in mg pro kg Körpergewicht an, bei der im Tierversuch 50 % der Versuchstiere sterben. Er ist Ausdruck der akuten Toxizität, das heißt der tödlichen Dosis bei einmaliger Zufuhr durch den Mund oder die Atmungsorgane. Je größer der LD_{50}-Wert ist, desto geringer ist die Toxizität des Stoffes.

NOEL-Wert

Der NOEL-Wert (No Observed Effect Level) bezeichnet diejenige Menge Wirkstoff in mg pro kg Körpergewicht und Tag, die beim sensibelsten Versuchstier weder funktionelle noch strukturelle Veränderungen erkennen läßt, auch wenn dieser Stoff über einen langen Zeitraum verabreicht wird. Der NOEL-Wert dient als Grundlage für die Bemessung der zumutbaren Belastung für den Menschen.

Richtwert

Der Richtwert hat keine Gesetzeskraft. Er beschreibt die vorgefundene Belastungssituation und stellt lediglich eine Orientierungshilfe bei der Beurteilung von Schadstoffgehalten dar[1].

Natürliche Schadstoffe

Natürliche Schadstoffe in Pflanzen

Lebensmittel bestehen aus Tausenden von Stoffen, von denen weniger als einhundert tatsächlich eine ernährungsphysiologische Bedeutung haben. Es ist dabei nicht verwunderlich, daß in einer so großen Stoffansammlung auch Stoffe enthalten sind, die ihrer Natur nach schädigend auf den menschlichen Stoffwechsel wirken. Zu den bekannteren gehören beispielsweise das giftige Alkaloid Solanin, das in unreifen bzw. in grünen Kartoffelknollen vorkommt und zu Erbrechen, Atemnot und

[1] Für Richtwert(e) steht auch öfter »Toleranzwert(e)«

Bewußtlosigkeit führen kann, das Cumarin des Waldmeisters (krebsverdächtig), das Coffein in Kaffee und Tee (zentrale Erregung, Herzbeschwerden) und die sogenannten cyanogenen Glykoside (z. B. in bitteren Mandeln), aus denen durch pflanzeneigene Enzyme Blausäure freigesetzt wird. Bei sachgerechtem Umgang mit den Lebensmitteln stellen diese Schadstoffe jedoch keine Gefahr dar.

Myko- und Bakterientoxine

Auch Stoffwechselprodukte von Pilzen und Bakterien können toxische Eigenschaften haben. Zu den stärksten Giften unter den Mykotoxinen zählen die Aflatoxine, bei den Bakterientoxinen ist es das Botulismus-Toxin (siehe auch unter Mikrobiologie/Hygiene).

Schadstoffe aus der Tier- und Pflanzenproduktion

Anabolika

Unter Anabolika versteht man eine Gruppe natürlicher Sexualhormone und deren künstliche Abkömmlinge. Zu ihnen zählen beispielsweise die Östrogene. Durch Anabolika kann ein verbesserter Fleischzuwachs bei der Tiermast (bis zu 20%) erreicht werden. Die Verabreichung ist jedoch nach der Verordnung über Stoffe mit pharmakologischer Wirkung verboten. Vor Jahren ist vor allem das in der Kälbermast illegal verwendete (künstliche) DES (Diethylstilböstrol) bekannt geworden.

Antibiotika und Chemotherapeutika

Antibiotika werden gegen Infektionskrankheiten beim Tier eingesetzt. Zu ihnen zählen z. B. Penicilline, Tetracycline, Sulfonamide und Chloramphenicol. Wegen der positiven Nebenwirkungen der Antibiotika (optimale Futterauswertung, verbessertes Wachstum der Tiere, Haltbarkeit des Fleisches) besteht die Gefahr, daß sie verbotswidrig bei der Mast auch gesunden Tieren verabreicht werden. Die Verabreichung von Antibiotika und Chemotherapeutika bei Tieren erfordert die Einhaltung von Wartezeiten, da sonst über tierische Produkte oder Schlachtfleisch diese Mittel in den menschlichen Körper gelangen können (Folgen: fördert Bildung von resistenten Mikroorganismen im menschlichen Körper, Auslösung von Allergien bei empfindlichen Personen, Störung der Säuerung von Milch bei der Erzeugung von Milchprodukten).

Pestizide

Pestizide ist ein Sammelbegriff für alle chemischen Vorratsschutz-, Pflanzenschutz- und Schädlingsbekämpfungsmittel einschließlich deren Zusatz- und Begleitstoffe. Die Pflanzenbehandlungsmittel-Höchstmengen-Verordnung regelt die für unbedenklich gehaltenen Mengen an Rückständen in pflanzlichen und tierischen Lebensmitteln. Die wichtigsten Gruppen der Pestizide sind: Insektizide (Mittel gegen saugende Insekten), Fungizide (Mittel gegen Pilzerkrankungen), Herbizide (Unkrautbekämpfungsmittel) und Begasungsmittel (für den Vorratsschutz). Nachdem man erkannt hat, daß chlorierte Pflanzenschutzmittel sehr schwer abbaubar sein können (Paradebeispiel ist das DDT), werden heute überwiegend nur noch schnell abbaubare Mittel eingesetzt.

Aus Ergebnissen der amtlichen Lebensmittelüberwachung ist zu ersehen, daß nur in etwa 50% der Stichproben von Obst und Gemüse Rückstände nachgewiesen werden können. Die Rückstandsmengen liegen jedoch bis auf wenige Ausnahmen unterhalb der gesetzlichen Grenzwerte. Auch wenn die gesundheitliche Gefahr für Verbraucher gering ist, stellt die Anwendung chemischer Bekämpfungsmittel einen zu überdenkenden Eingriff in das ökologische Gleichgewicht dar.

Thyreostatika

Thyreostatika sind Mittel, deren unzulässiger Einsatz beim Mästen von Tieren beobachtet wird. Die Hauptwirkung besteht in der Hemmung der Schilddrüsenfunktion, so daß beim ruhenden Tier der Grundumsatz (Energieverbrauch) gesenkt und damit eine deutliche Gewichtszunahme erreicht wird. Das ist jedoch in erster Linie auf eine vermehrte Füllung des Magen-Darm-Traktes, verbunden mit einer Wasseranlagerung, zurückzuführen. Dabei wird die Gewebsflüssigkeit erhöht und die Wasserausscheidung durch die Niere verzögert. Ein echter Masteffekt wird nur in untergeordnetem Maße erreicht (Folgen: der Verbraucher erhält wäßriges Fleisch, die Wirkstoffgruppe kann im Tier Tumore erzeugen).

Tranquilizer

Tranquilizer (Beruhigungsmittel) sind Psychopharmaka mit dämpfender Wirkung. Über den illegalen Einsatz bei Schlachttieren (Schweinen), um Angst-, Spannungs- und Erregungszustände abzubauen, wird häufig berichtet.

Wachstumsregulatoren

Einige Stoffe, die pflanzliche Lebensvorgänge beeinflussen, können chemisch nachgebaut werden und bewirken beim Auftragen in geringster Konzentration beispielsweise das Ausdünnen des Fruchtansatzes oder das Versetzen in eine künstliche Winterruhe (Entlaubung). Auswirkungen auf die menschliche Gesundheit sind noch nicht genügend erforscht. Es besteht der Verdacht, daß diese Mittel bzw. ihre Abbauprodukte auch karzinogene Eigenschaften haben.

Schadstoffe aus der Lebensmittelerzeugung und -verarbeitung

Polycyclische aromatische Kohlenwasserstoffe (PAK)

Polycyclische aromatische Kohlenwasserstoffe (Polycyclen) entstehen bei der schwelenden Hitzezersetzung von organischen Materialien. Eine Reihe von ihnen gilt als krebserzeugend, wie das als analytische Leitsubstanz fungierende Benz(a)pyren. Die Gefahr einer Kontamination bei Lebensmitteln besteht durch Räuchertechniken. Der Gesetzgeber hat festgelegt, daß nur so geräuchert werden darf, daß nicht mehr als 1 µg (1 Millionstel Gramm) Benzo(a)pyren in einem kg Fleischerzeugnis enthalten sein darf. Polycyclen sind in großen Mengen im Tabakrauch enthalten und entstehen auch beim Grillen.

Nitrat, Nitrit, Nitrosamine

Nitrat wird im Boden aus organischer Materie über Ammoniumverbindungen unter dem Einfluß von Mikroorganismen gebildet. Nitrat ist für die Pflanze kein Schadstoff, sondern als Stickstoffquelle sogar unentbehrlich. Weil die Pflanzen Nitrat direkt verwerten können, wird es auch als Mineraldünger dem Boden künstlich zugeführt. Überdüngung führt zur Belastung des Grundwassers und zur Anreicherung von Nitrat in den Nutzpflanzen.

Nitrat ist in der Diskussion, weil es unter bestimmten Bedingungen zum giftigen Nitrit umgewandelt werden kann. Nitrit verändert die Bluteigenschaften und kann theoretisch bei Säuglingen zur sogenannten »Blausucht« führen. Nitrat und Nitrit sind vermutlich auch Ausgangsstoffe für die Bildung karzinogener N-Nitroso-Verbindungen im Körper. Nitrat und Nitrit werden Fleischerzeugnissen zur Haltbarmachung und zur Veränderung der Geschmackseigenschaften bewußt zugesetzt (Umröten, Pökeln). Nitrosamine sind organische, krebserzeugende Verbindungen, die sich in Lebensmitteln wahrscheinlich durch Reaktion von Aminen (aus Eiweißstoffen) mit Nahrungsnitrat bzw. -nitrit bilden sollen. Die gesetzliche Einschränkung der Verwendung von Nitritpökelsalz in der Fleischverarbeitung soll die Bildung und die Aufnahme von Nitrosaminen durch die Nahrung reduzieren.

Phosphate

Phosphate sind in Lebensmitteln von Natur aus in größeren Mengen vorhanden. Darüber hinaus werden sie in Form von Lebensmittelzusatzstoffen zugesetzt. Phosphate werden mit dem hyperkinetischen Syndrom (Kombination von Verhaltensstörungen bei Kindern) in Verbindung gebracht. Wissenschaftliche Untersuchungen haben jedoch bisher keine gesicherten Hinweise dafür ergeben, daß eine erhöhte Phosphatzufuhr mit der Nahrung solche kinetischen Verhaltensstörungen auslöst oder daß eine herabgesetzte Zufuhr solche Störungen vermindert.

Schadstoffe aus Verpackungsmaterialien

Kunststoff-Monomere

Der Übergang von Schadstoffen aus Verpackungsmaterialien in die umhüllten Lebensmittel wird Migration genannt. Besondere Bedeutung haben hier Kunststoff-Monomere wie das Vinylchlorid (kleines Gasmolekül, das durch Zusammenketten zu Polyvinylchlorid wird) erlangt, das bei nicht genügender Belüftung des PVC in geringen Spuren im Verpackungskunststoff verbleibt und in Lebensmittel übergehen kann. Die Giftigkeit des Monomers Vinylchlorid ist erst spät erkannt worden. Viele Jahre ist es sogar als Treibmittel in Spraydosen verwendet worden. Heute ist die erlaubte Restmenge von Vinylchlorid im PVC durch eine Grenzwertverordnung geregelt und sehr niedrig angesetzt.

Weichmacher

Auch die in Kunststoffen zur Verbesserung der Materialeigenschaften eingesetzten Weichmacher können auf Lebensmittel übergehen. Deshalb hat die Kunststoff-Kommission beim Bundesgesundheitsamt Empfehlungen für die Verwendung verschiedener Weichmacher in Verpackungskunststoffen für Lebensmittel ausgesprochen.

Umweltchemikalien

Chlorierte Kohlenwasserstoffe

Polychlorierte Biphenyle (PCB), Pentachlorphenol (PCP)

Unter den Umweltchemikalien haben chlorierte Verbindungen wegen ihrer schlechten Abbaubarkeit eine besondere Bedeutung erlangt. Nach dem Verbot der Anwendung von DDT sind jetzt auch die polychlorierten Biphenyle (PCB; Vorkommen: Transformatorenflüssigkeit, Hilfsstoff für viele technische Produkte) und das Pentachlorphenol (PCP; Vorkommen: ältere Holzschutzmittel; jetzt allerdings mit gesetzlichen Anwendungsbeschränkungen belegt) in die Diskussion geraten. Besonders PCB ist in der Umwelt bereits ubiquitär vorhanden. Seit 1988 besteht für PCB eine Höchstmengenverordnung.

Dioxine

Kurzbezeichnung für die Stoffgruppe der polychlorierten Dibenzodioxine (PCDD) und der mit ihnen chemisch eng verwandten polychlorierten Dibenzofurane (PCDF). Von ihnen gibt es 210 verschiedene Chlorhomologe und Stellungsisomere, aber nur wenige von ihnen sind toxisch. Als extrem giftig wurde dabei das 2,3,7,8-Tetrachlordibenzoparadioxin (»Seveso-Gift«) erkannt. Dioxine entstehen unter anderem durch unsachgemäße Verbrennung chlorhaltiger organischer Stoffe (mit Pentachlorphenol imprägnierte Hölzer, PCB-haltige Altöle und Transformatorenöle). Auch mit Chlor gebleichte Kartonagen und Papiere können Dioxine abgeben.

Organische Lösungsmittel

Organische Lösungsmittel sind Chemikalien, die meist nur in Spuren in Lebensmitteln anzutreffen sind. Sie werden oft durch Umwelteinflüsse, aber auch durch technologische Manipulationen in die Lebensmittel eingebracht. Typische Beispiele sind die Kontamination mit Perchlorethylen durch chemische Reinigungsbetriebe und die allgemeine Verunreinigung von Grundwässern mit halogenierten Kohlenwasserstoffen. Da einige von ihnen besonders gute Fettlösungsmittel sind (Perchlorethylen, Hexan), werden sie auch zur Extraktion von Preßkuchen bei allen Fettgewinnungsprozessen eingesetzt. Beobachtet wurden Rückstände in Hühnereiern, bei denen die Legehennen mit Futtermehl aus extrahierten Ölpreßkuchen gefüttert wurden, und in Olivenöl bzw. Kakaobutter.

Seit 1990 regelt die Lösungsmittel-Höchstmengen-Verordnung den Gehalt an Perchlorethylen, Trichlorethylen und Chloroform in Lebensmitteln. Sind mehr als 0,1 mg von einem dieser Stoffe oder mehr als 0,2 mg insgesamt an Lösungsmitteln im kg Lebensmittel enthalten, sind diese nicht mehr verkehrsfähig. Für Trinkwasser gelten gesetzlich festgelegte, viel niedrigere Grenzwerte.

Radioaktivität

Radioaktivität bedeutet, daß sich ein Atomkern unter Abgabe von Energie in einen anderen Atomkern verwandelt. Beim radioaktiven Zerfall werden drei verschiedene Arten von Strahlen frei: Alphastrahlen (Heliumkerne, Eindringtiefe in biologisches Material nur wenige Bruchteile eines Millimeters), Betastrahlen (Elektronen, Eindringtiefe in organisches Material ca. 1 Zentimeter), Gammastrahlen (elektromagnetische Wellen, große Eindringtiefe). Das Maß für die Radioaktivität ist das Bequerel (Bq), wobei 1 Bequerel = 1 Zerfall pro Sekunde bedeutet. Die durch Radioaktivität im Körper verursachte Schädigung wird in Sievert (Sv, alte Einheit: rem, 1 Sv = 100 rem) angegeben. Die Radioaktivität in Lebensmitteln hat nach der Einstellung der Atombombenversuche in der Atmosphäre in den sechziger Jahren erst wieder durch Reaktorunfälle Bedeutung erlangt.

Die Radioaktivität darf nicht mit der Bestrahlung von Lebensmitteln verwechselt werden. Diese ist eine besondere Art der Konservierung. Hierbei werden die beim radioaktiven Zerfall freiwerdenden, energiereichen Strahlen benutzt, um Zellen von Mikroorganismen in Lebensmitteln abzutöten (s. Bestrahlung von Lebensmitteln S. 83).

Schwermetalle

Schwermetalle sind natürliche Bestandteile der Erdrinde und deshalb auch von Natur aus in jedem Boden vorhanden. Viele Schwermetalle sind für den menschlichen Körper in geringen Mengen lebensnotwendig und müssen biologisch verfügbar sein. In höheren Dosierungen können sie jedoch auch gesundheitlich bedenklich sein. Dies trifft besonders für Blei, Cadmium, Thallium und Quecksilber zu, die durch Abwässer, Abfälle und industrielle Emissionen in unkontrollierbaren Mengen zusätzlich zu den natürlichen Bodengehalten in die Umwelt und damit auch in unsere Nahrungskette gelangen. Ihre Gehalte liegen bereits in vielen Lebensmitteln über den „Normalwerten", so daß es ratsam ist, ihre Gehalte ständig zu beobachten. Für sie hat die Weltgesundheitsorganisation (WHO) vorläufig tolerierbare wöchentliche Höchstaufnahmemengen, sogenannte PTWI-Werte (provisional tolerable weekly intake), festgelegt.

Die Angaben über das Erreichen dieser tolerierbaren Höchstmengen sind widersprüchlich. Berechnet man sie über die Annahme des Verzehrs eines theoretischen »Warenkorbes«, so kommt man zu erheblich höheren Werten als bei der analytischen Untersuchung an den tatsächlich verzehrten Lebensmitteln. Im letzteren Falle sind nur etwa 10 bis 15% der Höchstmengen ausgeschöpft.

Cadmium

Erkrankungen durch das Schwermetall Cadmium wurden bereits zwischen 1939 und 1945 aus Japan berichtet. Die dort regional begrenzte, erstmals beobachtete Itai-Itai-Krankheit äußert sich in Gelenkschmerzen und Knochenerweichung, die durch den Austausch von Calcium gegen Cadmium hervorgerufen wird. Cadmiumsalze aus ins Meer geleiteten Abwässern verseuchten damals Muscheln und Tintenfische mit bis zu 100 mg pro kg. Vergleichbare Gehalte sind in Fisch unserer Breiten glücklicherweise nicht zu finden. Gefährdet sind Fische, die am Fluß- oder Seeboden leben und dort vermehrt Cadmium aus dem Bodenschlamm aufnehmen können. In umweltbelasteten Gebie-

Tabelle **11** Richtwerte der Weltgesundheitsorganisation (WHO) für einige Schwermetalle (WHO/FAO 1993)

	WHO-Richtwert pro Woche	Richtwert berechnet auf 70-kg-Person pro Woche
Blei	0,025 mg/kg Körpergewicht	1,75 mg
Cadmium	0,007 mg/kg Körpergewicht	0,49 mg
Quecksilber	0,005 mg/kg Körpergewicht	0,35 mg

ten machen sich erhöhte Rückstände zuerst in Leber und anderen Innereien bemerkbar. Eine große Kontaminationsquelle für Cadmium ist auch der Tabakrauch.

Quecksilber

Die Vergiftung mit Quecksilber führt zur Minamata-Krankheit (Nervenerkrankung). Besonders gefährlich sind organische Quecksilberverbindungen (Methylquecksilber), die sich durch mikrobiologische Umsetzung im Bodensediment aus anorganischen Quecksilbersalzen bilden. Im Verlauf der Nahrungskette (Plankton, Algen, Friedfisch, Raubfisch, Mensch) können sie sich erheblich anreichern. Der Gesetzgeber hat für Fisch und fischähnliche Erzeugnisse Grenzwerte für den Gehalt an Quecksilber festgelegt.

Wissenswertes für die Praxis

Ihren Gehalt an Schadstoffen kann man Lebensmitteln in der Regel nicht ansehen. Gründliches Waschen kann allerdings in jedem Falle an der Oberfläche haftende Schadstoffe weitgehend entfernen.

Wer Konserven selbst einkocht, muß umsichtig vorgehen. Während Obstkonserven wegen ihres hohen Säuregehaltes schon bei Temperaturen unter 100 °C kurzzeitig sterilisiert werden können, brauchen Gemüse, Fleisch und Fleischerzeugnisse dafür Temperaturen von weit über 100 °C (oder eine lange Einkochzeit bei 100 °C). Wenn auch die lebenden Bakterienzellen durch Hitze schnell abgetötet werden, so besteht doch die Gefahr, daß ihre Überdauerungsorgane (die Sporen) gerade in diesen Substraten überleben können. Speziell für Sporen des gefährlichen Lebensmittelvergifters Clostridium botulinum finden sich hier unter Luftabschluß günstige Auskeimungsbedingungen.

Vergiftungen durch Botulismus waren früher häufig zu beobachten. Erst durch das Herstellen von Konserven nach industriellen Maßstäben konnte diese »hausgemachte« Vergiftung drastisch reduziert werden.

Exkurs: Eier und Salmonellen

Tödliche Auswirkungen von Salmonelleninfektionen und Massenvergiftungen lieferten in den letzten Jahren häufiger Schlagzeilen für die Presse. Dabei handelt es sich beim Salmonellenbefall von Eiern weniger um ein neues als um ein schon seit den sechziger Jahren bekanntes Problem, das seine Wurzel in der Verseuchung ganzer Geflügelpopulationen hat und deren Verbreitung, durch die moderne Massentierhaltung und infizierte Importfuttermittel begünstigt, nicht rechtzeitig eingedämmt wurde. Nunmehr sind die EU und der Gesetzgeber – auf Druck der Öffentlichkeit – um Schadensbegrenzung bemüht, ohne aber die Wurzel des Übels, die Verseuchung der Tierbestände, nachhaltig zu bekämpfen. Schweden z. B. hat dagegen durch einschneidende Maßnahmen ein Übergreifen der Salmonellenepidemie bisher verhindern können.

Bei Eiern und eihaltigen Produkten forderte eine in der Bundesrepublik schnell geschaffene (zuerst nur befristet, seit Anfang 1995 nunmehr unbefristet gültige) Hühnereier-Verordnung umfangreiche Maßnahmen über die Kennzeichnung und Aufbewahrung. Danach dürfen Eier nur noch eine kurze Zeit ungekühlt aufbewahrt werden. Vom 18. Tag nach dem Legen an sind sie von +5 bis +8 °C gekühlt zu lagern. Sie dürfen nur innerhalb von 21 Tagen nach dem Legen an Verbraucher abgegeben werden, das Mindesthaltbarkeitsdatum darf eine Frist von 28 Tagen nach dem Legen nicht überschreiten.

Mit solchen Kennzeichnungsvorschriften kann das Problem der Salmonelleninfektion durch Lebensmittel jedoch nicht gelöst werden. Salmonellen stammen nachweislich bei Eiern bevorzugt von der Schale oder vom Tropf- bzw. Auftauwasser bei tiefgefrorenem Geflügel. Die Gefahren bestehen hauptsächlich in der Übertragung infolge unsachgemäßer Weiterverarbeitung oder unsauberer Arbeitsweise. Die Bakterien gelangen über den Kontakt der Hände oder der Eierschalen mit dem Eierinhalt oder durch Geschirr und Arbeitsgeräte mit dem Tropfwasser von Geflügel in die weiterverarbeiteten Lebensmittel. Werden diese danach nicht ausreichend erhitzt oder aber schnell abgekühlt, wie es nach der Hühnereier-VO vorgeschrieben ist, kommt es zu einer explosionsartigen Vermehrung der Salmonellen, die dann beim Verbraucher zu Fieber, Durchfall und Erbrechen führen können.

Besonders häufig haben Puddings mit Eischnee, Salate oder selbst hergestellte Mayonnaise mit Eigelb oder Feinkostsalate mit Geflügelfleisch zu Vergiftungen geführt.

Als besonders gefährdet gelten Kleinkinder, abwehrgeschwächte oder ältere Personen. Als Behandlung ist der Ausgleich des Flüssigkeitsverlustes von größter Bedeutung bei gleichzeitiger Gabe von Milchzucker; eine medikamentöse Behandlung durch Antibiotika sollte nur in Ausnahmefällen erfolgen, da diese den Krankheitsverlauf nicht abkürzen, aber die Resistenzbildung und damit Dauerausscheidertum begünstigen.

1.3.2 Mikrobiologie und Hygiene

Lebensmittel sind der Nährboden für eine Vielzahl von Kleinstlebewesen (Mikroorganismen, Mikroben). Sie sind von Natur aus, teilweise auch in großer Zahl in oder auf Lebensmitteln vorhanden. Entsprechend ihren Lebensbesonderheiten teilt man sie in Gruppen ein: Bakterien, Hefen und Pilze. Alle benutzen Lebensmittelinhaltsstoffe, um aus ihnen Energie für ihre eigenen Lebensvorgänge zu gewinnen. Dabei produzieren sie Stoffwechselprodukte unterschiedlichster Art und vermehren sich. Einige dieser Stoffwechselprodukte können für den Menschen von Nutzen, andere dagegen höchstgradig gefährlich sein. Viele dieser Mikroben, einschließlich ihrer Stoffwechselprodukte, werden vom Menschen mit dem Verzehr von Lebensmitteln verdaut und auch gut vertragen. Einige wenige dagegen können schwere gesundheitliche Störungen verursachen. Die Lebensmittelmikrobiologie ist ein Oberbegriff für alles Wirken von Kleinstlebewesen in der Nahrung, von der Produktion bis zum Verzehr. Die Lebensmittelhygiene ist dabei ein Teilbereich, der sich insbesondere mit den nachteiligen Wirkungsweisen von Bakterien, Hefen und Pilzen und deren Bekämpfung beschäftigt.

Technologische Nutzung von Mikroorganismen

Viele Bakterien, Hefen und Pilze werden in der Lebensmittelverarbeitung gezielt eingesetzt. Dabei nutzt man die Fähigkeiten bestimmter Mikroorganismen, Inhaltsstoffe der Lebensmittel zu anderen, für den Menschen wichtigen Stoffverbindungen umzubauen. Einige Beispiele hierzu sind:

- Hefen vergären Zucker zu Alkohol und sind damit für die Produktion alkoholischer Getränke, wie Wein, Bier oder Spirituosen, unentbehrlich. Bei der Vergärung durch Hefen wird das Gas Kohlendioxid frei, womit sich der Einsatz von Hefen zur Teiglockerung bei Backwaren und Pizzas erklären läßt.
- Milchsäurebakterien setzen bestimmte Zuckerarten zu Milchsäure um und werden für die Produktion von Sauerkraut, Joghurts oder Sauerteigbrote (hier in Verbindung mit Hefen) genutzt.
- Besondere Schimmelpilzarten finden in großem Umfange bei der Herstellung besonders edler Käsesorten Verwendung.
- Viele Mikroorganismen wirken mit, wenn bei zahlreichen lebensmitteltechnologischen Vorgängen, die unter dem Begriff »Reife« zusammengefaßt werden, z. B. bei Fleisch, Wurst, Käse oder Butter, geschmackswirksame Stoffumsetzungen erzielt werden.

Lebensmittelverderbnis

Lebensmittel verderben mit der Zeit grundsätzlich, wenn sie nicht besonders geschützt werden. Als leicht verderblich bezeichnet man solche Lebensmittel, bei denen es möglich ist, daß Mikroorganismen innerhalb weniger Stunden oder Tage durch Stoffwechselumsetzungen oder durch eigene Vermehrung die Lebensmittel für den Verzehr ungeeignet machen können. Zu ihnen zählen viele eiweißreiche oder wasserreiche Lebensmittel, wie Fisch, frisches Fleisch, Sahnebackwaren oder geöffnete Erfrischungsgetränke. Obst- und Gemüsefrüchte oder Kartoffeln sind dagegen länger haltbar. Sie »leben« im pflanzenphysiologischen Sinne auch nach Abtrennung von der Pflanze noch für einen Zeitraum selbständig weiter. Es laufen Lebensvorgänge ab, die das Eindringen von Mikroben verhindern. Erst Stoß- und Druckstellen oder Überreife führen zu Beschädigungen, die einen Befall mit Mikroben ermöglichen. Die Folge sind Fäulnis und Verderb. Viele dieser Verderbniserscheinungen sind mit der Entstehung übler Gerüche und gesundheitlich bedenklicher Zwischenprodukte (z.B. biogene Amine) verbunden. Der Genuß so verdorbener Lebensmittel kann auch zu Erkrankungen führen.

Lebensmittelvergiftungen

Lebensmittelvergifter sind einzelne Mikrobenarten, die entweder durch giftige Stoffwechselprodukte, die sogenannten Toxine, Lebensmittel vergiften oder bei Erreichen bestimmter Keimzahlen im menschlichen Körper selbst Infektionen auslösen können. Wichtige Verursacher von Lebensmittelinfektionen sind Keime der Salmonella-Gruppe, die zu einer schweren Durchfallerkrankung, der Salmonellose, führen. Von Lebensmittelintoxikationen spricht man, wenn giftige Toxine in Lebensmitteln Krankheitssymptome verursachen. Toxine des Bakteriums Clostridium botulinum führen zur eigentlichen, oft immer noch tödlich verlaufenden »Lebensmittelvergiftung« (Botulismus). Hervorgerufen wird sie durch eine Keimart, die sich unter Luftabschluß vermehren kann und typisch für untersterilisierte Konserven ist. Auch durch langes Warmhalten von Speisen bis etwa 40 °C kann es zur explosionsartigen Vermehrung von Keimen (z. B. Staphylokokken) kommen, die auch gesundheitlich bedenkliche Toxine bilden. Sie sind häufig die Ursache für leichtere Lebensmittelvergiftungen, deren Symptome meist Brech-Durchfälle und Kreislaufschwächen sind.

Mykotoxine sind die von Schimmelpilzen gebildeten Giftstoffe. Wichtige Vertreter dieser Gruppe sind die Aflatoxine, die zu den stärksten bisher bekannten Leberkanzerogenen gehören. Sie sind zuerst in Erdnüssen gefunden worden. Für Aflatoxine hat der Gesetzgeber in Lebensmitteln Grenzwerte festgelegt. Auch das Patulin (Stoffwechselprodukt von verschiedenen Schimmelpilzen der Penicillium- und Aspergillus-Gruppe) in faulendem Obst und Gemüse sowie das Ochratoxin (gebildet durch Aspergillus ochraceus) in Getreide sind als Mykotoxine erkannt worden.

Beeinflussung des Mikrobenwachstums

In der Lebensmitteltechnologie werden viele Möglichkeiten genutzt, unerwünschte Mikroorganismen in Lebensmitteln gänzlich abzutöten oder ihnen vermehrungsungünstige Lebensbedingungen zu bereiten. Eine starke Verringerung der Keimzahlen oder Sterilität wird durch Hitzeeinwirkung (Pasteurisation, Sterilisation oder Ultrahocherhitzung) und Konservierung mit Essig, Milchsäure oder chemische Konservierungsstoffe erreicht. Auch die in der Diskussion befindliche Bestrahlung bezweckt die Abtötung von Keimen. Schlechte Lebensbedingungen für Mikroorganismen werden auch durch Tiefgefrieren, Kühlen, Trocknen, Salzen, Behandeln mit Genußsäuren und Lagern unter Schutzgasatmosphäre oder Vakuum erreicht. Eine der wichtigsten hygienischen Maßnahmen bei der Lebensmittelproduktion ist die Verhinderung zusätzlicher Keimentwicklungen durch unsaubere Produktionsbedingungen. Durch die Untersuchung auf bestimmte Indikatorkeime (Escherichia coli, coliforme Keime, Enterokokken) können Gefahren durch fäkale Verunreinigungen entdeckt werden.

1.3.3 Bestrahlung von Lebensmitteln

Ein Traum(a) wird wahr; die Behandlung von Lebensmitteln mit energiereichen, ionisierenden Strahlen soll nach einem EG-Richtlinien-Entwurf entweder mittels Gammastrahlen der Radionuklide ^{60}Co oder ^{137}Cs mit einer Dosis von maximal 10 kGy (1 Gy [Gray] ≙ 1 J/kg) oder durch Röntgenstrahlen mit einer Energie bis zu 5 MeV allgemein zugelassen werden. Diese Energiemenge ist ausreichend, um aus den Elektronenhüllen der Atome oder Moleküle ein Elektron herauszustoßen, nicht aber um mit den Atomkernen reagieren zu können. Nur bei sehr hohen Energien über 10 MeV besteht die Gefahr, daß sich künstliche Radionuklide aus stabilen natürlichen Atomkernen der Lebensmittel bilden können. Untersuchungen haben gezeigt, daß sich aber nur sehr kurzlebige Radionuklide bilden, deren Strahlungsenergie weit unter der des natürlichen Kaliumisotops ^{40}K und um Größenordnungen niedriger liegt als die natürliche Radioaktivität, so daß eine Gefahr für den Verbraucher nicht entsteht (Baum 1986). Eine so wissenschaftlich nüchterne Betrachtung der Zusammenhänge kann von Verbrauchern kaum erwartet werden, und deren Unkenntnis führt daher häufig zu Verwirrungen; die Furcht vor dem Übergang von Radioaktivität ist aber sicher unbegründet.

Schon seit den 70er Jahren wird die Bestrahlung in vielen Ländern Europas und in Übersee zur Sterilisation (30 – 50 kGy), Desinfektion (> 10 kGy), Entkeimung (1–7 kGy), Konservierung (1– 3 kGy), Reifekontrolle (0,5–1 kGy), Schädlingsbekämpfung (0,2–0,5 kGy) und Keimhemmung (0,05–0,15 kGy) von Lebensmitteln in großem Umfang angewendet (Tab. **12**). Auch in Deutschland wird sie bereits lange Zeit zur Sterilisation medizinischer Einwegartikel (75 kGy) genutzt.

Aber nicht alle Lebensmittel eignen sich für eine Bestrahlung:

- einige Obst- und Gemüsesorten werden weich oder verfärben sich;
- Milch zeigt bereits bei geringer Strahlendosis Geschmacksveränderungen;
- Kartoffeln zeigen nach dem Kochen eine dunklere Farbe;
- Zwiebeln faulen schneller und werden schneller weich als bei guter, herkömmlicher Lagerung.

Tabelle **12** In der EG zugelassene Bestrahlung für Lebensmittel

Belgien	Kartoffeln, Erdbeeren, Zwiebeln, Knoblauch, Gewürze, Krabben, Kräutertee, Gummi arabicum
Dänemark	Gewürze, Kräuter
Deutschland	*nur indirekt über Importe möglich*
England	Zwiebeln, Gewürze, Schalentiere, sterile Krankenhausdiäten
Frankreich	Kartoffeln, Erdbeeren, Knoblauch, Gewürze, Datteln, Aprikosen, Feigen, Trockenobst, Getreideflocken, Müsli, Krabben, Reismehl und Trockengemüse, entbeintes Geflügelfleisch, Rohmilch-Camembert, wenn er nicht die Bezeichnung »Appellation d'Origin« trägt
Griechenland	*keine Regelung*
Holland	Trockengemüse, Getreideflocken, Hülsenfrüchte, Trockenkräuter und Gewürze, Garnelen, Geflügel, Fischfilet
Irland	*keine Regelung*
Italien	Kartoffeln, Zwiebeln, Knoblauch
Portugal	*keine Regelung*
Spanien	Kartoffeln, Zwiebeln

EG-Richtlinien-Entwurf: Trockenobst, Hülsenfrüchte, Trockengemüse, Getreideflocken, Trockenkräuter und Gewürze, Gummi arabicum, vorbehandelte Garnelen, entbeintes Geflügelfleisch und nunmehr auch Camembert aus Rohmilch.

Die Lebensmittel verändern sich durch die Bestrahlung sehr vielfältig, meist nur im Spurenbereich, aber leider auch sehr unspezifisch, und zudem sind noch nicht alle Veränderungen bekannt. Unverändert bleibt dagegen der kalorische Nährwert bestrahlter Lebensmittel. Dagegen verändern sich die Vitamingehalte.

Durch die Bestrahlung entstehen im Lebensmittel chemisch äußerst reaktive Verbindungen (Radikale), die entweder mit anderen Inhaltsstoffen direkt zu stabilen Produkten abreagieren oder Startzentrum einer Kettenreaktion werden. Ähnlich der Fettautoxidation kann auch hier die Reaktion z.B. durch Antioxidanzien unterbrochen werden.

Teils bilden sich neue Inhaltsstoffe, wie sie auch bei starker Sonneneinwirkung entstehen, teils verändert sich das Aroma (Erdbeeren) oder es vermindert sich (Gewürze). Bei fetthaltigen Produkten werden durch die ionisierende Strahlung chemische Bindungen der Fettbestandteile gezielt gespalten, und es bilden sich den jeweiligen Fettsäuren entsprechende, aber kürzere, teils flüchtige Kohlenwasserstoffe. Besonders leicht angegriffen werden die mehrfach ungesättigten Fettsäuren.

Eiweißverbindungen sind sehr strahlenempfindlich: Peptidbindungen werden gespalten; Aminosäuren unter Bildung von Alkoholen, Säuren, Estern, Aminen usw. abgebaut; aus Phenylalanin bildet sich in Spuren (µg/kg) Benzol. Aus Wasser entsteht durch Bestrahlung Wasserstoffperoxid im mg-Bereich. Als bedenklich angesehen werden muß der teilweise Verlust der Vitamine A, B_1, C und E. Bei Getreide (Hafer) und Ei gehen insbesondere bei Sauerstoffanwesenheit Thiamin und α-Tocopherol verloren. Im Tierversuch hat eine strahlungsinduzierte Vitamin-K-Mangelernährung zu Blutungen geführt. Über weitere Tierversuche mit bestrahlten Lebensmitteln wird in der Literatur berichtet, die teils negativen Aussagen sind jedoch umstritten.

Viele Veränderungen allgemeiner Art können analytisch nachgewiesen werden, sie sind aber für sich nur selten ein geeigneter Beweis für eine erfolgte Bestrahlung. Für einige spezifische Veränderungen oder Strahlenindikatoren (Thermolumineszens von Sand) sind zwar in den letzten Jahren immer weiter verfeinerte analytische Methoden zur Verfügung gestellt worden, sie erlauben aber bisher alle nur den sicheren Nachweis im Rohprodukt, und dies auch nur nach hoher Dosis und zeitlich begrenzt. Solange diese analytischen Mängel bestehen und ein Beweis in stark weiterverarbeiteten Lebensmitteln nicht mit der erforderlichen Sicherheit geführt werden kann, ist der immer wieder zu hörende Verweis auf die vorgeschriebene Kennzeichnung nur eine täuschende Beruhigung des Verbrauchers. Hinzu kommt, daß nur wenige geeignete Untersuchungsstellen diese Analytik beherrschen, da äußerst teuere Spezialgeräte erforderlich sind, aber immer weniger Geld bereitgestellt wird.

1.3.4 Gentechnologie

Gene sind Träger der Erbinformationen. Lokalisiert sind sie in den Zellkernen und dort speziell in der Desoxyribonukleinsäure (DNS, englisch DNA) der Chromosomen. Die Gentechnologie (auch Gentechnik oder rekombinate DNA-Technik genannt) ist ein wissenschaftliches Teilgebiet der Genetik. Sie beschäftigt sich mit der Entwicklung und technologischen Nutzung von Verfahren, um Erbinformationen (Gene) aus Zellen eines Organismus in Zellen eines anderen Organismus zu übertragen.

Bedeutung und Anwendungsmöglichkeiten

Schon besondere Bedeutung hat die Gentechnologie bei der Herstellung von wichtigen Arzneimitteln (z. B. Insulin). Aber auch in vielen Bereichen der agrarwirtschaftlichen und technologischen Lebensmittelerzeugung wird an der Anwendung gentechnischer Verfahren gearbeitet. Allerdings verneinen hier viele Experten einen besonderen Nutzen für den Verbraucher. Kritiker meinen, sie diene nur dazu, Organismen so zu manipulieren, daß Vorteile für technologische Herstellungsverfahren entstehen bzw. Qualitätsdefekte einer übermäßig intensiven landwirtschaftlichen Produktion beseitigt werden.

Gentechnische Verfahren in der Lebensmitteltechnologie lassen sich in drei grundsätzliche Kategorien einteilen:

- Das zum Verzehr bestimmte Lebensmittel wird als solches gentechnisch verändert (Beispiele: Tomaten, Kartoffeln, Fisch).
- Mikroorganismen werden gentechnisch verändert und zur Herstellung von Lebensmitteln eingesetzt, wobei sie im Produkt verbleiben (Beispiele: Joghurt, Bier, Wurst).
- Gentechnisch veränderte Mikroorganismen produzieren großtechnisch Zusatzstoffe oder Enzyme (Beispiele: Aminosäuren, Vitamine, Amylasen), die Lebensmitteln zugesetzt werden und auch dort verbleiben.

Gesundheitliche Auswirkungen

Über gesundheitliche Risiken, die mit dem Verzehr von gentechnologisch bearbeiteten Lebensmitteln verbunden sein könnten, gibt es bisher keine umfassenden wissenschaftlichen Erkenntnisse. Allerdings weisen toxikologische Untersuchungen zu einzelnen genveränderten Produkten (Labferment Chymosin, Tomaten) auf keine gesundheitlichen Gefahren hin. Trotzdem sind gesundheitsrelevante Effekte gentechnisch veränderter Lebensmittel denkbar. Sie werden von den Gegnern dieser Technologie wegen Fehlens gesicherter Erkenntnisse, auch mit gewisser Berechtigung, immer wieder angeführt. Solche Wirkungen könnten sein:

- unbeabsichtigte Veränderungen von Nährstoffen in ihrem Gehalt oder ihrer Struktur;
- Entstehung neuartiger oder veränderter Eiweißzusammensetzungen mit erhöhten Risiken für Allergiker;
- veränderte Gehalte von Giftstoffen (Toxinen) in der Nahrung, an die der Körper nicht gewöhnt ist;
- Ausbreitung von Antibiotikaresistenzen;
- Beeinflussung der menschlichen Darmflora durch genveränderte Mikroben.

Rechtliche Regelungen zur Gentechnik

In der Bundesrepublik Deutschland existieren zur Vermarktung von gentechnisch veränderten Lebensmitteln bislang keine speziellen und ins Detail gehenden rechtlichen Vorschriften. Weder das Gentechnikgesetz, das Lebensmittel- und Bedarfsgegenständegesetz noch die EG-Verordnung über neuartige Lebensmittel und Lebensmittelzutaten (Novel Food) erfassen die vielfältigen Möglichkeiten der Vermarktung von gentechnisch bearbeiteten oder gewonnenen Lebensmitteln (Todt 1993).

1.4 Kennzeichnung verpackter Lebensmittel

Kennzeichnungsgrundlagen

Vorschriften des deutschen Lebensmittelrechts über die Kennzeichnung verpackter Lebensmittel dienten seit jeher dem Schutz des Verbrauchers vor Täuschung und Übervorteilung. Mit der Schaffung des europäischen Binnenmarktes müssen Kennzeichnungen von Produkten auch europaweit verstanden werden. Nur über eine sachgerechte Deklaration ist es möglich, daß europäische Verbraucher beim Kauf von Lebensmitteln mit gleichen Bezeichnungen dennoch die nationalen Unterschiede erkennen können. Die Kennzeichnungsrichtlinie der EG mußten alle Mitgliedstaaten in nationales Recht übernehmen, in Deutschland wurden daraus die Lebensmittel-Kennzeichnungs-Verordnung, die Fertigpackungs-Verordnung und die Los-Kennzeichnungs-Verordnung.

Die 7 Kennzeichnungselemente

Die Kennzeichnung besteht grundsätzlich aus den nachfolgend beschriebenen 7 Kennzeichnungselementen. Sie müssen auf der Fertigpackung oder einem Etikett an gut sichtbarer Stelle, in deutscher Sprache, leicht verständlich, deutlich lesbar und unverwischbar angebracht sein. Zusätzliche Auflage ist, daß »Verkehrsbezeichnung«, »Mengenangabe«,

»Mindesthaltbarkeits-/Verbrauchsdatum« und »Alkoholgehaltsangabe« in zusammenhängender Weise im gleichen Sichtfeld angebracht werden müssen.

1. Die Verkehrsbezeichnung

Mit der Verkehrsbezeichnung wird das Produkt beschrieben. Für viele Produkte gibt es im Lebensmittelrecht vorgeschriebene Produktbezeichnungen (z.B. Fruchtsäfte, -getränke, Käse und Milch). Fehlt eine gesetzliche Regelung, so muß eine nach allgemeiner Verkehrsauffassung übliche Bezeichnung gewählt werden oder das Produkt verständlich beschrieben und gegebenenfalls seine Verwendung genannt werden. Hersteller- oder Handelsmarken oder Phantasienamen können die Verkehrsbezeichnung nicht ersetzen.

2. Die Mengenangabe

Die Kennzeichnung der Menge eines verpackten Lebensmittels richtet sich nach dem Eichrecht. Nähere Einzelheiten sind in der Fertigpackungs-Verordnung festgelegt. Bei Packungen mit flüssigen Lebensmitteln ist die Mengenangabe nach Volumen vorzunehmen, bei allen anderen Lebensmitteln nach Gewicht (Ausnahmen: Honig und Milcherzeugnisse nach Gewicht, Senf und Speiseeis nach Volumen).

Auch die Angabe einer Stückzahl ist in Einzelfällen erlaubt (Beispiele: einige Obst- und Gemüsesorten, Süßstofftabletten, Kaugummi oder figürliche Zuckerwaren). Sie kann sogar entfallen, wenn die Packung durchsichtig ist. Ausnahmen sind auch Kleinstpackungen: hier kann bei einigen Produkten die Füllmengenkennzeichnung ganz entfallen. Befindet sich ein festes Lebensmittel in einer Aufgußflüssigkeit, so ist neben der Gesamtfüllmenge auch das Abtropfgewicht anzugeben. »Abtropfgewicht« ist also nicht das Gewicht der abtropfenden Flüssigkeit, sondern das zurückbleibende feste Gut (Obst bei Obstkonserven, Würstchen in der Lake). Bei Fertigpackungen müssen aus technischen Gründen, je nach Füllgut unterschiedlich, geringe Abweichungen von der angegebenen Füllmenge toleriert werden. In der Fertigpackungs-Verordnung ist vorgeschrieben, wie groß solche Abweichungen sein dürfen.

3. Das Mindesthaltbarkeits- bzw. Verbrauchsdatum

Das Mindesthaltbarkeitsdatum gibt den Zeitpunkt an, bis zu dem das Lebensmittel bei angemessener Lagerung seine spezifischen Eigenschaften behält. Es dient der Verbraucherinformation und bedeutet nicht, daß nach Ablauf des Datums das Lebensmittel nicht mehr zum Verzehr geeignet ist. Der Hersteller bürgt bis zu diesem Zeitpunkt für die Qualität des Produktes. Auch darf es verkauft werden nach diesem Termin, allerdings übernimmt dann der Händler für die Beschaffenheit die Verantwortung und ihm obliegt eine erhöhte Sorgfaltspflicht. Das Mindesthaltbarkeitsdatum ist unverschlüsselt mit den Worten »mindestens haltbar bis

...« unter Angabe von Tag, Monat und Jahr (oder einem Hinweis, an welcher Stelle der Packung sich die Datumsprägung befindet) und unter Hinweis auf eventuell einzuhaltende Temperaturen oder andere Lagerbedingungen anzugeben. Vereinfachungen der Datumsangabe sind möglich.

Es genügt die Angabe von:
Tag/Monat ... bei Haltbarkeit bis zu 3 Monaten,
Monat/Jahr ... bei Haltbarkeit von mehr als 3 Monaten,
Jahr ... bei Haltbarkeit von mehr als 18 Monaten.

Bei der alleinigen Angabe des Jahres muß es heißen: »mindestens haltbar bis Ende ...«. Die Angabe des Mindesthaltbarkeitsdatums kann bei einigen Erzeugnissen, wie frischem Obst, Gemüse und Kartoffeln sowie alkoholischen Getränken mit mehr als 10 Vol.-% Alkohol, Speiseeis in Portionspackungen, Zucker oder Kaugummi, entfallen.

Bei mikrobiologisch sehr leicht verderblichen Lebensmitteln, die nach kurzer Zeit eine unmittelbare Gefahr für die menschliche Gesundheit darstellen können, ist anstelle des Mindesthaltbarkeitsdatums das Verbrauchsdatum anzugeben. Diesem Datum ist die Angabe »verbrauchen bis ...« voranzustellen, verbunden mit dem Datum selbst oder einem Hinweis darauf, wo das Datum in der Etikettierung zu finden ist. Diesen Angaben ist eine Beschreibung der einzuhaltenden Aufbewahrungsbedingungen hinzuzufügen. Im Gegensatz zu Lebensmitteln mit Mindesthaltbarkeitsdatum dürfen diese Lebensmittel nach Ablauf des Verbrauchsdatums nicht mehr in den Verkehr gebracht werden.

4. Die Herstellerangabe

Hier sind Firma und Anschrift des Herstellers, des Verpackers oder eines in der Europäischen Wirtschaftsgemeinschaft niedergelassenen Verkäufers anzugeben.

5. Die Zutatenliste

Zutat ist jeder Stoff, einschließlich der Zusatzstoffe, der bei der Herstellung des Lebensmittels verwendet wird und im Enderzeugnis vorhanden ist. Alle Zutaten müssen in einem Verzeichnis (Zutatenliste) in absteigender Reihenfolge ihrer Gewichtsanteile zum Zeitpunkt bei der Herstellung des Lebensmittels aufgeführt werden. Auch hier muß die übliche Verkehrsbezeichnung der Zutaten bei der Aufzählung gewählt werden. Bei einigen Zutaten kann ein in der Kennzeichnungs-Verordnung festgelegter Klassenname benutzt werden (z. B. »Käse« für alle möglichen Käsesorten und Mischungen, »Fette« ergänzt durch die Angabe »tierisch« oder »pflanzlich« für alle Fettarten oder Mischungen). Auch bei Zusatzstoffen muß in der Regel eine Klassenbezeichnung angegeben werden, gefolgt von der Verkehrsbezeichnung des Zusatzstoffes oder der EWG-Nummer (z. B. »Konservierungsstoff Sorbinsäure« oder »Konservierungsstoff E 200«).

6. Die Alkoholgehaltsangabe

Bei Getränken muß ein vorhandener Alkoholgehalt, wenn er 1,2 Volumenprozente übersteigt, angegeben werden. Die Kennzeichnung ist wie folgt vorzunehmen (Beispiel): »Alkohol 5,1 Vol.-%« oder »alc 5,1 Vol.-%«.

7. Die Los-Kennzeichnung

Ein Los ist die Gesamtheit von Verkaufseinheiten eines Lebensmittels, das praktisch unter gleichen Bedingungen erzeugt, hergestellt oder abgepackt wurde. Lebensmittel dürfen nur in den Verkehr gebracht werden, wenn sie mit einer Los-Kennzeichnung (eine Kombination von Buchstaben oder Ziffern) versehen sind. Zur Unterscheidung von anderen Kennzeichnungselementen kann ein »L« vorangestellt werden.

Ausnahmen und zusätzliche Angaben

Die Kennzeichnungsverordnung ist nicht auf alle Lebensmittelpackungen anzuwenden. Es gibt viele Ausnahmen. Bei den geregelten Produkten gibt es neben den grundsätzlichen Kennzeichnungsbestimmungen noch eine Reihe zusätzlicher Regelungen, die eine Täuschung des Verbrauchers in Spezialfällen verhindern sollen.

Ausnahmen

Die Lebensmittelkennzeichnungs-Verordnung gilt nicht für Kakao, Kakaoerzeugnisse, Honig, Zuckerarten, Aromen, Kaffee-Extrakte, Perlwein, Likörwein, weinhaltige Getränke, Branntwein aus Wein und Weinessig. Aber auch für sie besteht eine Kennzeichnungspflicht, die sich aber aus anderen lebensmittelrechtlichen Verordnungen ergibt. Auch für Wein gibt es besondere Kennzeichnungsvorschriften nach dem Weingesetz.

Hervorhebung von Zutaten

Werden Zutaten, die für die Merkmale des Lebensmittels wichtig sind, besonders hervorgehoben, so ist eine prozentuale Mengenangabe der hervorgehobenen Zutat notwendig. Wird mit einem hohen Gehalt geworben, ist die Mindestmenge, bei niedrigem Gehalt die Höchstmenge anzugeben. Die Angaben können direkt im Zusammenhang mit der Verkehrsbezeichnung oder im Zutatenverzeichnis vorgenommen werden.

Angabe der Zusammensetzung, Kalorienangabe

Angaben oder Hinweise auf bestimmte Inhaltsstoffe oder Kaloriengehalte sind nach der Nährwertkennzeichnungs-Verordnung nur dann erlaubt, wenn auf den Packungen der Energiegehalt in Kilojoule und die stoffliche Zusammensetzung angegeben sind. Viele der als »light« bezeichneten Produkte sind hiervon betroffen. Die Angaben werden auch für Produkte gefordert, die als diätetische Erzeugnisse im Sinne der Diät-Verordnung in den Verkehr gebracht werden (siehe Band 2, Kapitel 10, »Diätetische Lebensmittel«).

Warnhinweise

Einige Lebensmittel enthalten aufgrund einer besonderen Zusammensetzung Warnhinweise, die den Verbraucher auf spezielle Gefahren hinweisen sollen. Die Hinweise sind sehr vielfältig, und es sollen an dieser Stelle nur beispielhaft einige aufgeführt werden. Den Warnhinweis »kann bei übermäßigem Verzehr abführend wirken« tragen Lebensmittel mit hohen Anteilen an Zuckeraustauschstoffen. Auf Lebensmitteln, die den Süßstoff Aspartam enthalten, befindet sich als Hinweis für Empfindliche die Warnung »enthält Phenylalanin«. Auch Hinweise auf haushaltstechnische Gebrauchseinschränkungen findet man auf Packungen z. B. bei Fetterzeugnissen mit hohem Wassergehalt: »Zum Braten nicht geeignet.«

Hinweise auf produktspezifische Eigenschaften

Viele Lebensmittel-Zusammensetzungen und Bezeichnungen werden in produktspezifischen Verordnungen festgelegt. Für Käse gibt es eine Klassifizierung nach dem Fettgehalt (Angabe der Fettgehaltsstufe oder % Fett i.T. = in der Trockenmasse). Bei Fruchtnektaren und Fruchtsaftgetränken muß der prozentuale Fruchtsaftanteil angegeben werden. Pflanzliche Bio-Lebensmittel unterliegen einer speziellen Verordnung, die die Bezeichnung »Bio« regelt (Lebensmittelrecht Band I, 17a.).

Kapitel 2
Obst, Gemüse, Hülsenfrüchte

2.1 Obst und Obstprodukte

Obst ist ein Sammelbegriff für eßbare Früchte oder Samen, die von mehrjährigen Pflanzen, meist Gehölzen stammen. Obst wird heute in der Regel in Kultursorten angebaut und kaum noch von Wildformen gesammelt. Weniger der Gehalt an Vitaminen und Mineralstoffen macht den gesundheitlichen Wert des Obstes aus, sondern das Zusammenwirken eines ganzen Komplexes ernährungsphysiologisch wirksamer Substanzen. Nur wenige Obstarten sind tatsächlich bedarfsdeckende Träger einzelner Vitamine und Mineralstoffe; auch wird häufig der kalorische Wert des Obstes vernachlässigt. Der heute betriebene Intensiv-Erwerbsobstbau hat bei vielen Verbrauchern Bedenken wegen möglicherweise gesundheitsschädlicher Rückstände aus Düngung und Pflanzenschutz ausgelöst. Der Grund für den Einsatz dieser Mittel ist insbesondere auf die Vermarktung des Obstes nach Handelsklassen zurückzuführen, die ausschließlich die äußere Beschaffenheit der Früchte in den Vordergrund stellen. Außerdem ergeben sich bei Obst auch Fragen nach der Schadstoffbelastung.

2.1.1 Der Anbau – Frisch muß es erscheinen

Intensiv-Obstbau

Die im Einzelhandel angebotenen Früchte inländischer (aber auch ausländischer) Herkunft stammen fast ausschließlich aus dem Intensiv-Erwerbsobstbau. Hierbei werden die Obstgehölze in leicht zu bearbeitenden Hecken oder Busch-(Spindel-)Baumreihen angepflanzt. Zwischen den Reihen befinden sich Arbeitsgassen für die Pflege- und Erntearbeiten. Der Sortenwahl, der Ernährung (Düngung) und der Pflege (Schnitt, Bodenbeschaffenheit) der Obstgehölze sowie dem Schutz vor Obstschädlingen wird beim Anbau besondere Bedeutung beigemessen, da sich die Vermarktung vor allem an den Handelsklassen orientiert. Kriterien für die Klassifizierung sind Größe, Farbe und Aussehen der Schalenoberfläche. Da wertvolle Stoffe, der Vitamingehalt sowie das

Aroma keine Qualitätsmerkmale im Sinne der Handelsklassenverordnung darstellen, ging das Frischmarktangebot an vielfältigen Sorten mit ihrem jeweiligen typischen Geschmack zurück.

Eine reiche Obsternte setzt im Intensiv-Obstbau voraus, daß die Früchte unbeschädigt heranwachsen können. Dazu ist es notwendig, Erkrankungen der Obstgehölze und Schädlingsbefall zu verhindern.

Das frühere vorsorgliche Spritzen mit chemischen Mitteln ist heute der exakten Beobachtung der Schädlingsentwicklung in den Obstquartieren und dem gezielten und damit erheblich reduzierten Einsatz gewichen. Verwendet werden inzwischen fast nur noch leicht abbaubare chemische Mittel, die nur bestimmte Schädlinge treffen und das Spektrum an Nützlingen nicht dezimieren sollen.

Der Einsatz von Unkrautvernichtungsmitteln (Herbiziden) ist insbesondere im Erdbeeranbau üblich, da die manuelle Pflege der Anbauflächen zu teuer ist.

Der Reifezustand des Obstes

Während ihrer Entwicklung laufen in der Frucht komplizierte biochemische Prozesse ab. Zunächst ist die Frucht ernährungsphysiologisch von der Mutterpflanze abhängig, nach der Abtrennung vom Baum kann sie stoffwechselphysiologisch selbständig existieren. Später erlöschen langsam die gesteuerten Lebensvorgänge und ein ungesteuertes Wirken der Enzyme führt zum Verderb der Frucht. Der übliche Begriff der Genußreife kennzeichnet den Zeitpunkt, bei dem die Entwicklung der Frucht soweit abgeschlossen ist, daß Ausfärbung, Saftigkeit, Aromagehalt und Säure-Zucker-Verhältnis einen harmonischen, fruchttypischen sensorischen Eindruck auf den Verbraucher machen.

Die dem biochemischen Reifeprozeß zugrundeliegenden Reaktionen sind heute schon weitgehend aufgeklärt. Zu beobachten sind einfache Veränderungen im Aussehen und Verschiebungen in der Zusammensetzung von Inhaltsstoffen. Die mit der Reife einhergehende farbliche Veränderung der Früchte ist typisch; sie wird oft hervorgerufen durch den Abbau des grünen Chlorophylls, so daß die vorher überdeckten Farbstoffe sichtbar werden. Früchte in noch grünem Zustand haben meist noch beträchtliche Stärkeanteile, die dann zu Zuckern abgebaut werden. Auch das Weichwerden der Früchte gehört zum Reifeprozeß. Die Umwandlung der unlöslichen Pektinfraktion in den Mittellamellen der Zellwände in lösliche Pektine läßt die Wände gegeneinander verschiebbar werden (Äpfel werden mehlig, andere Früchte weich).

Aus der Gesamtheit der Vorgänge bei der Reifung können z.B. durch Einflußnahme bei der Lagerung Teilprozesse herausgelöst und, unabhängig von den anderen Reaktionen, beschleunigt oder verzögert werden. William-Christ-Birnen können sich beispielsweise bei 0 °C gelb verfärben, während das Fruchtfleisch noch hart und ungenießbar bleibt, da die Pektinumbauvorgänge in der Zellwand zeitlich später einsetzen.

Normalerweise erwartet man, daß mit dem Ausfärben der Schale ein Weichwerden der Frucht verbunden ist.

Unreif ist Obst immer dann, wenn es im augenblicklichen Zustand nicht genußfähig ist. Unreif im Sinne von Verdorbenheit ist es nur, wenn es trotz entsprechender Lagerung nicht den Zustand der Genußfähigkeit erreicht. Folgende Merkmale signalisieren beispielsweise den unreifen Zustand bei Obst: weiße Kerne bei Kernobst, am Stein haftendes Fruchtfleisch bei Steinobst, fehlendes Aroma bei Erdbeeren, stark empfundener Säuregehalt bei Orangen, adstringierender Geschmack bei Bananen.

Lagerung von Obst

Früher wurde frisches Obst nur zu den üblichen Reifezeiten der jeweiligen Früchte angeboten. Lediglich Kernobst ließ sich in gut belüfteten kühlen Räumen einige Wochen, allerdings oft auch unter Qualitätseinbußen, lagern. Mit dem Aufkommen der Kühlhäuser ließ sich diese Zeit auf Monate verlängern, so daß dem Frischmarkt Obst aus der zurückliegenden Ernte noch im Frühjahr des darauffolgenden Jahres in relativ guter Qualität zur Verfügung stand. Die Weiterentwicklung der Kühltechnik führte zur sogenannten CA-Lagerung (CA = Controlled Atmosphere, kontrollierte Atmosphäre). Dabei wird die Atmosphäre der Kühlräume, was den Sauerstoff-, Stickstoff- und Kohlendioxidgehalt betrifft, unter ständiger Kontrolle geregelt. Der Stoffwechsel der Früchte wird dadurch erheblich verlangsamt sowie der Alterungs- und Abbauprozeß verzögert. Durch eine Luftwäsche wird der Feuchtigkeitsgehalt ständig reguliert. Das bewirkt, daß Schrumpfungsprozesse an den Früchten, die sonst Merkmal einer Lagerung sind, nicht auftreten. Außerdem werden durch die Luftwäsche die von den Früchten gebildeten reifestimulierenden Stoffe (z.B. Ethylen) entfernt. Diese Art der Lagerung führt auch noch nach vielen Monaten zu annähernd erntefrischem Tafelobst.

Besonderen Bedingungen unterliegt die Lagerung von Bananen. Diese werden ganzjährig grün geerntet, mit Kühlschiffen (Lagertemperatur nicht unter 12 °C) zu den deutschen Seehäfen und anschließend mit Kühlwaggons zu den über das Land verteilten Bananenreifereien transportiert. Hier erfolgt dann unter kontrollierten Bedingungen die Nachreifung bis zu einem für die Endvermarktung günstigen Reifezustand (Schale schon gelb, aber das Fruchtfleisch noch nicht vollreif).

2.1.2 Das Warensortiment – Von der saftigen Frische zur haltbaren Dauerware

Frischobst

Obst ist die volkstümliche Sammelbezeichnung für alle in der Regel in rohem Zustand eßbaren, saftig-fleischigen Früchte mehrjähriger Pflanzen. In der Praxis haben sich für Obst folgende handelsübliche Gruppennamen eingebürgert: Beerenobst, Exoten, Kernobstfrüchte, Schalenobst, Steinobst, Südfrüchte, Weintrauben, Wildfrüchte.

Handelsübliche Gruppen

Beerenobst ist überwiegend von weicher Konsistenz und deshalb kaum lagerfähig. Die typischen Vertreter sind Brombeere, Erdbeere, Himbeere, Johannisbeere und Stachelbeere, die auch in großem Umfange zu Säften, Konfitüren, Kuchenbelägen und Konserven weiterverarbeitet werden. Erdbeeren und schwarze Johannisbeeren sind sehr reich an Vitamin C.

Exoten stammen aus den Tropen und Subtropen und werden meist wegen ihrer aromatischen Vielfältigkeit und dem dekorativen Aussehen verwendet. Bedeutende Vertreter sind u. a. die vitaminreichen Kiwis, die im Geschmack an Zuckermelonen erinnernden Papayas, die quittenähnliche Guave und die fettreiche Avocadobirne.

Kernobstfrüchte, mit den typischen Vertretern Apfel und Birne, sind in streng botanischem Sinne »Scheinfrüchte«, da die fleischig gewordene Blütenachse verzehrt wird. Die eigentliche Frucht ist das Kerngehäuse. Kernobst wird als »Tafelobst« für den Frischverzehr und als »Wirtschaftsobst« für die Weiterverarbeitung erzeugt. Ernährungsphysiologisch wichtige Inhaltsstoffe sind die aus den Zellwänden stammenden, quellenden Ballaststoffe (Pektine).

Schalenobst: Dazu zählen die roh genießbaren Maronen und Mandeln sowie die vielen verschiedenen als Nüsse bezeichneten Samenkernarten. Wegen ihrer Funktion als Überdauerungsorgane der Pflanzen haben sie einen geringen Wassergehalt. Sie enthalten wertvolle Fette und Öle, fettlösliche Vitamine und sind sehr kalorienreich.

Exkurs: Kleine Warenkunde »Nüsse & Co.«

Erdnüsse haben weltweit die größte Bedeutung. Bei uns werden sie zu vielfältigen Knabbererzeugnissen verarbeitet und sind Rohstoff für Erdnußöl (Margarineherstellung). Ihr englischer Name »peanuts« bedeutet »Erbsennüsse«, weil sie roh auch erbsig schmecken. Botanisch interessant: Nach der Befruchtung wachsen die Blütenteile ins Erdreich, wo sich die Hülsen (Bastschalen) mit den Erdnüssen entwickeln. Erdnußbutter ist die fälschliche und unzulässige Bezeichnung für Erdnußmus (»Erdnußmark«), gewonnen durch Feinzerkleinerung von (geschälten!) Erdnußkernen.

Mandeln sind normalerweise süße Mandeln. Für alle gewerblichen Zwecke benötigt man die von der harten Steinschale und der braunen Samenhaut befreiten Samenkerne. Ihre Wertschätzung verdanken Mandeln der Beliebtheit von Marzipan. Rein süßsamige Kulturen kommen nur aus Kalifornien. Marzipan enthält stets kleine Anteile bitterer Mandeln. Diese werden in süßen Mandelpartien aus den Mittelmeerländern gleich mitgeliefert. Die von bittersamigen

Mandelbäumen (einer Wildform) geernteten bitteren Mandeln sind billiger und werden meist zu 2 bis 3% den süßen Mandeln beigemischt. Der bittere Geschmack dieser Mandeln entsteht durch das sogenannte Amygdalin, das beim Zerreiben mit Wasser – oder beim Kauen mit Speichel – unter Einwirkung des auch mandeleigenen Enzyms Emulsin in Benzaldehyd, Blausäure und Traubenzucker gespalten wird. Die entstehende Blausäure kann bei Verzehr größerer Mengen bitterer Mandeln gesundheitsschädlich wirken: Schon etwa 20 Gramm bittere Mandeln (30 mittlere Kerne) enthalten eine lebensbedrohende Blausäuremenge. Dank des extrem bitteren und abstoßenden Geschmackes werden normalerweise keine größeren Mengen bitterer Mandeln verzehrt. Bittere Mandeln und Krachmandeln (mit dünnerer Steinschale) sind Unterarten neben der süßen Mandel.

Haselnüsse sind – auch streng botanisch – die einzigen echten Nüsse. Die von den »Steinschalen« befreiten Haselnußkerne werden weitaus überwiegend mit feinen Backwaren, Süßwaren und Speiseeis verzehrt. Das zur Verstärkung des Nußaromas bei allen gewerblich verwendeten und großenteils auch bei den für Haushaltszwecke verwendeten Haselnüssen bevorzugte Rösten birgt das Risiko in sich, daß bei unsachgemäßer und zu langer Lagerung verbreitete Ranzigkeit und damit Genußuntauglichkeit entstehen kann.

Cashew- oder Kaschunüsse, auch »Elefantenläuse« genannt, kommen als solche nicht in den Handel, weil die Samenschale mit ihrem toxischen (Hautreizungen verursachenden) Öl erst entfernt werden muß. Die mandelartig, schwach süß schmeckenden Kernchen mit dem hier weniger hohen Ölgehalt (42%) sind seit den letzten Jahrzehnten unter den Edelnüssen eine angenehme Bereicherung.

Kokosnüsse, die weitaus größten Steinfrüchte, enthalten an der Innenseite der Samenschale das fleischige Samenmaterial und im inneren Hohlraum die anfangs flüssige Kokosmilch; mit dem Eintrocknen dieser Milch und des Kernfleisches, der sogenannten Kopra, entsteht der bekannte eßbare weiße Kern der Kokosnuß, auch der Rohstoff für Kokosfett und Kokosraspel.

Pistazien oder »grüne Mandeln« sind sowohl mit harter Außenschale als auch nur mit Samenhäutchen sowie auch enthäutet im Handel und jeweils in Aussehen und Geschmack sehr interessant. Die Kerne sind von hellgrüner Farbe. Verwendung finden sie bei Knabbererzeugnissen, in der Süßwarenindustrie sowie im Konditoren- und Fleischerhandwerk (Zutat zu Mortadella).

Paranüsse kommen nur wildwachsend vor. Sie haben eine dicke Steinschale und werden roh verzehrt. Die fest anhaftende braune Samenhaut kann mitverzehrt werden.

Walnüsse: Die Kerne beeindrucken seit jeher durch ihre eigentümliche Formgestaltung, weshalb verschiedenste Lebensmittel mit Walnußkernen dekoriert werden. Daß einzelne Walnüsse teils durch Befall, teils durch Verhärtung oder Ranzigkeit der Kerne oft genußuntauglich sind, läßt sich teils mit einer undichten Außenschale, teils mit dem erfreulich hohen Anteil ungesättigter, aber zugleich empfindlicher Fettsäuren erklären.

Pekannüsse sind mit Walnüssen verwandt, kommen aber größtenteils ohne die etwas eiförmig-glatte Außenschale auf den Markt. Sie sind lange haltbar und können mit Walnüssen konkurrieren.

Macadamia-Nüsse sind die historisch jüngsten Nüsse (1857 in Australien entdeckt und erstmals angepflanzt) und auch hier die jüngsten auf dem Markt. Sie sind fast kugelförmig, ca. 3 cm groß mit sehr harten glatten Schalen, die maschinell entfernt werden. Die haselnußgroßen, beigefarbenen, glatten Kerne haben von allen Samenkernen den höchsten Ölgehalt (bis 77%) und sind auch die teuersten.

Maronen oder Eßkastanien sind gegenüber den anderen Schalenobstarten völlig anders zusammengesetzt: Sie enthalten viel Stärke, einen beachtlichen Zuckeranteil und sehr wenig Fett (ca. 2%). Hier kennt man sie bisher nur frisch geröstet, in Südeuropa auch gekocht (als Maronenpürree) und als Gemüse.

Steinobst läßt sich wegen der Saftigkeit des Fruchtfleisches nicht lagern und muß schnell verbraucht werden. Es stellt Rohware für viele Konservenprodukte und hochwertige Spirituosen dar (Kirschwasser, Aprikosengeist). Zum Steinobst zählen Kirsche, Pflaume, Aprikose und Pfirsich.

Südfrüchte: Hier spielen die Zitrusfrüchte (Orange, Zitrone, Mandarine und Grapefruit) eine besondere Rolle, weil sie im Winter ein hervorragender Vitamin-C-Spender sind. Zitronen werden im Küchenbereich als Säuerungsmittel eingesetzt. Andere Südfrüchte sind die stärkehaltige Banane und die fruchtig-aromatische Ananas. Die Schalen von Zitrusfrüchten und Bananen sind häufig zur Verhütung von Fäulnis mit Konservierungsmitteln behandelt.

Weintrauben: Man unterscheidet zwischen Tafel- und Keltertrauben. Während Keltertrauben allein für die Weinbereitung angebaut werden, eignen sich die meist kernarmen Tafeltrauben besonders für den Frischverzehr. In den Wintermonaten werden Tafeltrauben aus Argentinien und Südafrika eingeführt. In Holland und Belgien werden im Winterhalbjahr blaue Traubensorten auch im Gewächshaus (»unter Glas«) angebaut.

Wildfrüchte ist der Sammelbegriff für eine Reihe wildwachsender, eßbarer Früchte. Zu ihnen zählen die in Wäldern reifenden Walderdbeeren, Heidelbeeren (heute vielfach auch schon aus Plantagen) und Preiselbeeren sowie die an Büschen oder Hecken wachsenden Sanddornbeeren, Schlehen, Vogelbeeren, Holunderbeeren und Hagebutten.

Tabelle **13** Güteklasseneinteilung von Obst nach Verordnungen der Europäischen Gemeinschaft (EG) bzw. nach der deutschen Handelsklassen-Verordnung (D) (Extra = auserlesene Ware, I = hochwertige Ware, II = gute Ware, III = Haushalts-/Industrieware)

Obstart	Güteklasseneinteilung				Rechtsnorm
Apfel	Extra	I	II	III	EG
Aprikose	Extra	I	II	–	EG
Birne	Extra	I	II	III	EG
Brombeere	Extra	I	II	–	D
Clementine	Extra	I	II	III	EG
Erdbeere	Extra	I	–	III	EG
Heidelbeere	–	I	II	–	D
Himbeere	Extra	I	II	–	D
Johannisbeere	–	I	II	–	D
Kirsche	Extra	I	–	III	EG
Kiwi	Extra	I	II	–	EG
Mandarine	Extra	I	II	III	EG
Nektarine	Extra	I	II	–	EG
Orange	Extra	I	II	III	EG
Pfirsich	Extra	I	II	–	EG
Pflaume	Extra	I	II	–	EG
Preiselbeere	–	I	II	–	D
Satsuma	Extra	I	II	III	EG
Stachelbeere	–	I	II	–	D
Tafeltraube	Extra	I	II	III	EG
Tangerine	Extra	I	II	III	EG
Zitrone	Extra	I	II	III	EG

Die Vermarktung von Frischobst nach Handelsklassen

Obst ist das ganze Jahr über auf dem Frischmarkt erhältlich. Zu Zeiten, in denen einheimische Früchte nicht geerntet werden können, gelangt Obst aus klimatisch günstigeren Regionen oder aus der südlichen Halbkugel der Erde auf die hiesigen Märkte. Die wichtigsten Obstarten werden, ähnlich wie Gemüse, nach Handelsklassen vermarktet. Rechtsgrundlage dafür sind Verordnungen der Europäischen Gemeinschaft, die eine Güteklasseneinteilung zwingend vorschreiben. Nach der deutschen Handelsklassen-Verordnung ist eine Güteklasseneinteilung möglich, aber nicht zwingend. Für die in Tabelle **13** aufgeführten Obstarten ist eine Handelsklasseneinteilung vorgesehen.

Die Güteklasseneinteilungen beziehen sich in erster Linie auf das Festschreiben äußerer Qualitätsmerkmale, wie Größe, Aussehen und Makellosigkeit. Innere Qualitätsmerkmale wie Geschmack, Saftigkeit oder

Vitamingehalt werden nicht berücksichtigt. Für den Anbau, den Zwischenhandel und die Verbraucher bietet eine Handelsklasseneinteilung den Vorteil einer geordneten Vermarktung mit der Möglichkeit, Preise vergleichen zu können. Diese Vorteile brachten jedoch, wie sich in der Vergangenheit gezeigt hat, Nachteile mit sich: Umfangreicher Einsatz von Schädlingsbekämpfungsmitteln, Reduzierung auf wenige »äußerlich gut aussehende« Sorten und Geschmacksverfall stellen die negative Seite dar. Bei Erzeugnissen, die der Erzeuger für den persönlichen Bedarf des Verbrauchers ab Hof abgibt, besteht keine Verpflichtung zur Angabe einer Handelsklasse.

Tiefgefrorenes Obst

Das Tiefgefrieren von Obst und Gemüse ist in bezug auf die Erhaltung wichtiger Inhaltsstoffe das schonendste Haltbarmachungsverfahren. Verderbniserscheinungen sind, bis auf wenige Ausnahmen, immer von einem flüssigen Medium abhängig. Beim Tiefgefrieren wird das Wasser in seine feste Form (Eis) überführt, so daß Verderbnis durch Enzymreaktionen oder Fäulnisbakterien fast vollständig verhindert wird. Jedoch sind die Enzyme nicht vollständig zerstört. Beim Auftauen werden sie wieder aktiv und bauen wertgebende Inhaltsstoffe ab. Deshalb soll man tiefgefrorene Lebensmittel schnell auftauen und sofort zubereiten.

Eine wichtige Voraussetzung für qualitativ gute Tiefgefrierprodukte ist die richtige Gefriergeschwindigkeit. Das Erstarren der flüssigen Zellsäfte erfolgt bei etwa –1 °C. Bis –5 °C verläuft die Zone der Eiskristallbildung. Wird diese schnell überbrückt, kristallisieren viele kleine Eiskristalle aus, wird sie langsam durchfahren, wachsen große Kristalle heran, die die Zellwände sprengen und nach dem Auftauen der Produkte zu hohen Saftverlusten führen. Die meisten Tiefgefriertruhen oder -schränke für den Haushalt haben zwar einen Schnellgefriergang, trotzdem ist ihre Leistung (d.h., die Schnelligkeit, mit der Wärme abgeführt werden kann) meist nicht groß genug, um mit den mächtigen Industrieanlagen mithalten zu können. Deshalb ist industriell eingefrorenes Obst und Gemüse qualitativ höher einzuschätzen.

Obstkonserven

Für Obstkonserven sind als wichtigstes Qualitätsmerkmal der Zuckergehalt und das Abtropfgewicht in den Leitsätzen des deutschen Lebensmittelbuches festgelegt. Während das Abtropfgewicht auf dem Etikett angegeben werden muß, sind die Angaben über den Zuckergehalt »codiert« in den Hauptproduktbezeichnungen in Form der Angaben »leicht gezuckert« (Zuckergehalt 14%), »gezuckert« (Zuckergehalt je nach Fruchtart zwischen 17 und 18%) und »stark gezuckert« (Zuckergehalte zwischen 20 und 22%) enthalten. Ausnahmen bilden Preiselbeeren (mindestens 24%, höchstens 55% Zucker, aber ohne Angabe auf der Packung) und Apfelmus (ohne Angabe 16,5%, mit Angabe »stark gezuckert« 24%).

Trockenobst

Die biblischen Früchte Manna und Johannisbrot werden ebenso als Trockenobst eingestuft wie die üblicherweise im getrockneten Zustand verzehrten Feigen und Datteln. Rosinen (Synonym: Sultaninen) und Korinthen (violettschwarze Abart der Weinbeere) sind wohl die typischsten und bekanntesten Trockenfrüchte. Größere Bedeutung für den Verzehr haben noch die einheimischen Trockenfrüchte aus Pflaumen, Äpfeln und Aprikosen, die auch als Mischobst angeboten werden. In Trockenfrüchten sind durch Entzug des Wassers Fruchtzucker und Traubenzucker angereichert, so daß ihr kalorischer Wert relativ hoch ist. Aber auch der Gehalt an Zellwandsubstanzen (Ballaststoffe) ist hoch. Sie werden deshalb als wertvolle und gute Ballaststofflieferanten angesehen. Trockenfrüchte sind häufig geschwefelt.

2.1.3 Die Inhaltsstoffe – Obst essen ist und bleibt gesund

Über Obst wird häufig die Meinung vertreten, es sei wegen seines hohen Wassergehalts kalorienarm oder es sei reich an Vitaminen und Mineralstoffen. Tatsache ist jedoch, daß Obst eine wichtige Ergänzung unserer Nahrung darstellt, wobei organische Säuren, Ballast- und Aromastoffe die bedeutendsten Inhaltsstoffe sind.

Nährstoffe

Beim Genuß von Obst werden dem menschlichen Körper die für die Stoffwechselabläufe notwendigen, allgemeinen »Vitalstoffe« in »biologisch idealer Form« zugeführt. Dabei sind die Vitamine nicht die wichtigsten Stoffe, wie häufig angenommen wird. Die in vielen Ernährungsbüchern abgedruckten Tabellen über den Vitamin-C-Gehalt z.B. der verschiedenen Apfelsorten gehen an der Realität vorbei. Die meisten der aufgeführten Sorten existieren gar nicht im Handel, und die angebotenen Äpfel sind keine großen Vitamin-C-Spender: Man kann den täglichen Bedarf viel einfacher durch Kartoffeln oder Zitrusfrüchte decken. Was den Apfel so unentbehrlich macht, sind dagegen die wichtigen, nicht ohne weiteres durch andere Lebensmittel ersetzbaren, quellenden Ballaststoffe.

Die wesentliche Bedeutung des Obstes liegt also im Vorhandensein spezifischer Inhaltsstoffe, die weniger auf die Vervollkommnung der Hauptnährstoffe unserer Nahrung abzielen, als vielmehr periphere Gebiete und Funktionen des Verdauungsapparates beeinflussen. Solche Inhaltsstoffe sind vornehmlich organische Säuren, Ballaststoffe (Cellulose, Pektine) und Aromastoffe.

Insbesondere die Aromastoffe bewirken die Aktivierung der Verdauungssäfte. Cellulose und Pektinstoffe, die wichtigen Vertreter der Ballast-

Tabelle **14** Obstarten mit besonders hohem Gehalt an Vitaminen und Mineralstoffen (Souci u. Mitarb. 1994)

Inhaltsstoff	Obstart	Gehalt (in mg pro 100 g)	Tagesbedarf*
Vitamin A	Aprikose	0,25	1,0
Vitamin B_6	Walnuß	0,9	1,8
Vitamin C	Erdbeere	64,0	
	Johannisbeere (schwarz)	177,0	
	Orange	50,0	75,0
	Stachelbeere	35,0	
	Zitrone	53,0	
Vitamin E	Walnuß	6,2	12,0
Niacin	Banane	0,7	18,0
Fluor	Walnuß	0,7	1,0
Kalium	Banane	393,0	2000,0
Magnesium	Walnuß	129,0	350,0
Phosphor	Walnuß	409,0	1400,0

* Empfohlener oder geschätzter Tagesbedarf für Erwachsene (Deutsche Ges. f. Ernährung 1991)

stoffe, führen durch Quellung zu einer kontinuierlichen Füllung des Darms und damit zu einer normalen Peristaltik (Darmbewegung). So werden mechanisch alle Buchten und Falten des Darmes gereinigt und eventuelle Spasmen (krampfartige Zustände) beseitigt. Einige Pektinfraktionen (Protopektine) können als Kolloide mit hoher Quellkraft Schadstoffe binden (u.a. auch radioaktive Elemente) und aus dem Darmtrakt entfernen. Die Fruchtsäuren haben eine bakterizide und eine Calcium freisetzende Wirkung. Der sensorische Eindruck der frischen Säure unterstützt zusätzlich die verdauungssaftfördernden Eigenschaften der Aromastoffe.

Beim Genuß verträglicher Mengen Obst können in einigen Fällen auch nennenswerte Anteile des täglichen Bedarfs an einzelnen Vitaminen und Mineralstoffen gedeckt werden (Tabelle **14**).

Auch wenn Obst einen hohen Wassergehalt hat, ist sein Energieinhalt – zumindest bei Kalorienberechnungen für Übergewichtige – nicht grundsätzlich zu vernachlässigen. Der Brennwert unterscheidet sich beispielsweise nicht wesentlich von dem der Kartoffel. Dazu kommt, daß beim Obst die Kohlenhydrate überwiegend als Fruchtzucker vorliegen, die, ohne den Verdauungstrakt zu belasten, unmittelbar ins Blut übergeführt werden können. Walnüsse, andere Nüsse und Mandeln stellen sogar regelrechte »Kalorienbomben« dar (Tabelle **15**).

Tabelle **15** Nährstoffgehalt und Brennwert von Obst

Lebensmittel	Der eßbare Teil von 100 g						
	Eiweiß	Fruchtsäure	Kohlenhydrate	Brennwert		Mineral-	
				Joule	Kalorien	Calcium	Eisen
	g	g	g	kJ	kcal	mg	mg
Frischobst:							
Ananas	0,3	b	7	125	30	9	0,2
Apfel	0,3	1	12	210	50	7	0,4
Apfelsine, Orange	0,7	1	9	165	39	30	0,4
Aprikose	0,8	1	11	205	49	15	0,6
Azerola	0,3	a	7	115	28	10	0,2
Banane	0,8	a	16	275	66	6	0,4
Birne	0,5	a	13	230	55	16	0,3
Brombeere	1,2	1	9	200	48	30	0,9
Clementine	0,6	1	8	140	33	30	0,3
Erdbeere	0,8	1	7	150	36	25	0,9
Granatapfel	0,3	1	9	145	35	2	0,2
Grapefruit	0,5	4	7	95	23	14	0,2
Guave	0,8	1	15	250	60	20	0,9
Heidelbeere	0,6	1	13	250	60	10	0,7
Himbeere	1,3	1	8	165	40	40	1,0
Honigmelone	0,5	1	5	90	21	10	0,2
Johannisbeere, rot	1,1	2	9	185	44	30	0,9
Johannisbeere, schwarz	1,3	3	12	235	56	45	1,3
Kaki	0,6	1	16	265	63	5	0,3
Kirsche, süß	0,7	1	13	240	57	14	0,4
Kiwi	0,8	1	12	235	56	30	0,7
Mandarine	0,5	1	8	135	32	25	0,3
Mango	0,5	1	11	185	44	7	0,3
Nektarine	0,6	b	16	245	59	4	0,5
Papaya	0,4	1	7	110	26	13	0,2
Passionsfrucht	1,1	1	11	195	47	7	0,8
Pfirsisch	0,7	1	10	175	42	5	1,2
Pflaume (Zwetschge)	0,6	1	14	245	58	13	0,4
Preiselbeere	0,3	2	9	180	43	13	0,5
Satsuma	0,6	1	8	140	33	30	0,3
Stachelbeere	0,8	b	9	180	43	30	0,6
Tangarine	0,6	1	9	140	34	30	0,3
Wassermelone	0,3	1	3	50	12	4	0,2
Weintraube	0,7	b	16	295	70	20	0,5
Zitrone	0,5	3	5	75	18	7	0,3

eingekaufter Ware enthält							
stoffe			Vitamine				
Kalium mg	Natrium mg	Phosphor mg	A µg	B_1 mg	B_2 mg	C mg	Niacin mg
95	1	5	5	0,04	0,02	11	0,1
130	3	10	10	0,03	0,03	11*	0,3
130	2	15	11	0,06	0,03	36	0,2
250	2	20	250	0,04	0,05	9	0,7
35	4	10	8	0,02	0,05	1370	0,3
260	1	20	25	0,03	0,04	8	0,4
115	2	20	15	0,05	0,03	5	0,2
190	3	30	45	0,03	0,05	17	0,4
90	1	15	30	0,04	0,01	36	0,1
140	2	30	8	0,03	0,05	62	0,5
145	2	4	a	0,02	0,02	2	0,2
130	1	10	2	0,05	0,02	32	0,2
280	4	40	81	0,05	0,05	243	1,1
65	1	10	20	0,02	0,02	21	0,4
170	b	45	7	0,02	0,05	25	0,3
170	8	10	8	0,03	0,02	14	0,4
230	1	25	6	0,04	0,03	35	0,2
300	2	40	23	0,05	0,04	170	0,3
144	5	20	225	0,03	0,02	9	0,1
200	2	20	45	0,03	0,03	9	0,2
260	b	25	50	0,01	0,04	93	0,4
115	1	15	34	0,04	0,02	20	0,1
125	5	9	960	0,04	0,04	23	0,7
270	6	20	455	b	b	12	b
155	20	11	350	0,03	0,03	37	0,2
180	15	33	110	a	0,07	16	0,8
200	3	30	70	0,05	0,05	10	0,7
210	2	15	33	0,07	0,04	5	0,4
65	2	10	4	0,01	0,02	12	b
90	1	13	30	0,04	0,01	22	0,1
200	2	30	34	0,02	0,02	34	0,2
95	2	15	93	0,04	0,01	23	0,1
70	1	5	54	0,02	0,02	3	0,1
255	2	25	5	0,05	0,03	4	0,2
95	2	10	2	0,03	0,01	34	0,1

Tabelle **15** Nährstoffgehalt und Brennwert von Obst (Fortsetzung)

Lebensmittel	Der eßbare Teil von 100 g						
	Eiweiß	Fruchtsäure	Kohlenhydrate	Brennwert		Mineral-	
				Joule	Kalorien	Calcium	Eisen
	g	g	g	kJ	kcal	mg	mg
Obstkonserven:							
Apfelkompott	0,2	a	19	330	79	5	0,3
Trockenobst:							
Apfel	1,4	4	65	1170	279	30	1,2
Aprikose	5,0	2	70	1280	306	80	4,5
Feige	3,5	1	61	1125	269	190	3,3
Pflaume (Zwetschge)	1,9	2	59	1040	249	35	2,0
Rosinen	2,3	1	64	1135	271	30	2,7
Nüsse:		Fett					
Erdnüsse geröstet u. geschält	26	49	18	2720	650	65	2,3
Haselnüsse o. Sch.	14	62	13	2890	690	225	3,8
Kokosnüsse o. Sch	4	37	10	1670	399	20	2,3
Mandeln o. Sch.	18	54	16	2725	651	250	4,1
Walnüsse o. Sch..	15	63	14	2950	705	70	2,1

* Schwankungen von Sorte zu Sorte.
** Unbehandelt; beim behandelten Produkt beträgt der Natriumwert 20 mg.
a = Nährstoff ist nur in Spuren vorhanden.
b = Es liegen keine genauen Analysen vor (Wirths 1985).

Zusatzstoffe

Zusatzstoffe in Frischobst

Bei frischem Obst ist die Behandlung mit Zusatzstoffen nach dem Lebensmittelgesetz auf wenige Substanzen beschränkt. Bei Zitrusfrüchten (Orangen, Zitronen u.ä.) und Bananen ist es zur Verlängerung der Haltbarkeit sowie dem Schutz vor Fäulnis und Schimmelbefall erlaubt, die Konservierungsstoffe Biphenyl »Diphenyl«, E 230), Orthophenylphenol (E 231/E 232) und Thiabendazol (E 233) auf die Schalenoberfläche aufzubringen. Auch das Wachsen von Zitrusfrüchten ist erlaubt. Verwendet werden dafür Alkalisalze der Ölsäure (E 470) sowie Bienenwachs, Carnaubawachs, Cumaron-Inden-Harze, Kopal, Montansäureester, Paraffinöl, Polyethylen-

eingekaufter Ware enthält							
stoffe			Vitamine				
Kalium mg	Natrium mg	Phosphor mg	A µg	B_1 mg	B_2 mg	C mg	Niacin mg
115	1	7	6	a	0,02	2	a
620	100	50	b	0,10	0,10	12	0,8
1370	10**	115	760	b	b	11	3,2
840	40	105	9	0,10	0,10	b	1,1
700	7	60	95	0,15	0,10	3	1,5
630	145	b	5	0,10	0,05	1	0,5
780	6	410	b	0,25	0,14	b	14,3
635	2	330	2	0,40	0,20	3	1,4
b	35	95	b	0,06	0,01	2	0,4
835	b	455	20	0,20	0,60	1	4,2
545	4	430	4	0,35	0,10	15	1,0

wachsoxidate, Polyolefinharze, Schellack und Wachsester (alle bisher ohne E-Nummer).

Die Schalen von Walnüssen können mit dem Bleichmittel Natriumhypochlorit (bisher ohne E-Nummer) behandelt werden. Geschälte Walnüsse (Walnußkerne) können zur Vermeidung von schnellem Ranzigwerden Butylhydroxianisol (BHA, E 320) enthalten.

Die Verwendung des Konservierungsstoffes Thiabendazol bei Bananen und von Bleichmitteln bei Nüssen muß bei loser Abgabe nicht kenntlich gemacht werden, da der Gesetzgeber davon ausgeht, daß diese Schalen nicht verzehrt werden.

Das Wachsen und Konservieren von Zitrusfrüchten ist dagegen sowohl bei losen als auch bei verpackten Produkten im Zusammenhang mit der Produktbezeichnung kennzeichnungspflichtig. Der früher übliche zusätzliche Warnhinweis »Schale nicht zum Verzehr geeignet« ist weggefallen. Das Antioxidationsmittel BHA ist nur bei verpackten Walnußkernen in der Zutatenliste aufzuführen. Kauft man lose Kerne, enthalten sie keinen Hinweis auf diesen Zusatzstoff.

Alle mit Zusatzstoffen behandelten Früchte sind auch dann von Kennzeichnungsverpflichtungen ausgenommen, wenn sie nur Zutat eines anderen Lebensmittels sind und die ihnen zugesetzten Zusatzstoffe im fertigen Produkt keine technologische Wirkung mehr besitzen. Typisches Beispiel ist die Verwendung von Zitronen- oder Orangenstücken mit anhaftender Schale bei der Zubereitung von Getränken in Gaststätten. Diese können heute auch in gespritztem Zustand für diesen Zweck verwendet werden.

Zusatzstoffe in Obstprodukten

Bei Obstprodukten ist der Einsatz von Zusatzstoffen erheblich mehr verbreitet als bei frischem Obst. Die nachfolgende Zusammenstellung gibt einen Überblick über die erlaubten Stoffe und in welchen Obsterzeugnissen sie enthalten sein können.

Konservierungsstoffe:
- Obstpülpen, Obstmark und Früchte zur Weiterverarbeitung in der Süßwaren- und Getränkewirtschaft,
- Fruchtzubereitungen für Milcherzeugnisse (Fruchtjoghurt),
- Trockenpflaumen und Trockenfeigen mit einem Wassergehalt von über 20%,
- Pektinlösungen zur Behandlung von Trockenobst (einschließlich Weinbeeren),
- zerkleinerte Schalen von Zitrusfrüchten,
- getrocknete Zitrusschalen zur Herstellung von Zitronat und Orangeat.

Schwefeldioxid (zum Bleichen, Farbstabilisieren und Haltbarmachen):
- Trockenfrüchte (Aprikosen, Birnen, Äpfel, Quitten, Ananas, Pfirsiche, Weinbeeren),
- kandierte Früchte, Belegfrüchte,
- Zitronat, Orangeat,
- Ingwer in Sirup,
- zerkleinerte Zitrusschalen für gewerbliche Backzwecke,
- rohe, geschälte Apfelstücke für gewerbliche Backzwecke.

Farbstoffe (zum Färben von Lebensmitteln):
- Erdbeer-, Kirsch- und Himbeerkonserven in luftdicht verschlossenen Behältnissen.

Acetyliertes Distärkeadipat (zum Andicken):
- Fruchtfüllungen aller Art.

Kolloide Kieselsäure (zum Stabilisieren von Trübungen):
- Fruchtpulver.

Milch-, Wein-, Zitronen- und Apfelsäure (zum Ansäuern):
- Obstkonserven aller Art.

L-Ascorbinsäure (zur Bräunungsverhinderung):
- Obstkonserven aller Art.

Schadstoffe

Natürliche Schadstoffe

In faulendem Obst ist das Mykotoxin Patulin festgestellt worden. Es ist ein Stoffwechselprodukt von Schimmelpilzen, die der Penicillium- und Aspergillusgruppe angehören. Seine Toxizität ist nicht besonders hoch. Bei tiefem Ausschneiden angefaulter Stellen kann das Obst ohne Gefahr für die Gesundheit verzehrt werden. Auch Schalenobst ist durch mykotoxinbildende Schimmelpilze gefährdet. Erhebliche Mengen an Aflatoxinen wurden in verdorbenen Paranüssen und auch in unscheinbaren Pistazien nachgewiesen. Bei Paranüssen ist die Gefahr allerdings gering, weil sie übel riechen und praktisch nicht verzehrbar sind. Pistazien dagegen verderben unscheinbar, und da sie oft als Zutat in anderen Lebensmitteln erscheinen, bedarf ihre Verarbeitung besonderer Sorgfalt.

Hinweise zur Oxalsäure und ihrem möglichen Zusammenhang mit der Entstehung von Nierensteinen enthält das Kapitel 2.2 »Gemüse und Gemüseerzeugnisse«.

Pestizide

Der Einsatz von Pestiziden im Obstbau ist besonderen Regelungen unterworfen. Durch Erlaß einer Rückstands-Höchstmengenverordnung im Lebensmittelrecht und flankierender Rechtsnormen auf dem Gebiete des Pflanzenschutzes (Pflanzenschutzgesetz, DDT-Gesetz, Verordnung über Anwendungsverbote und -beschränkungen für Pflanzenbehandlungsmittel) wird der Gefahr des Mißbrauchs entgegengewirkt. Grenzwertüberschreitungen sind selten. Rückstände an Behandlungsmitteln (jedoch unter den gesetzlich vorgeschriebenen Grenzwerten) werden zur Zeit etwa bei der Hälfte der untersuchten Frischobstproben nachgewiesen; bei der anderen Hälfte der Proben können keine Rückstände festgestellt werden. Untersuchungsergebnisse dieser Art sind in den jährlichen Berichten der für die Untersuchung zuständigen Chemischen und Lebensmitteluntersuchungsämter nachzulesen (siehe auch beispielhaft hierfür Tabelle **16**).

In Tabelle **17** sind Pestizide aufgeführt, die bei frischem Obst derzeit bei der Untersuchung auf Rückstände häufig gefunden werden (sie liegen teils unter, teils über dem zulässigen Grenzwert).

Das Spritzen oder Begasen gegen Fäulnismikroben nach der Ernte (ohne notwendige Wartezeiten kann dies zu erhöhtem Rückstand führen) sind Einzelfälle, die durch die Lebensmittelüberwachung aufgedeckt werden können.

Schadstoffe aus Transport und Verpackung

In den letzten Jahren wird immer häufiger beobachtet, daß auch der Transport des Obstes zur Großvermarktung gewisse Risiken birgt. Im Gegensatz zu Milch, Wein, flüssigen und leichtverderblichen Lebensmit-

Tabelle **19** Das Angebot an Südfrüchten und anderen exotischen Früchten im Laufe eines Jahres (nach Wirths 1985)

	Jan.	Feb.	März	April	Mai	Juni	Juli	Aug.	Sept.	Okt.	Nov.	Dez.
Ananas	–	–	–	–	–	–	–	–	+	+	+	+
Apfelsinen	+	+	+	+	+	+	–	–	–	–	+	+
Avocados	–	–	–	–	–	–	–	–	–	–	–	–
Bananen	–	+	+	+	+	+	+	+	+	+	+	+
Clementinen, Satsumas	+	–								–	–	+
Granatäpfel										–	–	–
Grapefruits	–	–	–	–	–	–	–	–	–	–	–	–
Kakifrüchte										–	–	–
Mangos	–	–	–	–	–	–	–	–	–	–	–	–
Passionsfrüchte	–	–	–	–				–	–	–	–	–
Zitronen	+	+	+	+	+	+	–	–	–	+	+	+

\+ Monate starker Angebote
– Monate geringerer Angebote

2.1.4 Wissenswertes für die Praxis

Einkauf von Frischobst

Da Obst, wie auch Gemüse, in der Regel nach Handelsklassen vermarktet wird, sind die höchsten Güteklassen auch am teuersten. Obst niedrigerer Handelsklassen hat lediglich Schönheitsfehler, ihre innere Qualität ist die gleiche. Eine gute Einkaufsstelle für Obst sind die Wochenmärkte. Hier kann man die Ware einzeln begutachten, vergleichen, kosten und nur dann kaufen, wenn sie einem auch wirklich zusagt. Die Raupe im Apfel und der Schorf auf der Schale sind übrigens nicht abstoßend, sondern natürlich und deuten auf weniger chemische Pflege hin.

Wer Obst zu den hier in Deutschland üblichen Erntezeiten kauft, wird viel Ware von guter Qualität für wenig Geld bekommen (Tabelle **18** und **19**). Ausgefallene Wünsche, wie Erdbeeren und Weintrauben im Winter, kommen äußerst teuer, und der Geschmack der erworbenen Früchte ist meist enttäuschend. Die Anzucht unter künstlichen Bedingungen oder die Ernte unreifer Früchte, um lange Transportwege zu überstehen, führen meist nicht zur Ausbildung der erwarteten fruchttypischen Aromakomponenten.

Tabelle **20** Zinnaufnahme durch Grapefruit und Kondensmilch nach dem Öffnen der Dose (Rüdt 1978)

Zinnaufnahme durch Grapefruit	(mg Zinn pro kg Saft)
beim Öffnen	20,3
nach 2 Tagen, offen in der Dose	87,2
nach 4 Tagen, offen in der Dose	364,0
nach 6 Tagen, offen in der Dose	488,0
Zinnaufnahme durch Kondensmilch	**(mg Zinn pro kg Milch)**
beim Öffnen	40,0
nach 1 Tag, offen in der Dose (Kühlschrank)	45,0
nach 2 Tagen, offen in der Dose (Kühlschrank)	92,0
nach 3 Tagen, offen in der Dose (Kühlschrank)	156,0
nach 5 Tagen, offen in der Dose (Kühlschrank)	259,0

Die Obsttüte oder -schale ist immer Verpackungsmittel und darf nicht zum Obstgewicht dazugerechnet werden. Jeder Verbraucher sollte bei Verdacht auch einmal ein Körbchen nachwiegen.

Was ist bei Obstprodukten zu beachten?

Tiefgefrorenes Obst sollte man nach dem Kauf schnell nach Hause transportieren. Angetaute Produkte (Oberfläche über 0 °C) saften leicht aus. Vor dem Kauf sollte man auf die Temperatur in der Tiefkühltruhe achten – minus 18 °C muß die Temperatur betragen. Vorhandene Thermometer müssen geeicht sein.

Für Obstkonserven gibt es genormte Behältnisgrößen. Preisvergleiche kann man anhand des Abtropfgewichts, das auf den Etiketten angegeben sein muß, anstellen. Glukosesirup ersetzt bei industriell hergestellten Produkten den Haushaltszucker und macht die Herstellung billiger.

Obstkonserven in Weißblechdosen werden oft unsachgemäß behandelt. Sie sind für bestimmte Produkte das beste Verpackungsmaterial und äußerst haltbar (mindestens 2 Jahre). Allerdings müssen Konserven in innen nicht lackierten Dosen nach dem Öffnen in Glas- oder Kunststoffbehältnisse umgeschüttet werden. Durch elektrochemische Vorgänge bei Zutritt von Sauerstoff wird die innere Zinnauflage aufgelöst, wodurch der Inhalt abwegig metallisch schmeckt. Zinn gilt als ein wenig toxisches Element. Ein von der Weltgesundheitsorganisation empfohlener Richtwert liegt bei 250 mg Zinn pro kg Lebensmittel. Bei empfindlichen Personen können sich jedoch schon bei einem Gehalt von etwa 100 mg pro kg Magen-Darm-Symptome bemerkbar machen (Tabelle **19**). Die Zinnablösung ist leicht an der schwarzen Verfärbung zu erkennen. Angebeulte Dosen bergen die Gefahr, daß die innere Zinnschicht an einigen Stellen zerstört ist. Dann kann Zinn auch schon in der geschlossenen Dose abgelöst und die Dosenwand durch Korrosion zerstört werden (»Lochfraß«), so daß sich zerbeulte Dosen nicht zur Lagerung eignen.

Vor dem Essen daran denken

Wer Obst vor dem Essen wäscht, tut gut daran. Staub und Schmutz lassen sich damit beseitigen. Wer jedoch glaubt, so Rückstände von Schädlingsbekämpfungsmitteln entfernen zu können, muß wissen, daß viele dieser Stoffe systemisch (über die Leitungsbahnen der Pflanze) wirken und demnach auch im Fruchtfleisch enthalten sind. Außerdem sorgen Netz- und Haftmittel im Obstanbau dafür, daß Wirkstoffe fest an der Oberfläche haften, damit nicht beim ersten Regenschauer das Ergebnis einer Schädlingsbekämpfung in Frage gestellt wird.

Wer auf sein Gewicht achten muß, sollte daran denken, Obst nicht zusätzlich zu essen, sondern anstelle oder unter Reduzierung der eigentlichen Hauptgerichte.

Das Wachsen von Äpfeln ist in Deutschland nicht erlaubt. Allerdings dürfen aus den EG-Staaten (wenn dort erlaubt) gewachste Produkte in die Bundesrepublik eingeführt und verkauft werden. Zur schnellen Prüfung kann man die »Messerprobe« machen (mit scharfem Messer leicht über die Fruchtoberfläche kratzen): künstliches Wachs ergibt Schuppen, natürliches Wachs ist weich und klebrig.

2.2 Gemüse und Gemüseerzeugnisse

Frisches Gemüse steht uns heute das ganze Jahr über zur Verfügung: Saisonal begrenzt als im Lande geerntetes Freilandgemüse, außerhalb der Saison als importiertes Gemüse oder aus Treibhausplantagen (»Unterglasanbau«) – aber jeweils mit unterschiedlichem ernährungsphysiologischen Wert! Eine Sonderstellung nimmt Gemüse aus alternativem Anbau ein. Die Handelsklassenbezeichnungen sind für alle Frischgemüsesorten sehr unterschiedlich und orientieren sich an der äußeren Beschaffenheit. Industriell gefertigte Konserven, insbesondere aber Tiefgefrierware, stellen heute zum Teil eine echte Konkurrenz zu Frischgemüse dar.

Für bestimmte Vitamine und Mineralstoffe sind Gemüse und Gemüsedauerwaren die wichtigsten Quellen. Auch Ballaststoffe werden dem Körper auf diese Weise zugeführt. Weniger bekannt ist, daß Gemüse eine Reihe natürlicher Giftstoffe enthalten, die jedoch bei richtiger Handhabung ungefährlich sind. In einem weiteren Abschnitt werden die Belastungen durch Nitrat, Schwermetalle, Pestizide untersucht.

2.2.1 Die Herkunft – Vom Produzenten zum Verbraucher

Frischgemüseanbau

Gemüse wird wie Obst ausschließlich im Intensivanbau erzeugt. Eine längere Lagerung kommt nur für wenige Arten des vielfältigen Gemüsesortiments in Frage: Kopfkohlarten, Möhren, Kohlrüben und Zwiebeln. Bei Grünkohl erübrigt sich eine Lagerung, da er auch im tiefen Winter bei Frost und Schnee geerntet werden kann.

Die meisten hier in unseren Breiten im Freiland angebauten Gemüsearten haben feste Erntetermine, die von der Vegetationszeit, der Tageslichtlänge und dem Temperaturverlauf abhängen. Der Handel will aber ein breites Gemüsesortiment über das ganze Jahr hindurch dem Verbraucher anbieten. Man ergänzt deshalb das einheimische, saisonale Gemüseangebot durch Einfuhren aus klimatisch günstiger gelegenen, südlichen Ländern. Da das hier angebaute Gemüse wegen des Massenangebotes zur üblichen Erntezeit keine hohen Preise erzielt, ist man insbesondere in Deutschland, Belgien und Holland dazu übergegangen, große Gemüseanbauflächen zu Treibhausplantagen umzuwandeln (sog. Unterglaskulturen), um so von den klimatischen Verhältnissen unabhängig zu sein. Die einfachste Art, die Erntezeit etwas früher zu legen, ist der Anbau unter Folientunnel.

Exkurs: Alternativer Anbau – Was ist das?

Neben den herkömmlichen (»modernen«, »konventionellen«) Methoden im Land- und Gartenbau werden heute verstärkt alternative (»biologische«, »ökologische«, »naturgemäße«) Anbauweisen angewandt. Beide Bewirtschaftungsformen unterscheiden sich wie folgt (Link u. Titze 1982):

Herkömmlicher Anbau

- Betriebe mit starker Spezialisierung,
- Ergänzung der benötigten Pflanzennährstoffe überwiegend in mineralischer (anorganischer) Form,
- starke Betonung der mechanischen Bodenbearbeitung,
- Bekämpfung von Krankheiten und Schädlingen überwiegend durch chemische Mittel.

Alternativer Anbau

- Betriebe mit vielseitigem Anbau,
- möglichst weitgehende Rückführung der Nährstoffe in den Boden und Ergänzung durch organische Düngung,
- Beschränkung der mechanischen Bodenbearbeitung auf ein Mindestmaß,
- vorbeugende Bekämpfung von Krankheiten und Schädlingen durch Kulturmaßnahmen, Erhaltung bestimmter biologischer Zusammenhänge und Gebrauch von pflanzenstärkenden Präparaten.

Eine Grundforderung des alternativen Anbaus ist ein in sich geschlossener ausbalancierter Stoffkreislauf zwischen Boden, Pflanze, Tier und Mensch. Innerhalb des alternativen Anbaus gibt es verschiedene Richtungen, die sich aber nur geringfügig voneinander unterscheiden. Allen gemeinsam ist der bevorzugte Einsatz organischer Dünger, die Verringerung der Mineraldüngergaben, ein weitestgehender Verzicht auf chemische Schädlings- und Unkrautbekämpfungsmittel, die Einhaltung vielseitiger Fruchtfolgen und ein Höchstertragsverzicht. Die dabei am verbreitetsten alternativen Richtungen sind der »naturgemäße Anbau«, der »organisch-biologische Anbau« und der »biologisch-dynamische Anbau«. Bei letzterer Methode geht man zusätzlich davon aus, daß kosmische Kräfte der Pflanzenentwicklung nutzen. Solche Kräfte sollen durch verschiedene Mondphasen, durch Steigen und Fallen der Mondbahn, das Verhältnis Mond – Sternbilder – Erde und durch tägliche Rhythmen entstehen. Aussaat und Pflegemaßnahmen werden diesen Rhythmen angepaßt.

Aber gerade diese beiden Anbauarten zwingen zum Einsatz großer Mengen künstlicher, für die Pflanze schnell erschließbarer Düngemittel und zu einer intensiven chemischen Schädlingsbekämpfung.

Auch für die Verarbeitungsindustrie wird Frischgemüse angebaut. Große Mengen davon werden zu Zeiten der normalen Reife von der Verarbeitungsindustrie aufgekauft und zu Konserven bzw. Tiefgefrierprodukten verarbeitet. In den meisten Fällen werden mit den Gemüsebauern »Anbauverträge« abgeschlossen, in denen die Abnahme der Ernte zu festen Preisen garantiert wird. Die Verarbeitungsindustrie gibt Aussaat und Erntetermine vor und nimmt Einfluß auf Düngung und Schädlingsbekämpfung. Das Gemüse wird direkt (frisch) vom Feld in den Konserven- und Tiefgefrierbetrieben verarbeitet.

Gemüsedauerwaren

Gemüsekonserven werden heute in Gläsern und Dosen angeboten. Das Gemüse wird üblicherweise direkt vom Feld zur Verarbeitung angeliefert. Waschen, Putzen, Zerkleinern, Blanchieren (um Enzyme, die Inhaltsstoffe abbauen, an den Schnittstellen zu inaktivieren) erfolgen in einem Zug. Vitaminverluste sind beim Blanchieren und Sterilisieren zu erwarten, die, je nach der Art des Füllgutes, zwischen 10 und 50% betragen können. Besonders betroffen sind die Vitamine der B-Gruppe und das Vitamin C.

Im Unterschied zum Obst, bei dem wegen des hohen Säuregehalts eine Temperatur ab 95 °C zur Sterilisation ausreicht, müssen Gemüsekonserven in Druckautoklaven auf über 120 °C erhitzt werden. Wird diese Sterilisationstemperatur nicht erreicht, werden die hitzeresistenten, sporenbildenden Bakterien der Clostridiengruppe nicht abgetötet; es kann dann zu schweren, lebensbedrohlichen Vergiftungen (Botulismus = echte

Lebensmittelvergiftung) kommen. Um dies zu verhindern, führt die Industrie Sterilitätskontrollen durch.

Tiefgefrorenes Gemüse: Bei Gemüse, das meist geputzt und geschnitten eingefroren wird, ist es üblich, einen Blanchiervorgang (kurzes Eintauchen in kochendes Wasser) dem Tiefkühlen vorzuschalten. Neben der Inaktivierung der Enzyme werden eingeschlossene Luft aus dem Gewebe entfernt und unerwünschte Geschmacksstoffe (bei Kohlarten) beseitigt. Obst wird in der Regel nicht blanchiert, weil dessen weiche Konsistenz hohe Saftverluste fördert. Um bei Gemüse den Vitaminverlust so gering wie möglich zu halten, ist es notwendig, sorgfältig zu blanchieren und eine tiefe Lagertemperatur einzuhalten. Eine Temperatur über –18 °C gefährdet das Gefriergut nicht nur in seiner äußeren Qualität, sondern auch bezüglich wichtiger Inhaltsstoffe.

Trockengemüse hat an Bedeutung erheblich verloren. Durch die Anwendung von trockener Luft (Verdunstungstrocknung) oder durch Erhitzen des Gutes auf Siedetemperatur des Wassers (Verdampfungstrocknung) wird das Gemüse in seiner Struktur stark denaturiert. Der größte Teil der aromagebenden, flüchtigen Inhaltsstoffe geht verloren. Die Vitaminverluste sind hoch.

Gärungsgemüse: Hierbei überläßt man das Gemüse, meist Weißkohl, Gurken oder grüne Bohnen, unter Hinzufügung von Kochsalz einer spontanen Milchsäuregärung. Durch den niedrigen pH-Wert (höheren Säuregehalt) wird das Wachstum schädlicher oder nicht erwünschter Mikroorganismen unterdrückt. Solche Gärungsgemüse können mehrere Monate aufbewahrt werden. Durch die saure Reaktion bleibt der größte Anteil des Vitamin C erhalten. Anders als bei den üblichen Gemüsedauerwaren (dort wird versucht, die für die Gemüse typischen Geschmackskomponenten zu erhalten), wird beim Gärungsgemüse eine neue, vom Verbraucher geschätzte Geschmacksabwandlung angestrebt. Typische Vertreter dieser Produktgruppe sind das Sauerkraut und die Salzgurken.

Essiggemüse: Zur Herstellung dieser Erzeugnisse wird Gemüse mit einem Aufguß von 2,5prozentigem Essig, unter Zusatz von Kochsalz, Kräutern, Gewürzen und Zucker, behandelt.

2.2.2 Das Warensortiment – Alles wird nach Normen vermarktet

Frischgemüse

Vergleichbar dem Obst gibt es beim Gemüse keine botanisch exakte Einteilung. Im volkstümlichen Sinne ist Gemüse eine Sammelbezeichnung für alle eßbaren Teile einjähriger Pflanzen. Ausnahmen sind hier eigentlich nur die mehrjährigen Stengelgemüse Spargel und Rhabarber. Eine grobe Einteilung wird anhand des Cellulosegehaltes vorgenommen:

Feingemüse: Der Celluloseanteil ist relativ gering, das Gemüse wirkt zart (Blumenkohl, Lauch, Salat, Spargel).

Grobgemüse: Hierzu zählen Bohnen, Gurken, Kohl, Möhren und Rettich, die hohen Cellulosegehalt haben und in ihrem Gefüge grob wirken.

Gemüsesorten

Etwas übersichtlicher ist die Einteilung von Gemüse nach seinen verzehrbaren Pflanzenteilen.

Fruchtgemüse: Zu den Fruchtgemüsen werden Auberginen, Bohnen, Erbsen, Gurken, Kürbis, Melonen, Paprika, Tomaten, Zucchini und Zuckermais gezählt. Es handelt sich um eine in ihren Gemüseeigenschaften sehr unterschiedliche Gruppe. Einige von ihnen, wie Gurke, Melone, Paprika und Tomate, werden roh verzehrt. Bohnen müssen zur Inaktivierung von Giftstoffen immer gekocht werden. Die Gurke ist die Gemüseart mit dem höchsten Wassergehalt; Gemüsepaprika hat sehr viel Vitamin C. Die Schale der Gurke liefert beim Mitverzehren zusätzliche Ballast- und Mineralstoffe, Bitterstoffe finden sich bei den heutigen Gurkensorten meist nur noch in alten und überreifen Früchten.

Exkurs: Die EG-einheitliche »Bio-Verordnung«

Mit der »Verordnung über den ökologischen Landbau und die entsprechende Kennzeichnung der landwirtschaftlichen Erzeugnisse und Lebensmittel« vom Juni 1991 sind innerhalb der Europäischen Union harmonisierte Rahmenbedingungen für die Erzeugung, Etikettierung und Kontrolle von Agrarerzeugnissen und Lebensmitteln geschaffen worden. Ziel dieser Verordnung war es, Irreführungen der Verbraucher und dem unlauteren Wettbewerb entgegenzuwirken.

Die Verordnung regelt vorerst nur Erzeugnisse pflanzlichen Ursprungs. Es wird nicht auf eine besondere Zusammensetzung oder Beschaffenheit der »Bio«-Lebensmittel abgestellt, sondern der Begriff »ökologischer« Landbau, aus dem die Lebensmittel stammen müssen, definiert. Behördlich überwachte private Kontrollstellen bestätigen einem Produzenten, daß die Anforderungen an die ökologische Produktion im Sinne der Verordnung eingehalten wurden. Der Produzent kann dann den Konformitätsvermerk: »Ökologischer Landbau – EWG-Kontrollsystem« auf dem Produkt anbringen. Die üblichen, vielfältigen Bezeichnungen, wie »alternativ«, »biologisch«, »organisch«, »naturnah« oder gleichsinnige Begriffe, dürfen nur verwendet werden, wenn auch tatsächlich die Regelungen der Verordnung eingehalten wurden.

Lebensmittel dürfen mit dem Hinweis »aus ökologischem Landbau« beworben werden, wenn mindestens 95% der Zutaten aus einem solchen Anbau stammen. 5% der Zutaten können aus herkömmlicher Gewinnung kommen. Auch wenn nur 50% der pflanzlichen Zutaten die »ökologischen« Anforderungen erfüllen, darf noch in Verbindung mit der Zutat auf die Herkunft aus ökologischem Anbau verwiesen werden.

Unter bestimmten Bedingungen läßt die Verordnung auch den Einsatz von Pflanzenbehandlungsmitteln (Pyrethrumextrakte, Paraffinöl), mineralische Dünger (Kaliumsulfat, Thomasmehl) und Bodenverbesserer (Kompost aus organischen Siedlungsabfällen, Substraten der Pilz- und Madenzucht) zu.

Kohlgemüse: Das charakteristische Aroma der Kohlarten wird durch Schwefelverbindungen verursacht, leider aber auch der beim Kochen entstehende Kohlgeruch. Typisch sind hohe Ballaststoffanteile (außer Blumenkohl). Den Kohlgemüsen werden deshalb teilweise auch blähende Eigenschaften zugesprochen (Kümmel verwenden!). Aus Weißkohl wird das in Deutschland sehr populäre Sauerkraut durch milchsaure Vergärung des Kohls hergestellt. Grünkohl ist wegen der langen Vegetationszeit und seiner krausen, schlecht abwaschbaren Blattoberfläche anfällig gegen Umweltschadstoffe aus der Luft. Kohlgemüsearten sind Blumenkohl, Brokkoli, Chinakohl, Grünkohl, Kohlrabi (die grünen Blätter enthalten übrigens mehr Nährstoffe als die Knolle), Kopfkohl, Rosenkohl und Rübstiel.

Salat und Blattgemüse: Verzehrt werden die blattartigen, chlorophylltragenden Pflanzenteile, die in meist kurzen Vegetationszeiten gewachsen sind. In großem Umfange werden Gemüse dieser Zuordnung auch in rohem Zustand gegessen (Salate), so daß ihre ernährungsphysiologisch wichtigen Inhaltsstoffe ohne Verluste durch Zubereitungsarten direkt vom Körper erschlossen werden können. Zu dieser Gruppe zählen Artischocken, Chicorée, Eisbergsalat, Endivie, Feldsalat, Gartenkresse, Gemüsefenchel, Kopfsalat, Mangold, Petersilie und Spinat.

Mehrjährige Stengelgemüse: Als einzige Gemüsearten sind Rhabarber und Spargel mehrjährig. Die langen Rhabarberstengel werden häufig wie Obst als Kompott verzehrt. Die Blätter der Rhabarberpflanze sind giftig. Beim Spargel werden die unterirdisch wachsenden, weißen Rhizome, bevor sie die Bodenoberfläche durchstoßen, abgestochen und in gekochtem Zustand gegessen. Eine Variante ist der grüne Spargel, der erst nach dem Durchstoßen der Bodenoberfläche und dem Ergrünen geerntet wird. Er ist kräftiger im Geschmack als der weiße Spargel.

Wurzelgemüse: Alle hier einzuordnenden Gemüsearten wachsen im Boden. Verzehrt werden die Speicherorgane, während die chlorophylltragenden, grünen Blatteile weggeworfen werden (Ausnahme: Sellerie wird als ganze Pflanze verzehrt). Wurzelgemüse sind: Kohlrübe (Steckrübe), Meerrettich, Möhre, Radieschen, Rettich, Rote Bete, Schwarzwurzel und Sellerie. Möhren enthalten sehr viel Carotin (Vorstufe des Vitamin A). Bei Roten Beten werden sehr hohe Nitratgehalte beobachtet.

Zwiebelgemüse: Die Verwendung der Zwiebelgemüse in der Küche erfolgt überwiegend wegen ihrer würzenden Eigenschaften. Verzehrt werden nicht nur die im Boden befindlichen Speicherorgane, sondern auch die überirdischen Pflanzenteile. Zwiebelgemüse sind: Knoblauch, Porrée, Schnittlauch und Zwiebeln.

Die Vermarktung von Frischgemüse nach Handelsklassen

Die für den Frischmarkt wichtigsten Gemüsearten werden wie das Obst nach Handelsklassen vermarktet. Rechtsgrundlage dafür sind Verordnungen der Europäischen Gemeinschaft, die eine Güteklasseneinteilung zwingend vorschreiben. Nach der deutschen Handelsklassen-Verordnung ist eine Güteklasseneinteilung möglich, aber nicht zwingend. Für die in Tabelle **21** aufgeführten Gemüsearten ist eine Handelsklasseneinteilung vorgesehen.

Auch beim Gemüse gilt: Handelsklassen sagen nur etwas über die äußere Beschaffenheit der Ware aus. Innere Werte (Geschmack, Vitamin- und Mineralstoffgehalte) sind durch die Handelsklassen nicht erfaßt.

Gemüsedauerwaren

Für die Vermarktung von Gemüsedauerwaren gibt es umfangreiche Standards, die entweder in Leitsätzen der Lebensmittelbuchkommission oder in Qualitätsnormen von Industrieverbänden beschrieben sind. Wichtig für den Einkauf sind eine Reihe von allgemeinen Angaben. So bezeichnen beispielsweise Angaben wie »extra fein«, »sehr fein«, »fein« und »mittelfein« den Zartheitsgrad bei Erbsen. Auch für Möhren gibt es ähnliche Abstufungen.

Gemüsekonserven, Gärungs- und Essiggemüse: Gemüse, das in Dosen oder Gläsern eingemacht ist, muß das Abtropfgewicht – das Gewicht des Gemüses ohne Aufguß – tragen. Je enger die Konserven gepackt sind, um so mehr Rohware wurde verwendet, und desto größer ist das Abtropfgewicht.

Tiefgefrorenes Gemüse: Besonders für Tiefgefrierware sind die Lagerbedingungen von Bedeutung. Tiefgefrorene Lebensmittel müssen bis zum Zeitpunkt der Abgabe an den Verbraucher ununterbrochen so aufbewahrt werden, daß ihre Temperatur an jeder Stelle bei –18 °C oder tiefer bleibt. Einen durch Transport und Verkauf bedingten Anstieg der Temperatur der Lebensmittel in der Randschicht auf nicht mehr als –15 °C ist nicht immer vermeidbar und wird deshalb toleriert.

2.2.3 Die Inhaltsstoffe – Quelle für Vitamine und Ballaststoffe

Gemüse gehört unbedingt zu einer ausgewogenen Ernährung. Wertbestimmend sind die Vitamine, Mineralstoffe und Celluloseanteile. Beson-

Tabelle **21** Güteklasseneinteilung von Gemüse nach Verordnungen der Europäischen Gemeinschaft (EG) bzw. nach der deutschen Handelsklassenverordnung (D) (Extra = auserlesene Ware, I = hochwertige Ware, II = gute Ware, III = Haushalts-/Industrieware)

Gemüseart	Güteklasseneinteilung				Rechtsnorm
Artischocke	Extra	I	II	–	EG
Aubergine	–	I	II	III	EG
Bleichsellerie	–	I	II	–	EG
Blumenkohl	Extra	I	II	III	EG
Dicke Bohnen	–	I	II	–	D
Grüne Bohnen (Prinzeßbohnen)	Extra	I	II	–	EG
Grüne Bohnen (Sonstige)	–	I	II	–	EG
Champignons (aus Kulturen)	Extra	I	II	–	D
Chicoree	Extra	I	II	III	EG
Endivie (krause)	–	I	II	–	EG
Eskariol	–	I	II	–	EG
Feldsalat	–	I	II	–	D
Gemüsepaprika	–	I	II	–	EG
Gurke	Extra	I	II	III	EG
Knoblauch	Extra	I	II	–	EG
Knollensellerie	–	I	II	–	D
Kohlrabi	–	I	II	–	D
Kopfkohl	–	I	II	–	EG
Kopfsalat	–	I	II	–	EG
Meerettich	–	I	II	–	D
Möhre	Extra	I	II	–	EG
Pflückerbsen	–	I	II	–	EG
Radies	–	I	II	–	D
Rettich	–	I	II	–	D
Rosenkohl	–	I	II	III	EG
Rote Beete	–	I	II	–	D
Schwarzwurzeln	–	I	II	–	D
Spargel	Extra	I	II	–	EG
Spinat	–	I	II	–	EG
Tomate	Extra	I	II	III	EG
Zucchini	–	I	II	III	EG
Zwiebel	–	I	II	III	EG

Tabelle **22** Nährstoff- und Energiegehalt von Gemüse (a = Nährstoff nur in Spuren vorhanden; b = es liegen keine genauen Analysen vor), (Wirths 1985)

Lebensmittel	Der eßbare Teil von 100 g						
	Eiweiß	Fruchtsäure	Kohlenhydrate	Energie		Mineral-	
				Joule	Kalorien	Calcium	Eisen
	g	g	g	kJ	kcal	mg	mg
Frischgemüse							
Blumenkohl	2	a	2	70	17	13	0,4
Bohnen, grün							
(Schnittbohnen)	2	a	5	130	31	45	0,7
Chicorée	1	a	2	60	14	25	0,7
Endiviensalat	1	a	2	55	13	40	1,1
Erbsen, grün	3	a	6	155	37	10	0,8
Feldsalat							
(Rapunzel)	2	a	3	90	21	35	1,9
Grünkohl							
(Braunkohl)	2	1	3	95	23	110	1,0
Gurken, ungeschält	a	a	1	30	7	11	0,4
Kohlrabi	1	a	3	75	18	50	0,6
Kohlrübe	1	a	6	120	29	40	0,4
Kopfsalat	1	a	1	40	10	15	0,4
Kürbis	1	a	4	85	20	15	0,6
Lauch	1	a	4	90	22	50	0,6
Meerrettich	2	a	8	165	40	55	0,7
Möhren (Karotten,							
Mohrrüben)	1	a	6	120	29	30	0,6
Paprikafrüchte,							
-schoten	1	a	4	90	22	9	0,6
Radieschen	1	a	2	50	12	20	0,9
Rettich	1	a	3	65	15	25	0,6
Rhabarber	0,5	a	3	60	14	40	0,4
Rosenkohl	4	1	6	175	42	25	0,9
Rote Beete	1	a	6	120	29	25	0,7
Rotkohl (Blaukraut)	1	a	4	90	21	25	
Schwarzwurzeln	1	a	9	170	41	30	0,4
Sellerie	1	a	5	115	28	50	1,9
Spargel	1	a	2	65	15	16	0,4
Spinat	2	a	2	75	18	85	0,7
Tomaten	1	a	3	75	18	13	5,2
Weißkohl							0,5
(Weißkraut)	1	a	3	80	19	35	0,4
Wirsingkohl	2	a	3	100	24	35	b
Zwiebeln	1	a	9	175	42	30	0,5

eingekaufter Ware enthält								
stoffe			Vitamine					
Kalium mg	Natrium mg	Phosphor mg	A µg	B_1 mg	B_2 mg	C mg	Niacin mg	
205	10	35	4	0,05	0,05	43	0,4	
240	2	35	50	0,05	0,15	18	0,5	
170	4	25	190	0,05	0,05	9	0,2	
265	40	40	145	0,05	0,10	7	0,3	
120	1	50	35	0,10	0,05	10	1,0	
410	4	45	310	0,05	0,08	34	0,4	
250	20	45	350	0,05	0,15	54	1,0	
105	6	15	21	0,01	0,02	1	0,2	
265	7	35	30	0,05	0,03	36	1,2	
190	8	25	14	0,05	0,05	27	0,7	
145	5	25	105	0,05	0,05	7	0,3	
270	1	30	230	0,05	0,05	6	0,4	
130	3	25	a	0,05	0,05	17	0,3	
295	5	35	2	0,05	0,05	60	0,3	
235	35	25	1120	0,05	0,05	5	1,0	
165	1	20	230	0,05	0,05	107	0,3	
160	10	15	3	0,02	0,02	18	0,2	
245	15	20	1	0,05	0,02	22	0,3	
210	2	20	9	0,02	0,02	8	0,2	
335	6	70	65	0,10	0,15	84	0,5	
260	65	35	2	0,02	0,03	8	0,2	
205	3	25	4	0,05	0,05	39	0,4	
180	3	40	2	0,05	0,02	2	0,2	
235	55	60	2	0,05	0,05	6	0,7	
155	3	35	4	0,10	0,10	16	0,5	
515	50	35	630	0,05	0,20	37	0,5	
285	6	25	130	0,05	0,03	23	0,5	
175	10	20	6	0,05	0,03	36	0,3	
205	7	40	5	0,05	0,05	32	0,2	
160	8	40	5	0,03	0,03	8	0,2	

Tabelle **22** Nährstoff und Energiegehalt von Gemüse (Fortsetzung)

Lebensmittel	Der eßbare Teil von 100 g						
	Eiweiß	Fruchtsäure	Kohlenhydrate	Energie		Mineral-	
				Joule	Kalorien	Calcium	Eisen
	g	g	g	kJ	kcal	mg	mg
Gemüsekonserven							
Erbsen, grün (Kons.)	4	a	11	275	66	20	1,8
Tomatenketchup	2	a	24	450	107	30	0,8
Tomatenmark	2	a	9	210	50	40	1,0
Trockengemüse							
Grüne Bohnen, getrocknet	21	1	56	1370	328	195	7,0
Karotten, getrocknet	7	2	68	1370	328	255	4,7
Kohl, getrocknet	14	2	69	1485	355	375	4,7
Zwiebeln, getrocknet	11	1	69	1415	338	160	3,3
Gärungsgemüse		Milchsäure					
Sauerkraut	2	1	4	110	26	50	0,6

dere Empfehlungen oder Heraushebung einzelner Gemüse ist weniger wichtig. Folgt man dem heimischen Angebot, kann man kaum etwas falsch machen.

Nährstoffe

Gemüse enthält 80 bis 90% Wasser. In den verbleibenden 10 bis 20% Trockenmasse sind 1 bis 2% Cellulose (Ballaststoff), 3 bis 20% verdauliche Kohlenhydrate, 1 bis 5% Stickstoffverbindungen und nur Spuren von Fett enthalten (0,1 bis 0,3%). Die Zusammensetzung verschiedener Gemüse und Gemüsedauerwaren zeigt Tabelle **22**.

Besonders wichtige Inhaltsstoffe des Gemüses sind die Vitamine und die Mineralstoffe (einschließlich der Spurenelemente). Hohe Verluste an diesen Stoffen können durch unsachgemäße küchentechnische Aufbereitung erfolgen. Langes Wässern von Gemüse führt zu Auslaugverlusten wasserlöslicher Stoffe. Zusätzliche Nährstoffverluste (siehe auch Tabelle **23**) entstehen beim Garen (Auslaugung und Hitzezerstörung).

eingekaufter Ware enthält

stoffe			Vitamine				
Kalium mg	Natrium mg	Phosphor mg	A µg	B_1 mg	B_2 mg	C mg	C mg
135	145	65	70	0,12	0,06	9	0,8
800	1160	35	105	0,07	0,07	13	1,1
1160	590	35	210	0,10	0,06	9	1,5
1770	b	420	250	0,50	0,40	24	3,4
2640	495	105	15550	0,35	0,30	19	3,4
b	b	275	55	0,40	0,35	189	2,5
1040	105	245	45	0,25	0,20	42	1,1
290	355	45	3	0,05	0,05	20	0,2

Der im Gemüse vorhandene Mineralstoffgehalt kann nicht vollständig ausgenutzt werden. Die Mineralstoffe sind im Zellgefüge so fest gebunden, daß sie sich durch den normalen Verdauungsvorgang nicht erschließen lassen. Beim Eisen werden beispielsweise nur 20 bis 30% resorbiert. Die Resorptionsquote ist ernährungsphysiologisch eine wichtige Größe. Beim Tiefgefrieren steigt die Ausnutzbarkeit für Mineralstoffe durch Zerstörung des Zellgefüges beim Gefriervorgang auf etwa 70%.

Erwähnenswert ist auch, daß durch den Verzehr einiger besonderer Gemüsearten, wie Knoblauch, Zwiebeln, Rettich, Meerrettich, Brunnenkresse und Kapuzinerkresse, eine begrenzte Zufuhr bestimmter infektionshemmender Substanzen erfolgt. Beim Rettich, dessen Schärfe von geringen Mengen Senföl herrührt, ist es das Glykosid Sulforaphen, das eine antibiotische Wirkung zeigt.

Zusatzstoffe

Der Einsatz von Zusatzstoffen bei Gemüse und Gemüsedauerwaren ist sehr beschränkt und deshalb von untergeordneter Bedeutung. Frisches

Tabelle **23** Vitamin-C-Verlust (Angaben in %) bei verschiedenen Gemüsearten durch unterschiedliche Garmethoden (Puff 1978)

	Kochen	Dämpfen	Dünsten	Drucktopf
Blumenkohl	24	22	–	25
Spinat	66	–	18	35
Rosenkohl	35	30	34	29

Gemüse enthält keine zugegebenen Stoffe. Bei Gemüsedauerwaren enthalten die Aufgüsse und die Blanchierwässer meist Zusätze von Kochsalz, Zitronensäure und/oder Ascorbinsäure (Vitamin C). Das Schwefeln (mit schwefeldioxidfreisetzenden Verbindungen) ist nur in begrenztem Umfang für wenige Produkte zugelassen. Schwefeldioxid wird zum Aufhellen eingesetzt und für die Behandlung folgender Erzeugnisse verwendet (über 50 mg pro kg sind zu kennzeichnen mit »geschwefelt«):

bis 1000 mg pro kg bei zerkleinertem Meerrettich,
bis 500 mg pro kg bei getrocknetem Spargel, Sellerie, Zwiebeln, Blumenkohl, weißen Rüben, Pastinaken,
bis 300 mg pro kg bei zerkleinerten Zwiebeln, Zwiebeln in Essig, zerkleinertem Knoblauch,
bis 20 mg pro kg bei Gemüse in Essig.

Konservierungsstoffe dürfen nur Gemüsesalaten und Sauergemüsen (in Essig oder milchsauer vergoren, außer Sauerkraut) sowie Zwiebeln, zerkleinertem Meerrettich und Paprikamark unter Kenntlichmachung zugesetzt werden.

Schadstoffe

Natürliche Schadstoffe

Gemüsearten haben eine Reihe von Inhaltsstoffen, die leichte Giftstoffe darstellen, aber entweder vom Körper vertragen werden oder durch bestimmte Zubereitungsformen entgiftet werden können. Bei den Kohlarten wurde das Goitrin entdeckt, das stark hemmend auf die Schilddrüse wirkt und sich im Tierversuch als »kropfbildend« erwies. Beim Menschen ist »Kohlkropf«-Bildung bei normalen Ernährungsgewohnheiten nicht zu erwarten (lediglich bei extrem einseitiger Ernährung in Gefangenenlagern wurde eine solche Fehlentwicklung beobachtet).

In grünen Bohnen (Phaseolus vulgaris) findet man das Phasin, einen giftigen Eiweißstoff, der das Zusammenballen von roten Blutkörperchen bewirkt. Er verursacht Vergiftungen mit Übelkeit und Brechreiz. Beim Kochen wird Phasin jedoch zerstört.

Oxalsäure

Auch Oxalsäure und ihre Salze zählen zu den natürlichen Schadstoffen. Sie werden von vielen Pflanzen im normalen Stoffwechsel aufgebaut. In sauer schmeckenden Pflanzen findet man das wasserlösliche Kaliumoxalat und das wasserunlösliche (meist als Kristalle in den Zellen ausgeschiedene) Calciumoxalat. Angaben über den Gesamtgehalt an Oxalsäure in Nahrungspflanzen sagen über die Giftigkeit wenig aus, da lediglich die freie Oxalsäure und deren lösliche Salze eine Giftwirkung zeigen. Das unlösliche Calciumoxalat aus Pflanzen wird auch nicht von der Salzsäure des Magensaftes aufgeschlossen, sondern unverändert über den Kot ausgeschieden. Oxalsäure ist auch ein normales Produkt des menschlichen Stoffwechsels und wird im Urin mit täglich bis zu 40 mg ausgeschieden.

Oxalsäure und deren lösliche Salze sind in Lebensmitteln deshalb unerwünscht, weil sie das für den Körper wertvolle Calcium binden. Solche kristallinen Ausfällungsprozesse (zu Calciumoxalat) können bei Personen, die zu Steinbildungen neigen, in den Nieren zur Bildung von »Oxalatsteinen« führen, die den überwiegenden Teil der Nierensteine ausmachen. Das Vorkommen von Oxalsäure in Pflanzen wird von Düngung, Pflanzenentwicklung und Erntezeit beeinflußt. Wie aus der folgenden Aufstellung (Bertling 1987) hervorgeht, sind einige Pflanzenarten praktisch frei von Oxalsäure, andere haben einen besonders hohen Oxalsäuregehalt:

0 mg: Apfel, Endivie, Erbsen, Feldsalat, Gurke, Heidelbeere, Kartoffel, Kiwi, Kopfsalat, Kürbis, Pfirsich, Porree, Preiselbeere, Radieschen, Rettich, Schnittlauch, Schwarzwurzel, Weißkohl,

bis zu 10 mg pro 100 g: Aprikose, Birne, Blumenkohl, Fenchel, Grünkohl, Johannisbeere (rot), Kirsche, Kohlrabi, Möhre, Reis, Rosenkohl, Rotkohl, Weintraube, Wirsing, Zwiebel,

bis zu 20 mg pro 100 g: Brombeere, Erdbeere, Himbeere, Löwenzahn, Mirabelle, Paprika, Pflaume, Stachelbeere,

bis zu 800 mg pro 100 g: Mangold, Petersilie, Rhabarber, Rote Bete, Sauerampfer, Spinat (Bucheckern bis zu 3000 mg/100 g).

Es wird angenommen, daß die tödliche Dosis beim erwachsenen Menschen zwischen 5 und 15 g Oxalsäure liegt. Im Haushalt sind Vergiftungen beschrieben worden, bei denen Verbraucher das zur Rostfleckenentfernung eingesetzte »Kleesalz« (Kaliumtetraoxalat) eingenommen haben. Vergiftungen durch pflanzliche Lebensmittel sind jedoch nicht zu befürchten. Die immer wieder zu beobachtende Angst vor dem Verzehr von Rhabarberstielen ist unbegründet. Beschriebene Vergiftungen sind auf den nicht üblichen Verzehr der Blätter zurückzuführen, wobei vermutlich noch andere Schadsubstanzen (Glykoside, Anthrachinon-Derivate) mitverantwortlich waren. Selbst der mit hohem natürlichen Oxalsäuregehalt belastete Spinat wird von Kleinkindern gut vertragen, weil nur ein geringer Teil tatsächlich in löslicher Form vorliegt (Bertling 1987).

Tabelle **24** Frischgemüse – Häufigkeit von Pestizidrückständen bei Proben der amtlichen Lebensmitteluntersuchung (Chemische Landesuntersuchungsanstalt Karlsruhe 1991, 1992, Chemische Landesuntersuchungsanstalt Freiburg 1992)

Untersuchungs-anstalt/Jahr		Proben gesamt	ohne Rück-stände	mit Rück-ständen	davon über Grenz-wert
Karlsruhe	1991	326	250	76	4
	1992	330	258	72	4
Freiburg	1992	218	174	44	1

Tabelle **25** Grenzwerte und Richtwerte* für Nitratgehalte in Gemüse (in mg/kg Frischgewicht des verzehrbaren Anteils) (BGA 1993, Lebensmittelrecht: Rückstands-Höchstmengen-Verordnung)

Gemüse	Wert [mg/kg]	Bemerkung
Kopfsalat	2500	gesetzlicher Grenzwert (Mai – Oktober)
	3500	gesetzlicher Grenzwert (November – April)
	4500	Übergangsgrenzwert bis 30. April 1995
Rote Beete	3000	Richtwert* des Bundesgesundheitsamtes
Spinat		
– tiefgekühlt, Konserve	2000	gesetzlicher Grenzwert
– frisch	2500	gesetzlicher Grenzwert

*Richtwert(e) ist gleichsinnig mit »Toleranzwert(e)«

Pestizide

Grenzwertüberschreitungen sind im Gemüseanbau selten. Rückstände an Behandlungsmitteln (jedoch unter den gesetzlich vorgeschriebenen Grenzwerten) werden zur Zeit etwa bei der Hälfte der untersuchten Frischgemüseproben nachgewiesen: bei der anderen Hälfte der Proben können keine Rückstände festgestellt werden (Tab. **24**).

Nitrat

Eine erhöhte Aufnahme von Nitrat birgt die Gefahr, daß es bakteriell in Nitrit umgesetzt wird, welches im Magen-Darm-Trakt bei Anwesenheit von Aminen aus der Nahrung zur Bildung von krebserzeugenden Nitrosaminen kommt. Das immer wieder bei Babys als Gefahr beschriebene Phänomen der Blausucht ist zwar theoretisch möglich, wird aber seit Jahrzehnten nicht mehr beobachtet.

Um vorsorglich gesundheitlichen Risiken in Zusammenhang mit Nitrat vorzubeugen, hat der Gesetzgeber für Trinkwasser, Babynahrung, Kopfsalat und Spinat Nitratgrenzwerte festgelegt. Für andere Gemüse gibt es empfehlende Richtwerte des Bundesgesundheitsamtes.

Wie kommt Nitrat in die Pflanzen?

Stickstoff wird von den Pflanzen zum Aufbau von Eiweiß gebraucht. Da sie nicht in der Lage sind, den in großen Mengen vorhandenen Luftstickstoff zu nutzen, sind sie auf die Zufuhr von stickstoffhaltigen Verbindungen über den Boden angewiesen. Bevorzugt werden Nitrationen aufgenommen, die, einmal resorbiert, nicht mehr ausgeschieden werden können. Um den Nitratstickstoff in Eiweißverbindungen einbauen zu können, muß er über Zwischenstufen wie Nitrit und Hydroxylamin reduziert werden. Dafür ist jedoch eine rege Photosyntheseleistung der Pflanze Voraussetzung. Deshalb liegt der Nitratgehalt von Pflanzen bei »schlechtem« Wetter oder unter Gewächshausbedingungen erheblich höher als unter günstigen Klimabedingungen. Hohe Nitratgehalte werden auch bei Pflanzen beobachtet, die vor der Blüte geerntet werden. Hier ist nämlich viel Nitrat für die meist rasche Ausbildung des arterhaltenden Organs Blüte (und Frucht) bereitgestellt worden.

Durch zusätzliche Düngegaben (in Form von künstlichen Stickstoffdüngern, Gülle, Mist, Kompost) kann das Angebot erhöht und das Wachstum der Pflanzen stimuliert werden.

All dies trifft in vorherbestimmter Weise für die meisten unserer Gemüsearten zu; sie können danach folgenden Nitratgehaltsklassen zugeordnet werden:

niedriger Nitratgehalt (weniger als 500 mg pro kg): Grüne Bohnen, Chicorée, Gurken, Paprika, Rosenkohl, Tomaten, Zwiebeln;

mittlerer Nitratgehalt (500 bis 1000 mg pro kg): Auberginen, Blumenkohl, Kohlrabi, Lauch, Rotkohl, Sellerie, Zucchini;

hoher Nitratgehalt (1000 bis 4000 mg pro kg): Eissalat Endiviensalat, Feldsalat, Fenchel, Grünkohl, Kopfsalat, Mangold, Rettich, Rhabarber, Rote Bete, Spinat, Weißkohl, Wirsing.

Allerdings ist aufgrund der bereits angesprochenen Faktoren mit ganz erheblichen Schwankungen im Nitratgehalt von Gemüsepflanzen zu rechnen. Bei Kopfsalat z.B. kann sich der Nitratgehalt zwischen 382 und 3520 mg pro kg bewegen, bei Roten Beten zwischen 150 und 5690, bei Spinat zwischen 349 und 3890 mg pro kg (Classen u. Mitarb. 1987).

Schwermetalle

Außergewöhnliche Belastung von Gemüse mit Schwermetallen ist nur von regionaler Bedeutung. Vereinzelt wird beobachtet, daß durch industriell

Tabelle **26** Das Angebot an Frischgemüse im Verlauf eines Jahres (Wirths 1985)

	Jan.	Feb.	März	April	Mai	Juni	Juli	Aug.	Sept.	Okt.	Nov.	Dez.
Artischocken	–	–	+	+	+					–	–	–
Auberginen	–	–	–	–	+	+	+	+	–	–		
Bleichsellerie/ Staudensellerie	–	–	–		–	–	–	–	–	–	–	–
Blumenkohl	–	–	+	+	–	–	+	+	+	+	–	–
Bohnen, grün*				–	–	–	+	+	+	–	–	–
Brokkoli/ Spargelkohl		–	–	–				+	+	+		
Chicorée	–	–	–	–						–	–	–
Endiviensalat/ Eskariol	–	–	–	–				–	–	–	–	–
Erbsen, grün				–	–	+	+	+				
Feldsalat/ Rapunzel*	–	–	–							+	+	–
Fenchelgemüse	–	–	–	–						–	–	–
Grünkohl	+	+	+	+						+	+	+
Gurken*	–	–	–	–	–	+	+	+	+	+	+	–
Kohlrabi*		–	–	–	–	+	+	–	–	–		
Kopfsalat*	–	–	+	+	+	+	+	+	+	–	–	–
Kürbis						–	–	+	+	+	–	–
Meerrettich	+	+	–	–						–	+	+
Melonen	–	–	–	–	–	+	+	+	+	–	–	–
Möhren	+	+	+	–	–	–	–	+	+	+	+	+
Paprikaschoten	–	–	–	–	–	–	–	+	+	+	–	–
Petersilie*	–	–	–	–	–	–	–	–	–	–	–	–

Tabelle **26** (Fortsetzung)

	Jan.	Feb.	März	April	Mai	Juni	Juli	Aug.	Sept.	Okt.	Nov.	Dez.
Porree/Lauch	–	–	–	–	–	–	–	+	+	+	+	+
Radieschen*	–	–	–	–	+	+	+	–	–	–	–	–
Rettich*	–	–	–	–	+	+	+	+	+	–	–	–
Rhabarber	–	–	–	+	+	–	–					
Rosenkohl	+	+	–	–						–	+	+
Rote Bete/ Rüben	+	+							–	+	+	+
Rotkohl	+	+	+	–	–	–	+	+	+	+	+	+
Schwarzwurzeln	+	+	+							–	–	–
Sellerieknollen	+	+	+	–					–	+	+	+
Spargel		–	–	+	+	+						
Spinat*	–	–	+	+	+	–	–	–	+	+	–	–
Steckrüben/ Kohlrüben	+	+	–						–	+	+	+
Tomaten*	–	–	–	–	–	–	+	+	+	–	–	–
Weißkohl/ Chinakohl	+	+	+	–	–	–	+	+	+	+	+	+
Wirsing	+	+	+	–	–	–	+	+	+	+	+	+
Zucchetti/ Courgettes	–	–	–	–	+	+	–	–	–	–	–	–
Zwiebeln	+	+	+	+	+	–	–	+	+	+	+	+

Monate starker (+) und geringerer (–) Angebote

* Auch Unterglas-Kulturen

belastete Böden (Altlasten) oder durch Luftbelastungen (emittierte Stäube) Gemüse erhöhten Schwermetallgehalt haben kann. Besonders betroffen sind oft Kleingartenanlagen in industriellen Ballungsgebieten. Der Grünkohl ist wegen seiner ungünstigen Oberflächenbeschaffenheit besonders anfällig gegen Verunreinigungen aus der Luft. Er sollte in solchen Gebieten nicht angebaut werden. Das gleiche gilt auch für Wurzelgemüse, das leicht durch belastete Böden kontaminiert werden kann.

Frühzeitig erkannt wurde die Gefahr, die durch das Aufbringen von schwermetallhaltigen Klärschlämmen aus der Abwasseraufbereitung den Kulturböden droht. Durch eine gesetzliche Regelung wurde der Einsatz von Klärschlämmen in der Landwirtschaft begrenzt.

2.2.4 Wissenswertes für die Praxis

Einkauf von Frischgemüse

Ähnlich wie Obst wird auch Gemüse nach Handelsklassen sortiert im Handel angeboten. Die Handelsklassen bestimmen nur den Preis, nicht jedoch den gesundheitlichen Wert von Gemüse, da für die Einteilung nach Handelsklassen lediglich äußerliche Merkmale wie Größe und makelloses Aussehen maßgebend sind. Empfehlenswerte Einkaufsmöglichkeiten gibt es sicherlich auf den Wochenmärkten, auf denen man das vielfältige Angebot ausführlich begutachten kann. Vor allem sollte man aber Gemüse zu den bei uns üblichen Erntezeiten kaufen (s. Tabelle 26). Das Gemüse der Saison ist wohlschmeckender und weniger manipuliert als Gemüse aus sogenannten Unterglaskulturen.

Angst vor belastetem Gemüse?

Es wäre unsinnig und ernährungsphysiologisch sogar verhängnisvoll, den Gemüseverzehr aus Angst vor Pestiziden, Schwermetallen, Nitraten usw. einzuschränken. Gerade das Problem Nitrat zeigt, wie wenig sachlich oft die in der Öffentlichkeit geführte Diskussion ist. Zwar kann ein Teil des mit der Nahrung zugeführten Nitrates im Körper eventuell in die stark kanzerogenen Nitrosamine umgesetzt werden: man weiß inzwischen aber auch, daß die Menge der von außen zugeführten Nitrosamine (Quellen: Rauchen, gepökeltes Fleisch u.a.) etwa 20mal größer ist.

Gesunde Ernährung setzt einen reichlichen Verzehr von Gemüse voraus: es ist aber sicherlich sinnvoll, auch hier unnötige Belastungen zu vermeiden. Zu einem rationalen Vorgehen zählt dabei

- der Einkauf zur richtigen (Jahres)zeit,
- das intensive Waschen, da einige Schadstoffe (Blei) überwiegend an der Oberfläche liegen (Cadmium dagegen ist z.B. in der Pflanze mobil),
- das Entfernen von Rippen beim Salat, die das meiste Nitrat enthalten.

2.3 Hülsenfrüchte

Die ernährungsphysiologischen Vorteile, die Hülsenfrüchte mit ihrem hohen Eiweißgehalt und dem großen Ballaststoffanteil gegenüber anderen Lebensmitteln haben, wurden in den letzten Jahrzehnten immer weniger genutzt. Sie galten als schwer verdaulich, blähend und zeitaufwendig in der Zubereitung. Dabei enthalten sie neben wertvollem Eiweiß und Ballaststoffen noch große Mengen an Mineralstoffen, insbesondere Eisen (s. auch Tabelle **27**). In letzter Zeit wurden die Hülsenfrüchte als Lebensmittel wiederentdeckt.

Hülsenfrüchte sind die getrockneten Samen der Schmetterlingsblütler (Leguminosen). Klassische Hülsenfrüchte sind Bohnen (weiß), Erbsen (gelb und grün) und Linsen; im weiteren Sinn zählen auch Sojabohnen, Kichererbsen und Erdnüsse dazu.

Tabelle **27** Die wichtigsten Inhaltsstoffe in jeweils 100 g Samen von Hülsenfrüchten

Inhaltsstoff		Bohnen	Erbsen	Linsen	Sojabohnen	Tagesbedarf*
Ballaststoffe	(g)	18,4	16,6	10,6	20,9	30
Eiweiß	(g)	21,3	22,9	23,5	36,9	55
Fett	(g)	1,6	1,4	1,4	18,1	70
Kohlenhydrate	(g)	47,8	56,7	50,8	6,1	390
Mineralstoffe	(g)	4,0	2,7	3,2	4,7	
Wasser	(g)	11,6	11,0	11,8	8,5	
Brenn-	(kcal)	301	342	321	357	
wert	(kJ)	1259	1431	1342	1493	
Calcium	(mg)	106	51	74	257	900
Eisen	(mg)	6,1	5,0	6,9	8,6	10
Kalium	(mg)	1310	930	810	1740	2000
Magnesium	(mg)	132	116	77	247	350
Phosphor	(mg)	429	378	412	591	1400
Vitamin B_1	(mg)	0,46	0,76	0,43	0,99	1
Vitamin B_2	(mg)	0,16	0,27	0,26	0,52	1,7
Vitamin B_6	(mg)	0,28	0,06	0,60	1,19	1,8
Carotin	(mg)	0,40	0,08	0,10	0,38	
Niacin	(mg)	2,10	2,80	2,20	2,51	18
Pantothensäure	(mg)	0,98	2,10	1,36	1,92	6

* Empfohlener oder geschätzter Tagesbedarf für Erwachsene (Deutsche Ges. f. Ernährung 1991)

2.3.1 Der Anbau – Vom Feld in die Schälmühle

Hülsenfrüchte werden auf Feldern angebaut und zur Zeit der Totreife (Kraut stirbt ab) gemäht, gedroschen und anschließend getrocknet. In Schälmühlen erfolgt dann die Reinigung, bei Erbsen auch ein Schälen der Samen (Entfernen der äußeren harten Celluloseschichten).

Bei der Erdnußpflanze krümmt sich nach dem Verblühen der Stengel bodenwärts und gräbt sich 5 bis 8 cm tief in die Erde ein, in der die Hülsen dann ausreifen.

2.3.2 Das Warensortiment – Von der gelben Erbse bis zum Sojafleisch

Unbearbeitete Erzeugnisse

Die wichtigsten Anforderungen an Erbsen, Bohnen und Linsen sind: gleichmäßige Kochfähigkeit, einwandfreier, arttypischer Geruch und ohne Käferbefall. Von den Importeuren und der Industrie werden noch äußere Merkmale mitbewertet, weil sie die Kaufentscheidung des Verbrauchers mitbestimmen: die einheitliche Form und Größe, die gleichmäßige, typische Farbe, eine glatte Schale und ein hoher Reinheitsgrad. Hülsenfrüchte sind um so teurer, je größer die Samen sind.

Bohnen: Bohnen werden, je nach Samenfarbe, als weiße oder bunte Bohnen bezeichnet. Es existiert eine große Sortenpalette. Weiße Bohnen (Schmalzbohnen) kochen im allgemeinen weich und sämig; Variationen davon sind: Cannellini-Bohnen und Perlbohnen. Rote Kidney-Bohnen werden in Afrika und Amerika angebaut. Sie sind mehlig, festkochend und dienen zur Herstellung des südamerikanischen, scharf gewürzten Fleischgerichts »Chili con carne«. Die aus Peru stammende beigefarbene Limabohne ist gut für Salate geeignet, enthält aber größere Mengen eines Inhaltsstoffs, der Blausäure abspaltet. Deshalb muß das Kochwasser weggegossen werden. Mungo-Bohnen werden u.a. in China-Restaurants oft zur Herstellung von falschen Sojabohnenkeimlingen benutzt. Weitere Bohnenarten sind: Augenbohnen, Borlettibohnen, Feuerbohnen, schwarze Bohnen und Wachtelbohnen. Wegen ihres farbigen Aussehens werden sie gern für Salatzubereitungen benutzt.

Erbsen: Zur Verwendung als Hülsenfrüchte eignen sich bei den Erbsen ausschließlich die stärkereichen Palerbsensorten (auch Schälerbsen genannt). Angeboten werden in der Regel gelbe und grüne Erbsensorten mit sehr unterschiedlichen Kocheigenschaften (von weich und breiig kochend bis festkochend). Als Viktoria-Erbsen werden die großkörnigen Erbsen mit einem Durchmesser von mindestens 7,5 mm bezeichnet. Geschälte Erbsen sind Samen, die von den äußeren Celluloseschichten befreit sind. Dabei wird die Oberfläche unansehnlich, und ein Teil der Körner zerfällt in die beiden Keimblätter. Die abgetrennten ganzen Erbsen werden geschliffen, poliert und glasiert vermarktet. Für das Polieren und Glasieren wird Talcum und Glucose verwendet. Die halben oder gebrochenen Erbsen werden als Splittererbsen bei gleichem Nährwert preiswerter verkauft. Geschälte Erbsen sind allgemein leichter verdaulich.

Kichererbsen: In Indien, Mexiko und in vielen Ländern des Mittelmeerraumes zählen Kichererbsen zu den Hauptnahrungsmitteln. Sie werden ähnlich wie Erbsen für Püree oder Suppen verwendet. In gekochtem Zustand können sie wie Erdnüsse in Öl geröstet werden. Meist werden bei Kichererbsen hellsamige Sorten verwendet.

Linsen: Für Linsen gilt ebenfalls, daß die großen Samen teurer sind als die kleinen, obwohl der Geschmackswert bei den kleinen Samen, wegen des hohen Schalenanteils, der das typische Linsenaroma gebunden hat, größer ist. Bei Linsen gibt es 4 Größensortierungen: Riesenlinsen, Tellerlinsen, Mittellinsen und Zuckerlinsen (kleine Linsen). Linsen der frischen Ernte sind meist hellgrün bzw. oliv. Mit dem Alter nimmt durch Lagereinflüsse und Lichteinfall die Brauntönung zu, wobei sich der Geschmack jedoch kaum verändert. Gelbe Linsen sind geschälte Linsen, die wegen der fehlenden Samenschale breiig kochen und ein wenig typisches Linsenaroma haben. Unter roten Linsen versteht man eine hauptsächlich in Indien und der Türkei angebaute kleine Linsenart mit lilafarbener Samenschale. Sie kommen geschält in den Handel. Die roten Linsen kochen schnell zu Brei, wobei die leuchtend orangerote Farbe in gelb übergeht.

Sojabohnen: In der Welterzeugung ist die Sojabohne die bedeutendste Hülsenfrucht. In ihrem Aussehen ähnelt sie der Buschbohne. Ihre Samenkerne sind gelb, grün, braun und schwarz. Vom Handel werden allgemein helle, große Samen bevorzugt. Da Soja hier nicht wächst, sind wir auf Importe aus den USA und Asien angewiesen. Sojabohnen sind sehr eiweißreich und enthalten viel Öl und im Gegensatz zu den anderen Hülsenfrüchten kaum Stärke.

Hülsenfruchterzeugnisse

Erbswurst: Die Erbswurst ist ein Suppenerzeugnis, das aus aufgeschlossenem Erbsmehl, Fett, Speck, Gewürzen und Salz hergestellt wird. Durch die Vorbehandlung des verwendeten Erbsmehles ist das Erzeugnis leicht verdaulich und bedarf nur kurzer Kochzeiten. Die Erbswurst ist eines der ältesten industriell vorgefertigten Lebensmittel (»convenience food«).

Keimlinge: Immer größere Bedeutung erlangen unter den Hülsenfruchterzeugnissen die sogenannten Keimlinge (oder Sprossen). Sie lassen sich besonders leicht aus Sojabohnen, Mungobohnen, Linsen, Erbsen und auch Kichererbsen ziehen und sind als Gemüse oder Salate geschätzt. Durch den Keimprozeß werden einige ernährungsphysiologisch wichtige Inhaltsstoffe, wie beispielsweise Vitamine, in ihrem Gehalt drastisch erhöht.

Konserven: Hülsenfrüchte werden in großem Umfange auch als Konserven angeboten. Diese haben den Vorteil, daß die Produkte bereits weichgekocht sind und sofort weiterverarbeitet werden können.

Sojaöl: Aus dem Öl der Sojabohne wird ein hochwertiges Speiseöl mit hohen Anteilen an essentiellen Fettsäuren gewonnen, das als Sojaöl im Verkehr ist.

Sojamehl wird aus geschälten Sojabohnen gewonnen und kommt als Vollsojamehl oder nach Teilentfettung auch als fettarmes Sojamehl in den Handel.

Sojamilch: Aus feingemahlenen Sojabohnen und Wasser kann unter Dampfanwendung eine Sojamilch hergestellt werden, die in den asiatischen Ländern, wie bei uns Kuhmilch, genossen wird.

Tofu: Frische, heiße Sojamilch kann durch Gerinnungsmittel (z. B. Calciumsulfat) zu Tofu, einem Sojaquark, weiterverarbeitet werden.

Texturiertes Sojaeiweiß (TVP = Textured Vegetable Protein) ist ein Erzeugnis, bei dem die Faserstruktur von Fleisch nachgeahmt wird. Zur Herstellung wird meist das bei der Sojaölgewinnung anfallende Schrot verwendet. Das Eiweiß des Schrotes wird in Lösung gebracht und wie bei der Kunstfaser-Spinnerei zu faserigen, dem Fleisch ähnlichen Strukturen geformt und mit Geschmacksstoffen angereichert. TVP wird von Vegetariern häufig als Fleischersatz verwendet. Allerdings ist der hohe technologische Aufwand, der zur Herstellung notwendig ist, nicht mit den Kriterien naturnaher Kostformen vereinbar.

2.3.3 Die Inhaltsstoffe – Keine Angst vor Blähungen

Für die Ernährung sind Hülsenfrüchte wegen ihres kalorischen Wertes von Bedeutung. Hohe Eiweiß- und Ballaststoffgehalte sind für sie charakteristisch (s. Tabelle **27**). Einige Hülsenfrüchte enthalten von Natur aus toxische Stoffe, wie cyanogene Glykoside, Lectine oder Proteinaseninhibitoren.

Nährstoffe

Ballaststoffe: Ernährungsphysiologisch bedeutsam ist der hohe Ballaststoffgehalt in Hülsenfrüchten. Er beträgt bei Erbsen, Bohnen und Linsen zwischen 11 und 18%. Ballaststoffe (Cellulose, Hemicellulose u.ä.) sind für eine gesunde Darmtätigkeit von großer Bedeutung. Allerdings erschweren die cellulosehaltigen Schalen und Zellwände die Verdauung der Hülsenfrüchte. Eine geringere Ausbeute der Nährstoffe und auftretende Blähungen sind negative Begleiterscheinungen des Verzehrs von Hülsenfrüchten.

Eiweiß: Von den pflanzlichen Lebensmitteln haben Hülsenfrüchte den höchsten Eiweißgehalt. Weltweit gesehen, zählen sie zu den wichtigsten Eiweißlieferanten der Ernährung. Die biologische Wertigkeit des Eiweißes von Erbsen, Bohnen und Linsen ist zwar wegen des Fehlens bestimmter schwefelhaltiger Aminosäuren nicht sehr hoch, kann aber durch Kombination mit anderen Eiweißträgern, wie Fleisch oder Getreide, bestens ergänzt werden. Das Eiweiß der Sojabohne ist dagegen hochwertig, weil es fast alle lebensnotwendigen (essentiellen) Aminosäuren besitzt. Der Gehalt beträgt bis zu 40%.

Fett: Bohnen, Erbsen und Linsen enthalten kaum Fett. Sojabohnen sind dagegen reich an hochwertigem Öl, mit einem hohen Anteil an essentiellen Fettsäuren.

Kohlenhydrate: Der Kohlenhydratanteil ist sehr hoch; vorwiegend ist es Stärke. Eine Ausnahme bildet die Sojabohne, die nur wenig Stärke enthält, dafür aber reich an Fett ist. Zucker ist in Hülsenfrüchten nur in geringen Mengen vorhanden.

Mineralstoffe: Von den Mineralstoffen, die in den Hülsenfrüchten vorkommen, sind insbesondere (in der Reihenfolge ihrer Bedeutung) Eisen, Phosphor, Kalium, Magnesium und Calcium zu nennen.

Exkurs: Warum verursachen Hülsenfrüchte Blähungen?

Blähungen sind Dehnungen des Magen-Darm-Traktes durch eine übermäßige Entwicklung von Gasen (Stickstoff, Methan, Schwefelwasserstoff oder Kohlendioxid). Auch unter Normalbedingungen entsteht im Dickdarm täglich eine beachtliche Menge Gas, das jedoch zumeist über die Darmwand resorbiert wird. Ein Großteil des im Dickdarm befindlichen Gases ist auf Zersetzungen schlecht verdauter Lebensmittel durch Darmbakterien zurückzuführen.

Hülsenfrüchte haben mit ihren harten Schalen hohe unverdauliche bzw. unerschließbare Anteile, die im Dickdarm vermehrt Gasentwicklungen erzeugen. Bei geschälten Hülsenfrüchten wird zwar der Ballaststoffanteil vermindert, aber das Entfernen der harten Schalen bewirkt, daß die Verdaulichkeit gesteigert wird. Blähungen werden dadurch erheblich reduziert.

Vitamine: Hülsenfrüchte enthalten auch ein breites Spektrum an Vitaminen, wobei insbesondere die der B-Gruppe zu erwähnen sind.

Wassergehalt: Da Hülsenfrüchte getrocknete Samen sind, ist der Wassergehalt gering.

Unerwünschte Inhaltsstoffe

Cyanogene Glykoside: Es handelt sich hierbei um eine gefährliche Gruppe von Verbindungen, die in Samen von Pflanzen häufig auftritt und Blausäure freisetzen kann. Bei den Hülsenfrüchten ist die Limabohne besonders betroffen, da bei ihr im Glykosid Linamarin bis zu 300 mg Blausäure pro 100 g Samen gebunden ist. Die Samen können entgiftet werden, indem man sie zerkleinert und befeuchtet; dann sorgen Enzyme für die Abspaltung der Blausäure aus dem Glykosid. Durch das sich anschließende Kochen wird die Blausäure vertrieben.

Inhibitoren: Einige der Hülsenfrüchte produzieren auch Hemmsubstanzen, die die Eiweißverdauung stören. Man bezeichnet sie als Inhibitoren für Proteinasen. Da diese Inhibitoren selbst Eiweißstoffe sind, können sie durch Kochen inaktiviert werden.

Lectine: Hülsenfrüchte enthalten eine Reihe von Stoffen, die als toxisch angesehen werden müssen. Zu ihnen zählen die sogenannten Lectine (= Hämagglutinine), denen das toxische Potential zwar nachgewiesen, aber noch nicht korrekt zugeordnet werden kann: Die bekannte Giftwirkung der Lectine beruht auf der Fähigkeit, sich an rote Blutkörperchen anzuheften und sie zum Verklumpen zu bringen. Beobachtungen deuten jedoch darauf hin, daß die Toxizität auch auf einer Störung der Nährstoffresorption an der Darmwand oder auf einer Hemmung des Eiweißaufbaus des Körpers beruhen kann. Da Hülsenfrüchte fast ausschließlich nach dem Erhitzen verzehrt werden, ist die Giftwirkung der Lectine kaum von Bedeutung, da sie durch den Erhitzungsvorgang zerstört werden.

2.3.4 Zum Umgang mit Hülsenfrüchten

Käferbefall: Ein Befall mit Vorratsschädlingen, wie Erbsen-, Linsen- oder Speisebohnenkäfer, ist bei Hülsenfrüchten nicht immer zu vermeiden. Wenn sie massiv auftreten, ist die Ware als verdorben einzustufen. Einzelne befallene Samen, die meist an den kreisrunden Fraßlöchern zu erkennen sind, lassen sich einfach aussortieren. In den großen Schälmühlen werden zur Verhinderung eines Schädlingsbefalls die Warenpartien mit chemischen Mitteln behandelt (meist begast). Deshalb sind vereinzelt auftretende Schädlinge bei Hülsenfrüchten nicht immer Ergebnis einer unsauberen Verarbeitung, sondern ein Zeichen dafür, daß die Behandlung mit chemischen Mitteln nicht ausreichend war.

Vorratshaltung: Hülsenfrüchte eignen sich gut für eine Bevorratung. In ungeschältem Zustand sind sie mindestens ein Jahr haltbar. Geschälte Produkte sollen höchstens 6 Monate aufbewahrt werden. Wichtig ist, daß sie trocken, luftig und dunkel gelagert werden.

Zubereitung: Vor der Zubereitung müssen Hülsenfrüchte immer gewaschen werden, um Schmutz, Steine und nicht genießbare Samen auszusondern. Ungeschälte Hülsenfrüchte, außer Linsen, sollten über Nacht mit der 3fachen Menge Wasser vorgequollen werden. Kalkhaltiges Wasser und Salzen vor dem Garen erschweren das Weichkochen. Das Garen sollte immer im Einweichwasser erfolgen, um austretende Nährstoffverluste so gering wie möglich zu halten.

2.4 Kartoffeln

Die Kartoffel gehört wie die Tomate zur botanischen Familie der Nachtschattengewächse. Im Gegensatz zu den roten Tomaten stellen die eigentlichen Früchte der Kartoffel jedoch kleine, grüne Beeren dar, die aufgrund ihres hohen Solanin-Gehaltes stark giftig sind. Die Kartoffelknollen selbst sind keine Früchte, sondern unterirdische, verdickte Triebe, in denen Reservestoffe für das Auskeimen einer neuen Pflanze enthalten sind. Hieraus ergibt sich auch ihr hoher Nährwert.

Weniger als ein Drittel des Rohstoffs Kartoffel kommt auf den Teller; die überwiegende Menge dient der Herstellung von Fritierwaren, Stärke, Stärkezucker (Glukosesirup), Alkohol und Trockenerzeugnissen sowie Viehfutter.

Es befindet sich eine Vielzahl an Sorten auf dem Markt; nicht alle sind zum Einkellern geeignet. Fehlerhafte Ware braucht nur zu einem geringen Prozentsatz hingenommen zu werden. Kartoffeln sind trotz des Verlusts von Vitamin C bei Lagerung und Zubereitung ernährungsphysiologisch interessant. Sie enthalten allerdings auch von Natur aus unerwünschte Stoffe. Zusatzstoffe trifft man insbesondere in Weiterverarbeitungsprodukten an. Grenzwertüberschreitungen bei Pflanzenschutzmitteln und Keimhemmungsmitteln sind nicht bekannt.

2.4.1 Die Herkunft – Die Kartoffelknolle ist keine Frucht

Die Kartoffel wurde im Jahr 1621 wegen ihrer schönen Blüten als Zierpflanze aus Südamerika eingeführt; erst ab dem 18. Jahrhundert nutzt man sie als Grundnahrungsmittel. Von der Umstrukturierung der Landwirtschaft nach 1950 war auch der Kartoffelanbau betroffen. Der Zwang zur Rationalisierung führte zum Rückgang des Fruchtwechsels und damit zur Zunahme des Monokulturanbaus. Typische Folgemaßnahmen waren die Zunahme des Düngemitteleinsatzes zur Ertragssteigerung, der Anstieg der Verwendung von Pflanzenbehandlungsmitteln zur Ertragssicherung anstelle von arbeitsintensiven Pflegemaßnahmen und die Züchtung ertragreicherer und widerstandsfähigerer Sorten.

Mit dem steigenden Lebensstandard ist der Verbrauch an Speisekartoffeln auf etwa 200 g pro Person und Tag zurückgegangen, an sogenannten Kartoffel-Veredelungsprodukten wie Pommes frites, Kartoffelchips, getrockneten Kartoffelerzeugnissen (z. B. Instant-Püree) usw. dagegen angestiegen.

2.4.2 Das Warensortiment – Frühkartoffeln bis Pommes frites

Kartoffeln

Es gibt derzeit 166 zugelassene Kartoffelsorten. Die Vermarktung erfolgt wie bei Obst und Gemüse nach Handelsklassen, die die Kartoffeln nach Qualität und Größe unterscheiden. Qualitätsbestimmend sind die sortenabhängigen Merkmale wie Geschmack, Kochverhalten und Eignung zum Einkellern.

Der Geschmack variiert zwischen »mild« und »kräftig«. Unerwünscht ist ein süßer Geschmack; er entsteht bei erfrorenen Kartoffeln, wenn die aus der Stärke gebildete Glucose nicht weiter abgebaut wird.

Die Kocheigenschaft ist abhängig vom Stärkegehalt: bei 12 bis 14% Stärke bleiben sie in der Regel fest, bei 14 bis 16% Stärke werden sie mehlig. Auch der Eiweißgehalt, das Amylose-Amylopektin-Verhältnis und die Art der verfestigenden Pektinstoffe bestimmen die Kochfestigkeit.

Es gibt drei Kochtypen (beim Kochen zerfallende Sorten sind als Handelsware nicht zulässig):
festkochende Kartoffeln: Verwendung für Kartoffelsalat, Salz-, Pell- und Bratkartoffeln,
vorwiegend festkochende Kartoffeln: Verwendung für Salz-, Pell- und Bratkartoffeln, Pommes frites,
mehlig festkochende Kartoffeln: Verwendung für Püree, Klöße, Suppen, Eintopf.
Die Eignung zum Einkellern hängt von der Sorte und dem Erntezeitpunkt ab: »Speisefrühkartoffeln« (Ernte bis 20. August) schmecken gut, besitzen aber eine lose Schale und welken schnell, so daß sie zum Einkellern ungeeignet sind. Die mittelfrühen Sorten und besonders die späten Sorten ab Mitte Oktober eignen sich gut als Wintervorrat (siehe Tabelle **28**).

Handelsübliche Sorten

In Tabelle **28** sind einige häufige Kartoffelsorten mit ihren wichtigsten Eigenschaften aufgeführt.

Handelsklassen von Kartoffeln und Fehlertoleranzen

Frische Kartoffeln werden den Handelsklassen »Extra« und »Klasse I« zugeordnet; je nach Handelsklasse muß der Verbraucher bestimmte Mängel in Kauf nehmen. Übersteigen die Mängel die gesetzlich festgelegten Toleranzen, wobei die Summe der Einzelfehler (außer Größensortierung) in der Klasse »Extra« höchstens 5%, in der »Klasse I« höchstens 8% betragen darf, kann beim Verkäufer reklamiert werden. Keine Berücksichtigung finden Fehler, die durch normales Schälen, also ohne Mehrabfall, zu beseitigen sind. Kartoffeln mit Untergröße werden als »Drillinge« bezeichnet.

Tabelle **28** Häufige Kartoffelsorten und ihre Eigenschaften

Sorte	Erntezeitpunkt		Kocheigenschaft	Einkellern
Hela	früh	Juni bis	vorwiegend festkochend	nein
Sieglinde	früh	Mitte Juli	festkochend	nein
Clivia	mittelfrüh		vorwiegend festkochend	ja
Granola	mittelfrüh	Mitte Juli bis	vorwiegend festkochend	ja
Grata	mittelfrüh	Mitte September	vorwiegend festkochend	ja
Hansa	mittelfrüh		festkochend	ja
Irmgard	mittelfrüh		mehlig festkochend	ja
Aula	spät		mehlig festkochend	ja
Cilena	spät	Mitte September	festkochend	ja
Datura	spät	bis Ende Oktober	mehlig festkochend	ja
Maritta	spät		mehlig festkochend	ja

Kartoffelähnliche Knollen

Hierzu gehören die Sonnenblumenart Topinambur und die im Tropengürtel verbreitete Süßkartoffel (Batate).

Süßkartoffel (Batate): Die spindelförmigen Knollen können über ein Kilogramm schwer werden. Sie sind reich an Stärke, enthalten aber auch noch Reste an Saccharose und Glucose, die den süßen Geschmack hervorrufen. Süßkartoffeln findet man als Konserve im Handel.

Topinambur: Die ca. 15 cm langen und 5 cm dicken Knollen enthalten als Reservekohlenhydrat vor allem das der Stärke analoge, jedoch aus Fructosebausteinen aufgebaute Polysaccharid Inulin (ca. 25%). Freie Fructose und geringe Saccharoseanteile verleihen dem Knollenfleisch in gekochtem Zustand einen süßlichen Geschmack. Topinambur ist als Diätgemüse und -salat für Diabetiker geeignet.

Kartoffelveredelungsprodukte

Mit steigendem Lebensstandard ist die Verwendung von Speisekartoffeln zugunsten der sogenannten Veredelungsprodukte zurückgegangen. Diese Bezeichnung ist ernährungsphysiologisch zumeist nicht gerechtfertigt.

Knabbergebäck wird z. B. als Chips oder Sticks in heißem, meist gehärtetem Pflanzenfett gebacken und anschließend gewürzt und gesalzen. Zur Würzung bedient man sich häufig natürlicher Aromen. Qualitätskriterien sind Farbe, Knusprigkeit, Fettgehalt und Geschmack. Letzterer hängt von der verarbeiteten Kartoffel und dem verwendeten Fritürefett ab.

Pommes frites und *Reibekuchen:* Sie werden als Halbfertigware tiefgekühlt oder vorfritiert in Vakuumpackungen angeboten. Vorfritierte Erzeugnisse enthalten ca. 8% Fett; mehrfaches Fritieren (häufige Unsitte in Gaststätten oder Imbißstuben) führt zu fetter, trockener Ware. Sogenannte »Backofen-Frites« brauchen nur noch im Ofen – ohne Fettzusatz – aufgebacken zu werden.

Trockenerzeugnisse: Sie werden industriell aus rohen oder gekochten Kartoffeln durch Wasserentzug hergestellt. Erster Schritt hierbei ist die Fertigung von Kartoffelmus aus geschälten, weichgedämpften Kartoffeln. Nach Zusatz von Stabilisatoren, Antioxidationsmittel und Gewürzen wird der Brei auf Walzentrocknern bei etwa 150 °C getrocknet und anschließend zerkleinert. Man erhält so Flocken oder Pulver zur schnellen Zubereitung von Beilagen; die bekanntesten sind Kloßmehl, Püree und Suppenpulver. Nach Zugabe von Wasser bzw. Milch läßt man die Masse »10 Minuten ziehen«, um der Stärke Zeit zum Aufquellen, also zum Einbinden des Wassers, zu geben.

2.4.3 Die Inhaltstoffe – Kartoffeln machen nicht dick

Nährstoffe

Kartoffeln gehören zu den kohlenhydratreichen Lebensmitteln; trotz ihres hohen Stärkegehalts von ca. 20% sind sie vergleichsweise energiearm, da sie praktisch fettfrei und recht wasserhaltig sind. Daß Kartoffeln dick machen, trifft nur zu, wenn sie in Fett zubereitet sind oder als Knabbererzeugnisse zusätzlich zu den gewöhnlichen Mahlzeiten verzehrt werden (Tabelle **29**).

Der Eiweißanteil scheint mit 2% zwar sehr niedrig zu sein; Eiweiß in Kartoffeln ist jedoch aufgrund seines Gehalts an essentiellen Aminosäuren biologisch hochwertig. Mit Ei ergänzt (z.B. Kartoffeln mit zwei Spiegeleiern) ergibt sich eine Eiweißkombination, die in ihrer biologischen Qualität sogar das als hochwertig anerkannte Eiweiß aus Milch, Rindfleisch oder Hühnerei weit übertrifft (s. auch S. 5).

Kartoffeln tragen zu einem großen Anteil zur Versorgung mit Vitaminen und Mineralstoffen bei. Sie decken etwa 16% des täglichen Vitamin-C-Bedarfs (Deutsche Ges. f. Ernährung 1984). Trotz der Verluste während der Lagerung bleiben Kartoffeln gerade auch im Winter eine bedeutsame Vitamin-C-Quelle (Tabelle **30**).

Zusatzstoffe

Kartoffelerzeugnissen sind häufig Zusatzstoffe beigegeben; dadurch bleiben sie länger haltbar, und Aussehen und Konsistenz verbessern sich. So werden verschiedene Antioxidationsmittel gegen Fett- und Aromaverderb eingesetzt; schweflige Säure (SO_2, Sulfite), Citronensäure, L-Ascorbinsäure (stoffgleich mit Vitamin C) und Phosphate verhindern eine nachträgliche Dunkelfärbung; in Instant-Pulvern für Klöße und Kartoffelbrei erleichtern Stabilisatoren (Monoglyceride), Verdickungsmittel und

Tabelle **29** Nährstoff- und Energiegehalt in jeweils 100 g Kartoffeln und Kartoffelerzeugnissen (a = Nährstoff ist nur in Spuren vorhanden; b = es liegen keine genauen Analysen vor) (Cremer u. Mitarb. 1987, Wirths 1985)

	Kartoffeln frisch	Kartoffeln gekocht	Pommes frites	Chips, in Öl geröstet	1 Kart.-Knödel eßfertig	Tagesbedarf*
Eiweiß (g)	2	2	4	5	2	55
Fett (g)	a	a	12	40	a	70
Kohlenhydrate (g)	18	18	34	50	21	390
Brennwert (kJ)	295	291	1130	2375	420	10000
(kcal)	71	70	270	568	100	2400
Eisen (mg)	1,0	0,8	1,8	2,3	b	10/15
Kalium (mg)	440	400	b	1000	b	2000
Phosphor (mg)	50	45	85	147	b	1400
Vitamin B_1 (mg)	0,10	0,10	0,15	0,21	b	1,3
Vitamin B_2 (mg)	0,05	0,05	0,02	0,70	b	1,7
Vitamin C (mg)	22	14	21	16	b	75

* Empfohlener Tagesbedarf für Erwachsene (Deutsche Ges. f. Ernährung 1991)

Phosphate die Quellung und erhalten die Konsistenz auch beim Erhitzen. Zur Farbverbesserung setzt man den gelben Stoff Riboflavin, auch Lactoflavin genannt (stoffgleich mit Vitamin B_2), ein. Das Zutatenverzeichnis auf den Packungen gibt Auskunft über die eingesetzten Zusatzstoffe.

Schadstoffe

Natürliche Schadstoffe

In den Randschichten der Knolle unter der Schale, in Augennähe und besonders in den am Licht ergrünten Teilen sowie in unreifen Knollen findet sich das giftige Solanin, das der Chemiker zu den Steroidalkaloiden rechnet. Es ist farblos, wasserlöslich und kochbeständig. Die Farbe ergrünter Teile stammt von dem harmlosen, natürlichen Blattfarbstoff Chlorophyll.

Der normale Solanin-Gehalt schwankt zwischen 2 und 10 mg pro 100 g; ab einer Konzentration von 20 mg pro 100 g sind gesundheitliche Schädigungen nicht auszuschließen (Wirths 1985), die sich durch Brennen im Hals, Kopfschmerzen und Durchfälle ankündigen (Lindner 1990). Daher müssen ergrünte Teile weggeworfen sowie das Kochwasser weggeschüttet werden.

Tabelle **30** Stabilität von Vitamin C in Kartoffeln (Killeit 1986)

Monate	Lagerung Verlust (in %)	Kochen Verlust (in %)	Gesamt-Verlust (in %)	Vitamin C-Aufnahme* je Mahlzeit* (in mg)
2	39	40	63	16
3	50	40	70	13
4	57	40	74	11
6	66	40	80	9

* Eigene Berechnung; Basis 200 g Kartoffeln pro Portion.

Bei Druck, Stoß und bei Frosteinwirkung können innere Zellwände verletzt werden und dadurch natürliche Inhaltsstoffe der Kartoffel untereinander zu schwärzlichen und gräulichen Produkten reagieren. Ein Beispiel ist die Umsetzung der kartoffeleigenen Partner Eisen und Chlorogensäure, die zu grauen, blauen oder schwarzen Verfärbungen führt. Kartoffeln mit derartigen Mängeln sehen zwar unappetitlich aus, sind jedoch völlig ungiftig. Die Grauverfärbung nach dem Kochen beruht auf der Oxidation kartoffeleigener Diphenole an der Luft.

Keimhemmungsmittel

Unter ruhigen, kühlen Bedingungen lassen sich Kartoffeln ohne chemische Hilfsstoffe bis zum Jahresende lagern; dann setzt meist Keimbildung ein. Diese wird mit Keimhemmungsmitteln (Propham, Chlorpropham) unterdrückt (s. 2.4.4 »Wissenswertes für die Praxis«). Die Biologische Bundesanstalt für Landwirtschaft und Forsten hat diese Mittel geprüft und zugelassen. Eine Überprüfung von Kartoffeln aus dem Handel (ungeschält, in gewaschenem Zustand) in der Schweiz ergab einen mittleren Rückstandsgehalt von 0,5 mg pro kg (Glatt u. Mitarb. 1980); der gesetzliche Grenzwert liegt bei 5 mg pro kg.

In verschiedenen anderen Ländern (EU-Staaten, Japan) erreicht man durch Bestrahlen eine wirkungsvolle Keimhemmung. Die hierzu benötigte Strahlendosis (s. Kapitel 1.3.3 – Bestrahlung von Lebensmitteln) beträgt nur etwa 0,1 Gray; gleichwohl zeigen bestrahlte Kartoffeln nach dem Kochen eine dunklere Farbe. In der Bundesrepublik Deutschland ist dieses Verfahren noch nicht zugelassen.

Pestizide

Die konventionell angebaute Kartoffelpflanze (häufig in Monokulturen) wird zur Abwehr von zahlreichen Krankheiten, Schädlingen und Unkräutern, die erhebliche Ertragsminderung bewirken können, mehrfach gespritzt. Im Fall des häufig eingesetzten Unkrautbekämpfungsmittels

Deiquat sind nach üblicher Anwendung in den Ernteprodukten kaum Rückstände zu erwarten (Deutsche Forschungsgemeinschaft 1983). Dies bestätigend, konnten bei der Überprüfung von Handelsproben keine der gebräuchlichen Mittel nachgewiesen werden (Matter, pers. Mitt.).

Das Herbizid Deiquat kann der Landwirt aber auch einsetzen, wenn (bei Speisefrühkartoffeln oder aus wirtschaftlichen Gründen) die Kartoffeln nicht bis zur natürlichen Reife auf dem Feld stehen und dann zur Vereinfachung der maschinellen Ernte das oberirdische Kraut abwelken muß. Über Grenzwertüberschreitungen wurde bei dieser Einsatzart bisher zwar nicht berichtet, allerdings können bei unsachgemäßer Anwendung kurz vor der Ernte in Kartoffelknollen »geringe (zwischen 0 und 1, ausnahmsweise bis zu 3 mg pro kg Kartoffeln) Rückstandswerte« gefunden werden (Deutsche Forschungsgemeinschaft 1983). Solche Kartoffeln wären allerdings nicht verkäuflich, da der gesetzliche Grenzwert für Deiquat bei 0,1 mg pro kg liegt.

2.4.4 Wissenswertes für die Praxis

Nährstoffverlust bei der Zubereitung

In gekochtem Zustand sind Kartoffeln am besten verdaulich, weil die rohe, nicht aufgeschlossene Kartoffelstärke erst in der Hitze aufquellen (»verkleistern«) muß, damit die menschlichen Verdauungsenzyme sie umsetzen können; Stärke in gebratenen oder fritierten Kartoffeln ist schwerer verdaulich.

Beim Kochen gehen Vitamine und Mineralstoffe verloren. Der Verlust läßt sich kleiner halten, wenn man die Garzeit verkürzt, wenig Kochwasser verwendet (dämpfen), die rohen Knollen nicht wässert und wenig zerkleinert. Zweistündiges Warmhalten nach Zubereitung läßt den Vitamin-C-Gehalt gegen Null absinken. Die Verluste sind insgesamt geringer, wenn man die Kartoffeln ungeschält als Pellkartoffeln anrichtet (die Schale ist zugleich Ballaststoff-Lieferant); so ist z.B. bei Salzkartoffeln der Vitamin-C-Verlust doppelt, der Vitamin-B_1-Verlust gar viermal so groß; bei vorsichtigem Fritieren geht relativ wenig Vitamin C verloren.

Mit Keimhemmungsmitteln bestäubte Kartoffeln müssen vor der Zubereitung gewaschen und geschält werden; nach Weihnachten gehandelte Ware ist mit großer Wahrscheinlichkeit bestäubt.

Richtig einkellern

Zur Einkellerung eignen sich die relativ späten, festschaligen Sorten, da nur sie die Winterlagerung überstehen. Die Kartoffeln sind vor der Einlagerung zu durchmustern, stichprobenweise durchzuschneiden, um innere Mängel zu erkennen, und faule Knollen sind auszusondern, Der Kellerraum sollte gut belüftet sein und die Temperatur 4 bis 6 °C betragen.

Bei Verwendung von Keimhemmungsmitteln muß unbedingt die Gebrauchsanweisung beachtet werden! Dies gilt sowohl für die Vorsichtsmaßnahmen bei der Anwendung, die Menge an Bestäubungsmittel und die Wartezeit. Behandelte Kartoffeln vor der Zubereitung waschen und schälen!

Kartoffeln mit dem Hinweis »Zum Einkellern« müssen selbstverständlich hierfür geeignet sein. Umtausch mangelhafter Ware ist noch 6 Monate nach dem Kauf möglich (Verbraucherzentrale Nordrhein-Westfalen 1980).

Kartoffeln ab Hof des Landwirts müssen nicht nach Handelsklassen abgegeben werden; sie brauchen also nicht sortiert und sortenrein zu sein und können mehr Fehler aufweisen. Dies muß dem Käufer allerdings wahrheitsgemäß mitgeteilt werden. Selbstverständlich gelten auch für diese Handelsform die gesetzlichen Grenzwerte für Pflanzenbehandlungsmittelrückstände. Meist besteht beim Kauf ab Hof ein besonderes Vertrauensverhältnis zwischen dem Erzeuger und dem Käufer.

2.5 Pilze und Pilzerzeugnisse

Pilze werden dem Gemüse zugerechnet; sie unterscheiden sich jedoch in einigen wichtigen Eigenschaften von den anderen Gemüsesorten. Pilze sind niedere Pflanzen, die kein Chlorophyll (Blattgrün) entwickeln und deshalb auf organische Nahrung (Humus) angewiesen sind. Zum Wachstum benötigen sie kein Licht, aber Feuchtigkeit und Wärme; diese Eigenschaften ermöglichen die künstliche Aufzucht einiger Sorten. Die Speisepilze stellen nur eine verhältnismäßig kleine Gruppe dar. Dabei spielt der Champignon für den Markt eine dominierende Rolle. Daneben werden neuerdings auch Austernsaitlinge (eine auf Holz wachsende Pilzart) in größeren Mengen angeboten. Entgegen landläufiger Meinung ist der Nährwert von Pilzen gering. Die Schwermetallbelastung von Wildpilzen, deretwegen eine Verzehrsbeschränkung empfohlen wurde, muß differenzierter gesehen werden. Pilzkonserven werden nach äußerlichen Kriterien in Qualitätsklassen eingeteilt.

2.5.1 Die Herkunft – Die Züchtung überwiegt

Champignonzüchtung: Die ausreichende Versorgung des Frischmarkts und der Konservenhersteller wäre ohne die Züchtung von Champignons nicht denkbar. In den Aufzuchtanstalten wird das Champignonmyzel auf organischen Substraten gezogen. Für die Ausbildung der Fruchtkörper sind bestimmte Deckerden erforderlich. Die Wirtschaftlichkeit solcher Champignonzüchtereien wird von der Häufigkeit der möglichen Ernten geprägt. Störungen des Pilzwachstums und Erschwernisse bei der Leerung der Anzuchtkästen werden durch eine Behandlung des Holzes mit chemischen Mitteln verhindert. Das für die Qualitätsbeurteilung geforderte fleckenfreie Aussehen der Pilzhüte wird durch Besprühen mit bleichendem (chlorabspaltendem) Wasser erreicht.

Französische Champignons haben einen guten Ruf, weil sie häufig als aromatischer und fester in der Konsistenz als die deutschen und holländischen beurteilt werden. Der Grund dafür sind andere Anbaumethoden, bei denen dem Champignon insgesamt längere Zeit zum Wachsen gelassen wird.

Frische Waldpilze sind heute auf dem Markt nur noch selten anzutreffen. Das Fehlen einheimischer, unberührter Waldgebiete und der hohe Aufwand für das Sammeln sind Gründe dafür, daß sie nur noch in geringem Umfange regional angeboten werden. Lediglich aus Osteuropa mit seinen großen Waldgebieten kommen hin und wieder größere Mengen auf den deutschen Markt (ein Problem ist hierbei jedoch der lange Transport der leicht verderblichen Ware). Besonders geschätzt werden bei den Waldpilzen der festfleischige Steinpilz und der aromatische, dottergelbe Pfifferling.

Champignonnaßkonserven werden in der Regel aus frischen Champignons hergestellt, Wildpilznaßkonserven (meist Mischpilze) überwiegend aus vorübergehend durch Kochsalz haltbar gemachter Rohware. Bei Pilzkonserven aus vorbehandelter Rohware gehen durch das spätere Auswaschen des Salzes vor der Konservierung auch wertvolle, pilztypische Inhaltsstoffe verloren. Als Zusatzstoffe sind bei der Herstellung von Pilzerzeugnissen die Verwendung von Milchsäure, Citronensäure, Kochsalz und Ascorbinsäure (Vitamin C) üblich.

2.5.2 Das Warensortiment – Von leichtverderblich bis haltbar

Die für den gewerblichen Verkehr allgemein zugelassenen Edel- und Speisepilze sind in den Leitsätzen für Pilze und Pilzerzeugnisse (Lebensmittelrecht, Leitsätze Pilze) der Deutschen Lebensmittelbuchkommission aufgeführt. Als Edelpilze werden vor allem die kultivierten Champignons und die wildwachsenden Arten (Wald-, Wiesen- und Anischampignons) bezeichnet. Auch Pfifferlinge, Steinpilze, Trüffeln (Winter- und Sommertrüffeln) sowie Morcheln (Speise- und Spitzmorcheln) sind Edelpilze und stellen besondere Delikatessen dar.

Frische Pilze werden nach Arten sortiert feilgehalten. Der Sandgehalt (= salzsäureunlöslicher Anteil der Asche) und der Madenfraß sind wichtige Oualitätskriterien. Frische Kulturchampignons können unsortiert oder nach Handelsklassen eingeteilt in den Verkauf kommen.

Pilze in Dosen: Hier gelten Klassifizierungen, die sich im wesentlichen auf den Kopfdurchmesser und die Stiellänge beziehen. Bei den beiden wichtigsten Pilzkonserven kann man sich vor Fehlkäufen schützen, wenn man die Bedeutung folgender Kennzeichnungen kennt:

Champignons I. Wahl: Kopfdurchmesser bis 35 mm, Stiele bis 10 mm, Köpfe geschlossen;
Champignons I. Wahl in Scheiben: parallel zur Wachstumsachse geschnittene I. Wahl;
Champignons II. Wahl: leicht geöffnete Köpfe mit Stielen, auch lose Köpfe;
Champignons II. Wahl in Scheiben: parallel zur Wachstumsachse geschnittene II. Wahl;
Champignons III. Wahl: auch offene Köpfe, lose Stiele und Stücke zulässig;
Champignons III. Wahl geschnitten: Champignons aller Größen, auch Stücke und Stiele, geschnitten;
Pfifferlinge, ausgesucht kleine: kleine, verlesene, ganze Pfifferlinge, Kopfdurchmesser bis 15 mm;
Pfifferlinge, mittel: Kopfdurchmesser bis 30 mm, verlesen und ganz;
Pfifferlinge: meist sehr groß, Kopfdurchmesser über 30 mm, auch geschnitten.

2.5.3 Die Inhaltsstoffe – Gut im Geschmack, aber schwer verdaulich

Nährstoffe

Der wesentliche Wert der Speisepilze liegt in ihrem hohen Gehalt an Geschmacks- und Aromastoffen, die sie zu einem wichtigen Geschmacksträger für Speisen, insbesondere Soßen und Beilagen, machen.

Tabelle **31** Nährstoff- und Energiegehalt einiger Edelpilze (a = Nährstoff ist nur in Spuren vorhanden; b = es liegen keine genauen Analysen vor) (Wirths 1985)

Lebensmittel	Der genießbare Teil von 100 g						
	Eiweiß	Fett	Kohlenhydrate	Energie		Mineral-	
				Joule	Kalorien	Calcium	Eisen
	g	g	g	kJ	kcal	mg	mg
Champignons	3	a	3	90	22	8	1,7
Pfifferlinge (Rehling)	1	a	2	60	14	5	(3,9)
Steinpilze	2	a	4	115	27	(7)	(0,8)
Steinpilze, getrocknet	20	3	44	1185	283	35	8,4

Ihr Nährwert ist als gering einzuschätzen. Der Vitamin- und Mineralstoffgehalt ist mit dem anderer pflanzlicher Lebensmittel vergleichbar (Tabelle **31**). Pilze bestehen zu etwa 90% aus Wasser.

Der Kohlenhydratgehalt beträgt etwa 4 bis 6%. Bemerkenswert ist, daß Pilze keine Stärke enthalten, wohl aber eine Reihe ungewöhnlicher Zuckerarten, wie Mannose und Trehalose. Ernährungsphysiologisch ist dies allerdings ohne Bedeutung.

Der Fettgehalt ist gering (0,3%).

An Eiweißstoffen hat ein Pilz zwischen 2 und 4%. Diese sind wegen ihrer geringen biologischen Wertigkeit ernährungsphysiologisch eher minderwertig einzuschätzen.

Als Gerüststoff enthalten Pilze nicht Cellulose, sondern eine stickstoffhaltige Substanz, das nicht aufschließbare Chitin. Dieser Chitingehalt macht Pilze auch schwer verdaulich, so daß sie für Krankendiäten allgemein wenig geeignet sind.

An Vitaminen kommen insbesondere das Vitamin D, das auch in Pilzkonserven erhalten bleibt, das Provitamin A (bei Pfifferlingen) und das Vitamin B_1 vor.

Mineralstoffe sind in Pilzen in einer Größenordnung von 5% enthalten (bezogen auf die Trockensubstanz).

Selen: In der Werbung werden verstärkt Präparate mit »Bioselen« als notwendige Nahrungsergänzung angepriesen; dem Verbraucher wird dabei ein Selendefizit in unserer Nahrung suggeriert, wobei mit schädlichen Folgen zu rechnen sei. Bisher gibt es aus der Ernährungswissenschaft nicht den geringsten Hinweis darauf, daß über die normale

Tabelle **31** (Fortsetzung)

eingekaufter Ware enthält							
stoffe			Vitamine				
Kalium mg	Natrium mg	Phosphor mg	A µg	B_1 mg	B_2 mg	C mg	Niacin mg
440	6	105	a	0,10	0,40	5	5,5
310	2	25	a	0,01	0,15	2	4,0
390	5	90	a	0,03	0,30	3	3,9
2000	15	640	b	b	b	b	b

Nahrung zu wenig Selen aufgenommen wird. Selen ist ein Spurenelement, das für die Funktion eines wichtigen Enzyms (Glutathionperoxidase) unseres Körpers notwendig ist. Es wird in Mengen von 0,05 bis 0,1 mg pro Tag dem Körper über die Nahrung zugeführt. Das Enzym Glutathionperoxidase verhindert die Bildung und Anreicherung vieler zellschädigender Produkte des oxidativen Stoffwechsels. Untersuchungen haben ergeben, daß Steinpilze und Champignons besonders selenreich sind.

Schadstoffe

Die Diskussion um Schadstoff-Rückstände in Lebensmitteln hat auch die Pilze nicht ausgeklammert. Die Befürchtung, daß Pilze, die in Anzuchtanstalten einer ertragssteigernden Manipulation mit einer Reihe von chemischen Stoffen unterzogen wurden, erheblich rückstandsbelastet seien, hat sich aus den veröffentlichten Erkenntnissen der Lebensmittelüberwachungsbehörden (Jahresberichte der Chemischen und Lebensmitteluntersuchungsämter) nicht bestätigt. Beanstandungen bezogen sich auf einen erhöhten Gehalt des Holzbehandlungsmittels Pentachlorphenol und waren auf eine unsachgemäße Verwendung des Mittels bei der Imprägnierung der Anzuchtkästen zurückzuführen.

Schwermetalle und Radioaktivität in Pilzen

Pilze haben die Eigenschaft, Schwermetalle in ihren Fruchtkörpern anzureichern. Alle kultivierten Pilze, also auch die bei uns am häufigsten verzehrten Champignons, sind davon allerdings nicht betroffen. Bei einigen Wildpilzarten (z.B. Anischampignon, Hallimasch, Röhrlinge) wurden extrem hohe Schwermetallkonzentrationen festgestellt, die befürchten lassen, daß schon beim Verzehr einer Wildpilzmahlzeit der Grenzwert von Cadmium und Quecksilber erreicht wird, den die Weltgesundheitsorganisation insgesamt pro Woche durch alle Lebensmittel für vertretbar hält. Diese Erkenntnis veranlaßte das Bundesgesundheitsamt, Verzehrsempfehlungen für Wildpilze herauszugeben. Danach sollen Erwachsene pro Woche nicht mehr als 200 bis 250 g Wildpilze essen. Bei nüchterner Betrachtungsweise stellt sich die Gefahr einer Schwermetallkontamination durch Wildpilze jedoch nicht so dramatisch dar. Wildpilze sind nur in geringem Umfange im Angebot, so daß der normale Verbraucher in der Regel viel weniger Wildpilze zu sich nimmt, als die Menge, die in der Verzehrsempfehlung zugrunde gelegt wurde. Betroffen sein könnten lediglich Pilzsammler aus Leidenschaft, die die ganze Wachstumsperiode über Pilze sammeln und verzehren. Neuere Untersuchungen haben ergeben, daß durch die schwer verdauliche Chitinhülle der Pilze auch die Aufnahme der Schwermetalle gehemmt ist (Schellmann u. Mitarb. 1984).

Auch Cäsium kann in Pilzen angereichert werden. Schon zur Zeit der überirdischen Atombombenversuche wurden wildwachsende Pilze mit Werten bis zu 1000 Bq pro kg gefunden. Nach dem Reaktorunfall von Tschernobyl haben die Messungen von Cäsium 137 bei Wildpilzen (insbesondere bei Maronen- und Rotfußröhrlingen) wiederum bedenkliche Werte erreicht, so daß die einzelnen Bundesländer dazu aufriefen, diese Pilze vorerst nicht zu verzehren. Inzwischen wurde auch hier allgemein Entwarnung gegeben. Allerdings ist in einigen Regionen immer noch mit vereinzelten, aber deutlichen Belastungen durch Radiocäsium zu rechnen.

2.5.4 Wissenswertes für die Praxis

Pilze einkaufen, sammeln, aufwärmen

Beim Einkauf sollte man auf die Frische der Pilze achten. Frische Pilze sind an ihrem intensiven, charakteristischen Geruch und an der trockenen Hautbeschaffenheit zu erkennen. Dunkle Verfärbungen, Druckempfindlichkeit und ein schleimiges Aussehen sind Anzeichen für Überreife oder Überalterung. Bevorzugt werden in der Regel Pilze, die noch nicht die volle Größe erreicht haben.

Pilzsammler kommen in den Genuß einer besonders frischen Mahlzeit. Grundsätzlich sollten nur solche Pilze gesammelt werden, die dem Sammler genau bekannt sind. Pilze werden so gesammelt, daß das im Boden befindliche Myzel so wenig wie möglich beschädigt wird. Das Abschneiden des Pilzstieles ist sicher die schonendste Methode. Oft ist es jedoch notwendig, den unteren Stielteil als Unterscheidungsmerkmal zur Identifizierung des Pilzes hinzuzuziehen. In solchen Fällen sollte der Pilzstiel aus dem Boden leicht herausgedreht werden. Bedauerlich ist es jedoch, wenn Laiensammler ihre Pilze erst einem Experten zeigen müssen, um genießbare von ungenießbaren unterscheiden zu lassen. Meist können die Pilze dann erst im überalterten Stadium tatsächlich verzehrt werden, so daß das Vergnügen am Pilzgericht vermindert ist.

Es ist ein Irrtum zu glauben, giftige von genießbaren Pilzen anhand der »Silberlöffelprobe« unterscheiden zu können. Die Schwarzverfärbung des Löffels zeigt nicht die Anwesenheit von Giftstoffen an, sondern ist ein Zeichen für das Vorhandensein von Schwefelwasserstoffspuren, meist hervorgerufen durch Zersetzungserscheinungen des Pilzeiweißes, das schwefelhaltige Aminosäuren enthält. Die negative »Silberlöffelprobe« bewahrt also nicht vor giftigen Pilzen, sondern lediglich vor dem Genuß in Zersetzung übergegangener Pilze.

Da Pilze sehr leicht verderblich sind, bestanden früher Bedenken, Reste von Pilzgerichten wieder aufzuwärmen, weil sie zwischenzeitlich in Zersetzung übergegangen sein konnten. Bei Nutzung der heutigen Kühlmöglichkeiten im Haushalt stellt dies jedoch kein Problem mehr dar. Voraussetzung ist natürlich, daß die Pilze gut durchgegart waren.

Giftige, ungenießbare, verdorbene Pilze

Giftige Pilze enthalten in ihren Fruchtkörpern Stoffwechselsubstanzen, die gesundheitliche Beeinträchtigungen hervorrufen. Schwere, lebensgefährliche Vergiftungen werden durch sogenannte Plasmagifte, wie die Polypeptide Amantin und Phalloidin des Grünen und des Weißen Knollenblätterpilzes, hervorgerufen. Selten mit tödlichem Ausgang verlaufen Vergiftungen durch Fliegen-, Riß- und Pantherpilz, die in ihrem Stoffwechsel die Nervengifte Muscarin und Muscaridin produzieren. Ein Teil der zu den Giftpilzen zählenden Arten enthält lediglich lokal wirkende Gifte, die weniger starke Vergiftungserscheinungen in Form von Magen- und Darmstörungen hervorrufen. Bei der Frühlingslorchel wurde das Gyromitrin als giftige, leicht flüchtige Substanz erkannt, die beim Kochen und Trocknen der Lorcheln verlorengeht. Auch ist bei einigen Pilzarten (Hallimasch, Kahler Krempling) die Bekömmlichkeit von Person zu Person sehr unterschiedlich. Beim Faltentintling ist eine Unverträglichkeit beobachtet worden, wenn gleichzeitig Alkohol getrunken wurde.

Exkurs: Die Entwicklung eines Pilzes

Aus Pilzsporen entwickeln sich eine Vielzahl langer Fäden aus aneinandergereihten Zellen, die als Hyphen bezeichnet werden. Die Gesamtheit der Hyphen bildet das sogenannte Myzel, ein weitverzweigtes, unterirdisches Geflecht von Pilzfäden. An verschiedenen Stellen dieses Myzels verdichten sich die Hyphen besonders stark und bilden dann den oberirdischen Fruchtkörper (im allgemeinen Sprachgebrauch = »Pilz«), der in seinen Lamellen oder Röhren neue Sporen bildet.

Einige Pilzarten sind zwar nicht giftig, enthalten aber Substanzen (meist Bitterstoffe), die sie geschmacklich ungenießbar machen.

Pilze zählen aufgrund ihrer wenig stabilen Hüllen und der schnellen Zersetzbarkeit der Inhaltsstoffe zu den sehr leicht verderblichen Lebensmitteln. Es treten deshalb auch Vergiftungen auf, die durch mikrobiologische Verdorbenheit, vergleichbar mit herkömmlichen Lebensmittelvergiftungen, hervorgerufen werden.

Kapitel 3
Getreide, Backwaren und Knabbererzeugnisse

3.1 Getreide und Getreideerzeugnisse

Getreideerzeugnisse sind die wichtigsten Grundnahrungsmittel. Sie enthalten als Energieträger vor allem Stärke, die auch isoliert in Form der Handelsstärken küchentechnisch von Bedeutung ist. Ernährungsphysiologisch wichtig sind Vitamine der B-Gruppe, Vitamin E, Mineralstoffe, insbesondere Eisen und Ballaststoffe. Ihr Gehalt ist in den einzelnen Getreidearten teilweise recht unterschiedlich (s. Tabelle **34**), insgesamt schneidet Hafer am günstigsten ab. Die Keime, vor allem von Mais und Weizen, enthalten Öle mit einem erheblichen Anteil an essentiellen Fettsäuren. Beim Ernährungsplan ist vor allem zu beachten, daß dem Getreide beim Verarbeiten zu Mehl zum Teil beträchtliche Anteile lebenswichtiger Stoffe entzogen werden; so ist deren Gehalt in den verschiedenen Mehltypen auch höchst unterschiedlich (s. Tabellen **35** und **36**). Dagegen unterscheiden sich konventionell und alternativ angebautes Brotgetreide in seinen Inhaltsstoffen nach den bisher vorliegenden Daten nicht eindeutig.

Die Schadstoffbilanz ist insgesamt eher erfreulich: Zwar muß bei rohem Getreide auf »natürliche Schadstoffe«, vor allem auf Mutterkornbeimengungen geachtet werden, und bei Schimmelbildung können giftige Mykotoxine (Aflatoxine, Ochratoxine) auftreten. Doch liegen die Rückstände an Pflanzenbehandlungsmitteln in der Regel weit unter den Grenzwerten, und auch mit Schwermetallen ist Getreide nur wenig belastet. Bei hellem Mehl und Stärkeprodukten wird der Schadstoffgehalt durch den Verarbeitungsprozeß herabgesetzt – im Gegensatz zu Vollkornprodukten und Speisekleie.

Die Getreideprodukte des Handels enthalten nur selten noch alle Bestandteile und Inhaltsstoffe des gesamten Korns. Der Nährwert der Produkte läßt sich besser abschätzen, wenn man die räumliche Verteilung der Inhaltsstoffe innerhalb des Korns kennt (Abb. **2**). Die Hauptbestandteile des Korns sind das Nährgewebe, der Keim und die Schalen. Das Nährgewebe setzt sich aus dem Mehlkörper (ca. 70 bis über 80% der Kornmasse) und aus der sogenannten Aleuronschicht (7 bis 9% der Kornmasse) zusammen. Und der Mehlkörper wiederum besteht

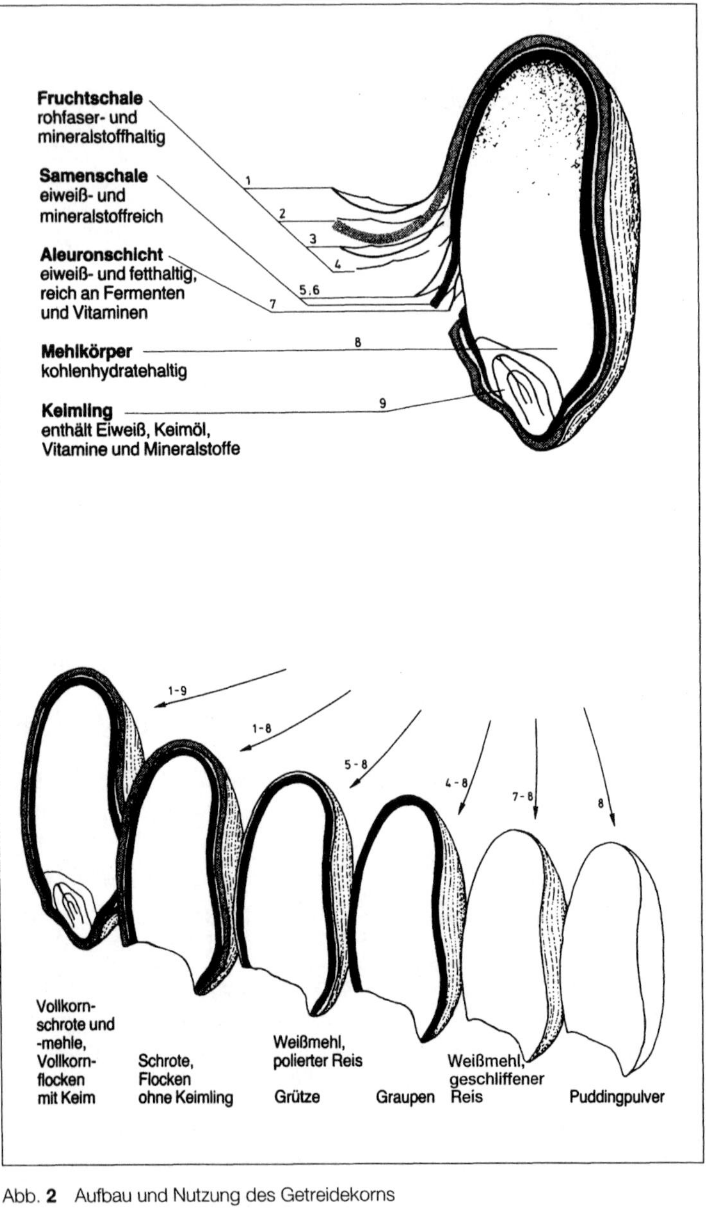

Abb. **2** Aufbau und Nutzung des Getreidekorns

Tabelle **32** Verteilung der Hauptnähr- und Mineralstoffe in den Kornbestandteilen des Weizens (Angaben in g pro 100 g Kornbestandteile) (Schäfer u. Flechsig 1985)

	Mehlkörper innen	Mehlkörper außen	Keim	Aleuron-schicht	Samen-schale	Frucht-schale
Stärke	71,7	62,7	–	–	–	–
andere Kohlenhydrate	3,3	3,3	34,0	42,0	61,5	72,5
Eiweiß	7,9	16,0	26,0	24,0	15,5	7,5
Fett	1,6	2,2	10,0	8,0	–	–
Mineralstoffe	0,56	0,8	4,5	11,0	8,0	5,0

hauptsächlich aus Stärke, enthält daneben Eiweiß, wenig Fett- und Mineralstoffe, wobei der Gehalt an Mineralstoffen von außen nach innen abnimmt. Die Aleuronschicht enthält biologisch hochwertiges Eiweiß, relativ viel Fett, Vitamine der B-Gruppe, Mineralstoffe und Ballaststoffe, aber keine Stärke. Zusammen mit den Schalen besitzt die Aleuronschicht ca. 70% der Ballaststoffe des Korns.

Der Keim (meist ca. 3%, bei Mais ca. 12% der Kornmasse) enthält vom Korn die relativ meisten der lebenswichtigen Inhaltsstoffe, wie Eiweiß, Fett (mit hohem Anteil ungesättigter Fettsäuren), Vitamine (Tabelle **32**, Weizenkeime s. S. 163).

3.1.1 Die Herkunft – Anbau und Müllerei

Getreide

Die wichtigsten Getreidearten Weizen, Reis, Mais, Hirse, Hafer, Gerste und Roggen (Wirths 1985) werden heute etwa auf 80 % der Weltackerfläche angebaut, und ihre Produkte liefern der Menschheit weltweit etwa 50% (in der Bundesrepublik 20%) der benötigten Nahrungsenergie (Seibel 1976); aber von der gesamten Getreideernte werden ca. 60% allein an Schlachttiere verfüttert. In Europa haben Weizen, Gerste, Roggen und Hafer die größte Bedeutung, davon als Brotgetreide vor allem Weizen und in Mittel-, Ost- und Nordeuropa auch Roggen. Mais ist in den heißen sowie gemäßigten Zonen verbreitet und steht in den USA und Mittelamerika unter den Getreidearten als »corn« an erster Stelle.

Beim Dreschen des geernteten Getreides fallen nur die Weizen- und Roggenkörner schon aus ihren harten Spelzen heraus (»Nacktgetreide«); bei den anderen Getreidekörnern müssen die fest anhaftenden Spelzen geschält werden (»Spelzgetreide«). Verunreinigungen wie Unkrautsamen, Mutterkorn, das gesundheitsschädlich ist (s. S. 170), sowie Steine, Insekten u.a., die auch die Haltbarkeit beeinträchtigen können, läßt man durch Reinigungsmaschinen entfernen. Dann wird das Getreide zur Verhütung von Schimmelbildung trocken, kühl gelagert und bei Befall mit tierischen Schädlingen zumeist mit Phosphorwasserstoff (Phosphin) begast. In diesem Zustand kann es mehrere Jahre in loser Körnerschüttung in Hallen oder in Silos eingelagert bleiben.

Ob Getreide vom Feld oder aus dem Lager in eine Mühle gelangt, die Reinigung ist der erste, besonders wichtige Schritt: Es wird der sog. Besatz (Fremdsamen u. a.) aus dem Getreide entfernt und das Korn vom anhaftenden Schmutz befreit.

Mehlmüllerei: Für Vollkornerzeugnisse brauchen die Mühlen in der Regel das Brotgetreide nur zu zerkleinern. Sie werden für die Bäckereien auf die Feinheitsgrade Vollkornschrot grob, fein oder Vollkornmehl eingestellt. Zur Gewinnung hellerer Mehle werden vom Getreidekorn die Frucht- und Samenschalen sowie der Keimling abgetrennt und der Mehlkörper zerkleinert. Dazu sind mehrere Arbeitsgänge erforderlich, weil die Schalen mit dem Korninneren fest verwachsen sind. Nach Befeuchten bricht man zunächst das Korn vorsichtig auf und zerkleinert die gröberen Bruchstücke (Schrot) weiter zu Zwischenprodukten (Grieß, »Dunst«), die man dann auf der letzten Stufe bis zur Mehlfeinheit ausmahlt. Bei diesen Vorgängen werden Schalenteilchen (Kleie) und Keime entfernt; aus letzteren kann dann das wertvolle Keimöl gewonnen werden. Die Zerkleinerungsvorgänge und Zwischenprodukte sind bei den zwei Brotgetreidearten etwas unterschiedlich; so wird z.B. nur Weizen zu Grieß vermahlen, nicht aber der etwas zähere Roggen.

»Schälmüllerei«: Um bei Hafer und Gerste die an den Fruchtschalen haftenden Spelzen abtrennen zu können, trocknet man vorher die Körner. Dann läßt man sie in sinnreichen Maschinen gegen Prallwände schleudern oder zwischen Schmirgelscheiben reiben, wobei die Körner aus den Spelzen herausspringen: Bei Gerste werden noch die Frucht- und Samenschale mehr oder weniger abgeschliffen, und die Gerstenkerne kann man dann zu Graupen weiterverarbeiten; die nur entspelzten und sortierten Haferkörner lassen sich zwischen Quetschwalzen zu den bekannten Haferflocken verformen.

Getreiderzeugnisse

Getreide wird nicht nur zu Mahlerzeugnissen verarbeitet, sondern auch zu anderen Produkten wie Popcorn, Stärke, Stärkesirup usw., die im Abschnitt 3.1.2 »Das Warensortiment« aufgeführt sind.

Verpackung: Getreideprodukte werden verpackt in Papier, Zellglas oder Alufolie, die verklebt, zum Teil auch luftdicht verschweißt und im Falle von Alufolie geruchsdicht verschlossen sind; neuerdings verpackt man die empfindlichen Weizenkeime und Vollkornmehle sowie -schrote auch unter Vakuum (luftfrei) oder mit Stickstoffgas.

Lagerung: Mehl ist wegen seiner großen Oberfläche weniger lagerfähig als Getreide: Helles Weizenmehl, verpackt und kühl aufbewahrt, hält sich etwa ein Jahr, hochausgemahlenes Mehl kürzer als niedrig ausgemahlenes, und Feinschrot ist weniger haltbar als Grobschrot. Sporen von Schimmelpilzen und Bakterien sind in jedem Mehl vorhanden, und zwar um so mehr, je schalenhaltiger es ist. Der maßgebende Faktor für die Begrenzung der Lagerzeit ist im allgemeinen die Feuchtigkeit, bei Vollkornerzeugnissen der Fettgehalt (Münzing u. Mitarb. 1988). Sind die Produkte nach der Herstellung schädlingsfrei (d. h. auch frei von Insekteneiern) und dicht verpackt, treten Schädlinge nachträglich von außen eindringend selten auf.

3.1.2 Das Warensortiment – »Aufs Korn genommen«

Aus den neun Getreidearten (Buchweizen, Dinkel, Gerste, Hafer, Hirse, Mais, Reis, Roggen und Weizen) wird eine Vielzahl von Einzelprodukten hergestellt. Weil eine durchgehende Klassifikation nach Getreidearten nicht möglich ist, werden die gängigen Produkte und auch die alternativen Getreidearten in alphabetischer Reihenfolge kurz beschrieben.

Getreide-Lexikon

Buchweizen: Botanisch gesehen, gehört Buchweizen zu den Knöterichgewächsen (wie Sauerampfer und Rhabarber). Da seine spelzenartig harte Fruchtschale entfernt werden muß, gibt es auch kein den Brotgetreidearten vergleichbares Buchweizen-»Vollkorn«-Erzeugnis; rechtlich zählt man ihn inzwischen zu den Getreidearten (Lebensmittelrecht, Getreidegesetz), weil Buchweizenkörner den eigentlichen Getreidekörnern in Zusammensetzung, Verarbeitung und Verwendung ähneln. Ungeschälte Buchweizenkörner sind in Form und Äußerem wie Miniaturausgaben von Bucheckern (daher auch der Name). Die geschälten Buchweizenkörner ergeben durch starke Quellfähigkeit Breie (ähnlich Reis und Hirse) oder werden – leicht geröstet – als Beilage verzehrt. Aus Buchweizengrütze bereitet man seit altersher neben Suppen speziell Aufläufe; auch wird sie einigen Wurstsorten zugesetzt (z. B. dem Panhas, einer gebratenen Blutwurst). Buchweizenmehl eignet sich zur Herstellung von Pfannkuchen (wie Blinis und Crêpes); Buchweizen findet man heutzutage ebenfalls als Müslibestandteil in Form von ganzen Kernen, Grütze und Flocken.

Cornflakes: Zur Herstellung dieses weltbekannten Maiserzeugnisses kocht man Maisgrütze in Malzsirup. Die gelbbraune Grütze wird getrocknet, häufig noch mit Vitaminen angereichert, zu Flocken gewalzt und dann geröstet. Cornflakes können auch unter Verwendung der

Schneckenpresse (Extruder) aus Maisgrits (-grütze) und anschließender Auswalzung und Röstung hergestellt werden.

Dinkel und *Emmer:* Das sind alte, dem Weizen verwandte Brotgetreidearten. Durch seine Klebereiweiß-Eigenschaften (s. S. 163) hat Dinkel ein gutes Wasserbindungsvermögen, was für einige schwäbische Mehlspeisen von Bedeutung ist. Er wird zur Gewinnung von Grünkern heute dort vereinzelt angebaut. Emmer war im Altertum das am meisten kultivierte Brotgetreide.

Getreidekörner, auch kurz Getreide oder Cerealien: Darunter versteht man die entspelzten, bei Buchweizen und Hirse auch die von den Fruchtschalen befreiten Samenfrüchte der neun Getreidearten (Buchweizen, Dinkel, Gerste, Hafer, Hirse, Mais, Reis, Roggen und Weizen). Heutzutage werden ungemahlene Getreidekörner direkt in privaten Haushalten verwendet. Man sollte sie zuerst auf Mutterkorn und andere Verunreinigungen hin untersuchen (s. S. 170, zum Ernährungswert s. S. 163 ff.). Ein größerer Getreidevorrat (preiswerterer Einkauf) sollte luftig, kühl und trocken gelagert werden.

Graupen: So nennt man die mehr oder weniger geschälten, geschliffenen und polierten Gerstenkörner, seltener Weizenkörner. Die fünf Sortierungen von extra grob (»Kälberzähne«) bis extra fein (Perlgraupen) entstehen, indem man ganze, halbierte oder geviertelte Körner schleift und poliert. Aus Graupen bereitet man hauptsächlich Suppen. Graupen eignen sich von allen Getreideerzeugnissen am besten zur Lagerung.

Grieß: Dieses aus Weizen und Mais durch Vermahlen des Mehlkörperanteils gewonnene, stets körnige, früher auch stets helle Erzeugnis gibt es neuerdings auch als dunkleren Vollkorngrieß. In Europa wird zumeist Weizengrieß, jetzt in verstärktem Maße Maisgrieß als wichtigster Rohstoff für Knabbererzeugnisse verwendet. Man unterscheidet beim Weizengrieß:

- Grieß aus Weichweizen, der für Suppen, Brei, Pudding u. ä. verwendet wird.
- Grieß aus Hartweizen (= Durumweizen), den man wegen des harten Mehlkerns mit guter Kochfestigkeit größtenteils zu Teigwaren (s. S. 166) verarbeitet. Hartgrieß ist auch geeignet für Aufläufe, Klöße u. a.
- Fertiggrieß, auch Instant- oder Schnellkochgrieß, entsteht aus Grieß durch feucht-heiße Behandlung, bei der die Weizenstärke zum Teil verkleistert. Der getrocknete und klumpenfrei gesiebte Fertiggrieß ist nach kurzem Aufkochen oder auch nur nach Anrühren verzehrfertig.
- Kindergrieß besteht aus feinkörnigem Weizengrieß mit Zusätzen von Mineral-, Geschmacksstoffen und Vitaminen.

Grünkern: Diese Spezialität gewinnt man in Süddeutschland aus der Weizenvarietät Dinkel (auch Spelt genannt). Er wird unreif geerntet und noch in der Ähre gedarrt. In modernen Darranlagen wird hingegen im

Spelz gedarrt. Ein Teil der Wärmezufuhr erfolgt dabei über die Rauchgase von Buchenholzfeuer. Erst danach erfolgt das Entfernen der Spelzen.

Grütze: Sie wird meist aus geschälten – neuerdings auch aus ungeschälten – Getreidekörnern durch Zerhacken hergestellt. Von den Getreidearten her unterscheidet man Hafer-, Gersten-, Grünkern-, Hartweizen- oder Buchweizengrütze. In Deutschland findet man hauptsächlich Gerstengrütze in den Korngrößen grob, mittel, fein und nun auch Vollkorn-Speisegrütze.

Hafer und Haferflocken: Die entspelzten Haferkörner oder die geschnittenen Haferkörner (Grütze) werden gedämpft, um sie auf Walzen zu Flocken (unterschiedlicher Größe) quetschen zu können. Das Erhitzen dient auch dazu, ihre Enzyme zu inaktivieren und damit einem Bitterwerden der Haferflocken vorzubeugen. Hierbei nehmen die Flocken gleichzeitig einen angenehm nußähnlichen Geschmack an. Haferflocken sind Vollkornerzeugnisse, da durch Entfernen des Spelzes die Haferkerne unversehrt bleiben und damit alle Bestandteile des Korns enthalten sind.

- Hafer-Instantflocken sind ein aus Hafervollkornmehl hergestelltes, schnellösliches, flockenähnliches Erzeugnis, das als Flaschennahrung für Säuglinge, für Fruchtsaft- und Milchmischgetränke sowie als Aufbaunahrung für Sportler verwendet wird. (Zum Ernährungswert von Hafererzeugnissen s. S. 164f., 168.)

Hirse: Die (stets) geschälte Hirse – ein Sammelbegriff verschiedener Gattungen von kleinfrüchtigen Spelzgetreiden mit Rispen – ist noch Hauptnahrungsmittel vieler afrikanischer Völker und gewinnt zunehmend auch in Deutschland wieder an Bedeutung. Da die spelzenartig harte Fruchtschale der Hirsekörner entfernt werden muß, kann es (wie bei Buchweizen) kein den Brotgetreidearten vergleichbares Hirse-»Vollkorn«-Erzeugnis geben. Hirse läßt sich ähnlich wie Reis zubereiten, quillt aber noch stärker auf.

Keime, auch Keimlinge genannt: Von Pflanzen gebildete Organe, aus denen sich eine neue Pflanze entwickelt; hier für Getreidekeime gebraucht (nicht gemeint sind Keime als Mikroorganismen wie Bakterien, Hefen und Mikropilze, insbesondere Schimmelpilze).

Kleie: Dieser blätterige Siebrückstand aus der Mehlgewinnung enthält vor allem die Randschichten wie die Aleuronschicht und die Schalen des Korns sowie anhaftende Verunreinigungen. Kleie besteht zu 40 bis 50% aus Ballaststoffen, relativ viel Eiweiß und Mineralstoffen. In gereinigter Form ist sie als »Speisekleie« heute handelsüblich und dient als Zutat bei brennwertverminderten oder ähnlichen Lebensmitteln, um diese mit Ballast- und Mineralstoffen anzureichern (s. auch Schadstoffe S. 169).

Mais: In Spezialmühlen werden die wertvollen Keime (zur Gewinnung von Maiskeimöl) von den Körnern schonend abgetrennt und diese zu Maismehl, Maisgrieß sowie Maisgrütze verarbeitet. Daneben dienen Maiskolben des frischen (= unreifen) Zuckermais auch als Gemüse.

Tabelle **33** Die wichtigsten Mehltypen einschließlich der Backschrote (Vollkornmehl und Vollkornschrot haben keine Typennummer) (Arens 1992)

Type	Mineralstoffgehalt zulässige Schwankungen (in mg pro 100 g Trockensubstanz)	Ungefährer Ausmahlungsgrad bzw. Ausbeute (in %*)	Häufigster Verwendungszweck
aus Weizen			
405	bis 500	bis ca. 70	Konditoreiwaren Haushaltsgebäck
550	510–630	bis ca. 80	Brötchen und Weißbrot
1050	910–1200	bis ca. 86	Mischbrot
1700	bis 2100	= Weizenbackschrot	Schrotbrot
aus Roggen			
997	910–1100	bis ca. 85	Mischbrot und Roggenbrötchen
1150	1110–1300	bis ca. 90	Roggenbrot
1800	bis 2200	= Roggenbackschrot	Schrotbrot

* Bezogen auf die Getreide-Ausgangsmenge.

Maiskeimöl: s. Band II, S. 101.

Mehle: Darunter versteht man die aus entspelzten (bei Buchweizen und Hirse auch geschälten) Körnern feingemahlenen Getreideerzeugnisse, die unterschiedliche Anteile an Kornrandbestandteilen enthalten können. Für die aus dem Brotgetreide Roggen und Weizen gewonnenen Mehle und Backschrote gibt es seit 60 Jahren eine gesetzlich geregelte Einteilung in sog. Mehltypen: Diese Zahlen auf der Verpackung der Mahlerzeugnisse kennzeichnen den jeweils durchschnittlichen Gehalt an Mineralstoffen, woraus man gleich den Ausmahlungsgrad abschätzen bzw. erkennen kann, ob es sich um ein helles oder dunkleres Mehl handelt. Jede Mehltype ist durch einen Mindest- und Höchstgehalt an Mineralstoffen in ihrem zulässigen Schwankungsbereich beschrieben und zugleich von den anderen abgegrenzt. Eine neue Normenregelung hat diese Bereiche erweitert (durch Weglassen einiger Typen (Arens 1992); siehe auch Ausmahlungsgrad bzw. Ausbeute von Brotgetreide Tabelle **33** und S. 177).

- Weizen- und Roggenmehle sind die einzig uneingeschränkt backfähigen und in Deutschland die bei weitem wichtigsten Mehle.
- Weizenmehl Type 405 ist ein sehr helles Weizenmehl mit dem niedrigsten Mineralstoffgehalt (früher »Auszugsmehl«).
- Instantmehl besteht aus feinstkörnigen, rieselfähigen Mehlteilchen, die durch Befeuchten von Mehl und danach durch sogenanntes Sprühtrocknen gewonnen werden. Dabei entsteht ein sehr poröses Mahlgut, das sich leichter ohne Klumpenbildung in Flüssigkeiten verteilen läßt.
- Vollkornmehl ist neben Vollkornschrot ernährungsphysiologisch die wertvollste Mehlsorte, weil es alle Bestandteile des Getreidekornes einschließlich des Keims enthält; es ist aber auch – nach den reinen Weizenkeimen – das am wenigsten haltbare Getreideerzeugnis. Lebensmittelrechtlich gilt das Getreidekorn auch nach Entfernen der äußeren Fruchtschale noch als »Vollkorn«.
- Fertigmehle sind Vormischungen aus speziellen Mehlen zusammen mit allen trockenen Backzutaten zwecks einfacherer Zubereitung von Teigen.
- Hafermehl wird zur Herstellung von Suppen und Kleinkindernahrung eingesetzt.
- Reismehl ist insbesondere als Kindernährmittel im Handel.

Müsli (Muesli) besteht als Trockenmischung überwiegend aus einem oder mehreren Speisegetreide(n), die gequetscht, flockiert und/oder geschrotet sein können. Weitere Komponenten sind üblicherweise ölhaltige Samen und Trockenfrüchte.

Zum Anteil an Trockenfrüchten zählen getrocknete Früchte und Fruchtanteile in unzerkleinerter oder stückiger Form, der Fruchtanteil von Orangeat und Zitronat, kandierten Früchten, Flakes und Crispies mit Fruchtanteilen.

Besteht der Getreideanteil eines Müslis überwiegend aus einer Getreideart (mindestens 51 %), so kann diese in die Verkehrsbezeichnung aufgenommen werden, z. B. »Hafermüsli«. In Müsli können weitere Zutaten in ernährungsphysiologisch wertbestimmender oder geschmacklich deutlich wahrnehmbarer Menge enthalten sein (Arbeitsgruppe Backwaren 1994).

Müsliriegel sollten mindestens zur Hälfte aus obigen Müsli-Zutaten bestehen, die durch ein Bindemittel – meist durch eine Mischung aus Zuckerarten (Saccharose/Glukosesirup) und Fett – sowie durch mechanische und Hitzebearbeitung in Riegelform gebracht werden. Bei Riegeln mit Füllungen und Überzügen erhöhen sich die Anteile an Gesamtzucker. (Wegen des erhöhten Kariesrisikos s. Kap. 3.3.3, S. 219.)

Nudeln: Siehe Exkurs »Teigwaren«, S. 166.

Popcorn bzw. *Puffmais:* s. Kapitel 3.4, S. 222 »aufgepuffte Knabbererzeugnisse«.

Puddingpulver und verwandte Erzeugnisse: Sammelbezeichnung für Mischungen von konsistenzgebenden Stoffen, die vor allem aus unbehandelter Maisstärke bestehen; stets enthalten sie auch geschmacksgebende Zutaten (Kakaopulver, Karamel, Mandeln, Nüsse, Trockenfrüchte oder Vanille), teils aber nur Aroma- oder Farbstoffe bzw. färbende Lebensmittel.

- »Instant«-Puddingpulver bzw. Puddingkrempulver und andere als »kochfrei« bezeichnete Produkte können bereits mit kalter Flüssigkeit zubereitet werden. Es handelt sich um Gemische aus verkleisterter bzw. modifizierter Stärke (meist Quellstärke) mit kleineren Mengen an Gelatine und/oder pflanzlichen Geliermitteln, wie Guarkernmehl oder Pektinen.
- Die verwandten Erzeugnisse sind u.a. Cremes und Soßenpulver, süße Suppen und Kaltschalen. Sie enthalten außer Stärke geringe Mengen an Geliermitteln, die Cremes zusätzlich meist Emulgatoren.
- Geleespeisen (»Götterspeise«) und Tortengußpulver sind dagegen Gemische aus stärkefreien Verdickungs- und/oder Geliermitteln (Gelatine, Pektine, Carrageenate, Säuerungsmitteln usw.), die im Gegensatz zu Stärke durchscheinende Zubereitungen ergeben.

Quinua, Quinoa, Reismelde oder Perureis, lat. Chenopodium quinoa, ist ein einjähriges, bis zu 2 m hohes, krautiges Gänsefußgewächs. Seine Samen sind rundlich (1,7–2,6 mm), abgeplattet (0,7–1,3 mm), stärkereich und daher in den Anden und Kordilleren ein wichtiges Grundnahrungsmittel. Allerdings müssen in der Samenhaut vorhandene Saponine erst entfernt, d.h. die Samen entbittert werden (Laugenbad, Rösten, Schälen). Dank des Neuigkeitswertes stieg zuerst in den USA, dann auch in Deutschland auf dem Naturkostmarkt die Nachfrage nach Quinua. In der Zusammensetzung ist sein Kern den Getreidekörnern sehr ähnlich, in bezug auf die Gehalte lebenswichtiger Inhaltsstoffe übertrifft er diese sogar: Stärke 55–65%, Eiweiß 10–18%, Fett 4,5–9%. Damit hat Quinua gegenüber den Getreidearten einen hohen Eiweißgehalt und zudem eine hohe biologische Wertigkeit, weil lebenswichtige Aminosäuren, insbesondere Lysin, Isoleucin und Threonin höchste Gehalte aufweisen. Außerdem sind im hohen Fettanteil von den Fettsäuren über 50% Linolsäure. An Mineralstoffen hat Quinua beachtliche Gehalte an Calcium, Magnesium, Kalium sowie Eisen. So gelten Quinua-Zubereitungen als optimale Ernährungskost, vor allem für Vegetarier. Mangels Kleber eignen sich Quinuamahlerzeugnisse nur zusammen mit backfähigen Mehlen zur Herstellung von Backwaren (Brümmer u. Morgenstern 1992). Quinua ist hier allerdings noch sehr teuer.

Reis: Für die meisten Erdbewohner ist Reis die Hauptnährstoffquelle. Er wird im Ursprungsland gedroschen, entspelzt und als Cargo-Reis verschifft. In den Reismühlen der Importländer wird daraus Weißreis hergestellt, indem das Silberhäutchen (silbrige Haut der äußeren Kornrandschichten) sowie der Keim durch Schleifen entfernt werden. Diese Maßnahme dient vor allem der verlängerten Haltbarkeit, da so die fetthaltigen Randschichten entfernt sind. Das ist aber gesundheitlich insofern nicht unbedenklich, als mit dem Silberhäutchen wertvolle Inhaltsstoffe entfernt werden.

Reis wird in Kunststoff-, Aluminiumbeuteln und/oder Pappschachteln verpackt; besonders praktisch sind gelochte Kochbeutel, die es ermöglichen, Schnellkochreis in der Verpackung zu garen. Bei uns sind vor allem Langkornreis und Rundkornreis (»Milchreis«) als Weißreis im Handel; nach den Bearbeitungsverfahren unterscheidet man noch zwischen Naturreis oder Vollkornreis (Braunreis), Parboiled Reis, Schnellkochreis und Instantreis.

- Weißreis: Man unterscheidet Lang-, Mittel- und Rundkornreis. Für die Einstufung in eine der vier Handelsklassen wird er nach dem Bruchanteil als Spitzen- (unter 5%), Standard- (unter 15%), Haushalts- (unter 25%) und Bruchreis (über 40%) gehandelt.
- Langkornreis: Schmale, 6 bis 8 mm lange, weiß-gelbliche, glasige Weißreis-Sorten, die aus den USA, Südamerika, Spanien und Thailand stammen (z. B. als Patnareis bekannt). Langkornreis kocht »trocken«, locker und körnig.
- Rundkornreis, auch »Milchreis« genannt: kalkig-weiße, rundliche, bis 5 mm lange Weißreis-Körner. Die Sorten stammen vielfach aus Italien, Frankreich und Spanien. Wie die Bezeichnung schon andeutet, eignet er sich gut für Milchreisgerichte und Süßspeisen. Beim Kochen wird er weich und je nach Kochdauer ergibt sich eine sämige bis pappig-klebrige Masse, die im kalten Zustand sogar gestürzt werden kann.
- Naturreis oder Vollkornreis (Braunreis): Entspelzter Reis, noch mit Keim und Silberhäutchen (sowohl Langkorn-, Mittelkorn- als auch Rundkornreis). Er gilt als ernährungsphysiologisch wertvoll mit dem stärksten Eigengeschmack.
- Parboiled Reis: Die von der Spelze noch umgebenen Reiskörner werden (im Ursprungsland) mit Wasser vorgeweicht, mit Dampf behandelt und sofort wieder getrocknet. Dabei quellen die äußeren Stärkeschichten an, schließen nach dem Trocknen dichter ab, und die Spelze läßt sich leichter schälen. Hier werden dann Keim und Silberhäutchen »abgeschliffen«. Der Reis (zumeist Langkornreis) sieht glasig-gelb aus. Er benötigt weniger Garzeit, verklebt fast nicht mehr und bleibt im Biß knackiger.
  Parboiled Reis – nicht mehr naturbelassen – darf daher auch nicht »Naturreis« genannt werden, zumal beim Parboiling-Verfahren durch Erhitzen Vitaminverluste entstehen.
- Schnellkochreis, »Minutenreis« o. ä.: Vorgekochter und wieder getrockneter Weißreis, der nach kurzzeitigem (5–10 min) Aufkochen servierfertig ist.

- Instantreis: Auch vorgekochter und wieder getrockneter Weißreis, den man nur – zur Wasser-Aufnahme – kurz (1 min) aufzukochen braucht bzw. in heißem Wasser ziehen läßt (wird bei der Zubereitung von Instant-Fertiggerichten verwendet).
- Reiscrispies (Ricecrispies) bzw. Puffreis: Weißreis wird in Druckkesseln bis zu einem hohen Überdruck (ca. 1500 kPa ≙ 15 atm) gedämpft, und die Reiskörner werden durch schlagartiges Ablassen des (äußeren) Überdruckes – und gleichzeitiges Ausdehnen des Innendruckes – alle auf einmal aufgepufft. Die Reiskörner dehnen sich dabei um ein Mehrfaches ihrer ursprünglichen Größe aus; das feuchte Produkt wird getrocknet und ist verzehrsfertig. Reiscrispies bzw. Puffreis werden oft in Schokolade eingebettet (siehe Puffreis-Schokolade).
- »Wildreis«: Eine Feinschmeckerspezialität, der Herkunft nach nur die Samen eines wildwachsenden Wassergrases. Dieses noch per Hand (von Indianern) geerntete teuerste »Getreide« der Welt enthält oft Fremdsamen, die den Geschmack beeinflussen können (Benk 1986).

Schrote: So bezeichnet man grob, mittel oder fein zerkleinerte Getreidekörner. Vollkornschrot ist, neben Vollkornmehl, ernährungsphysiologisch das wertvollste Mahlprodukt; es enthält alle Kornbestandteile. Demgegenüber weisen Backschrote aus Weizen (Type 1700) und aus Roggen (Type 1800) nur noch Restanteile an Keimen auf.

Stärke und Stärkeprodukte: Getreidekörner bestehen in der Hauptsache aus dem Kohlenhydrat »Stärke«. Man isoliert diesen Bestandteil teils direkt aus dem Korn, teils aus Mehl und gewinnt so in aufwendigen Naßverfahren die Handelsstärken: Mais-, Weizen- und Reisstärke.

- Rohe (nicht weiterbehandelte) Stärken, auch Stärkepuder oder fälschlich »Stärkemehle« genannt, sind weiße (bei Maisstärke aus Gelbmais schwach gelbliche), fast neutral schmeckende Pulver. In kaltem Wasser sind sie unlöslich, quellen jedoch in warmem Wasser ab ca. 50 °C auf (= Verkleisterung). Das unterschiedliehe Quellverhalten der einzelnen Stärkearten beruht einerseits auf den Größenunterschieden der mikroskopisch kleinen Stärkekörner, andererseits auf unterschiedlichen Stärkestrukturen. Weizenstärke ist von den rohen Stärken am besten backfähig. In Ergänzung zu Weizenmehl dient sie zur Herstellung vieler Gebäcke.
- Maisstärke dient im Haushalt zum Andicken von Süßspeisen sowie Soßen und ist preiswerter als Weizenstärke.
- Reisstärke, eine besonders kleinkörnige Stärke, wird z.B. als Trennmittel auf Backbleche gestreut, um ein Festhaften bestimmter (fettarmer) Gebäcksorten zu verhindern.
- Sago: Zur Gewinnung wird (in Deutschland) aus Kartoffelstärke stammende hochfeine Quellstärke durch rotierende Rundlochsiebe zu Kügelchen verformt. Den gekochten, dann glasigen Sago verwendet man meist für Kaltschalen und Rote Grütze.

- Modifizierte Stärken: Da die rohen Stärken mit Wasser nur ungenügend reagieren, hat man zur Verbesserung ihrer Quellfähigkeit und Löslichkeit physikalisch (Hitze) oder chemisch veränderte Stärken (Oxidation oder Phosphateinbau), sogenannte »modifizierte Stärken« entwickelt.
- Quellstärken quellen schon in kaltem Wasser und lassen sich klumpenfrei verteilen. Sie dienen als Backmittel und als Grundlage für sogenannten Instant-Pudding.
- Dünnkochende Stärken quellen in kaltem Wasser wenig, liefern mit kochendem Wasser aber klare Lösungen, die nach Erkalten erstarren und ein klares Gel bilden.
- Stärkephosphate und Stärkeester sind die am stärksten veränderten Produkte. Sie sind die wichtigsten modifizierten Stärken, weil sie ihre Eigenschaften auch unter extremen Bedingungen, wie längeres Erhitzen und Tiefgefrieren, beibehalten.

Teigwaren: Siehe Exkurs, S. 166.

Weizenkeime: Das ernährungsphysiologisch wertvollste Getreideerzeugnis, das beim Vermahlen von Weizen zu Schrot oder Mehl (neben Kleie) zu 2 bis 3% als »Nebenprodukt« anfällt. Weizenkeime enthalten 12 bis 18% eines zwar leicht verderblichen Öles, das aber reich ist an essentiellen Fettsäuren und den Vitaminen B_2 und E. Um ein Bitterwerden zu verhindern, müssen die Keime kurz erhitzt, relativ trocken, vor Licht geschützt und nach Möglichkeit kühl gelagert werden. Bitter, ranzig oder »kratzend« schmeckende Weizenkeime gelten als verdorben.

3.1.3 Die Inhaltsstoffe – »Aus vollem Schrot und Korn«

Nährstoffe und Wirkstoffe

Das Getreidekorn enthält fast alles, was der menschliche Körper zur Ernährung braucht: Kohlenhydrate in Form von Stärke, Eiweißstoffe und wenig Fett, Vitamine und fast alle erforderlichen Mineralstoffe (Tabelle **34**). Wegen dieser Zusammensetzung ist Getreidenahrung eine der wichtigsten Grundlagen der menschlichen Ernährung. Die Inhaltsstoffe werden aber erst durch Kochen und Backen voll ausnutzbar, neuerdings auch durch Erhitzen bei Überdruck in Schneckenpressen (Heiß-Extrusion) im Gegensatz zur Kalt-Extrusion bei Teigwaren.

Backfähigkeit von Weizen und Roggen: Sie wird beim Weizen durch Eiweißstoffe, durch das sogenannte Klebereiweiß des Mehlkörpers, bewirkt. Es quillt mit Wasser stark auf und bildet beim Kneten eine plastisch-elastische Masse, den sogenannten Weizenkleber. Ernährungsphysiologisch ist das Klebereiweiß gegenüber Roggeneiweiß eher geringerwertig. Das Eiweiß des Roggenmehles hat eine nur schwache Quellfähigkeit; Roggenmehl enthält jedoch mehr Schleimstoffe (Pentosane

Tabelle **34** Wichtigste Inhaltsstoffe von spelzenfreien Körnern bzw. Vollkornerzeugnissen aller Getreidearten (Angaben in je 100 g des verzehrbaren Anteils) (Becker 1995, Belitz u. Grosch 1992, Chem. u. Lebensmitteluntersuchungsamt Duisburg 1988, Pickel u. Mitarb. 1986, Rabe pers. Mitt. 1994, Souci u. Mitarb. 1994, Heseker u. Mitarb. 1993)

	Buchweizen (geschält)	Dinkel/ Grünkern	Gerste	Hafer
Eiweiß (g)	9,1	11,5	11,0	12,5
Fett (g)	1,7	2,7	2,1	7,1
Kohlenhydrate (g)	72,0	69,0	72,0	63,0
davon Stärke (g)			52,0	40,0
Ballaststoffe (g)	3,7	9,9	8,7	9,3
Wasser (g)	13,0	12,5	11,5	13,0
Energiegehalt (kJ)	1425	1470	1430	1530
(Brennwert) (kcal)	336	350	340	364
Calcium (mg)	21	22	38	79,6
Eisen (mg)	3,2	4,2	2,8	5,8
Kalium (mg)	324	447	444	355
Magnesium (mg)	85	130	119	129
Vitamin B_1 (mg)	0,24	0,40	0,43	0,52
Vitamin B_2 (mg)	0,15	0,15	0,18	0,17
Vitamin B_6 (mg)	0,58	0,27	0,56	0,75
Vitamin E (mg)	3,7	1,6	0,67	0,84
Folsäure (mg)	0,03	0,03	0,065	0,033
Niacin (mg)	2,9	6,9	4,8	1,8

* Empfohlener Tagesbedarf für Erwachsene (Deutsche Ges. f. Ernährung 1991).

** Bedarf Männer/Frauen

*** Bioaktivität bzw. α-Tocopherol-Äquivalent.

und Hexosane), die beim Ansäuern (pH-Wert um 4,2) Wasser binden, damit quellfähig werden und so zu einer hinreichenden Teigbildung beitragen (s. auch Kapitel 3.2 »Brot und brotartiges Kleingebäck«).

Der Ballaststoffgehalt von Getreideprodukten ist stark vom Ausmahlungsgrad der Erzeugnisse abhängig (Tabelle **35**). Haferflocken enthalten 9,5% Ballaststoffe (Becker 1995). Speisekleie hat mit 40 bis 50% den höchsten Ballaststoffgehalt. Ernährungsphysiologen fordern die Verdoppelung der Ballaststoffaufnahme von heute 15 bis 20 g pro Tag (davon 9 g aus Getreideprodukten) (Wisker u. Feldheim 1985). Dies ist mit mehr Gemüse und Obst allein nicht zu erreichen; gleichzeitig muß der Verbrauch an Vollkornerzeugnissen, insbesondere auch aus Nicht-Brotgetreide-Arten (Haferflocken, Vollkornreis, Vollkornnudeln, Grünkern- oder Vollkorn-Speisegrützen), erhöht werden. Das Haferkorn enthält als

Hirse (geschält)	Mais	Reis (ungeschliffen)	Roggen	Weizen	Tages-bedarf*
10,5	9,0	7,5	8,8	11,5	55
3,9	3,8	2,2	1,7	2,0	70
71,0	71,0	75,5	69,0	70,0	390
64,5	62,5	70,5	52,5	59,0	
4,0	7,7	3,5	13,5	9,6	30
12,0	12,5	13	13,5	13,0	2000
1510	1498	1492	1323	1342	10000
362	355	352	316	321	2400
25	15	23	64	43,7	900
9,0	1,5	2,6	5,1	3,3	10–15**
215	330	150	530	502	2000
170	120	157	140	173	350
0,46	0,36	0,41	0,35	0,48	1,3
0,14	0,20	0,09	0,17	0,24	1,7
0,75	0,40	0,67	0,29	0,44	1,8
0,10	2,0	0,74	2,0	1,35	12,0
0,01	0,026	0,016	0,14	0,09	0,3
4,8	1,5	5,2	1,8	5,1	18,0

Besonderheit ein den Hemicellulosen verwandtes Kohlenhydrat (= Haferglucan), das in Wasser stark quillt und schleimbildend wirkt. Haferschleim wird deshalb von alters her als Heil- und Schonkost eingesetzt.

Eiweiß: Weizen- und Roggenvollkornmehle enthalten zwar nur wenig mehr Eiweiß als helle Mehle (Type 550 bzw. 997), dieses stammt aber aus der Aleuronschicht sowie aus den Keimen und ist gegenüber dem im Mehlkörper (= Korninneren) eingebauten (Kleber-)Eiweiß biologisch höherwertig: Sein Gehalt an essentiellen (lebenswichtigen) Aminosäuren, insbesondere an Lysin, aber auch an Tryptophan und Methionin, liegt deutlich höher. Hierbei übertrifft das Haferkorn alle anderen Getreidearten, weil es – neben dem höchsten Eiweißgehalt – von den 11 Aminosäuren bei 9, unter anderem auch bei Lysin – außer bei Leucin und Methionin – Höchstgehalte aufweist. Wegen dieser höheren

Tabelle **35** Ballaststoffgehalt von Roggenmehl und Weizenmehl verschiedener Typenzahl (Angaben in g pro 100 g) (Becker 1995)

	Schrot	Roggenmehle		Schrot	Weizenmehle		
	1800	1150	997	1700	1050	550	405
Gesamt-Ballaststoffe	12,0	7,7	6,9	9,2	5,2	3,5	3,2

biologischen Wertigkeit wird Hafer bei der Verarbeitung zu Babynahrung bevorzugt. Erwachsene können den in hellen Mehlen herrschenden Mangel an Lysin und anderen essentiellen Aminosäuren durch Aufnahme aus anderen Eiweißträgern leichter ausgleichen. Maiseiweiß hat von allen Getreidearten die geringste biologische Wertigkeit.

An *Zöliakie* (Kinder) bzw. *Sprue* (Erwachsene) Leidende vertragen aufgrund einer Schleimhautschrumpfung im Dünndarm keine Eiweißstoffe aus Erzeugnissen von Gerste, Roggen, Weizen, Dinkel bzw. Grünkern (Hafererzeugnisse sind noch umstritten). Sie sind auf eine »glutenfreie« Ernährung, das heißt klebereiweißfreie Ernährung angewiesen. Sie können von den Getreidearten nur auf Erzeugnisse aus Mais, Reis, Hirse und Buchweizen sowie auf reine (»Prima«-) Weizenstärke ausweichen, da diese keine dem Kleber ähnliche Eiweißstoffe enthalten (Belitz u. Grosch 1992) (s. Band 2, Kapitel 10.4 »Glutenfreie Lebensmittel«).

Fett: Getreidekörner enthalten Fette in Form von Ölen zwischen 2% (bei Weizen, Roggen) und 7% (bei Hafer, Mais). Dieser niedrige Fettgehalt wird angesichts des hohen Verzehrs anderer Fette als günstig angesehen. Qualitativ gelten alle Getreideöle als wertvoll, weil sie großenteils aus mehrfach ungesättigten Fettsäuren und daneben aus Lecithinen bestehen. Haferöl enthält z.B. etwa 40% Linolsäure, wodurch 50 g Haferflocken bereits $^1/_6$ des Tagesbedarfs an dieser essentiellen Fettsäure decken können.

Exkurs: Teigwaren (Nudeln)

Grundrohstoffe sind Weizen, Grieß, manchmal Mehl und stets Wasser; zur Verfeinerung dienen Eier und Gewürze.

Herstellung: Bester Rohstoff ist Hartweizengrieß, der aber auch mit normalem, billigerem Weizengrieß gemischt werden kann. Nur solche Mischungen ergeben weichere und klebrigere Nudeln. Der mit Eiern und Wasser homogenisierte Teig (ca. 30% Wasser) wird in sogenannten Extrudern (Schneckenpressen) anfangs schonend kurz geknetet, dann unter hohem Druck (8000 bis 12000 kPa ≙ 80 bis 120 bar) durch Düsen bzw. sogenannte Matrizen als Teigbänder oder

-stränge herausgepreßt. Bei den Formen unterscheidet man lange und runde; daraus entstehen entweder durch nachträgliches Auswalzen hauchdünne »Laken«, die zu Bandnudeln geschnitten werden, oder z. B. Spaghetti- und Makkaroni-Stränge (Langware) oder Spiralen und Muscheln (Kurzware) oder Spätzle (Streuware). Die teils nachträglich, teils direkt an der Form geschnittene Ware muß anschließend schonend und deshalb recht aufwendig (bei ca. 50 °C oder bei 80 bis 130 °C) getrocknet werden.

Das Warensortiment: Besonders in Italien ist das Angebot nach Form und Farbe sehr vielseitig. Wichtiger ist es, nach Qualität zu unterscheiden.

- Eiernudeln: Diese müssen mit mindestens $2^1/_4$ Eiern pro kg Weizengrieß zubereitet sein. In Eiernudeln mit hohem Eigehalt müssen 4 Eier pro kg und in Eiernudeln mit sehr hohem Eigehalt sogar 6 Eier pro kg Grieß enthalten sein. Sie sind von kräftiger gelber Farbe und gekocht von zarter Konsistenz.
- Farbige Nudeln: Sie dürfen keine künstlichen Farbstoffe enthalten. Die Farbe bekommen sie durch Spinat (grün) oder Paprika (rot).
- Für Frischeinudeln müssen frische Eier verwendet werden. Bei den anderen Qualitäten benutzt man meist Flüssigei (tiefgefroren oder konserviert), zum Teil auch Trockeneiprodukte.
- Grießnudeln: Eine einfache Qualität – ohne Ei – von blaßgelber Farbe.
- Hartgrießnudeln: Eine gute Qualität mit guten Kocheigenschaften und von deutlicher, gelb-bräunlicher Eigenfarbe.
- Vollkornnudeln: Diese stellt man aus Weizenvollkornmehl her. Dadurch erhalten sie eine braune, manchmal ungleichmäßige Eigenfarbe (durch Schalenteilchen).

Inhaltsstoffe: Die Inhaltsstoffe von Teigwaren entsprechen etwa denen von Weizen bzw. seinen Mahlerzeugnissen. Kalorienbewußte sollten beachten, daß der Energieinhalt bzw. Brennwert von Teigwaren durch deren hohen Gehalt an Kohlenhydraten (ca. 75 %) größer ist als der einer vergleichbaren Portion (wasserreicherer) Kartoffeln. Neuerdings werden wegen des erhöhten Vitamin-, Mineralstoff- und Ballaststoffgehalts verstärkt Vollkornnudeln gekauft; ihr Genußwert wird zumeist als geringer eingeschätzt.

Wissenswertes für die Praxis: Da Nudeln etwas unterschiedliche Kochzeiten benötigen, sollte man rechtzeitig durch die »Bißprobe« prüfen, ob sie schon »al dente – mit Biß« sind. Gegen Schäumen und Kleben ist ein Schuß Öl hilfreich. Vorräte sind anfällig gegen Schädlinge und müssen daher trocken und kühl gelagert werden.

Kohlenhydrate bzw. *Stärke:* Getreideerzeugnisse sind unsere bedeutendsten Stärkelieferanten. Sie enthalten meist weniger als 5% natürliche Zucker (Rohrlich u. Brückner 1967). Stärkepulver selbst und die daraus hergestellten Erzeugnisse wie Pudding, Cremespeisen usw. werden als komplexe Kohlenhydrate ernährungsphysiologisch zwar günstiger bewertet als Zucker, aber auch Stärkepulver sind praktisch reine Energieträger, denn ihnen fehlen Vitamine, Mineralstoffe und Ballaststoffe. Produkte mit vorbehandelten Stärken (z.B. Instantpudding) sind leicht verdaulich, so daß sie zur vorübergehenden Krankendiät und als spezielle Schonkost verwendet werden.

Mineralstoffe und *Vitamine:* Die Körner und Vollkornerzeugnisse der Brotgetreidearten enthalten beachtliche Mengen an Vitaminen der B-Gruppe, Vitamin E (im Keimöl) und Mineralstoffe (s. Tabelle **34**).

Bei der Herstellung heller mineralstoffarmer Mehle gehen mit dem Entfernen der Randschichten erhebliche Anteile dieser Stoffgruppen verloren: Gegenüber Backschroten weist Roggenmehl der Type 997 nur noch bis ca. 65%, Weizenmehl der Type 550 nur noch bis ca. 36% der Gesamtmineralstoffe auf. Da seit 1992 alle Mehltypen etwas höher ausgemahlen werden (dürfen) und damit auch die hellen Mehle höhere Mineralstoffgehalte aufweisen, können die Verbraucher bei allen Backwaren aus Weizenmehl und hellem Roggenmehl neuerdings auch etwas höhere Mineralstoffgehalte mit aufnehmen (s. Tabelle. **33**). Die gegenüber Vollkornmahlerzeugnissen stets geringeren Mineralstoffgehalte können sich insbesondere auf die Eisenversorgung negativ auswirken, vor allem bei Frauen, da es hier von Natur aus leicht zu einer Unterversorgung kommt. Man sollte beachten, daß Roggenmahlerzeugnisse einen wesentlich höheren Eisengehalt haben als Weizenmahlprodukte. Hafervollkorn nimmt hier mit ca. 6 mg Eisen pro 100 g eine Sonderstellung ein. Zur Bedarfsdeckung an Calcium können alle Getreidearten nur wenig beitragen: Selbst eine Tagesportion Haferflocken von 50 g enthält nur etwa 5% der empfohlenen täglichen Zufuhr. Beim Verzehr von vorrangig Vollkornerzeugnissen – insbesondere Haferflocken und Speisekleie – kann die in allen Getreidearten (in der Aleuronschicht und bei Mais im Keim) vorkommende Phytinsäure (ca. 1%) von Bedeutung sein: Sie bildet im Darminhalt mit den Mineralstoffen Calcium, Eisen, Magnesium und Zink so schwerlösliche Verbindungen, daß diese vom Körper nicht aufgenommen werden können. Bei einer abwechslungsreichen Ernährung mit Mischkost braucht es dadurch noch nicht zu einer Unterversorgung mit diesen Mineralstoffen zu kommen. Außerdem wird bei der Herstellung von Roggenvollkornbroten während jeder üblichen Teigsäuerung Phytin abgebaut, indem die natürlichen oder zugesetzten Genußsäuren (pH 4,3–4,6) das getreideeigene Spaltungsenzym, die Phytase, dazu aktivieren (Kniel 1995). Die Verluste an Vitaminen zeigt Tabelle **36** am Beispiel von Weizenmahlerzeugnissen.

Tabelle **36** Vitamingehalt bei Weizenmahlerzeugnissen in Abhängigkeit vom Ausmahlungsgrad (Angaben in mg pro 100 g) (Wirths 1985)

	Weizenkorn	Weizenmehl Type 550	Weizenmehl Type 405	Weizenkeime	Weizenkleie
Vitamin B1	0,4	0,14	0,07	1,5	0,4–0,7
Vitamin B2	0,15	0,07	0,05	0,8	0,3
Vitamin E	3–5	2,5–3	2	20–50	–
Niacin	4–6	0,8	0,6	3–6	20–30

Die Behauptung, daß »mühlenfrisches« Vollkornschrot sogenannte »Vitalstoffe« enthält, die beim Lagern verlorengehen, konnte bisher wissenschaftlich nicht belegt werden (Münzing 1987).

Zusatzstoffe

Stärke, Graupen, Grütze und Sago dürfen begrenzt Schwefeldioxid enthalten, was sich beim notwendigen Erhitzen größtenteils verflüchtigt: bei Müsli-Erzeugnissen kann in Zutaten wie Aprikosen und Rosinen auch Schwefeldioxid vorkommen. Puddingpulver und verwandte Erzeugnisse dürfen bei Kennzeichnung neben modifizierten Stärken, Verdickungsmitteln, Emulgatoren auch andere Zusatzstoffe enthalten. Hier stehen pflanzliche Geliermittel (wie Gelatine, Carrageenate, Guarkernmehl und Pektine) oder Carboxymethylcellulose, Aroma- und Farbstoffe im Vordergrund.

Schadstoffe

Getreide und Getreideerzeugnisse gehören zu den mit Schadstoffen nur schwach belasteten Lebensmitteln. Am ehesten sind Schimmelbildung und die dabei manchmal entstehenden »natürlichen« Schimmelgifte zu beachten (s.u.). Gerade gesundheitsbewußte Verbraucher konnten vor einigen Jahren noch damit rechnen, daß sie beim Verzehr von Vollkornerzeugnissen und bei Speisekleie erhöhte Gehalte an Schwermetallspuren, wie Blei, mit aufnehmen: Diese – v.a. aus den Autoabgasen stammend – vermögen sich an Kornoberflächen von Brotgetreide solcher Felder anzureichern, die nahe an stark befahrenen Straßen lagen. Doch bei der müllerischen Reinigung des Getreides von anhaftenden Schmutzteilchen werden auch solche Umweltverunreinigungen vermindert. Das jedoch neuerdings offensichtliche Ausbleiben derartiger Bleibelastungen ist der weitgehenden Umstellung auf bleifreien Kraftfahrzeug-Treibstoff zu verdanken. In jedem Falle sind die ernährungsphysiologischen Vorteile beim Verzehr von Vollkornprodukten höher zu bewerten; nicht zuletzt, weil deren größere Anteile an Ballaststoffen die mit der Nahrung insgesamt aufgenommenen Schadstoffe im Darmbereich wirksam festhalten und mit abführen können.

Natürliche Schadstoffe: Mutterkorn, Schimmelgifte, tierische Schädlinge

Mutterkorn: In feuchten Sommern, verstärkt auch 1993 und 1994, wurde Roggen, seltener Weizen, von einem länglichen, außen schwärzlich-violetten, innen weißlich-grauen und harten Schlauchpilz befallen, der in vereinzelten Ähren anstelle des eigentlichen Korns wächst und schmarotzt. Ein solches »Mutterkorn« – meist größer, teils kleiner als ein Getreidekorn – enthält mehrere unterschiedlich giftige Alkaloide, die unter anderem zu Gefäßverkrampfungen führen und die bis heute zahlreiche Massenvergiftungen verursacht haben (wie 1951 in Südfrankreich bei 300 Vergifteten und 7 Toten). Während in der modernen Getreidereinigung Mutterkorn weitestgehend entfernt wird, besteht bei direkt gekauftem »naturbelassenem« Getreide die Gefahr, daß Mutterkorn-Bruchstücke nicht beachtet bzw. mit harmlosen Unkrautsamen verwechselt werden. Für solche Verunreinigungen mit Mutterkorn sind in der Schweiz und in der EG Grenzwerte von 0,02% bzw. 0,05% festgelegt worden. Bei über 1% Mutterkorn im Brot treten Vergiftungssymptome auf (Macholz u. Mitarb. 1987, Opitz 1984, Wolff 1992).

Schimmelgifte (Mykotoxine): Bei zu feucht und zu warm gelagertem Getreide und Getreideprodukten kann sich gelegentlich Gelbschimmel entwickeln, der das stark kanzerogene Aflatoxin bildet. Insbesondere in Buchweizenmehl wurden Spuren des bedenklichen Stoffes gefunden (Sturm 1991). Ein anderes, seltener anzutreffendes Pilzgift, das Ochratoxin, führt bei chronischer Aufnahme zu schweren Nierenschäden (Lindner 1990). Da diese Toxine wasserlöslich und farblos sind, können sie auch in benachbarte, nicht direkt mit Schimmel befallene Bereiche unbemerkt eindringen. Der zulässige Grenzwert für Aflatoxine beträgt in der Bundesrepublik für alle Lebensmittel neuerdings nur 4 µg pro kg (das sind 4 Millionstel Gramm).

Verschimmelter Reis färbt sich oft gelb. Der gelbe Farbstoff deutet auf den bei Reis vorkommenden Schimmelpilz Penicillium islandicum hin, der die Toxine Luteoskyrin (gelb gefärbt), Islanditoxin und Cychlochlorotin (Baum u. Mitarb. 1986) in seinem Pilzgeflecht bildet. Die Toxine wirken leberschädigend und können zu Leberkarzinomen führen. Das vermehrte Auftreten von Leberkrebs in Ostasien wird mit dem Verzehr von »gelbem Reis« in Verbindung gebracht (Lindner 1990). Um Gefahren durch Mykotoxine auszuschließen, sollte angeschimmeltes Getreide stets weggeworfen, also auch nicht an Tiere verfüttert werden.

An (entspelztem) Grünkern wurden – verursacht durch das traditionelle Dörren der Dinkelkörner über Holzkohlenfeuer – Gehalte von Benzo(a)pyren (polycyclischer aromatischer Kohlenwasserstoff) im Bereich von 1 bis 4,3 µg pro kg gefunden (Chem. u. Lebensmitteluntersuchungsamt Duisburg 1987, Landesuntersuchungsamt Stuttgart 1987). Für diesen krebserregenden Stoff gilt bisher nur bei geräucherten Fleischerzeugnissen und Käse 1 µg pro kg als Grenzwert.

Mit dem Trend, möglichst unbehandelte Lebensmittel zu verzehren, wird auch ein leichter Anstieg von Lebensmittel-Allergien erklärt. So enthalten rohe Getreideerzeugnisse allergieauslösende Stoffe, die zu heftigen Reaktionen im Verdauungstrakt, an Haut, Augen oder Lunge führen können; diese Stoffe werden normalerweise durch Erhitzen inaktiviert (Drews 1987).

Tierische Schädlinge: Der Befall von Getreide mit Reiskornkäfern (Anzeichen: »dunkle Reiskörner«), Mehlmotten (Anzeichen: Gespinste im Mehl) oder Reismehlkäfern (Bohrlöcher) ist äußerst unangenehm. Getreideerzeugnisse, die von Kornkäfern befallen sind, müssen beseitigt werden, weil deren Drüsensekrete verschiedene hitzestabile Chinone enthalten, die als karzinogen gelten. Optisch am unauffälligsten und gleichzeitig am gefährlichsten ist die Mehlmilbe, denn ihre Ausscheidungen machen Getreideerzeugnisse ungenießbar und sogar als Tierfutter untauglich (Mourier u. Winding 1979). Schon der äußere Kontakt kann Hautentzündungen verursachen (Lindner 1990), und bei Verzehr kann es zu Durchfällen kommen.

Schadstoffe aus dem Anbau

Aus Untersuchungen der Bundesanstalt für Getreide-, Kartoffel- u. Fettforschung geht hervor, daß die Restgehalte an Pflanzenbehandlungsmitteln seit den fünfziger Jahren rückläufig sind bzw. unverändert. Unkrautvernichtungsmittel (Herbizide), die etwa 50% der ausgebrachten Pflanzenbehandlungsmittel darstellen, werden mehrere Wochen vor der Getreidereifung letztmalig angewandt und gelangen erfahrungsgemäß nicht in die Körner; daher sind Herbizid-Rückstände auch nicht bekannt geworden.

Wachstumsregler: Beim Getreideanbau wird in großem Umfang Chlorcholinchlorid (CCC) zur Stabilisierung der Halme eingesetzt. Von 1981 bis 1984 durchgeführte Untersuchungen ergaben für deutschen Weizen fallende Rückstandswerte. 1984 enthielten noch 60 bis 70% der Proben CCC, und zwar durchschnittlich 0,1 mg pro kg bei einem Grenzwert von 3 mg pro kg (Ocker u. Brüggemann 1988).

Chlorierte Kohlenwasserstoffe: Die fortlaufenden Untersuchungsserien zeigen einen stetigen Rückgang ihrer Gehalte. Die typischen Vertreter dieser in Böden langlebigen Verbindungsklasse, wie Lindan, HCB, DDT und Alpha-HCH, erreichen durchschnittlich nur noch wenige Prozent der Grenzwerte, wobei das am häufigsten nachweisbare Lindan meist mit Gehalten bis zu 10 Prozent des Grenzwertes und nur vereinzelt in dessen Bereich (0,1 mg pro kg) vorkam. Da diese niedrigen Gehalte nur in Ausnahmefällen aus direkten Pestizid-Anwendungen auf dem Feld stammen, in der Regel aber aus der allgemeinen Belastung der Umwelt mit Chlorkohlenwasserstoffen, sind sie in gleicher Höhe in konventionell wie in alternativ angebautem Getreide nachweisbar.

Als Insektizide werden seit Jahren die sog. Organophosphorsäureester, jetzt auch in den neuen Bundesländern verstärkt eingesetzt, und zwar anstelle der chlorierten Kohlenwasserstoffe; denn im Gegensatz zu diesen wirken die Organophosphorsäureester gegenüber Warmblütern erheblich weniger toxisch, weil sie hier auch erheblich schneller abgebaut und nicht gespeichert werden. Die in nur 5% der Brotgetreideproben meßbaren Phosphorsäureester (Dimethoat, Pirimiphosmethyl u. a.) hatten Gehalte von maximal etwa einem Zehntel der Grenzwerte; diese kamen in den neuen Bundesländern 1991 öfter und mit höheren Werten vor, allerdings schon 1992 mit einem Rückgang in Häufigkeit und Konzentration (Tietz u. Mitarb. 1993).

Auch die Verunreinigung mit den weltweit verbreiteten und schwer abbaubaren polychlorierten Biphenylen (PCB) nahm in der Vergangenheit ab (Ocker u. Brüggemann 1988), und 1992 wurden in weniger als 3% der Getreideproben nur einige dieser PCB-Abkömmlinge (mit den Nrn. 101, 138 und 153) in Spuren nachgewiesen (Tietz u. Mitarb. 1993).

Vorratsschutzmittel: In bäuerlichen Getreidelägern darf mit Pirimiphosmethylpräparaten (z. B. Actellic) begast werden (Grenzwert für Rückstände 2 mg pro kg Getreideerzeugnisse). Befallene Getreidevorräte werden in geschlossenen Speichern (auch auf Schiffen) mit Phosphin mehrtägig begast; ganze Mühlen unter Vorsichtsmaßnahmen heute noch am wirksamsten mit Blausäure. Phosphin und Blausäure verflüchtigen sich kurzfristig. Methylbromid ist jetzt nur noch zur Begasung leergeräumter Mühlen und Getreidespeicher zugelassen. Für Getreide und Nährmittel gilt neuerdings als Methode der Wahl die rückstandsfreie, für Arbeitssicherheit und Umwelt unbedenkliche Begasung mit Kohlendioxid oder Stickstoff (Mitteilung von Adler, Institut für Vorratsschutz, Biologische Bundesanstalt Berlin).

Radioaktivität in Brotgetreide: 1985 lag der Gehalt an radioaktivem Cäsium (Isotope Cäsium-137 und -134) von Weizen und Roggen bei 0,1 Bq pro kg. Durch den Reaktorunfall in Tschernobyl (April 1986) verursacht, war der Gehalt an radioaktivem Cäsium in der Inlandsernte 1986 bei Weizen auf durchschnittlich 6 Bq pro kg und bei Roggen auf 45 Bq pro kg angestiegen. Die höchsten Werte von 51 Bq pro kg bei Weizen und 550 Bq pro kg Roggen hatte es in Bayern gegeben. (Als Grenzwert waren 600 Bq pro kg festgelegt worden.) Nach der Ernte 1987 waren die Gehalte an radioaktivem Cäsium im Bundesdurchschnitt schon wieder auf Bruchteile gesunken, und zwar bei Weizen auf ca. 0,1 Bq pro kg, bei Roggen auf ca. 0,3 Bq pro kg, und hatten damit nahezu wieder den Gehalt (Cäsium-137) der Getreideernten von 1985 und früher erreicht. Das in den Boden eingeschwemmte Radiocäsium wird dort nämlich durch Tonmineralien festgehalten und somit die Aufnahme durch Pflanzenwurzeln stark eingeschränkt (Ocker u. Brüggemann 1988b).

Was die um ein Vielfaches erhöhte Radioaktivität im Getreide von 1986 an zusätzlicher Belastung für die menschliche Gesundheit bedeutet hat, läßt sich am ehesten durch Vergleich mit dem von Natur aus radioaktiven Kalium-Isotop, dem Kalium-40 veranschaulichen: Die chemisch eng verwandten Elemente Kalium und Cäsium werden sowohl von der Getreidepflanze, einschließlich des Korns, als auch vom menschlichen Körper auf ganz ähnliche Weise aufgenommen (Bundesgesundheitsamt 1988, Ullmann 1981). Das also im Getreide vorkommende Kalium-40 zeigt nun einen gleichbleibend hohen Gehalt an Radioaktivität von ca. 100 bis 160 Bq pro kg, der von den Menschen zwangsläufig mit aufgenommen wird, schon solange sie Getreideerzeugnisse – oder auch andere Pflanzen – verzehren. Verglichen mit dem stets vorhandenen Gehalt an Kalium-40, lagen die im Brotgetreide der Ernte 1986 durchschnittlich vorhandenen Gehalte an radioaktivem Cäsium noch unterhalb dieser natürlichen Werte. Beim Verarbeiten zu Mahlerzeugnissen verhalten sich die beiden Elemente wie die normalen Mineralstoffe: Mit sinkendem Ausmahlungsgrad und Mineralstoffgehalt sinken auch die Anteile an diesen radioaktiven Elementen, so daß auch nach der Ernte 1986 z. B. Weizenmehl der Type 550 durchschnittlich nur ca. 40% und Roggenmehl der Type 997 durchschnittlich ca. 55% vom radioaktiven Cäsium des Brotgetreides enthalten hatten (Ocker u. Brüggemann 1988b).

Exkurs: Alternativ bzw. ökologisch angebautes Getreide

Alternative Bewirtschaftungsformen verfolgen bei allen Verschiedenheiten das gemeinsame Prinzip, den Kreislauf Boden-Pflanze-Tier-Mensch gesund zu erhalten sowie weitgehend auf den Einsatz von handelsüblichen Mineraldüngern und (synthetischen) Pflanzenbehandlungsmitteln zu verzichten. Nahrungsmittel bezeichnet man dann als »naturbelassen«, wenn sie ohne Einsatz von Chemikalien verarbeitet werden.

Von der landwirtschaftlichen Nutzfläche der Bundesrepublik werden derzeit kaum mehr als 1% ökologisch bewirtschaftet. Zur Deckung der gestiegenen Nachfrage wird ein Mehrfaches des in der Bundesrepublik aus solchem Anbau erzeugten Getreides z. B. aus Frankreich und Holland importiert. Bisher ist an Kornmaterial, das von Pflanzenbehandlungsmitteln frei oder nur in Spuren damit belastet ist, anderweitig nicht festzustellen, ob es sich wirklich um ökologisch angebautes Getreide handelt: Schon länger verkaufen zahlreiche landwirtschaftliche Betriebe ihre Erzeugnisse mit Auslobungen wie »... aus kontrolliertem Anbau« o.ä., weil diese Bauern wohl auf die üblichen Pflanzenbehandlungsmittel verzichten, aber ansonsten ihre Felder (oft) wie die konventionellen Betriebe bearbeiten. Wer also ganz sicher sein will, daß seine Getreideerzeugnisse wirklich aus ökologischem Landbau stammen, der sollte – zumindest vorläufig – nur bei zuverlässig bekannten Handelsorganisationen kaufen (Brugger 1987).

Künftig dürfte es Getreide aus vergleichbar geführtem ökologischen Landbau europaweit mehr und mehr geben; denn neben der steigenden Nachfrage gilt nun auch eine EWG-Verordnung, die die Bedingungen und ein neuartiges Kontrollsystem des ökologischen Landbaues sowie den Handel mit seinen »ökologisch« gekennzeichneten pflanzlichen Erzeugnissen erstmalig ausführlich beschreibt und regelt. Zu den festgelegten »Grundregeln des ökologischen Landbaus« gehören vor allem:

- Für die Äcker mindestens 2- bzw. 3jährige Umstellungszeiten;
- für das Düngen nur bestimmte zulässige »Bodenverbesserer« (pflanzlicher, tierischer oder mineralischer Herkunft) und – zum Pflanzenschutz nur eingeschränkt zugelassene Präparate; allerdings – unvermeidbar – auch chemische Stoffe enthaltend (Lebensmittelrecht, Bd. I, VO Ökolog. Landbau).

»Zahlreiche Untersuchungen mit der Absicht, Qualitätsunterschiede zwischen Erzeugnissen verschiedener Anbauweisen aufzuzeigen, haben bisher keine eindeutigen Aussagen geliefert, da nicht nur ›bessere‹, sondern auch ›schlechtere‹ und besonders häufig ähnliche Inhaltsstoffe gemessen wurden.« (Leitzmann u. Sichert 1987)

Die Schadstoffsituation in bezug auf langlebige Bodenbelastungen oder aktuelle Umweltverunreinigungen dürfte auch bei alternativ angebautem Getreide nicht immer voraussagbar sein.

Neuere Messungen von Cäsium-137 an Brotgetreide aus dem Inland zeigten im Durchschnitt bei Weizen 0,3 ± 0,3 Bq und bei Roggen 0,6 Bq pro kg mit stärkeren Schwankungen von ± 0,8 Bq (Chem. u. Lebensmitteluntersuchungsamt Duisburg 1985).

Schwermetalle: Davon spielen nur Blei und Cadmium eine Rolle. Da Blei überwiegend durch atmosphärische Einflüsse (Staub, Regen) auf die Getreideoberfläche gelangt, schwanken die Bleigehalte jährlich – klimatisch bedingt – auch im Getreidekorn. Dabei wird das durch die Spelzen weniger gut abgeschirmte Roggenkorn im Durchschnitt etwas mehr mit Blei belastet als das Weizenkorn.

Seit Mitte der siebziger Jahre ist der durchschnittliche Bleigehalt – trotz teils erheblicher Schwankungen – bei Roggen und Weizen auf niedrigem Niveau und der durchschnittliche Cadmiumgehalt – ungeachtet der Unterschiede zwischen Weizen und Roggen – konstant geblieben (Ocker u. Brüggemann 1988a).

Bei beiden Getreidearten wurden 1992 im Vergleich zum Vorjahr bundesweit durchschnittlich geringfügig niedrigere Bleigehalte gefunden, die sich erfreulicherweise überwiegend im Spurenbereich von etwa einem Zehntel der Toleranzwerte von Roggen (0,4 mg) und Weizen (0,3 mg pro kg) bewegten; nur wenige Werte lagen über 0,1 mg pro kg.

Bemerkenswert ist, daß die Bleigehalte der Getreideproben aus den neuen Bundesländern auf dem gleichen niedrigen Niveau wie die aus den alten Bundesländern liegen. Da Blei überwiegend in den Randschichten des Getreidekorns abgelagert wird, läßt es sich auch durch verschiedene müllereitechnische Bearbeitungen der Kornoberfläche weitgehend entfernen, und beim Vermahlen des Getreides gelangen nur geringe Spuren an Blei in die Typenmehle. Dadurch reichert sich Blei allerdings zwangsläufig in Kleie an.

Demgegenüber wird Cadmium den Getreidepflanzen überwiegend aus dem Boden zugeführt: Der Cadmiumgehalt des Korns richtet sich also in erster Linie nach dem Vorkommen in den Anbauflächen, wobei Weizen mehr Cadmium aus dem Boden aufnimmt als Roggen.

Der durchschnittliche Cadmiumgehalt in der inländischen Ernte beträgt bei Weizen 0,05 bis 0,06 mg pro kg, bei Roggen 0,01 bis 0,02 mg pro kg. In der Regel gibt es nur bei Weizen Überschreitungen des Toleranzwertes für Cadmium (0,1 mg pro kg), und zwar seit Jahren bundesweit (Ausnahme: Nordrhein-Westfalen) etwa gleichbleibend bei 5 bis 10% der untersuchten Proben, während in Nordrhein-Westfalen jährlich 20 bis 40%, in Sachsen auch etwa 20% und in Sachsen-Anhalt noch über 10% der Weizenproben den Toleranzwert überschritten haben, allerdings selten mit Cadmiumgehalten über 0,2 mg pro kg.

Ausnehmend hohe Cadmiumbelastungen von 0,4 und 0,7 mg pro kg waren in solchem Weizen ermittelt worden, der von Feldern stammte, die in unkontrollierter Weise mit Klärschlamm gedüngt waren (Chem. Untersuchungsamt Bielefeld 1988).

Getreide gehört daher zu den mit Blei nur gering belasteten Lebensmitteln: lediglich ein geringer Prozentsatz der aus der Nahrung aufgenommenen Bleimengen stammen aus Getreide. Bei Cadmium ist wichtig, daß es sich über das gesamte Korn verteilt und daher auch in hellen Mehlen gefunden wird. Nicht geklärt ist, warum Roggen wesentlich weniger Cadmium aufnimmt als Weizen.

Zu der von der FAO/WHO als duldbar angesehenen Aufnahmemenge von 490 µg Cadmium pro Person und Woche (Bundesgesundheitsamt 1979) trägt Getreide etwa 4–10% bei (Ocker u. Brüggemann 1988b).

Zur Quecksilberaufnahme hatte man aus zurückliegenden Untersuchungsergebnissen gefolgert, daß Getreide und Getreideprodukte an der entsprechenden duldbaren Wochenmenge nur zu ca. 1% beteiligt gewesen waren (Ocker 1983). Von 72 in den neuen Bundesländern untersuchten Getreideproben der Ernte 1992 war Quecksilber nur in 3 Proben nachweisbar (Tietz u. Mitarb. 1993). Da quecksilberhaltige (Beiz-) Mittel für Getreide schon lange verboten sind, darf man hierbei von einer nur geringfügigen Umweltbelastung sprechen.

3.1.4 Wissenswertes für die Praxis

Lagerung und Sensorik von Getreideerzeugnissen

Trocken, aber nicht luftdicht verschlossen, können unverletzte Getreidekörner lange Zeit gelagert werden. Fetthaltige und damit empfindliche Getreidearten wie Hafer, Hirse, Reis bedürfen dazu besonderer Bearbeitung. So sind z. B. Weißreis und Parboiled-Reis lange Zeit lagerfähig. Getreidemahlerzeugnisse sind wesentlich weniger lagerfähig. Besonders Weizenkeime, aber auch Vollkornmahlerzeugnisse sind (wegen der mitvermahlenen Keime) nur kurzfristig haltbar; deshalb prüfe man diese sensorisch kritisch, auch wenn sie aus »Frischhaltepackungen« stammen: Schon schwache Bitterkeit und »Kratzen« (im Halse) zeigen Fettverderb an. Auch »Naturreis« bzw. Vollkornreis sollte nach dem Kauf auf Ranzigkeit geprüft und nicht lange bevorratet werden. Da alle Getreideerzeugnisse normalerweise einen nur schwachen Eigengeruch und -geschmack aufweisen, kann man sie auf möglichen Verderb hin sensorisch relativ leicht kontrollieren. Zum Beispiel ist Milbenbefall an einem typischen (»süßlich«-unangenehmen) Fremdgeruch erkennbar.

Welches Getreide ist am wertvollsten?

Neben vielen Gemeinsamkeiten weisen die Getreidearten in ihrer chemischen Zusammensetzung Unterschiede auf (s. auch Tabelle **34**), die im Ernährungsplan beachtet worden sollten.

Bei den Hauptbestandteilen fallen Reis mit dem höchsten, Roggen, Gerste und besonders Hafer mit weniger hohem Stärkegehalt auf; dafür haben letztere die höchsten Anteile an Nicht-Stärke-Polysacchariden (bei Roggen überwiegend Ballaststoffe). Hafer hat den weitaus höchsten Fettgehalt. Die besten Lieferanten für Eisen sind Hirse, Hafer und Roggen, für Magnesium sind es Weizen, Hirse und Reis. Getreide hat allerdings nur geringen Calciumgehalt, wovon Hafer noch relativ am meisten aufweist, gefolgt von Roggen. An Vitaminen hat Hafer den höchsten B_1- und B_6-Gehalt, gefolgt von Weizen, Hirse, Gerste und Reis beim B_1-Gehalt und von Hirse, Reis und Gerste beim B_6-Gehalt; Reis, Weizen, Hirse und Gerste enthalten am meisten Niacin; bei Vitamin E ragt Mais heraus, gefolgt von Reis und Gerste.

In letzter Zeit werden wieder die Getreidearten Buchweizen, Dinkel (bzw. Grünkern) und Hirse als ernährungsphysiologisch besonders günstig beworben. Ein Vergleich der wesentlichen Inhaltsstoffe zeigt, daß Hirse tatsächlich hinsichtlich ihres Eisen- und Vitamin-B_6-Gehalts herausragt. Buchweizen und Dinkel (Grünkern) weisen Eisen- und Ballaststoffgehalte auf, die mit den Brotgetreidearten vergleichbar sind. Aber hinsichtlich der meisten anderen lebenswichtigen Wirkstoffe stehen Buchweizen, Dinkel (Grünkern) und Hirse dem Brotgetreide, vor allem dem Hafer, eindeutig nach.

Der Ausmahlungsgrad von Brotgetreide

Der Begriff Ausmahlungsgrad spielt eine wichtige Rolle. Er gibt die prozentuale Ausbeute an Weizen- und Roggenmahlerzeugnissen an: Bei einem 100prozentigen Ausmahlungsgrad enthalten die Mahlerzeugnisse (Vollkornschrot bzw. Vollkornmehl) alle Kornbestandteile; bei einem niedrigen Ausmahlungsgrad von 40% werden also aus 100 Gramm Weizen (Getreide) nur 40 Gramm (sehr helles) Mehl gewonnen.

Je höher ausgemahlen ein Mehl ist, d.h. je mehr Mehl aus einer bestimmten Menge Getreide gewonnen werden kann, um so schalenreicher und dunkler ist es; je niedriger ausgemahlen Mehle sind, um so ärmer an Schalen und heller sind sie, weil sie überwiegend aus Stärke bestehen. Eigentlich haben »dunkle« Mehle nur graues Aussehen, jedoch keinesfalls die braunen Farbtöne von Roggenschrot- und Roggenvollkornbroten, die durch Zusetzen dunkler Sirupe entstehen (s. »Dunkle Brote und Gesundheitswert«, S. 194f., 197).

Mehltype und Typenzahl von Weizen- und Roggenmehl

Da im Getreidekorn von den äußeren Schichten bis hin zum inneren Mehlkörper die Mineralstoffe mengenmäßig stark abnehmen, kann man aus dem Mineralstoffgehalt eines unbekannten Weizen- oder Roggenmahlerzeugnisses schließen, in welchem Maße Kornrandbestandteile vorhanden sind. Der Gehalt an Mineralstoffen ist leicht zu bestimmen, denn diese bilden die Asche, die nach der Verbrennung von Mehl zurückbleibt. Man hat nun einfach den von 100 g (getrocknetem) Mehl durchschnittlich erhaltenen Aschegehalt in Milligramm als »Typenzahl« erklärt: so bedeutet z.B. die Angabe der Mehltype 1150: Dieses Mehl hinterläßt bei der Verbrennung von 100 g etwa 1150 mg Asche bzw. Mineralstoffe. Mit dieser Angabe kann man auch auf den Ausmahlungsgrad des Produktes schließen (s. auch Tabelle **33**).

Man merkt sich leicht: Hohe Typenzahl bedeutet hohe (= hochprozentige) Ausmahlung, hohen Schalen-(= Ballaststoff-)Gehalt und hohen ernährungsphysiologischen Wert. Niedrige Typenzahl bedeutet niedrige Ausmahlung und niedrigen Schalengehalt.

Roggen- und Weizenvollkornschrot – ebenso wie diese Vollkornmehle – können nicht in Typenbereiche eingeordnet werden, da die darin enthaltenen gesamten Mineralstoffanteile je nach Getreideherkunft sehr unterschiedlich sind.

Ernährungsphysiologische Besonderheiten

Roher Getreidebrei (Frischkornbrei) sowie Müsli und andere Vollkornprodukte haben wegen der langsamen Verdaubarkeit einen hohen Sättigungswert.

Buchweizenmehl ohne Schalenanteile erhält man am sichersten, indem man geschälte Buchweizenkörner oder -grütze kauft und diese vermahlt. Hirseerzeugnisse werden in der Regel schon geschält angeboten. Zur Abwechslung, weniger aus ernährungsphysiologischen Gründen, sind neben Hafer auch Buchweizen, Hirse und Dinkel als Breinahrung geeignet: wegen seiner außerordentlichen Wasseraufnahme ist Hirsebrei für Diäten zur Gewichtsabnahme besonders zu empfehlen. Unter allen Vollkornnährmitteln haben Vollkornhaferflocken von den meisten der wichtigen Nährstoffe die höchsten Gehalte.

Ernährungsbedeutung von Reis

Reis liefert hauptsächlich Kohlenhydrate, daneben etwas Eiweiß und wenig Fett. Auch bei Reis sinkt der Ernährungswert rapide mit dem Grad der Bearbeitung: Naturreis (Braunreis) birgt in seinem Silberhäutchen und im Keim die wertvollen Vitamine B_1, B_2 und Niacin sowie Eisen. Beim Parboiling-Verfahren werden die wasserlöslichen Stoffe (Vitamine und Mineralstoffe) von der Außenschicht in das Reiskorn gedrückt, und so verbleiben trotz Wegnahme des Silberhäutchens und des Keimes davon noch etwa 80%. Er ist damit ernährungsphysiologisch gleich hinter dem Braunreis einzustufen. Weißreis enthält dagegen nur noch weniger als $^1/_3$, Schnellkochreis nur noch Spuren der ursprünglichen Vitamine und Mineralstoffe. Deshalb sind beide als Grundnahrungsmittel wenig geeignet.

Schon im vorigen Jahrhundert hatte der modische Trend zu Weißreis im asiatischen Raum zu epidemischen Beriberi-Erkrankungen geführt, die durch Vitamin-B_1-Mangel hervorgerufen wurden. Zum Ausgleich muß heute in vielen Ländern Weißreis künstlich mit Vitaminen und Eisen angereichert werden.

Reis eignet sich gut für Nieren-, Herz- und Magendiätkost, da er leicht verdaulich ist und wenig Natrium enthält. Wer Reis mit überschüssigem Wasser kocht, schüttet mit dem Kochwasser wertvolle Eiweißstoffe, Vitamine und Mineralstoffe weg.

Wissenswertes in Kürze

Getreideprodukte im Ernährungsplan verstärkt berücksichtigen und Vollkornerzeugnisse, z.B. Vollkorngrieß, Vollkornreis (Naturreis) sowie Vollkornteigwaren, bevorzugen.

Zum häuslichen Backen dunklere Mehle, z.B. Vollkornmehle, Weizenmehl Type 1050 und Roggenmehl Type 1150, verwenden.

Vor häuslichem Vermahlen aus Getreidekörnern eventuelles Mutterkorn herauslesen.

Bei regelmäßigem Einkauf von Getreideerzeugnissen aus alternativem bzw. ökologischem Anbau Näheres über die Herkunft erfragen bzw. bei zuverlässiger Handelsorganisation beziehen (Brugger 1987).

Vollkornerzeugnisse und Weizenkeime nicht zu lange bevorraten.

In warmer Jahreszeit auf Motten-, Raupen-, Milbenbefall prüfen: angeschimmelte Getreideerzeugnisse vernichten.

3.2 Brot und brotartiges Kleingebäck

In rohen Getreidekörnern sind alle Inhaltsstoffe im Zellverband eingeschlossen. Die rohe Stärke, ihr Hauptnährstoff, ist auch nach dem Einweichen für die Verdauungssäfte nur schwer abbaubar. Erst nach dem Zerkleinern, Kochen (Brei) oder Backen (Brot) oder auch in den neuen aufgepufften Knabbererzeugnissen ist Getreide in einen optimal ausnutzbaren Zustand überführt.

Am weitesten verbreitet sind Brote aus Weizen, nur in Mittel-, Nord- und Osteuropa gibt es auch Roggenbrote. Die einzigartige Vielfalt deutscher Brotsorten entsteht vor allem durch die zusätzliche Verwendung von Roggen und die variable Sauerteigführung. Der ernährungsphysiologische Wert verschiedenartiger Brotsorten wird vorrangig durch den Ausmahlungsgrad und erst danach durch die Art des Getreides, die Zutaten und das Backverfahren bestimmt.

Um die empfohlene Verzehrsmenge an Ballaststoffen aus Getreideerzeugnissen zu erreichen, sind, je nach Brotsorte, unterschiedliche Tagesrationen notwendig. Daß ein hoher Ballaststoffanteil im Vollkornbrot die Ausnutzung von Nähr- bzw. Wirkstoffen vermindert, scheint nicht zuzutreffen. Unklar ist oft, ob und welche Unterschiede zwischen konventionell und alternativ hergestellten Vollkornbroten bzw. »Vollwertbrot« bestehen (s. Exkurs: »Vollwert-Ernährung« – »Vollwert-Brot«).

Die in der Bäckerei verwendeten Zusatzstoffe gelangen meist über »Backmittel« ins Brot. Bei Broten und Brötchen ist zwar Zuckercouleur verboten; dennoch können braune Sirupe (wie Karamelsirup, Zuckersirupe und Farbmalzextrakt), die bei unverpacktem Brot nicht kennzeichnungspflichtig sind, auch weiterhin eine andere Brotzusammensetzung vortäuschen. Die Belastung an Schadstoffen entspricht der normalerweise geringfügigen Belastung des verarbeiteten Getreides (s. S. 171) und dessen Ausmahlung.

3.2.1 Die Herstellung – Alte Handwerkskunst mit moderner Technik

Rohstoffe

Brot wird hauptsächlich aus Mahlerzeugnissen von Weizen und Roggen hergestellt, weil diese die einzig uneingeschränkt backfähigen Getreidearten sind. Unentbehrliche Zutaten sind Trinkwasser, Salz und Hefe sowie Sauerteig für roggenhaltige Brote und Kleingebäck; hierzu sind auch Teigsäuerungsmittel erlaubt und hygienisch einwandfreies Restbrot in begrenzter Menge, wobei das im fertigen Brot nicht sichtbar sein darf. Zusätzlich werden für bestimmte Brote und Kleingebäcksorten Fette, Zuckerarten, Milch und Milcherzeugnisse, neuerdings öfter Erzeugnisse anderer Getreidearten, Speisekleie, Getreidekeime, Ölsaaten (z.B. Leinsamen, Sesamsaat, Sonnenblumenkerne, Mohn), Nüsse, Mandeln, Trockenfrüchte und Gewürze verwendet (Lebensmittelrecht, Bd. III, Leitsätze Brot). Die meisten dieser Zutaten und Zusatzstoffe werden als Backmittel oder Vormischungen, also gleich gemeinsam zugegeben.

Backhefe- und Sauerteiggewinnung

Backhefe wird großtechnisch aus Reinkulturen des Hefepilzes Saccharomyces cerevisiae hergestellt, die man in Gärbehältern mit einer Nährflüssigkeit (z. B. aus Melasse) und mit bestimmten Mineralsalzen versorgt. Durch starkes Belüften verbrauchen die Hefen den Zucker ausschließlich zur eigenen Zellvermehrung und vergären ihn nicht zu Alkohol. Durch Abpressen erhält man die feucht-krümelige, charakteristisch riechende Hefemasse, die, zu kantigen Stücken geformt, als Back- oder Preßhefe gehandelt wird. Sie enthält große Mengen an Vitaminen der B-Gruppe; ihre Haltbarkeit ist begrenzt: Bei Lagerung im Kühlschrank (+4 °C) etwa 10 Tage, im Tiefkühlschrank (ca. –18 °C) mehrere Wochen.

Sauerteig besteht aus Roggenmahlerzeugnissen sowie Wasser und ist ein auf biologischem Wege durch mehleigene Milchsäure bildende Bakterien spontan gesäuerter Mehlteig. Der begehrte »Vollsauer« oder »Natursauer« ist ein Sauerteig, der neben natürlichen Milchsäurebakterien auch die zur späteren Lockerung von Roggenteigen benötigten, ebenfalls spontan vermehrten natürlichen Hefen enthält; man gewinnt den Voll- und Natursauer in einem dreistufigen Verfahren:

Der Bäcker entnimmt einem gärenden Sauerteig (»Vollsauer«) eine kleine Portion zum Impfen bzw. »Anstellen«, die er mit einem Mehrfachen an Mehl und Wasser anteigt (»anfrischt«) und bei 30 °C stehen läßt. Diese vergrößerte Menge des »Anfrischsauers« kann er wieder mit einem Mehrfachen an Mehl und Wasser anteigen und bei 25 °C länger stehen lassen: Daraus wird der Grundsauer, in dem sich die Mikroorganismen besonders stark vermehren; aus diesem Grundsauer entwickelt sich nach nochmaligem Anteigen und Stehen bei 30 °C der Vollsauer, in dem die Mikroorganismen besonders aktiv sind.

Eine Ausgangsmenge von z. B. einem halben kg Anstellsauer kann so um ca. das 200fache anwachsen und für einen Roggenmehlteig von über 200 kg ausreichen (Spicher u. Stephan 1982).

Die meisten Bäcker stellen jedoch für Roggenbrot aus einem reifen sog. Vollsauer in einer praktischen nur einstufigen Sauerteigführung einen schnell gewinnbaren Anfrischsauer her, der im wesentlichen säuert und damit auch die Geschmacksrichtung beeinflußt. Die Lockerung im Brotteig kann hier nur durch zugesetzte Backhefe erreicht werden.

Teigbereitung und Teiglockerung

Teigbereitung: Backfähige Getreidearten unterscheiden sich von den anderen dadurch, daß sie stabile »Teiggerüste« ausbilden können. Beim Anteigen mit Wasser (oder Milch) quellen sowohl Weizen- als auch

Roggenmehl auf, aber ihre quellfähigen Stoffe verhalten sich unterschiedlich: Beim Weizenmehl quellen besonders das Klebereiweiß sowie die Stärke auf und bilden in ihrer molekularen Struktur ein netzartiges Teiggerüst, was durch Zugabe von Salz noch verstärkt wird. Die Quellfähigkeit des Roggeneiweißes und der Roggenstärke ist geringer. Dafür enthält Roggenmehl besonders quellfähige Schleimstoffe. Doch erst beim Ansäuern mit Sauerteig – heute werden statt dessen oft Teigsäuerungsmittel verwendet – können auch bestimmte Eiweißstoffe des Roggens quellen. Falls ausschließlich mit Sauerteig gearbeitet wird, der dann die gesamte Säuerung übernimmt, braucht man für den (Gesamt-)Teig den bemerkenswert hohen Sauerteig-Anteil von 35 bis 45% (»Vollsauer« oder »Natursauer«).

In allen Fällen entstehen so formbare, zähe Teige, die zur gleichmäßigen Verteilung ihrer Bestandteile, vor allem aber zur notwendigen Belüftung geknetet werden.

Die *Teiglockerung* erfolgt bei fast allen Teigarten durch Kohlendioxid. Dieses Triebgas entsteht in Brot- und Brötchenteigen traditionell nur auf biologische Weise (Ausnahme: Knäckebrot), und zwar meist allein durch Backhefe oder durch Backhefe mit Unterstützung durch die im Sauerteig entstandenen natürlichen Hefen oder durch die letzteren allein. Die große Feuchtigkeit und Wärme bringen Hefezellen und auch Sauerteigbakterien schnell zur Vermehrung; dabei entwickeln die Hefezellen Kohlendioxid sowie Alkohol, die Sauerteigbakterien zuerst und vor allem Milchsäure.

Auch hier unterscheiden sich Weizen- und Roggenmehl: Bei ausschließlich und überwiegend Weizenmehl läßt sich ein Teig allein mit Backhefe lockern; bestehen aber Teige zu etwa 20% und mehr aus Roggenmehl, so benötigen sie zusätzlich Sauerteig. Wird ausschließlich Sauerteig (»Vollsauer«) verwendet, müssen die natürlichen (Sauerteig-) Hefen die Teiglockerung allein übernehmen; mit dieser beim Verarbeiten von 100% Roggenvollkornerzeugnissen heute üblichen sogenannten alternativen Führung läßt sich allerdings nur Brot mit eingeschränkter Lockerung erzielen (Brümmer 1988).

Wegen der großen Bedarfsmengen an Sauerteig muß der Bäcker diesen selbst immer von neuem aus Roggenmehl heranzüchten, während Backhefe nur in geringen Mengen benötigt und gebrauchsfertig bezogen wird. Daher verwendet man aus Zeitersparnis in neuerer Zeit neben oder statt Sauerteig oft Teigsäuerungsmittel; dabei wird jedoch – mangels natürlicher Sauerteighefen – zusätzlich Backhefe erforderlich.

Das fortlaufend sich entwickelnde Kohlendioxid durchsetzt den Teig mit zahlreichen kleinen Gasbläschen und verleiht ihm eine poröse Struktur. Der Teig »geht auf«, wird dabei trocken und elastisch.

Backvorgang

Nach einer Garzeit von 30 bis 35 Minuten werden die Teiglinge geformt und im Backofen bei 200 bis 250 °C gebacken. Roggen- und Roggenmischbrot wird zunächst scharf angebacken und bei allmählich sinkender Temperatur ausgebacken. So bildet sich schnell eine Brotkruste, die die aromatischen Gärungsprodukte in der Krume zurückhält (herzhafter Geschmack). Weizenbrot erfordert während der gesamten – jedoch kürzeren – Backzeit eine gleichbleibende Ofentemperatur.

Im Inneren von Brot kommt die Temperatur wegen des Verdampfens von Wasser kaum über 100 °C hinaus (Menger 1958); das sich ausdehnende Kohlendioxid und der entstehende Wasserdampf erzeugen die Poren. Durch Verkleisterung der Stärke und Gerinnung von Eiweißstoffen bildet sich dann die schnittfähige Krume. Ein günstiger Nebeneffekt des Backens ist das Abtöten der weniger widerstandsfähigen Schimmelsporen.

Brotaroma – Chemisch betrachtet

Die Bildung des Brotaromas erfolgt zweistufig: Die Hefe- bzw. Sauerteigführung liefert das Gäraroma, der Backvorgang das Krustenaroma.

Beim Backen finden die stärksten Veränderungen an der Teigoberfläche statt. Zunächst wird bei 110 bis 140 °C die Stärke zu Dextrinen abgebaut; bis ca. 200 °C bilden sich dann Karamel- und Röststoffe, die sogenannten Melanoidine. Daneben kommt es durch die Abbauprodukte von Stärke und Eiweiß, nämlich einerseits durch die Zuckerarten Maltose und Glucose sowie andererseits die Eiweißbausteine Aminosäuren unter dieser Hitzeeinwirkung zur sogenannten Maillard-Reaktion, bei der sich eine Vielzahl von Geruchs- und Geschmacksstoffen entwickelt (Wassermann 1981).

Roggenbrotkruste enthält gegenüber der von Weißbrot mehr flüchtige Röstaromastoffe (vorrangig Pyrazine, wie 2-Methyl-3-ethylpyrazin und Acetylpyrazin sowie Methional, 3-Methylbutanal u. a., letzteres mit weniger malziger Note, und von 4-Hydroxy-2,5-dimethyl-3 (2H)-furanon mit karamelartiger Note). Allerdings sind Roggenschrotbrote ärmer an Aromastoffen als Brote aus Roggenmehl, wahrscheinlich wegen der geringeren Krustenbildung.

Für das Gäraroma von Weißbrot sind flüchtige Stoffe entscheidend (Acetaldehyd, Dimethyldisulfid, Ethanol u. a.), die aus dem Stoffwechsel der Hefe stammen. Sein Krustenaroma wird von dem 2-Acetyl-1-pyrrolin bestimmt, das als der intensivste Röstaromastoff gilt (Belitz u. Grosch 1992, Schieberle u. Grosch 1994, Schieberle 1995).

Brotformen

Die Form eines Brotes ist insofern auch mit geschmacksbestimmend, als sich aus ihr der Krustenanteil ergibt. Man unterscheidet 3 Hauptformen:

- Freigeschobenes Brot liegt allseitig frei auf der Backfläche und erhält so eine geschlossene Kruste, die die empfindlichere Krume schützt.
- Für angeschobenes Brot werden die Teigstücke eng aneinandergeschoben; die Brote bleiben dann seitlich krumenfarbig und weich. Dies begünstigt allerdings eine nachträgliche Schimmelbildung.
- Kastenbrot wird in Backkästen gebacken, wobei nur Weizenmehl an den Seiten feste, dünne Krusten bilden kann. Wegen der gleichmäßigen Form eignet sich Kastenbrot gut zur Schnittbrot-Herstellung.

Verpackung

Vor allem Schnittbrot, teils auch Brotlaibe, werden in Polyethylen- oder Polypropylenfolien verpackt, wobei eine gewisse Wasserdampfdurchlässigkeit erwünscht ist, da sich keine mit Wasserdampf gesättigte Atmosphäre ausbilden soll. Um den Einfluß des Luftsauerstoffes auszuschalten, verpackt man Schnittbrot neuerdings auch unter Stickstoffbegasung. Schimmelwachstum läßt sich am sichersten durch nachträgliche Hitzesterilisation verhindern. Knäckebrot wird in Spezialpapier wasserdampfdicht verpackt.

3.2.2 Das Warensortiment – Das weltweit sortenreichste

In der Bundesrepublik werden etwa 300 verschiedene Brotsorten hergestellt; somit ist es das vielfältigste Angebot der Welt. Dies ist vor allem dem klassischen Brotgetreide, dem Roggen, zu verdanken, der eine individuelle und einfallsreiche Arbeitsweise (des Bäckers) erfordert und ermöglicht.

Wichtig ist: Für den ernährungsphysiologischen Wert der jeweiligen Brotsorte ist in erster Linie der Ausmahlungsgrad bzw. die Ausbeute des verwendeten Mehles oder Schrotes maßgebend (ein 100prozentiger Ausmahlungsgrad liefert z. B. Vollkornmehl oder -schrot; s. S.158 und 177) und erst in zweiter Linie die Wahl der Getreideart, der Zutaten und die Herstellung (Teigbereitung, Brotform und Backverfahren).

Brotsorten: Vier Hauptgruppen

Brot wird in Deutschland aus Weizen, Roggen und überwiegend aus Mischungen von beiden hergestellt. Der jeweilige Anteil an diesen Getreidearten dient als Einteilungsprinzip, das zu 4 Hauptgruppen führt. In Tabelle **37** sind die Brotsorten nach diesen unterschiedlichen Roggen- und Weizenanteilen eingruppiert. Innerhalb der 4 Hauptgruppen sind als Untergruppen jeweils (in der Senkrechten) zuerst Mehlbrote, dann Brote mit Schrotanteilen, Schrotbrote und Vollkornbrote mit ihren Verkehrsbezeichnungen aufgeführt. Diesen Untergruppen sind Brotsorten mit bekannten geographischen Namen zugeordnet (Deutsche Landwirtschafts-Gesellschaft 1994).

Tabelle **37** Haupt- und Untergruppen von Brot (Ganzbrot, Schnittbrot) mit Verkehrsbezeichnungen

Roggenmahlerzeugnisse mindestens 90%	Roggenmahlerzeugnisse mindestens 50 bis 89%	Weizenmahlerzeugnisse mindestens 50 bis 89%	Weizenmahlerzeugnisse mindestens 90%
Roggen(mehl-)brot, z.B. Berliner (Land-) Brot Böhmerwald-Brot Schlesisches (Land-)Brot	Roggenmisch (mehl-)brot, z.B. Altmärkerbrot Bayrisches Hausbrot Fränkisches (Land-)Brot (Frankenlaib) Heidebrot Hunsrücker Brot Lüneburger Brot Oberländer Brot Odenwälder Brot Paderborner Brot	Weizenmisch-(mehl-)brot, z.B. Eifeler Brot Kasseler Brot Münsterländer (Westfälischer) Bauernstuten Schwarzwälder Brot (Badisches Landbrot)	Weißbrot = Weizen(mehl-)-brot Weißbrot mit Fett, Zucker
Roggen-Toastbrot	Roggenmisch-Toastbrot	Weizenmisch-Toastbrot	Weizen-Toastbrot
Roggen-Toastbrot mit Schrot	Roggenmisch-Toastbrot mit Schrot	Weizenmisch-Toastbrot mit Schrot	Weizen-Toastbrot mit Schrot
Roggenschrotbrot, z.B. Bremer Schwarzbrot Hamburger (Schwarz-)Brot Oldenburger (Schwarz-)Brot Rheinisches (Schrot-) oder (Schwarz-)Brot Westfälischer Pumpernickel	Roggen-Weizen-Schrotbrot	Weizen-Roggen-Schrotbrot	Weizenschrotbrot (z.B. Grahambrot)
Roggenschrot-Toastbrot	Roggen-Weizen-schrot-Toastbrot	Weizen-Roggen-schrot-Toastbrot	Weizenschrot-Toastbrot
Roggen-Vollkornbrot	Roggen-Weizen-Vollkornbrot	Weizen-Roggen-Vollkornbrot	Weizen-Vollkornbrot

Brotsorten mit geographischen Bezeichnungen: Nur wenn ein Brot mit einem geographischen Namen, z. B. als »echt« oder »original Paderborner Brot« gekennzeichnet ist, muß es aus dem angegebenen Herkunftsgebiet stammen. Die Angabe »nach ... Art« oder einfach der geographische Name gilt heute nicht mehr als Herkunftsangabe, sondern als sogenannte Gattungsbezeichnung. So dürfen mehr als 20 solcher Brotsorten nach vorgegebenen Rezepten überall in der Bundesrepublik hergestellt werden.

Weitere Brotsorten

Bauernbrot und Landbrot: Diese werden regional noch unterschiedlich beurteilt. Sie müssen eine kräftige Kruste, einen aromatischen Geschmack aufweisen und können aus Roggen- und Weizenmehl bestehen. Die erforderliche Säure soll zu mindestens zwei Dritteln aus Sauerteig stammen (Brümmer u. Seibel 1984).

Sauerteigbrot: So darf ein Brot genannt werden, dessen benötigte Säuremenge ausschließlich aus Sauerteig stammt.

Spezialbrote: Von Buttermilchbrot bis Zwiebelbrot

Als Spezialbrot dürfen nur Brote bezeichnet werden, die sich von »normalen Broten« in ganz bestimmten Eigenschaften unterscheiden; das muß entweder mengenmäßig nachweisbar oder sensorisch feststellbar und durch zusätzliche Kennzeichnung für den Verbraucher erkennbar sein (Lebensmittelrecht, Leitsätze Brot, Deutsche Landwirtschaftsgesellschaft 1994). In Tabelle **38** sind Beispiele für Spezialbrote oder Brote mit zusätzlichen Bezeichnungen genannt und in der folgenden Aufstellung einige Spezialbrote näher erläutert.

Brot-Lexikon

Bestimmte Brote und Brötchen mit Zutatennamen in der Bezeichnung müssen davon Mindestanteile – jeweils bezogen auf 100 Teile (= T.) Getreideerzeugnisse – enthalten. Von folgenden Zutaten pflanzlichen Ursprungs: Rosinen (Sultaninen) 15 T., Weizenkeime, Speisekleie, Schrot je 10 T., Leinsamen, Nüsse, Sonnenblumenkerne, Sesam je 8 T.

Von folgenden Zutaten tierischen Ursprungs: Butter 5 T., Quark 10 T., Buttermilch, Joghurt und Kefir je 15 T., Milch 50 T.; (auch entsprechende Mengen Trockenerzeugnisse sind üblich.

Dagegen sind Bezeichnungen wie »Mohnbrötchen« oder »Mohnstuten« ausnahmsweise auch dann zulässig, wenn die Bestreuung mit Mohn nur auf der Oberfläche, aber deutlich sichtbar ist. Bei Gewürz-, Kümmel- und Zwiebelbrot müssen diese Zutaten lediglich geschmacklich wahrnehmbar sein.

Baguette, Französisches oder Pariser Brot: In Stangenform gebackenes Weißbrot, für das der hohe, rösche, geschmacksintensive Krustenanteil und die sehr grob geporte lockere Krume typisch sind.

Tabelle **38** Beispiele für Spezialbrote oder Brote mit zusätzlichen Bezeichnungen (Lebensmittelrecht, Leitsätze Brot)

Mit besonders bearbeiteten Getreide- bzw. Mahlerzeugnissen: – Steinmetzbrot – Schlüterbrot mit besonderen Getreidearten bzw. deren (Mahl-)Erzeugnissen (Nicht-Brotgetreide): – Dreikornbrot – Mehrkornbrot mit besonderen Teigführungen: – Simonsbrot – Loosbrot	Mit besonderen Zutaten pflanzlichen Ursprungs: – Rosinenbrot – Weizenkeimbrot – Kleiebrot – Leinsamenbrot – Sonnenblumenkernbrot – Mohnbrot – Sesambrot – Sojabrot – Gewürzbrot – Kümmelbrot – Zwiebelbrot	Nährwertverändertes Brot: – Ballaststoffangereichertes Brot – Eiweißangereichertes Brot – Kohlenhydratvermindertes Brot – Brennwertvermindertes Brot Diätetische Brote: – Kleberfreies Brot – Glutenfreies (gliadinfreies) Brot – Stärkebrot – Diabetiker-Brot – Natriumarmes (kochsalzarmes) Brot
mit besonderen Backverfahren: – Steinofenbrot – Holzofenbrot – Gerster-, Gerstelbrot – Knäckebrot – Pumpernickel (= Dampfkammerbrot) – Knusperbrot	mit besonderen Zutaten tierischen Ursprungs: – Butter(toast-)Brot – Milchbrot – Milcheiweißbrot – Buttermilchbrot – Joghurtbrot – Kefirbrot – Sauermilchbrot – Quarkbrot	Vitaminisierte Brote } mit sauren Milcherzeugnissen (Buttermilchbrot bis Quarkbrot)

Baguette-Brötchen: Auch Minibaguette mit sonst gleichartigen Eigenschaften und mindestens zwei diagonalen Ausbünden, meist aus tiefgefrorenen Teiglingen gebacken.

Diätbrot s. Tab. **39**: Nährwertveränderte Brote und Diätbrote.

Gersterbrot/Gerstelbrot: Es ist meist ein angeschobenes Roggenmischbrot (nicht aus Gerste!), das als Teigling bei feuchter Oberfläche mittels offener Gasflamme (ca. 750 °C) sehr kurzfristig angeröstet (»gegerstert« oder »gegerstelt«), oben eingeschnitten und dann gebacken wird. Das Flämmen erzeugt die charakteristische Sprenkelung, im Krustenbereich zusätzliche Aromastoffe und eine dichtere, eher lederartige Teighaut, die das Austreten von Aromastoffen aus dem backenden Teigstück behindert.

»Graubrot«, »Schwarzbrot«: Hierbei handelt es sich nicht um echte Brotsorten, sondern um Sammelbezeichnungen, die das Aussehen betreffen. Viele Verbraucher verstehen unter Graubrot heute noch Roggen- oder Roggenmischbrot, obwohl dieser Begriff inzwischen mancherorts auch auf Weizenmischbrote ausgedehnt worden ist. Kennzeichnend ist lediglich die Verwendung einer »mittleren Mehltype«, z. B. Roggenmehl Type 1150 oder Weizenmehl Type 1050 (zur Typenzahl s. S. 158). Als Schwarzbrot werden vor allem Roggenvollkorn- und Roggenschrotbrot bezeichnet, die durch längeres Backen eine dunklere Krume bekommen. Da man das leichter und intensiver allein durch Dunkelfärben roggenhaltiger Teige erreicht, werden teilweise auch schon Roggenmehlbrote als »Schwarzbrote« bezeichnet (Lebensmittel-Lexikon 1993).

Knäckebrot: Es wird meist aus Mischungen von überwiegend Roggen-, Weizen-, neuerdings auch Hafervollkorn- u. a. Roggen- und/oder Weizenmehlen sowie mit Hefe, manchmal Sauerteigpulver bereitet. Die sehr wäßrig-weichen Teige lockert man im wesentlichen unter Kühlung durch Einblasen von Kohlendioxid. Dünn ausgewalzt und dabei perforiert, werden die Teige in Durchlauföfen bei ca. 350 °C kurzzeitig gebacken. Dabei lockert der entweichende Wasserdampf das Brot. Das in rechteckige Scheiben gesägte und nachgetrocknete Knäckebrot wird dann wasserdampfdicht verpackt. So ist es langfristig haltbar.

»Knusperbrot« (»leichte Scheibe«): Dieses knäckebrotähnliche Trockenflachbrot gibt es in der Bundesrepublik erst seit ca. 15 Jahren. Weizen-/Roggenmehl oder Weizen-/Roggenfeinschrote werden als trockene Mischung in einer Schneckenpresse (Extruder) unter Erwärmen (ca. 150 °C) und so hohem Druck zusammengepreßt, daß die Masse kocht, verformbar ist und aus einer Schlitzdüse ausgepreßt werden kann. Dabei dehnt sich das Teigband schlagartig aus, der Teig gibt Wasserdampf ab und lockert sich so von selbst. Danach wird das Teigband ähnlich bearbeitet wie Knäckebrot und in infrarotbeheizten Bräunungsöfen nachgetrocknet.

Mehrkornbrote: Diese müssen mindestens aus drei Getreidearten, darunter stets auch aus Roggen oder Weizen bestehen. Will man ein Nicht-Brotgetreide (z. B. Hafer, Hirse) besonders hervorheben (»Haferbrot«), muß davon mindestens ein Fünftel enthalten sein (berechnet auf Brotgetreide (Lebensmittelrecht, Leitsätze Brot).

Nährwertveränderte Brote und *Diätbrote:* Weil diese Spezialbrote von normalen Broten am stärksten abweichen, sind sie auch lebensmittelrechtlich am strengsten geregelt: Die möglichen Veränderungen der Zusammensetzung und/oder des Energiegehalts (Brennwerts) sind sowohl mengenmäßig als auch in bezug auf die Kennzeichnung vorgeschrieben (s. Tabelle **39**); zusätzlich müssen auch alle wichtigen Nähr- bzw. Wirkstoffe sowie der Energiegehalt angegeben sein (Lebensmittelrecht, Diätverordnung, Nährwert-Kennzeichnungsverordnung 1994).

Exkurs: Ätzlauge als Zusatzstoff – Laugengebäck

Schon seit mindestens 8 Jahrhunderten wird das charakteristisch schmeckende Laugengebäck hergestellt, indem Brezelformlinge aus fettarmen Teigen in verdünnte Natronlauge getaucht, gesalzen und dann sehr heiß kurz gebacken werden. Dieses Verfahren ist insofern ungewöhnlich, als Natronlauge auch in der dabei üblichen hohen Verdünnung auf der Haut noch ätzend wirkt. Befürchtungen beim Verzehr von Laugengebäck sind trotzdem unangebracht: Beim Backen reagiert die Natronlauge auf den Teiglingen mit dem (aus dem Teig kommenden) Kohlendioxid und wird umgewandelt zur harmlosen Soda. Soda verleiht dem Gebäck auch den charakteristischen Geschmack (Sturm 1984).

Pumpernickel: Er wird aus grobem Roggenbackschrot oder Roggenvollkornschrot nach Brühen eines Schrotanteiles und kräftiger Sauerteiggärung sowie nach langem Kneten in Dampfkammern bei nur ca. 110 °C mindestens 16 Stunden mehr gekocht als gebacken. Dabei entsteht das dunkle, saftige, schwach klebrige, würzig und süß-säuerlich schmeckende Brot. Zuckerarten oder Färbungsmittel dürfen nicht zugesetzt sein. Pumpernickel muß bis zum Verpacken vor Schimmelsporen sorgsam geschützt werden, wenn er trotz des hohen Wassergehaltes ohne chemische Konservierung relativ lange Mindesthaltbarkeitsfristen erreichen soll. Die langen Backzeiten zerstören allerdings vollständig die hitzeempfindlichen B-Vitamine (Lebensmittel-Lexikon 1993).

Schinkenbrot: Dieser Begriff wird innerhalb der Bundesrepublik unterschiedlich verwendet: Nördlich der Mainlinie erwartet man lediglich ein Roggenvollkorn- oder Roggenschrotbrot mit saftiger Krume und mit herzhaft-aromatischem Geschmack (offenbar geeignet als Unterlage für Schinken); südlich der Mainlinie erwartet man – allerdings nur gebietsweise – in Weizen- oder Weizenmischbroten eingebackene Schinkenbestandteile (Zipfel 1987).

Schlüterbrot: Zuerst wird die vom Roggenmehl abgetrennte Kleie durch Hitze und enzymatisch teilweise abgebaut, dann getrocknet, fein vermahlen und zu etwa 25 % dem Roggenmehl wieder zugesetzt; daraus backt man das freigeschobene Schlüterbrot.

Schwarzbrot s. Graubrot.

Simonsbrot: Ein Vollkornbrot, für das man keimfähige, gewaschene Roggen- oder Weizenkörner in 50 °C warmem Wasser quellen und diese quetschen läßt. Der bevorzugt mit Hefe angesetzte, grobe Teig wird in Dampfkammern bei niedriger Temperatur gebacken.

Steinmetzbrot: Dafür werden Getreidekörner fast ganz von der äußeren Fruchtschale befreit (Naßschälung), nicht aber vom Keim. So entfernt man zwar einen Teil der Ballaststoffe, aber auch daran haftende Schadstoffe. Das schonend getrocknete und beliebig fein vermahlene Korn wird dann gebacken.

Tabelle **39** Nährwertveränderte Brote und Diätbrote

a) Zusätzliche Angaben bei nährwertverändertem oder Diätbrot b) Anforderungen an so bezeichnetes Brot	a) Verzehr zu empfehlen bei b) Hinweise zur Herstellung
a) ballaststoffangereichert b) 10% Speisekleie	a) Stuhlverstopfung und Übergewicht b) Mehl teilweise ersetzt durch Speisekleie oder Treber (gemahlene Gerstenspelzen aus Brauereien)
a) kohlenhydratvermindert b) 30% weniger Kohlenhydrate	a) Zuckerkrankheit b) Mehl teilweise ersetzt durch eiweißreiche Stoffe wie Trockenmilch- oder Sojaerzeugnisse
a) brennwertvermindert b) Energiegehalt (Brennwert) weniger als 840 kJ (200 kcal) pro 100 g)	a) Abmagerungskuren bzw. Übergewicht b) Quellstoffe bzw. Verdickungsmittel ermöglichen Brote mit höherem Wassergehalt bzw. niedrigerem Brennwert
a) natriumvermindert bzw. kochsalzvermindert b) höchstens 250 mg Natrium pro 100 g	a) Salzempfindlichkeit oder Vorbeugen gegen Bluthochdruck b) Gesondert herzustellen: Brot- und Brötchenteige mit ca. 50% der normalen Kochsalzmenge
a) natriumarm bzw. kochsalzarm b) höchstens 120 mg Natrium pro 100 g	a) Nierenerkrankungen und Bluthochdruck b) Kochsalz entsprechend vermindert oder ausgetauscht gegen Kochsalzersatzmittel
a) streng natriumarm bzw. streng kochsalzarm b) höchstens 40 mg Natrium pro 100 g	a) Nierenerkrankungen und Bluthochdruck b) Kochsalz entsprechend vermindert oder ausgetauscht gegen Kochsalzersatzmittel
a) kleberfrei (glutenfrei) b) frei von Eiweiß aus Weizen, Dinkel/Grünkern, Roggen, Hafer und Gerste	a) Zöliakie (Kleinkinder) und Sprue (Erwachsene) mit Unverträglichkeit gegenüber Weizen-, Dinkel-/Grünkern-, Roggen- und Gersteneiweiß; Hafereiweiß noch umstritten b) An Getreideerzeugnissen sind nur solche aus Buchweizen, Hirse, Mais, Reis und (Prima-)Weizenstärke verträglich (Berlitz u. Grosch 1992)

Tabelle **40** Gehalt an Ballaststoffen, Mineralstoffen und Vitaminen in Brot (Angaben pro 100 g) (Becker 1995, Gassmann, pers. Mitt.1988, Meuser u. Mitarb. 1985, Rabe, pers. Mitt.1994, Souci u. Mitarb. 1994, Heseker u. Mitarb. 1993).

	Roggen-Vollkornbrot	Roggen-Schrotbrot	Roggen-brot	Roggen-Mischbrot
Ballaststoffe (g)	8,9	8,0	6,8	4,0–6,0
Mineralstoffe*				
Calcium (mg)	60	50	29	23
Eisen (mg)	3,3	3,0	2,5	2,3
Kalium (mg)	291	270	190	190
Magnesium (mg)	64	55	35	31
Vitamine				
B1 (mg)	0,18	0,18	0,15	0,14
B2 (mg)	0,15	0,15	0,08	0,07
B6 (mg)	0,15	0,14	0,11	0,2
E (mg)	1,2	1,1	1,0	0,11
Folsäure (mg)	0,01	0,02	0,02	1,0
Niacin (mg)	1,6	2,0	1,9	2,0

* Empfohlener Tagesbedarf für Erwachsene (Deutsche Gesellschaft für Ernährung 1991)

Steinofenbrot/Holzofenbrot: Beide dürfen nur in ganz aus Steinen gemauerten Öfen gebacken sein, bei denen der Ofenraum durch offenes Feuer mit Kohle bzw. Holz vor dem Backprozeß beheizt wird. Für Holzofenbrot muß mindestens ab eine Stunde vor Backbeginn und bei weiteren Aufheizphasen ausschließlich chemisch unbehandeltes Holz verwendet werden. Für beide Spezialbrote ist eine stark aromatische Kruste charakteristisch. Diese früher allgemein üblichen Backverfahren ahmt man heute – unzulässigerweise – in modernen Backöfen dadurch nach, daß Brote besonders heiß angebacken und bei sinkender Ofentemperatur ausgebacken werden.

Toastbrot: Meist als Weizen-Toastbrot aus Hefeteig mit kleberreichem Weizenmebl (Type 550), stets mit den mürbemachenden und die Röstbräune fördernden Zutaten Fett (oft Butter), Milch und Zucker (Fettstoffe und Zucker insgesamt maximal 11%), meist als Backmittel mit Zusatzstoffen, vor allem Emulgatoren. Buttertoast enthält mindestens 5 T. Butter, bezogen auf 100 T. Mehl. Außerdem gibt es Roggenmisch-Toastbrot und Vollkorn-Mehrkorn-Toastbrot (z. B. aus Weizen-, Roggen- und Hafervollkornschrot), hergestellt auch mit Sauerteig. Toastbrot wird in speziellen Brotkästen zu einem Kastenbrot mit schwacher Kruste gebacken und meist schon geschnitten sowie verpackt und häufig ohne Konservierungsstoff angeboten.

Vollkornbrot: s. Tab. **37**.

Weizen-vollkornbrot	Weizen-schrotbrot	Weizen-mischbrot	Weißbrot	Tages-bedarf*
6,9	6,3–7,1	3,4–4,9	3,2	30
40	35	29	17	900
2,1	1,9	1,7	1,0	10–15 (Frauen)
270	260	180	150	2000
92	80	45	31	350
				1,3
0,25	0,23	0,14	0,08	1,7
0,15	0,11	0,07	0,06	1,8
0,08	0,24	0,09	0,02	12
0,82	0,4	0,4	0,59	0,3
0,03	0,03	0,02	0,02	18
4,9	3,3	2,2	2,0	

Brotartiges Kleingebäck (Brötchen) Vollkornbrötchen: Neuerdings müssen auch Vollkornbrötchen mindestens 90 % Vollkornmahlerzeugnisse enthalten. Für Weizenvollkornbrötchen ist das mit Weizenvollkornerzeugnissen allein auch durchführbar; dagegen bei Roggenvollkornbrötchen muß der – aus backtechnischen Gründen – auf 50 % beschränkte Anteil Roggenvollkorn- mit 40 % Weizenvollkornerzeugnis ergänzt werden (Seibel 1992).

3.2.3 Die Inhaltsstoffe – Unser tägliches (Vollkorn-)Brot

Getreide ist ein billiger und gut lagerfähiger Rohstoff mit hohem Nährstoffgehalt. Die daraus herstellbaren Lebensmittel wie Brei, Fladen, Brot und dergleichen kann man immer wieder und ohne Überdruß essen und mit jeder Art von anderen Nahrungsmitteln kombinieren.

Ernährungsphysiologisches

In den letzten fünf Jahrzehnten verringerte sich in der Bundesrepublik der Anteil der Kohlenhydrate in der Ernährung von ca. 60 % auf 42 % (Seibel 1976), wovon das weitaus meiste aus Getreide stammte. Ernährungsforscher halten eine Erhöhung des Stärkeanteiles über Brot, von dem Bundesbürger heute nur noch ca. 200 g täglich zu sich nehmen, für wünschenswert: Der im Körper verzögert ablaufende Abbau der Stärke zu Traubenzucker entspricht dem kontinuierlichen Energiebedarf. Bei höherem Brotverzehr würden vermehrt auch andere, ernährungsphysiologisch wichtige Stoffe mit aufgenommen. Die neben Brot und brotartigem Kleingebäck sowie in Form von Getreideflocken, Müsli, Knabberprodukten und ähnlichem verzehrten Getreideerzeugnisse decken derzeitig insgesamt nur folgende Anteile der durchschnittlichen Bedarfsmengen: 22% für Körperenergie, 37% für Stärke, 33% für Ballaststoffe, 30% für Eiweiß, 28% für Eisen, 20% für Magnesium, 12% für Kalium, 19% für Vitamin B_1, 10% für die Vitamine B_2 und Niacin sowie 4% für Fett (Seibel u. Rabe 1987). Eine Faustregel lautet: Den Vitaminbedarf können Weißbrot nur zu etwa 10%, Weizen- und Roggenmischbrot schon zu etwa 20% und Vollkornbrot (auch Vollkorn-Knäckebrot) immerhin zu etwa 30% decken (Seibel 1976).

Exkurs: Vollwert-Ernährung – Vollwert-Brot

Definition

»Vollwert-Ernährung ist eine überwiegend lakto-vegetabile Ernährungsweise, bei der gering verarbeitete Lebensmittel bevorzugt werden. Gesundheitlich wertvolle Lebensmittel werden zu genußvollen Speisen zubereitet. Die hauptsächlich verwendeten Lebensmittel sind Vollkornprodukte, Gemüse und Obst, Kartoffeln, Hülsenfrüchte sowie Milch und Milchprodukte, daneben können auch geringe Mengen an Fleisch, Fisch und Eiern enthalten sein.

Etwa die Hälfte der Nahrungsmenge besteht aus unerhitzter Frischkost. Die Zubereitung erfolgt schonend mit wenig Fett, aus frischen Lebensmitteln. Nahrungsmittel mit Zusatzstoffen werden vermieden.

Zusätzlich zur Gesundheitsverträglichkeit der Ernährung werden auch die Umweltverträglichkeit und die Sozialverträglichkeit des Ernährungssystems berücksichtigt. Das bedeutet unter anderem, möglichst ausschließlich Erzeugnisse aus anerkannt ökologischer Landwirtschaft zu verwenden sowie Erzeugnisse regionaler Herkunft und entsprechend der Jahreszeit zu bevorzugen. Weiterhin werden unverpackte oder umweltschonend verpackte Lebensmittel bevorzugt sowie umweltverträgliche Produkte und Technologien verwendet. Außerdem werden landwirtschaftliche Erzeugnisse bevorzugt, die unter sozialverträglichen Bedingungen erzeugt, verarbeitet und vermarktet werden« (Leitzmann 1993).

Empfehlungen für »Vollwertbrot«:
- Das Getreide sei aus ökologischem Anbau und intensiv gereinigt;
- die Getreideerzeugnisse bestehen ausschließlich aus Vollkornschrot oder Vollkornmehl;

– keine Backhefe, Zusatzstoffe und gehärtete Fette zu verwenden;
– falls nötig, sei Zucker gegen Honig auszutauschen (Seibel 1987).

Wie soll man jedoch »gering verarbeitete« Lebensmittel bevorzugen, wenn wichtige und überwiegend empfohlene, wie Vollkornbrot, Vollkorn-Teigwaren und Käse gerade intensiver Verarbeitung bedürfen und Kartoffeln, Hülsenfrüchte, Milch und Milcherzeugnisse sowie Eier, Fleisch und Fisch überhaupt erst durch Hitzebehandlung verzehrstauglich gemacht werden können? Dazu beachte man auch die bakteriell bedingten Risiken bei unzureichend erhitztem Ei und Fleisch.

Die in Form von Müsli vorwiegend roh verzehrten Getreideerzeugnisse sollen für die in der jüngsten Vergangenheit auffällig angestiegene Patientenzahl von Getreideallergien verantwortlich sein (Thiel 1993).

Der Begriff Vollwert war bis Anfang der 90er Jahre so werbewirksam geworden, daß viele Produkte mit der zusätzlichen Bezeichnung »Vollwert-« auf dem Markt erschienen. Gerade die superlative Auslobung »Vollwert-« vermag so vielversprechend den Eindruck zu erwecken, daß man bei einer Ernährungsweise mit solchen Lebensmitteln alle lebensnotwendigen Nährstoffe und Wirkstoffe bedarfsgerecht aufnehmen könne. Besonders für Käufer von Vollwert-Lebensmitteln, die davon eingenommen sind, sich somit gesund, also auch nicht überschüssig, ernähren zu können, dürfte dieses Vorhaben nur mit gründlicher Kenntnis der Lebensmittelinhaltsstoffe und bei Anwendung dieses Wissens langfristig durchführbar sein.

Der Anspruch, »vollwertig« zu sein, kann im Wortsinne jedoch für kein einziges einzelnes Lebensmittel erhoben werden – sieht man von der Muttermilch für den Säugling ab. So gibt es inzwischen auch richterliche Bestätigungen dafür, daß einzelne »Vollwert«-Lebensmittel lediglich einen Teil innerhalb einer »Vollwert-Kost« bilden (Streit 1993).

Die Behauptung, daß Kohlenhydrate dick machten, trifft für Brot am wenigsten zu; der Dickmacher ist hierbei allenfalls fettreicher Brotbelag.

Salzgehalt: Da Brot aus technologischen und geschmacklichen Gründen Speisesalz (NaCl) enthält, werden mit 200 g Brot zwangsläufig auch ca. 1 g Natrium pro Person und Tag zugeführt; das entspricht 2,5 g Speisesalz.

Vollkornbrot

Der Verbraucher verbindet mit »Vollkornbrot« oft die Vorstellung, daß solches Brot möglichst viele ganze, d.h. unzerkleinerte Getreidekörner enthält; die Bezeichnung bedeutet jedoch, daß im Brot alle Bestandteile des Korns – ggf. ohne die äußerste Fruchtschale – enthalten sein sollen, sei es gemahlen, geschrotet oder auch als ganze Körner. Sowohl backtechnisch als auch ernährungsphysiologisch wäre es jedoch vorteilhafter, die heute meist verwendeten gequollenen ganzen Körner bzw. das grobe Vollkornschrot durch feines Schrot bis hin zum Vollkornmehl zu ersetzen: Je feiner vermahlen Vollkornerzeugnisse sind, desto voluminöser wird das Brot, lockerer und damit besser verdaulich die Krume, und um so vollständiger sind die wertvollen Inhaltsstoffe vom Körper ausnutzbar. Statt dessen stellen sich die Bäcker zunehmend auf die falsche Vorstellung der Verbraucher ein, nur ganzes Getreidekorn bedeute vollen Wert und »dekorieren« darüber hinaus die Oberfläche von Broten mit ganzen Körnern. Diese werden in der direkten Ofenhitze so eingebrannt und verhärtet, daß deren Verdaubarkeit ernstlich anzuzweifeln ist. Die Überlegenheit der Vollkornbrote liegt in ihrem höheren Gehalt an Vitaminen, Mineral- und Ballaststoffen (s. Tabelle **40**). Um die empfohlene Bedarfsmenge von insgesamt 30 bis 40 g Ballaststoffen und davon mindestens 15 bis 20 g aus Getreideerzeugnissen täglich aufzunehmen, müßte man von Brot und Brötchen etwa folgende Portionen verzehren:

200 g Roggenvollkornbrot (3 bis 4 Scheiben) oder
100 g Roggenvollkornbrot ($1^1/_2$ bis 2 Scheiben) und zusätzlich 100 g Roggenbrot (2 Scheiben) und 1 Weizenbrötchen oder
100 g Weizenvollkornbrot (2 Scheiben) und dazu 1 Roggenbrötchen und 9 bis 15 g Knäckebrot (1 Scheibe) und 50 g Mehrkornbrot (1 Scheibe) (Wisker u. Feldheim 1987).

Daß bei höheren Ballaststoffmengen die Lebensmittel (z. B. Brot mit höher ausgemahlenem Mehl) in bezug auf ihre Nähr- und Wirkstoffe vom Körper grundsätzlich weniger ausgenutzt würden, erscheint nach neueren Studien nicht so pauschal zuzutreffen (Wisker u. Feldheim 1985). Eine erhöhte Aufnahme von Getreideballaststoffen in Form von Brot soll unter europäischen Ernährungsbedingungen zu keinem Mineralstoffmangel führen und auch hohe Zufuhren von Obst und Gemüse (über 1 kg pro Tag) z. B. die Ausnutzung von Calcium, Magnesium und Zink nicht beeinträchtigen.

Exkurs: Dunkle Brote und Gesundheitswert

Die Krume von Roggenbrot erscheint dunkler, je höher der Ausmahlungsgrad der verwendeten Mehle bis zu Schroten und je höher damit der Anteil an Kornrandschichten ist. Weil Verbraucher in nord- und westdeutschen Gebieten seit langem daran gewöhnt wurden, daß Roggenschrot- und Roggenvollkornbrote eine besonders braune Krume erhalten, hat sich das Vorurteil festgesetzt, jedes dunkel aussehende Brot sei mit höher ausgemahlenem Roggen bzw. sogar mit Vollkorn hergestellt. Deshalb halten viele Verbraucher dunkle Brote zugleich ernährungsphysiologisch generell für wertvoller (Wisker u. Feldheim

1985). Die Farbe von Brotkrumen ist aber kein zuverlässiger Hinweis auf die beiden Qualitätsmerkmale Ausmahlungsgrad und Roggenanteil, denn sie wird durch folgende Behandlungen erzielt: Sieht man vom Verlängern der Backzeit ab (Extremfall Pumpernickel, S.188), so erfolgt das durch Dunkelfärben – bevorzugt bei Roggenvollkorn- und Roggenschrotbroten – mit tiefdunklen Lebensmittel-Rohstoffen, wie Zuckersirupe, Karamelsirupe und Farbmalz. Obwohl diese bei verpackten Broten in Zutatenlisten aufgeführt werden müssen, dürften Verbraucher sie meist nicht als Bräunungsmittel ansehen, denn Verbraucher können nicht wissen, daß solche (im Einzelhandel nicht gängigen) tiefdunklen Sirupe bewußt zum Dunkelfärben eingesetzt werden. Bei lose verkauften Broten ist ein solches Dunkelfärben weder von außen erkennbar, noch ist es – wegen bisher nicht vorgeschriebener Kennzeichnung – ablesbar. In dieser Hinsicht sind künftig mehr noch die Vollkornbrötchen zu beachten, weil die erst neuerdings auch aus mindestens 90% Vollkornmahlerzeugnissen hergestellt sein müssen (dabei ist Vollkorn*mehl* üblich). Ähnlich schwierig zu beurteilen sind auch die Roggenbrötchen, die in vielen deutschen Regionen bisher mit nur 30–50%igem Roggenanteil gebacken wurden: Bei braunen »Vollkornbrötchen« mit zu wenig Vollkornanteil oder bei braunen »Roggenbrötchen« mit nur 30–50% Roggenanteil kann – ohne Kenntlichmachen des Färbens – bei Verbrauchern leicht der Eindruck erweckt werden, daß es sich hier um »Vollkornbrötchen« bzw. um (reine) »Roggenbrötchen« handele. Um so eher sollten Bäcker auf dieses überflüssige Braunfärben verzichten und die Verbraucher an das natürlicherweise (nur) hellgraue Aussehen der Krume von Roggenvollkornbrot bzw. -brötchen oder Roggenbrötchen gewöhnen.

Backmittel

Die bei der Brot- und Brötchen-Herstellung heute vorwiegend verwendeten Backmittel sind industriell vorgefertigte, sehr unterschiedlich zusammengesetzte Mischungen, die wohl die Herstellung erleichtern, vor allem aber die sensorischen Eigenschaften, den Gebrauchswert und teils die Haltbarkeit von Brot sowie Brötchen verbessern und dazu beitragen, deren gleichbleibenden Qualitätsstand aufrechtzuerhalten. Die Backmittel bestehen vorwiegend aus Lebensmittel-Rohstoffen, und zwar je nach Art der Spezialbrote und -brötchen aus folgenden verschiedenartigen: Getreideerzeugnisse von Mahlprodukten über Spezialstärken bis zu Trockenkleber, Zuckerarten von Saccharose über Stärkezucker bis zu Maltodextrin, Milcherzeugnisse von Vollmilch – über Joghurt – bis zu Milcheiweißpulver und andere Zutaten wie Sojamehl, -eiweiß, Kartoffeltrockenerzeugnisse, Tapiokastärke, Fette oder Öle sowie als Ballaststoffe Getreidekleien und Sojaschalen.

Zusatzstoffe

Die Backmittel enthalten daneben kleine Anteile der besonders wirksamen Zusatzstoffe, von denen viele in die lange Reihe natürlicher Lebensmittelinhaltsstoffe gehören, wie Lecithin, Wein- und Citronensäure, Milchsäure, Ascorbinsäure, Guarkern- und Johannisbrotkernmehl sowie alle zugesetzten Mineralstoffe.

Wesentliche Zusatzstoffe sind die folgenden:

Cystein: Eine natürliche Aminosäure, die im tierischen Eiweiß vorkommt und grundsätzlich aus Keratin, d. h. cysteinreichen Hornsubstanzen oder Haaren durch Säurebehandlung und über verschiedene Verfahrensschritte in Form reiner Kristalle gewinnbar ist; neuerdings wird hierfür jedoch überwiegend künstlich hergestelltes Cystein eingesetzt. Ein außergewöhnlich geringer Cystein-Zusatz zu Weizenmehlteigen entspannt schon das Klebereiweiß und macht den Teig elastischer. Das ist besonders bei sog. kurzen Weizenklebern oder z. B. bei Teigen für Baguettes erwünscht, weil solche Teige dadurch weicher und dehnbarer werden.

Emulgatoren: Mittels verschiedener Vorstufen der Speisefette, nämlich der sogenannten Mono- und Diglyceride sowie mittels des Diacetylweinsäureesters lassen sich die Backzutaten teils emulgieren und dadurch inniger miteinander vermischen; so entstehen Brote und Brötchen mit feinerer Porung, größerem Volumen und Produkte, die länger frisch bleiben.

Weil auch in Backmitteln Zusatzstoffe allgemein kritisch betrachtet werden, sei gerade am Beispiel dieses aus Essig-, Weinsäure und Monoglyceriden natürlicher Fettsäuren – allerdings künstlich – hergestellten Diacetylweinsäureesters (»DAWE«) dessen Einfluß auf eine sehr erwünschte Brötchenqualität etwas näher erläutert: Dieser heute in fast allen Backmitteln für Weizen- und Roggenkleingebäck enthaltene Zusatzstoff macht Teige beim Gären stabiler, sowohl gegenüber den herausdrückenden Gasblasen als auch beim unvermeidlichen Bewegen der Teiglinge, so daß daraus erst die großvolumigen Brötchen in der erwarteten Gleichmäßigkeit gebacken werden können. Dieser Säureester soll auch die Herstellung von Roggen(vollkorn)brötchen verbessern helfen.

Enzyme: Von den sehr verschiedenartig wirkenden Enzymen sind hier vorrangig die sog. *Amylasen* von Bedeutung, die Stärke (= Amylum) in vergärbare Zucker umwandeln können. Diese Zucker dienen den Hefen als Nahrung, wodurch deren Triebleistung in Weizenteigen und damit auch das Brot- oder Brötchenvolumen erhöht werden. Sog. *Proteinasen*, die Proteine, also Eiweißstoffe abbauen können, setzt man Teigen aus kleberstarken Weizenmehlen zu: Die damit weicher und elastischer werdenden Kleber verbessern auch die Verarbeitbarkeit solcher Teige (s. technologische Enzyme: S. 70).

Gelier- und *Verdickungsmittel:* Diese sind mit ihrem starken Wasseraufnahmevermögen vor allem in nährwert- und brennwertverminderten (wasserreichen) Spezialbroten von Bedeutung, verhelfen aber auch normalem Brotteig zu höherer Wasseraufnahme und damit der Krume zu gewünschter Feuchtigkeit.

Konservierungsstoffe: Wegen erhöhter Schimmelanfälligkeit dürfen verpacktes Schnittbrot, Weichbrötchen und vorgebackene Backwaren sowie brennwertvermindertes Ganzbrot (erhöhter Wassergehalt) in begrenztem Anteil Sorbinsäure enthalten. Lange Zeit wurde hierfür auch Propionsäure verwendet. Obwohl dies eine natürlich vorkommende Fettsäure ist, hat man sie ab 1988 in der Bundesrepublik Deutschland nicht weiter zugelassen, denn sie war nach Tierversuchen als gesundheitlich bedenklich eingestuft (Bundesgesundheitsamt 1987). Weil diese Bedenken von anderen EG-Mitgliedern nicht geteilt werden, ist Propionsäure mit ihren Salzen als Konservierungsstoff für genannte Backwaren europaweit zugelassen, was künftig für Deutschland auch wieder gelten wird (Amtsblatt der Europäischen Gemeinschaften 1994). Konservierungsstoffe müssen auch bei unverpacktem Brot gesondert gekennzeichnet sein.

Säuerungsmittel: Hier handelt es sich meist um Mischungen der verschiedenen Genußsäuren, z. B. um Milchsäure, Essigsäure, Citronensäure, aber teils auch um Phosphate, mit denen das Quellvermögen bzw. die Backfähigkeit von Roggen- und Mischbrotteigen verbessert und die Haltbarkeit von Brot verlängert wird. Zugesetzte Essigsäure verhindert das »Fadenziehen«, ein durch Sporen verursachter, früher öfter beobachteter Verderb vorwiegend bei Weizenmischbroten.

Säureregulatoren: Dieser sog. Klassenname für Zusatzstoffe, die den Säurungsgrad regeln, steht auch in Zutatenlisten von Laugengebäck für die – nur hierfür zugelassene – max. 4 %ige Natronlauge (E 524).

Farbstoffe sind für Brot und Brötchen nicht mehr zulässig; (früher war auch hier Zuckercouleur erlaubt). Allerdings werden zum Dunkelfärben von Roggenteigen für Roggenvollkornbrote und -brötchen dunkelbraune Zuckersirupe oder Farbmalz verwendet (siehe Exkurs: Dunkle Brote und Gesundheitswert).

Zur Information der Bäcker werden von den deutschen Backmittel-Herstellern inzwischen alle Backmittelzutaten auf die (Groß-)Packungen freiwillig aufgedruckt; so können auch Verbraucher bei ihrem Bäcker danach fragen.

Schadstoffe

Natürliche Schadstoffe: Schimmelgifte (Mykotoxine)

Bei feucht-warmer Lagerung kann sich in Brot gelegentlich Gelbschimmel entwickeln, der das krebserregende Schimmelgift Aflatoxin ausscheidet. Da es wasserlöslich und farblos ist, kann es unbemerkt auch in benachbarte schimmelfreie Brotbereiche vordringen.

Insektizide

Im Vergleich zu den verhältnismäßig wenigen Getreideproben, die überhaupt Rückstände an den leicht zerfallenden Organophosphorverbindungen aufwiesen, traten diese Stoffe während der achtziger Jahre in Broten häufiger auf, allerdings nur in Bruchteilen der jeweiligen Grenzwerte. Diese scheinbar widersprüchlichen Befunde lassen sich dadurch erklären, daß dabei Getreide nachträglich, d.h. während der Lagerung, mit Organophosphor-Insektiziden behandelt worden sein muß.

Radioaktivität

Der durchschnittliche Radioaktivitätsgehalt des Cäsiums hatte in den verschiedenen Brotsorten ausnahmslos niedriger gelegen, als das aufgrund des Gehalts im Getreide der Ernte 1986 abschätzbar war (Ocker u. Brüggemann 1988).

So hatten Roggen-Vollkornbrot bzw. Roggenmischbrot im Durchschnitt die höchsten Gehalte und Weizenmehlbrot bzw. Weizentoastbrot die niedrigsten (Ocker u. Brüggemann 1988a). Vergleicht man selbst die höheren Werte von Roggen-Vollkornbrot mit der aber wesentlich höheren Radioaktivität des natürlicherweise schon immer vorhandenen Kalium-40, so wird auch dem vorsichtigen Verbraucher einleuchten, daß er künftig dennoch nicht auf die ernährungsphysiologischen Vorteile von Vollkornbrot zu verzichten braucht. Ob und inwieweit diese 1986 immerhin zusätzlich aufgenommene höhere Strahlung des radioaktiven Cäsiums schon gesundheitliche (Spät-)Schäden auszulösen vermochte, kann die Wissenschaft heute noch nicht abschätzen.

Exkurs: Ist alternativ hergestelltes Brot besser als konventionelles?

Gibt es zwischen alternativ und konventionell hergestelltem Brot (meßbare) Unterschiede? Aufschluß über diese Frage sollten vergleichende Untersuchungen in bezug auf die Inhaltsstoffe von Getreide, die Schadstoffbelastungen von Brot und die Verarbeitungsweisen geben:

Die Inhaltsstoffe von konventionell und alternativ angebautem Getreide zeigen keine eindeutigen Unterschiede. Vollkornbrote sind normalerweise am augenfälligsten folgendermaßen unterscheidbar: Konventionell arbeitende Bäcker brauchen für »Vollkornbrote« nur 90% Vollkornschrot oder -mehl, während alternative Bäcker jeweils 100% Vollkornschrot oder -mehl dafür einsetzen. Doch inzwischen verwenden (sonst) konventionell arbeitende Bäcker auch 100% Roggen- und/oder Weizenvollkorn.

Untersuchungen an Broten auf Rückstände von Pflanzenbehandlungsmitteln hatten am Beispiel des (am leichtesten nachweisbaren) langlebigen Lindan ergeben, daß Brote aus Getreide unterschiedlicher Anbauweisen ungefähr gleich gering belastet waren (zu Lindan siehe Kapitel 3.1.3 »Getreide und Getreideerzeugnisse«). Am Beispiel der leicht abbaubaren Organophosphorsäureester waren in beiden Brotsorten einesteils wechselweise unterschiedliche, andererseits wieder gleiche Rückstandsgehalte ermittelt worden, die aber alle unterhalb der Grenzwerte gelegen hatten, so daß man auch hierbei keine eindeutigen Unterschiede herausstellen konnte (Ocker 1992).

Entsprechende Gegenüberstellungen von Cadmiumgehalten können nur dann eine Unterscheidungsmöglichkeit bieten, wenn alternativer bzw. ökologischer Getreideanbau auf ausgesucht cadmiumarmen Ackerflächen betrieben wird. Sicherheitshalber bevorzugen bestimmte Verbraucherkreise Erzeugnisse aus ökologischem Landbau und vertrauen darauf, daß diese mit keinen üblichen Düngemitteln erzeugt worden sind und zumindest weniger Rückstände aufweisen als mit konventionellem Getreide hergestellte Brote (siehe Exkurs: »Definition Vollwert-Ernährung – Vollwert-Brot«).

Alternative Verarbeitungsweisen:

Für die Behauptung, das Vermahlen in Steinmühlen und eine »mühlenwarme« Verarbeitung sowie Teigkneten per Hand führten zu besseren sensorischen und ernährungsphysiologischen Eigenschaften, sind wissenschaftliche Belege bisher nicht (Seibel u. Zwingelberg 1984) und auch in letzter Zeit nicht bekannt geworden.

Schwermetalle

Getreide und das daraus hergestellte Brot gehören zu den Lebensmitteln, die nur gering mit Schadstoffen belastet sind. Tabelle **41** zeigt, daß Roggenbrot stärker mit Blei und Weizenbrot stärker mit Cadmium belastet sein können. Wenn man diese Werte mit den von der WHO vorgeschlagenen (vorläufig) duldbaren Aufnahmemengen vergleicht, trägt der Verzehr von Brotgetreide und Brot bei Blei nur mit 1 bis 2%, bei Cadmium mit 4% bis maximal 10% zur duldbaren Aufnahmemenge bei (Ocker u. Brüggemann 1988b).

Tabelle **41** Gehalt von Blei und Cadmium in inländischen Brotsorten (Ocker u. Brüggemann 1988a)

Brotsorte	Blei (in mg pro kg)		Cadmium (in mg pro kg)		Anzahl der Proben
	Durchschnitt	Schwankungsbereich	Durchschnitt	Schwankungsbereich	
Weizenvollkornbrot	0,026	n.n.–0,13	0,026	0,013–0,05	67
Weizen(mehl)brot	0,022	n.n.–0,09	0,025	0,010–0,07	80
Weizenmischbrot	0,029	n.n.–0,13	0,018	0,007–0,05	81
Roggenmischbrot	0,027	n.n.–0,17	0,014	0,005–0,029	70
Roggenvollkornbrot	0,035	n.n.–0,12	0,012	0,004–0,065	72

n. n. = nicht nachweisbar

3.2.4 Wissenswertes für die Praxis

Aufbewahrung

Während man Weißbrot – ausgenommen Toastbrot – »frisch« bzw. am Tage des Backens verzehren sollte, sind roggenhaltige Brote nach eintägiger Lagerung besser bekömmlich. Das heute bevorzugte Weizenmischbrot wird schneller altbacken als Roggenbrot (Abb. **3**). Die grundsätzliche Schwierigkeit bei der Aufbewahrung besteht darin, daß Brot um so mehr zur Schimmelbildung neigt, je mehr man es am Austrocknen hindert. Brot sollte nach der Grundregel »kühl (+12 bis +18 °C), trocken, luftig« gelagert werden, z. B. in belüftbarem Brotbehälter oder Tontopf. Brot nicht im Kühlschrank aufbewahren, denn Altbackenwerden tritt am schnellsten in Gefrierpunktsnähe ein. Bei Tiefgefrieren dagegen kann man Brot mehrere Wochen lagern.

Altbackenwerden, Verzehrsfrische, Mindesthaltbarkeit

»Altbacken« ist nicht gleich alt, sondern bezeichnet eine Einbuße an Elastizität, Saftigkeit und Geschmacksqualität, die schon nach kurzer Lagerung feststellbar ist und im wesentlichen durch Veränderungen der Stärke, weniger durch Austrocknen verursacht wird. Wegen des höheren Stärkeanteiles wird helles Weizenbrot am ehesten altbacken, dagegen ein mit Sauerteig hergestelltes Roggenbrot deutlich später. Die Frist vom Backen – am ersten Tag »ofenfrisch« – bis zum Beginn des Altbackenwerdens, »Verzehrsfrische« genannt, wird auch beeinflußt von der Art des Brotgetreides, vom Ausmahlungsgrad, von der Teiglockerung, von Zusätzen z. B. an Fett (Toastbrot), auch von den Brotgrößen und -formen, von den Bedingungen beim Backen und Lagern sowie gegebenenfalls vom Verpackungsmaterial (s. Abbildung **3**). Wegen der unterschiedlichen Fristen der Verzehrsfrische müssen Bäcker auf verpacktem Brot Mindesthaltbarkeitsdaten angeben.

»Frische Brötchen« mit ihrer unvermeidlich kurzen Verzehrsfrische von nur wenigen Stunden dürfen auch – wie neuerdings oft üblich – aus tiefgefrorenen Teiglingen oder sog. teilgebackenen Brötchen gebacken bzw. fertiggebacken sein. Allerdings eignen sich letztere nicht zum nochmaligen Einfrieren und Aufbacken im Haushalt, weil dann die Kruste absplittert. Demgegenüber können gewerblich wieder aufgebackene selbstverständlich nicht als »frische Brötchen« gelten (Seibel 1995).

Schnittbrot: Haltbarkeit

Da reine Roggenbrote, vor allem Schrot- und Vollkornbrote, länger haltbar sind, eignen sie sich zur Schnittbrotherstellung am besten. Auch Toastbrot wird in der Regel geschnitten verkauft, wobei die verwendeten Fette und Zucker die Frischhaltung erheblich verbessern. Schnittbrot ist aufgrund seiner großen Oberfläche besonders schimmelanfällig, deshalb darf man es mit Sorbinsäure konservieren; verpacktes Schnittbrot wird

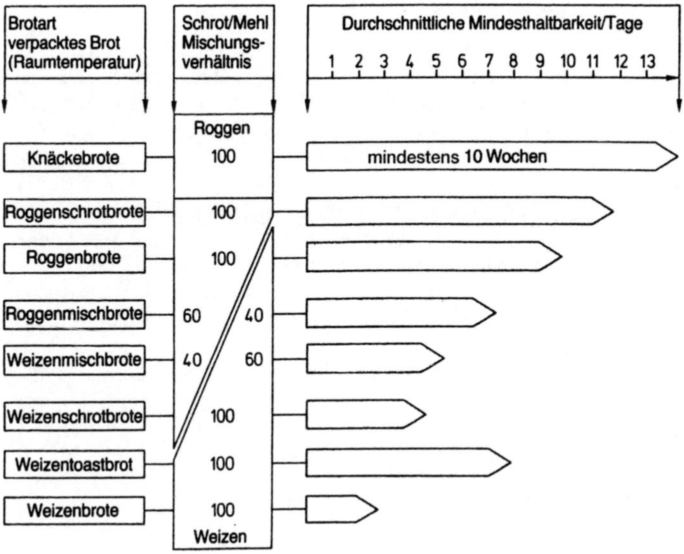

Abb. **3** Mindesthaltbarkeiten bei Broten

heute überwiegend mit Hitze keimarm gemacht. Bei den meist »ohne Konservierungsstoff« angebotenen Schnittbroten beachte man vor allem das Mindesthaltbarkeitsdatum. Hitzebehandelte Produkte beginnen bei offener Packung schneller zu schimmeln als konservierte.

Brot und Schimmel

Beim Backen können hitzestabile Schimmelsporen in der Krume überleben, oder nach dem Backen, z. B. schon beim Abkühlenlassen, können solche – mit bloßem Auge unsichtbaren – Sporen auf die Brotoberfläche gelangen und so auch in verpacktem Brot zu Schimmelbildung führen. Weniger schimmelanfällig sind Brote mit Sauerteig (natürlicher Schimmelschutz durch die Säure) sowie die stärker ausgebackenen freigeschobenen Brote, insbesondere mit geschlossener, rißfreier Kruste. Obwohl Brotverpackungen meist geringfügig wasserdampfdurchlässig sind, kann sich an der Folieninnenseite Kondenswasser niederschlagen und dadurch leicht Schimmelwachstum entstehen. Falls verpacktes, normal gelagertes Schnittbrot beim Öffnen bis zum aufgedruckten Mindesthaltbarkeitsdatum sichtbaren Schimmel zeigt, muß der Händler die Packung ersetzen. Bei nachträglicher Schimmelbildung sollte das gesamte Brot eingepackt weggeworfen werden, denn in seltenen Fällen kann auch Brotschimmel Giftstoffe ausscheiden (s. auch S. 197).

Wissenswertes in Kürze

Eine braune Krumenfarbe bei Roggenbrot rührt von braunem Sirup her.

Für »Vollkornanfänger« ist Vollkorn-Knäckebrot, insbesondere zum ersten Frühstück, am angenehmsten und am besten bekömmlich. Auch sind dafür neuartige fettarme Vollkorn-Knabbererzeugnisse empfohlen.

Vollkornbrote aus feingemahlenem Vollkorn(mehl) sind leichter verdaulich.

Bei Gewichtsproblemen sind zum »Zwischendurch-Verzehr« jeweils unbelegtes Knäckebrot, Pumpernickel, geröstetes Toastbrot oder Laugengebäck gut geeignet (nur letztere zwei haben kleine Fettzusätze).

Angeschnittenes Brot und Schnittbrot in ursprünglicher Verpackung aufbewahren. Belegte Brote kann man, dicht verpackt, über Nacht im Kühlschrank aufbewahren.

Bei Schimmelbildung ggf. reklamieren, sonst gesamtes Brot wegwerfen.

3.3 Gebäck

Gebäck, in der Fachsprache »feine Backwaren« genannt, unterscheidet sich von Brot im wesentlichen dadurch, daß es mehr als 10% Fett und/oder Zucker enthält. In der Bundesrepublik kennt man etwa 175 Gebäcksorten mit festgelegten Grundanforderungen; insgesamt soll es über 1500 Rezepturvarianten geben.

Beim Verzehr von Gebäck überwiegt der Genußwert. Ernährungsphysiologische Vorbehalte – insbesondere im Vergleich zu Brot – würden gemindert, wenn der Verbraucher die bei Gebäck üblichen Zuckeranteile, vor allem aber die »versteckten Fette« beachten würde (s. Tabelle **43**); im Ernährungsplan entsprechend eingeordnet, könnte man so sein bevorzugtes Gebäck »ohne Reue« genießen.

Alternativ arbeitende Bäcker verzichten auf alle Backmittel und gängigen Teiglockerungsmittel; dadurch können sie mehrere Gebäckgruppen nicht oder nur in unbefriedigender Qualität herstellen. Ob in Zukunft die konventionell arbeitenden Bäcker auch für Gebäcke verstärkt Vollkornmehle verwenden werden, hängt mit von der Nachfrage ab.

3.3.1 Die Herstellung – »Man nehme ...«

Rohstoffe

Gebäck wird vorwiegend aus niedrig ausgemahlenem (hellem) Weizenmehl hergestellt (Type 405 und 550). Dieses muß zumeist kleberschwach sein oder mit Weizenstärke ergänzt werden. Für gängige

Gebäcke verarbeiten Bäckereien heute meist »Fertigmehle«, das sind industriell gefertigte Vormischungen aus speziellen Mehlen mit allen trockenen Backzutaten. Zum Süßen und für die Gebäckstruktur wird hauptsächlich Haushaltszucker verwendet, daneben oft Glukosesirup; für weiche Gebäcke eignen sich vorrangig Invertzucker, je nach Geschmacksrichtung auch Honig und zur längerfristigen Feuchthaltung daneben der (teuerere) Sorbitsirup, der in Diätgebäck für Diabetiker auch als Zuckeraustauschstoff dient. Backfette sind bei Raumtemperatur feste Fette. Allgemein üblich sind deshalb überwiegend gehärtete wasserfreie pflanzliche, auch gehärtete Fette aus Seetieröl sowie vorgefertigte Fettgemische. Alternativ arbeitende Bäcker verwenden dagegen ungehärtete und kaltgepreßte Öle. Von Bedeutung sind noch Butter, »Ziehmargarine« für Blätter- und Plunderteig sowie besonders hitzestabile Siedefette für Fettgebackenes (z. B. Krapfen); für Füllungen wird Kokosfett bevorzugt.

Eier sind wertbestimmende und stets krumenverbessernde Zutaten, Wasser oder Milch meist unentbehrlich; die Geschmacksvielfalt schließlich entsteht durch Hunderte von möglichen Zutaten, angefangen bei Früchten bis hin zu alkoholischen Getränken.

Die meisten Zusatzstoffe werden in Form von Fertigmehlen oder Backmitteln zugegeben (s. S. 214). Auf Backhefe oder chemische Triebmittel kann nur bei wenigen besonderen Gebäckgruppen verzichtet werden.

Teige und Massen

Die Rohstoffe werden zu weichen oder festen Teigen geknetet oder zu cremig-schaumigen Gemischen, sogenannten Massen, verrührt oder aufgeschlagen.

Teige sind dadurch charakterisiert, daß sie mit Hilfe von Mehleiweiß Wasser aufnehmen und quellen können. Je weniger Zucker und Fett vorhanden sind, um so größer ist der Wasserbedarf und die notwendige Knetintensität. Mit steigenden Anteilen von Zucker und Fett ändert sich die Teigbeschaffenheit von »zäh« in »plastisch-weich«. Man unterscheidet hier zwischen Hefeteigen und Teigen ohne Hefe.

Massen dagegen sind aufgeschlagene oder schaumig gerührte Zubereitungen mit wenig Mehl oder Stärke, die ihre Bindung durch eine Emulsion aus Eiern, Fett und Zucker erhalten. Massen werden nach der Art ihrer Herstellung in Massen mit und Massen ohne Aufschlag unterteilt.

Backvorgang

Die Backvorgänge sind unterschiedlich, sowohl was die Ofentemperatur als auch die Backzeit betrifft; diese hängen ab von den Rezepturen sowie von Größe und Form der Teiglinge. Nach dem Backen läßt man die Ware möglichst schnell abkühlen und überzieht oft noch mit Zuckerglasur, Schokolade oder kakaohaltiger Fettglasur.

Tabelle **42** Vereinfachte Übersicht der Teige bzw. Massen und Gebäcksorten

Gebäck aus Teig mit Hefe	Gebäck aus Teig ohne Hefe	Gebäck aus Massen mit Aufschlag	Gebäck aus Massen ohne Aufschlag
Leichter (zutatenarmer) Hefeteig: – Früchtebrot – Krapfen (Berliner Pfannkuchen) – Stuten (z.B. Butter-, Quark-, Rosinenstuten) Schwerer (zutatenreicher) Hefeteig: – Kuchen (z.B. Bienenstich, Butter-, Butterstreusel-, Käse-, Mohn-, Obstkuchen) – Stollen (z.B. Butter-, Dresdner, Mandel-, Mohnstollen) Sonstige Hefeteige: – Kräcker – Plundergebäck (z.B. Kopenhagener) – Zwieback	Blätterteig: – Pastetenhülsen – Schweinsohren Brauner Lebkuchenteig: – Dominosteine – Frühstücks(leb)kuchen – Honig(leb)kuchen – Printen – Spitzkuchen Hartkeksteig: – Butterkeks – Eierkeks – Vollkornbutterkeks Mürbeteig: – Keks (z.B. Sandgebäck, Spekulatius, Spritzgebäck, Teegebäck, Vollkornkeks) – Kuchenboden (Obst-, Käsekuchen) – Tortenboden (Obsttorte)	Baumkuchenmasse: – Baumkuchen Biskuitmasse: – Anisplätzchen – Löffelbiskuit – Eibiskuit – Mohrenköpfe – Tortenboden Eiweißmasse und Schaummasse: – Baiser – Russisch Brot Rührmasse: – Früchtekuchen – Marmorkuchen – Nußkuchen – Rosinenkuchen – Zitronenkuchen Sandmasse: – Englischer Kuchen – Königskuchen – Marmorkuchen – Nußkuchen – Rosinenkuchen – Sandkuchen – Teegebäck – Tortenboden Wiener Masse: – Torteletts – Tortenboden	Brandmasse: – Backerbsen – Eclairs – Spritzkuchen – Windbeutel Massen mit Ölsamen: – Florentiner – Makronen (z.B. Kokos-, Mandel-, Nuß-, Persipanmakronen) – Oblatenlebkuchen Waffelmasse: – Backoblaten – Cremewaffeln – Karlsbader Oblaten – Schaumwaffeln – Waffelblätter – Waffelrollen

Verpackung

Das Verpackungsmaterial schützt wasserarme Backwaren vor Aufnahme von Feuchtigkeit, um sie knusprig zu erhalten, andererseits schützt es weich-saftige Backwaren (z. B. Kuchen) vor dem Austrocknen; gleichzeitig verhindert es einen Befall mit Schimmelsporen, tierischen Schädlingen oder anderen Verunreinigungen. Aromadichte Verpackungen (z. B. Metallfolien oder Metalldosen) erhalten das Eigenaroma und schützen vor dem Eindringen fremder Gerüche. Lichtgeschützte Verpackungen können das Ranzigwerden des Backfetts nicht ganz verhindern, auf jeden Fall verzögern.

3.3.2 Das Warensortiment – Die Qual der Wahl

Die Vielfalt der Gebäckarten wird überschaubar, wenn man sie nach ihren unterschiedlichen Teigarten und Massen aufgliedert (Tabelle **42**).

Von den etwa 175 einzelnen Gebäcksorten, deren Teige bzw. Massen gewisse Grundanforderungen erfüllen müssen, können hier nur die bekanntesten kurz beschrieben werden. Zutaten, die im Namen erwähnt (»Butter ...«, »Eier ...« usw.) oder durch Qualitätsbezeichnungen angedeutet werden (»Biskuit«), müssen in Mindestmengen enthalten sein (Lebensmittelrecht, Bd. III, Deutsche Landwirtschafts-Gesellschaft 1994). Sie sind für alle Teige und Massen in Gewichtsteilen (= T.) angegeben und für alle Teige mit oder ohne Hefe sowie für einige Arten von Massen auf 100 T. Mehl und/oder Stärke berechnet, für einige andere Arten von Massen jedoch auf 100 T. der Masse.

Hefeteiggebäck

Nach steigenden Fettanteilen unterscheidet man einfache oder leichte Hefeteige (ca. 10 T. Fett oder Zucker), mittelschwere (bis zu 30 T. Fett) und schwere Hefeteige (30 bis 40 T. Fett). Die Lockerung mit Hefe wird um so schwieriger, je mehr Fett und andere Zutaten der Teig aufnehmen muß.

Gebäck aus leichtem Hefeteig

Leichte Hefeteige müssen je nach Gebäckart z. B. folgende Zutaten enthalten: Für Butterstuten 10 T. Butter, für Quarkstuten 10 T. Quark, für Rosinenstuten 30 T. Rosinen und für Früchtebrot 100 T. Trockenfrüchte.

Fettgebackenes, wie Krapfen bzw. »Berliner«, bereitet man mit kleberstarkem Mehl, aus leichtem bis mittelschwerem, eihaltigem Hefeteig; Spritzgebäck stellt man aus Brandmasse her (s. S. 210); dann werden die geformten bzw. gespritzten Teile in siedendem Speisefett erhitzt (ca. 175 °C). Selbst unter günstigen Rezeptur- und Backbedingungen dringt dabei in Krapfen oft so viel Siedefett ein, daß sich deren ursprünglicher Fettgehalt etwa verdoppelt (s. Tabelle **43**). Das Füllen mit Konfitüre oder Mus erfolgt vor oder nach dem Backen.

Tabelle **43** Fett- und Wassergehalt bekannter Gebäcksorten (aufgelistet nach abnehmendem Fetthöchstgehalt)

Gebäcksorten	Fett (in %)	Wasser (in %)	Brenn-/Energiewert pro 100 g (in kcal)
Blätterteig-Pastetenhülsen	37–46	4–6	561–614
Dänisches Plundergebäck	29–39	19–22	457–519
Frankfurter Kranz	29–33	12–16	441–517
Spritzgebäck (Mürbegebäck)	29–31	3–5	525–543
Schweinsohren	24–30	5–6	496–530
Sandkuchen	23–30	15–22	427–490
Plundergebäck	14–17	23–30	350–393
Teegebäck (Mürbegebäck)	24–29	2–4	504–537
Mandelstollen	21–28	18–19	429–468
Croissants	19–25	25–27	387–425
Spekulatius (Gewürz- und Mandelspekulatius)	16–25	4–5	450–509
Berliner (Pfannkuchen)	14–25	21–26	366–441
Makronen	16–24	17–23	388–452
Feinste Oblaten-Lebkuchen	18–20	10–12	442–460
Butterstollen	15–20	18–20	395–428
Früchtekuchen, Königskuchen	12–19	15–17	392–435
Dresdner Stollen	14–18	18–21	386–418
Wiener Böden	5–18	16–19	349–426
Butterkuchen	14–17	22–25	370–397
Schwarzwälder Kirschtorte	11–17	43–54	239–313
Vollkornbutterkeks (Hartkeks)	14–15	3–4	454–463
Butterkeks (Hartkeks)	8–13	2–3	428–457
Butterstuten	7–10	28–30	315–338
Löffelbiskuit	4–7	3–4	404–423
Honigkuchen, dick	1–5	6–8	373–401
Braune Lebkuchen	1–3	3–4	389–403
Printen (einfach)	1	3–4	389–393

Pizzaböden werden aus Hefeteigen mit Fettzugaben – ob industriell nach dem Preßverfahren, ob handwerklich mittels Ausrollen – entweder als vorgeteilte Teigballen oder in dicke Schichten ausgeformte Teige jeweils erst zum Vorgären gesetzt, danach entweder in Backformen gepreßt oder kunstfertig auf gewünschte dünne Teigstärken ausgerollt und ausgestochen; diese läßt man zum längeren Hauptgären ruhen. Dann werden die Böden gebacken – meist schon samt Belag (Tomaten, geriebener Käse, Salami oder Schinken o. ä.) – und mit Gewürzen bestreut.

Gebäck aus schwerem bzw. zutatenreichem Hefeteig

Schwere Hefeteige müssen für nachfolgende Kuchen mit Auflage oder Füllung unterschiedliche Zutaten haben: Für Butter- und Butterstreuselkuchen je 30 T. Butter, für Bienenstich 20 T. Belag mit 30% Ölsamen (Erdnüsse müssen gekennzeichnet sein), für Mandelbienenstich 20 T. Belag mit 30% ausschließlich Mandeln; für Käsekuchen 150 T. Käsemasse mit 30% Speisequark (Frischkäse), für Mohnkuchen 60 T. Mohnmasse mit 20% Mohn.

Schwere Hefeteige, z.B. für Stollen, muß man wegen des hohen Fettanteils aus einem Vorteig ohne Fett entwickeln, d.h., diesen wiederholt vergrößern und »gehen lassen«. So werden Teige hergestellt für Butterstollen mit 40 T. Butter und 70 T. Trockenfrüchten, für Dresdner Stollen mit 32,4 T. Fett, wasserfrei, davon mind. 50% Milchfett (als Butter, Butterreinfett, Butterfett oder fraktioniertes Butterfett), 70 T. Trockenfrüchten und 10 T. Mandeln und/oder entsprechende Menge Marzipanrohmasse; für Mandelstollen mit 20 T. Mandeln, für Mohnstollen mit 20% Mohn.

Für Plundergebäck schließlich sind mind. 30 T. Butter oder Margarine erforderlich. Dieser ungewöhnliche Teig verlangt großen Arbeitsaufwand. Ein flachgewalzter, mit Ziehmargarine dick belegter Hefeteig wird übereinandergeklappt und durch 3fach wiederholtes Zusammenfalten und Ausrollen zigfach geschichtet. Beim Backen halten die Fettschichten das freiwerdende Kohlensäuregas sowie den Wasserdampf zurück, so daß diese bei der Wärmeausdehnung durch Druck die Teiglagen lockern; dadurch entsteht die blättrige Struktur z.B. der beliebten »Kopenhagener«. Mit wesentlich mehr Ziehmargarine macht man so »Dänische Plunder«, aus denen die auch hier eingeführten dünnblättrigen Croissants entstehen, oft gefüllt mit Hackfleisch, Schinken oder Käse.

Der für Kräcker aus kleberstarkem Mehl bereitete nicht-süße, fetthaltige Hefeteig gibt durch Falten dünner Teiglagen dem Gebäck eine schwach blättrige Struktur; auch aus Teigen ohne Hefe (mit chemischen Backtriebmitteln) werden Kräcker hergestellt (siehe Kapitel 3.4 »Knabbererzeugnisse«).

Zwieback bedeutet zweimal gebacken: Zunächst werden Teigstränge im Stück gebacken, danach die aus dem sogenannten Einback geschnittenen Scheiben beiderseits knusprig geröstet. Für Nährzwieback sind als Teigflüssigkeit ausschließlich Vollmilch sowie je 10 T. Butter und Vollei (mindestens 3,5 T. Eigelb) erforderlich.

Gebäck aus Teig ohne Hefe

Blätterteig

Für Blätterteiggebäck wird ein einfacher Grundteig ohne Triebmittel dünn ausgewalzt, auf den nicht weniger als 68,3 T. Butter oder Margarine aufgeschichtet und sehr aufwendig, wie bei der Bereitung des Plunderteiges eingearbeitet werden. Die beim Backen prinzipiell gleichartig entstehende blättrige Struktur verdankt man hier allerdings ausschließlich dem Wasserdampf. Die bekanntesten Blätterteiggebäcke sind Schweinsohren und die nicht-süßen Pastetenhülsen.

Brauner Lebkuchenteig

Für braune Lebkuchen oder Pfefferkuchen werden aus dunklerem Weizenmehl (Type 1050), teils auch aus Roggenmehl, meist mit karamelisiertem Invertzuckersirup mit insgesamt mindestens 50 T. Zucker, praktisch fettfreie sogenannte Zuckerteige bereitet. Die sehr festen Teige benötigen zur Lockerung das am stärksten wirkende Triebmittel Hirschhornsalz und daneben die alkalisierende Pottasche (s. S. 215). Feine Braune Lebkuchen müssen im Teig zusätzlich 10 T. Mandeln, Feinste Braune Lebkuchen 20 T. Mandeln enthalten und Honiglebkuchen bzw. Honigkuchen zur Hälfte der Zuckerarten aus Honig bestehen. Letzterer und der Holländische Frühstückslebkuchen (im hohen Kastenformat) sind die bekanntesten Gebäcksorten aus Roggenmehl.

Dominosteine sind würfelförmig, nur mit Schokolade überzogen und haben eine oder mehrere Schichten aus Fruchtpasten bzw. Marzipan oder Persipan, dieses ist wegen der leichten Verwechselbarkeit mit Marzipan zu kennzeichnen; Feine oder Dessert-Dominosteine müssen mind. eine Schicht Marzipan oder Persipan und Feinste Dominosteine müssen neben Fruchtschichten ausschließlich Marzipan aufweisen.

Printen sind meist knusprig-harte, teils auch saftig-weiche Rechtecke und werden aus Braunem Lebkuchenteig mit nicht weniger als 80 T. Zuckerarten und ungelösten Kandiszuckerkrümeln hergestellt. Printen dürfen nur mit Schokolade (Kuvertüre) überzogen sein, Feine sowie Feinste Printen davon mit mindestens 25%; letztere müssen darüber hinaus 15% Ölsamen im Gebäck enthalten.

Spitzkuchen sind bissengroß, meist dreieckig geformt und stets mit Schokolade überzogen. Feine Spitzkuchen müssen Fruchterzeugnisse enthalten. Feinste Spitzkuchen müssen darüber hinaus mit zerkleinerten Mandeln und/oder Hasel-/Walnüssen bedeckt sein.

Hartkeksteig

Für den bekanntesten Hartkeks, den Butterkeks, müssen die mit kleberschwachem Mehl und mit (technologisch) begrenzten Zuckeranteilen bereiteten relativ festen Teige mindestens 10 T. Butter aufweisen: manche Hartkekse, insbesondere die neuerdings auch marktgängigen Vollkorn-Butterkekse enthalten mehr Butterfett. Die charakteristische Gebäckstruktur von Hartkeks entsteht durch wiederholtes Walzen und Falten dieser dehnbaren Teige.

Mürbeteig

Die für Mürbeteig allgemein geforderte Menge von 16,5 T. wasserfreie Fette liefert nur einen leichten Mürbeteig; als schwerer Mürbeteig gilt der am meisten verwendete sogenannte 1-2-3-Teig mit 1 T. Zucker, 2 T. Fett und 3 T. Mehl.

Leichte Mürbeteige werden oft mit chemischen Triebmitteln gelockert.

Schwere Mürbeteige haben einen höheren Fettanteil, der zugleich auch der Mürbung des Gebäcks dient.

Aus Mürbeteigen wird die größte Vielfalt an Gebäcksorten und -formen hergestellt: Kuchen- und Tortenböden, Mürbekekse in vielen Varianten wie z.B. Sandgebäck, Spritzgebäck oder Schnittgebäck, auch als »Teegebäck«, Spekulatius und andere, zu den Dauerbackwaren zählende Kekssorten.

Gebäck aus Massen

Man kann Massen mit hohem Ei- und niedrigem Fettanteil als leichte Massen und umgekehrt solche mit hohem Zucker- und Fettanteil (eventuell mit Mandel- und/oder Nußanteil), aber wenig Eiern als schwere Massen bezeichnen.

Die Massen unterscheidet man jetzt jedoch nach der Art ihrer Herstellung, und zwar in Massen mit und Massen ohne Aufschlag (Deutsche Landwirtschafts-Gesellschaft 1994). Während erstere gelockert werden durch Aufschlagen mit Luft und dem beim Backen entstehenden Wasserdampf (eventuell unterstützt durch chemische Triebmittel), erfolgt bei den Massen ohne Aufschlag die Lockerung nur durch Wasserdampf (z.B. Windbeutel aus Brandmasse).

Die bei den wertbestimmenden Zutaten als Mindestmengen angegebenen Zahlen in T. (= Gewichtsteile) sind für die meisten Massen mit Aufschlag (z.B. Baumkuchen, Biskuit- und Wiener Massen) auf 100 T. Mehl und/oder Stärke berechnet, dagegen für alle Massen ohne Aufschlag (z.B. Brandmassen und Massen mit Ölsamen) auf 100 T. der Masse.

Im folgenden werden die wichtigsten Gebäcksorten aus Massen mit und ohne Aufschlag, jeweils alphabetisch sortiert, kurz erläutert.

Gebäck aus Massen mit Aufschlag

Baiser: Diese im wesentlichen aus Puderzucker und mindestens 20 T. Hühnereiklar (berechnet auf 100 T. der Masse) bestehende Schaummasse wird nach dem Dressieren im Ofen nur getrocknet.

Baumkuchen, -spitzen und -torte: Deren inhaltsreiche, sehr feine Sandmasse muß 200 T. Vollei und 100 T. Butter (berechnet auf 100 T. Mehl), darf jedoch keine Emulgatoren und Triebmittel aufweisen. Die weiche Masse wird in einem besonderen Backapparat auf eine rotierende Walze schichtweise abwechselnd so aufgetragen und gebacken, daß sich auch die Krume schichtweise bildet und dabei die eigentümlichen Ringe bzw. Auswüchse zur klassischen Baumkuchenform erhält; meist wird er mit Zuckerglasur oder Schokolade überzogen.

Biskuitgebäck: Die hierzu bereiteten leichten Biskuitmassen müssen mindestens 66,7 T. Vollei (= zwei Drittel), dürfen aber keinen Fettzusatz enthalten (ausgenommen Emulgatoren). Aus diesen dickflüssigen Massen werden einerseits die trocken-festen Löffelbiskuits, andererseits die weichen Biskuittortenböden und die noch mit Anissamen oder -öl gewürzten Anisplätzchen hergestellt sowie das wattige Gebäck für Mohrenköpfe (das seinen Namen dem schokoladenhaltigen Überzug verdankt).

Eibiskuit und andere hervorhebende Qualitätsbezeichnungen erfordern den doppelten Eigehalt. Überzüge dürfen bei »Biskuit«-Gebäck nur aus Schokolade (Kuvertüre) bestehen.

Rührkuchen: Für Rührmassen mit den Hauptbestandteilen Mehl/Stärke, Zucker, Ei und Fett sind sehr unterschiedliche Rezepte bekannt; so werden für schwere Rührmassen von diesen Zutaten etwa gleiche Teile eingesetzt (Mindestanforderungen gibt es nicht). Aus diesen, früher vorwiegend gerührten, heute zumeist aufgeschlagenen Massen, die auch Rosinen, Mandeln usw. enthalten können, backt man unter anderem Marmor-, Zitronen-, Früchte- oder Nußkuchen. Aus Rührmassen gibt es auch Topf- oder Napfkuchen (ursprünglich Hefegebäck).

Russisch Brot oder Buchstabengebäck: Es entsteht, indem aus Puderzucker, Eiweiß, wenig Mehl und/oder Stärke sowie Kakaopulver, ohne Fettzusatz eine schaumig-dickflüssige Masse mittels Prägewalzen zu Buchstaben oder Zahlen geformt und schonend gebacken wird.

Sandkuchen unterliegen (im Gegensatz zu Rührkuchen) bestimmten Anforderungen: Sandmassen müssen alle je 20 T. Vollei und Butter oder Margarine sowie gegebenenfalls namengebende Zutaten enthalten, wie bei Nuß- und Zitronenkuchen oder Kakaopulver (3 % in 33,3 % dunkler Masse) bei Marmorkuchen; bei Königskuchen und Englischem Kuchen werden zusätzlich mindestens 20 T. bzw. 30 T. Trockenfrüchte (mindestens 3 Fruchtarten) gefordert (hier sind die T. ausnahmsweise auf die Masse berechnet).

Wiener Böden: Für die Wiener Masse sind 66,7 T. Vollei erforderlich und zusätzlich 6 T. Butter oder Margarine. Dunkle Tortenböden erzielt man durch Kakaopulver-Zugabe.

Gebäck aus Massen ohne Aufschlag

Brandmassegebäck: Die eigenartige Brandmasse entsteht, indem man Milch mit Backfett kocht, Mehl einstreut und rührt bis zum sogenannten Abrösten (Ablösen von der Topfwand); nach Abkühlen werden mindestens 20 T. Vollei eingearbeitet. Die Masse wird auf Bleche dressiert und für Windbeutel- bzw. Eclair-Gebäck normal gebacken oder für Spritzringe und teils auch für Backerbsen im Siedefett erhitzt. Die allein durch Wasserdampf bewirkte Lockerung führt hier zu der charakteristischen großporigen Krume mit blasigen Hohlräumen.

Florentiner: Ihre geschmacksbestimmende karamelisierte Grundmasse besteht aus Fett, Milch oder Milcherzeugnissen, Honig, Zucker, Mandeln oder Nüssen und bis zu 5 T. Mehl. Florentiner dürfen (an der Unterseite) nur mit Schokolade überzogen sein und keine Erdnüsse enthalten.

Lebkuchen: siehe unter Oblatenlebkuchen; Braune Lebkuchen s. S. 208.

Makronen: In Makronenmassen gelten zerkleinerte Mandeln (oder Marzipan), Nüsse oder andere Ölsamen sowie Eiklar als wertbestimmend. Makronen dürfen nur Mandeln enthalten; mit anderen Samenkernen hergestelltes Gebäck muß z. B. als Nußmakronen, Kokosmakronen oder Persipanmakronen bezeichnet sein. Erdnußkerne sind hier nicht zulässig. Alle Makronenarten schmecken durch die entstandenen Aromastoffe besonders attraktiv.

Nußknacker: Ein Belag aus ganzen oder sehr grob gehackten Nußkernen, mit Zuckerarten, auch Milch oder anderen -erzeugnissen – mit höchstens 5 T. Mehl – wird auf flachem Mürbteig gebacken. Zum Überziehen dienen nur Schokoladenarten.

Oblaten bzw. Backoblaten und Hostien: Eine dünnflüssige, nur aus Stärke bzw. Weizenmehl und Wasser bestehende Masse wird zwischen erhitzten Flächen zu sehr dünnen Blättern schwach gebacken.

Oblatenlebkuchen: Die hierzu verwendeten Massen werden nach ansteigenden Mindestanteilen an zerkleinerten Ölsamen bzw. Samenkernen wie folgt unterschieden: Für Oblatenlebkuchen 7 T. Ölsamen, wovon die Hälfte aus Mandeln oder Nüssen bestehen soll, für Feine Oblatenlebkuchen 12,5 T. Mandeln und/oder Nüsse oder 14 T. Ölsamen, davon die Hälfte Mandeln und/oder Nüsse, für Feinste Oblatenlebkuchen oder Elisenlebkuchen oder Oblatenlebkuchen extra fein oder Spitzenqualität 25 T. ausschließlich Mandeln oder Nüsse, für Mandellebkuchen, Marzipan- und Makronenlebkuchen auch 25 T. Mandeln und Nüsse, jedoch mit überwiegendem Mandelanteil. Oblatenlebkuchen dürfen kein zugesetztes Fett und höchstens 10 T. Getreideerzeugnisse oder 7,5 T. Stärke enthalten. Zum Überziehen dienen bei allen Oblatenlebkuchen nur Schokoladenarten.

Torten: Aus der Vielzahl dieser Erzeugnisse seien nur die nachfolgenden kurz beschrieben:

Frankfurter Kranz soll aus einer leichten Sandmasse, Wiener oder Biskuitmasse gebacken sein. Er wird mehrschichtig mit Buttercreme gefüllt und bestrichen sowie mit Mandel- oder Nußkrokant bestreut.

Schwarzwälder Kirschtorte backt man aus Wiener Masse oder aus Biskuitmasse (dunkle Böden mit mind. 3 T. Kakaopulver, der Unterboden darf auch aus Mürbeteig sein); sie wird mit »gebundenem« Kirschkompott und dazu entweder mit Kirschwasser-Buttercreme oder mit Kirschwasser-Sahne gefüllt. Das Kirschwasser muß geschmacklich deutlich wahrnehmbar sein.

Sacher-Torte ist eine Schokoladentorte aus Sachermasse, gefüllt mit einer Fruchtfüllung aus mind. 45 T. Aprikosen und überzogen mit Kuvertüre oder Schokoladen-Zuckerglasur. Die Sachermasse muß auf 100 T. Mehl oder Stärke mind. 100 T. Schokolade oder entsprechend Kakao und 100 T. Butter sowie mind. 200 T. Vollei enthalten.

Waffelgebäck: Eine relativ dünnflüssige Masse aus Mehl mit wenig Zucker, Fett und Wasser, teils mit Eiern, wird zwischen erhitzten Flächen (Waffeleisen) kurz gebacken und erhält dabei netzähnliche Prägung. Der Form nach unterscheidet man Flachwaffeln, z. B. zum Speiseeis, Waffelröllchen und Formwaffeln, meist gefüllt mit süßer, teils auch salzigkäsehaltiger Fettcreme oder mit süßem, festem Schaum. Bestimmte dünn gefüllte Waffeln heißen Oblaten, wie die Karlsbader Oblaten. Ungefüllte Waffeln sind zum späteren Füllen mit Speiseeis bestimmt.

Nährwertvermindertes bzw. diätetisches Gebäck

Für Spezialgebäcke mit Hinweisen wie »ballaststoffangereichert«, »brennwertvermindert«, »kohlenhydratvermindert« und »kochsalzarm« gibt es – wie bei Brot (s. Tabelle **39**, S. 189) – Vorschriften darüber, inwieweit die Anteile der genannten Stoffe bzw. des Brennwertes gegenüber normalem Gebäck verändert sein müssen; außerdem sind diese Gehalte auf den Packungen anzugeben.

Die in zahlreichen Lebensmittelbereichen so aktuellen »Light«-Produkte kamen unter den Gebäcken erst Anfang der 90er Jahre, aber auch nicht langlebig auf den Markt: Herstellung von »Light«-Gebäck ist nämlich lebensmittelrechtlich sehr eingeschränkt, weil die Brennwerte von 100 g 1260 kJ (300 kcal) bzw. für Obstkuchen 840 kJ (200 kcal) nicht überschreiten dürfen. (Zum Beispiel hätten 100 g eines sogar fettfreien Kuchens, bestehend aus 75 g Kohlenhydraten und Eiweiß sowie aus 25 g Wasser und Ballaststoffen schon 300 kcal). Dank Mitverarbeitung von geeigneten Zuckeraustauschstoffen mit den niedrigeren Brennwerten (2,4 kcal pro Gramm) und teils auch brennwertarmen Speisekleien wurden dennoch bei einigen Gebäck- bzw. Kuchenarten solche »brennwertverminderten« hergestellt. Doch nach dem Verbraucher-Anspruch: »Ich möchte, daß man meinen Kuchen oder meine Torte mit weniger Kalorien herstellt, aber sie sollten mir noch möglichst genauso gut schmecken« haben gerade »Light«-Produkte dieser Branche keine Marktbedeutung erlangt.

Für Diabetikergebäck kommen die Zuckeraustauschstoffe Fructose, Sorbit, Isomalt (= Handelsname »Palatinit«) und Xylit hinzu (Lebensmittelrecht, Bd. I, Diätverordnung und Nährwert-Kennzeichnungsverordnung).

Bei Hinweisen wie »ballaststoffreich« bzw. »ballaststoffhaltig« wird erwartet, daß in einer Tagesportion eines so beworbenen Gebäcks mindestens zwei Drittel (»ballaststoffreich«) bzw. ein Drittel (»ballaststoffhaltig«) der von der Deutschen Gesellschaft für Ernährung pro Tag empfohlenen Ballaststoffzufuhr (derzeitig 30 g) enthalten sind (Arbeitskreis Lebensmittelchemischer Sachverständiger 1989).

3.3.3 Die Inhaltsstoffe – Genuß will gelernt sein

Nährstoffe

Gebäck unterscheidet sich von Brot durch die Verwendung hauptsächlich heller Weizenmehle, durch den hohen Zucker- und Fettanteil sowie durch die Beigabe anderer Zutaten. Die wichtigsten ernährungsphysiologischen Unterschiede zwischen Gebäck und Brot sind im folgenden zusammengefaßt; Gebäck enthält:

- weniger Ballaststoffe (Ausnahmen sind Vollkorngebäck sowie Gebäck mit höherem Gehalt an Nüssen, Sesamsaat, Rosinen oder ähnlichem),
- mehr Eiweiß bei Verwendung von Ei- und Milcherzeugnissen (dadurch zwar weniger Getreideeiweiß, jedoch mehr tierisches Eiweiß mit höherer biologischer Wertigkeit),
- mehr Fett (ausgenommen wenige Sorten, die kaum Fett enthalten; s. Tabelle 43),
- weniger Stärke, dagegen mehr Zucker,
- Mineralstoffe und Vitamine in unterschiedlicher Menge, da diese entscheidend von den verwendeten Zutaten abhängt.

Es ist aber realistischer, Gebäck mit Brot zu vergleichen, wie es üblicherweise gegessen wird, also einschließlich des Brotbelags. So ist zu bedenken, daß Aufstrich und Belag von Broten oft einen doppelt so hohen Brennwert haben wie das Brot selbst. Dadurch liegen die Brennwerte von Gebäck und belegtem Brot oft in der gleichen Größenordnung (Rabe 1987).

Brennwert, Fettgehalt, Wassergehalt: Der Brennwert von Gebäck kann sehr unterschiedlich ausfallen. Er hängt überwiegend vom »versteckten Fett« ab. Daß in den meisten Gebäcksorten Fette mitverarbeitet sind, können Verbraucher bei Fertigpackungen aus den Zutatenlisten ersehen; aber wieviel Fett enthalten ist, kann man nur in seltenen Fällen, jedoch immer bei Spezialgebäcken, ablesen.

Wie entscheidend für den Brennwert außerdem der (sehr unterschiedliche) Wassergehalt ist, zeigt ein Vergleich zweier Gebäcksorten mit gleich hohem Fettgehalt: z. B. haben 100 g Mürbekeks mit nur 4 g Wasser gegenüber 100 g Kuchen mit 24 g Wasser 20 g mehr Kohlenhydrate oder Eiweißstoffe und damit 80 Kalorien mehr.

Die Frage nach dem realen Fettgehalt in einem bestimmten Gebäck ist – bis auf wenige Ausnahmen – nicht generell zu beantworten; das gilt sogar für alle Gebäcksorten, für die ein Mindestgehalt an Fett oder ölhaltigen Zutaten vorgeschrieben ist. Deshalb werden in Tabelle 43 für die bekanntesten Gebäcksorten die hier errechneten Schwankungsbereiche des Fett- und Wassergehalts angegeben.

Der Fettgehalt der einzelnen Gebäcksorten schwankt deshalb,
- weil die vorgeschriebenen Mindestanteile der Fette und ölhaltigen Zutaten in vielen Rezepturen mehr oder weniger großzügig überschritten werden,
- weil die Menge der übrigen Zutaten, vor allem der Zuckerarten, ohnedies frei wählbar ist, und die Angaben sogar in »Standardrezepten« voneinander abweichen (Benz u. Mitarb. 1980, Doose 1982, Gööck 1974, Hanneforth u. Lewandrowski 1989, Hensel u. Mitarb. 1976, Schäfer 1987, Teubner u. Wolter 1986) und schließlich,
- weil durch unterschiedliches Ausbacken sich nicht nur die Wassergehalte, sondern infolgedessen auch die Gehalte aller anderen Zutaten wie Fett verschieben.

Zusatzstoffe

Farbstoffe, Konservierungsstoffe, Trenn- und Backtriebmittel – in Backmitteln

Da es sehr verschiedenartige Gebäcke gibt, ist die Liste der hierfür zugelassenen Zusatzstoffe besonders lang; außerdem bringen einige der Zutaten schon Zusatzstoffe mit. Im einzelnen Gebäck sind aber meist nur wenige dieser Stoffe enthalten, allerdings – von Ausnahmen abgesehen – nur auf Fertigpackungen angegeben. Dabei stehen auf Zutatenlisten anstelle einzelner Zusatzstoffe häufig nur die für Verbraucher nichtssagenden sogenannten Klassennamen, wie Emulgatoren, Säuerungsmittel und nachfolgende. Dafür verarbeiten Bäcker sehr unterschiedlich zusammengesetzte Backmittel für entsprechend vielerlei Gebäck. Diese Fertigmischungen bestehen überwiegend aus Lebensmittelzutaten und zum kleineren Teil aus Zusatzstoffen, die die Teigbereitung erleichtern oder die Gebäckqualität verbessern (s. S. 195).

Einige Backmittel enthalten als Konservierungsstoff Sorbinsäure, die zur Haltbarmachung von Gebäck mit einem Wassergehalt von über 22 % (z. B. Kuchen mit feuchter Auflage), von brennwertvermindertem Gebäck sowie sonst nur noch zur Haltbarmachung von Cremes, fett- und fruchthaltigen Füllungen zugelassen ist. Ein Sorbinsäurezusatz muß auf Gebäckpackungen und auch bei unverpacktem Gebäck stets kenntlich gemacht sein.

Schwefeldioxid darf zur Teigbereitung nicht verwendet, kann aber durch Apfelmark oder Rosinen mit eingebracht werden.

Farbstoffe spielen bei nicht mitgebackenen Füllungen oder Auflagen (Zuckerüberzüge, kandierte Früchte usw.) eine Rolle. Soweit mit den natürlichen Farbstoffen Beta-Carotin (E 160a) oder dem Carotinoid E 160f gefärbtes Butterfett für Buttergebäck verwendet und dadurch eine deutliche Gelbfärbung erzielt wird, sind auch diese Farbstoffe in der Zutatenliste aufzuführen; falls hierdurch bei Eiergebäcken, Madeleines,

Butter-Sandkuchen u.ä. noch der Eindruck eines höheren Eigehaltes erweckt werden kann, ist diese Färbung zusätzlich neben der Gebäck-Bezeichnung anzugeben. Farbstoff-Zusätze müssen auch bei unverpacktem Gebäck kenntlich gemacht sein.

Trennmittel erleichtern das Trennen des Backgutes aus den Backformen bzw. von den Backblechen. Neben natürlichen Wachsen ist auch hitzeoxidiertes Sojaöl zugelassen, das sonst stark anhaftendes (zuckerreiches bzw. fettarmes) Gebäck am besten ablösen hilft. Der Verdacht, daß solches Sojaöl gesundheitsschädlich sei, gilt inzwischen als ausgeräumt (Bundesministerium für Jugend, Familie, Frauen u. Gesundheit 1984).

Lockerung durch chemische Backtriebmittel: Alle Gebäckteige bedürfen einer Lockerung. Zuckerreiche und sehr fetthaltige Teige kann man nicht mehr mit Hefe, sondern nur noch mit schneller und stärker wirkenden chemischen Triebmitteln lockern. Dazu verwendete man ehemals die rohe Soda und Pottasche, später kam Hirschhornsalz hinzu. Seit dem 19. Jahrhundert ist Natron (Natriumhydrogencarbonat) der allgemein verwendete Kohlensäurelieferant in Triebmittelmischungen wie »Backpulver«. Natron gibt sein Kohlensäuregas beim Backen nur dann ganz frei, wenn die entsprechende Menge eines sauren Stoffes (»Säureträger«) dazukommt. Anstelle des früher verwendeten Weinsteins nimmt man heute saure Phosphate (bevorzugt Dinatriumdihydrogendiphosphat). Nur die Nennung des Klassennamens »Backtriebmittel« auf der Zutatenliste des damit hergestellten Gebäcks genügt hier nicht, sondern es muß zusätzlich die E-Nummer deklariert sein. Da Hirschhornsalz (Ammoniumhydrogencarbonat) im Teig zwar ab 60 °C beginnend, aber erst beim Backen völlig in seine flüchtigen Bestandteile zerfällt (Ammoniak, Kohlensäuregas und Wasserdampf), entwickelt es den stärksten »Nachtrieb« und dabei die stärkste Triebkraft überhaupt. Es ist nur für »flache feine Backwaren« zugelassen. Bei »Amerikanern« und (dickeren) Oblatenlebkuchen aus Massen kann man noch öfter nennenswerte Ammoniak-Restgehalte finden. Jedoch sind sensorisch unerwünschte Restgehalte technologisch vermeidbar. Beim Backen Brauner Lebkuchen bewirkt Hirschhornsalz, daß Ammoniak mit Invertzucker bestimmte Maillard-Produkte bildet, die den charakteristischen Geruch und Geschmack mit beeinflussen (Sturm u. Thaler 1975). Die ausschließlich für Braune Lebkuchen eingesetzte stark alkalische Pottasche (Kaliumcarbonat) bewirkt, daß diese festen Teige beim Backprozeß »breit treiben« und die Lebkuchen stärker bräunen.

Schadstoffe

Natürliche Schadstoffe: Schimmelgifte (Mykotoxine)

Milch kann Spuren des Schimmelgiftes Aflatoxin-M_1 enthalten, das im Körper von Kühen dann entsteht, wenn sie mit Aflatoxin-B_1 verunreinigtes (importiertes) Kraftfutter gefressen haben (siehe Bd. II, Kapitel 3.2 Milch und Milchprodukte, S. 72ff). Als Grenzwert für den Aflatoxin-M_1-Gehalt in Milch gelten 0,05 µg pro kg (0,05 ppb) und in Säuglingsnahrung – wie schon in der Schweiz (Klostermeyer 1985) – 0,01 µg pro kg (Lebensmittelrecht, VO Aflatoxine).

Pestizide

Pflanzenbehandlungs- und Schädlingsbekämpfungsmittel: Da Gebäck vornehmlich aus Getreidemahlerzeugnissen (vor allem niedrig ausgemahlenes Weizenmehl) hergestellt wird, sind Rückstände an Pflanzenbehandlungsmitteln von der Belastung des verwendeten Getreides abhängig (Näheres dazu siehe in Kapitel 3.1.3, S. 171).

Von den als Herbiziden, Fungiziden und Insektiziden eingesetzten chlorierten Kohlenwasserstoffen reichern sich nur die fettlöslichen HCB- und HCH-Isomeren, insbesondere β-HCH, als Rückstände zuerst im Körperfett der Kuh und dann im Milchfett an. Auch hier gab es durch Verfüttern von importiertem Kraftfutter in der Milch saisonbedingt und gebietsweise schon häufiger über dem Grenzwert liegende Rückstandsgehalte.

Unter den Verunreinigungen durch Desinfektionsmittel sind vor allem die jodhaltigen Rückstände von Bedeutung, die durch unsachgemäßes Behandeln der Euter (gegen Entzündungen) verstärkt in die Milch gelangen können.

Chlorierte Kohlenwasserstoffe

Ab 1987 waren verstärkt auch fetthaltige Gebäcke aus solchen Verkaufsstellen untersucht worden, die sich in unmittelbarer Nachbarschaft von Chemischen Reinigungen befanden. In Nougat-, Creme- und Sahnefüllungen sowie in kakaohaltigen Fettglasuren hatte man damals beachtliche Verunreinigungen mit dem Fett-Lösungsmittel Perchlorethylen (genannt »Per«) bzw. neuerdings Tetrachlorethen ermittelt, die aus der Abluft der Chemischen Reinigungen stammten.

Inzwischen konnten bei neueren Untersuchungen in fetthaltigen Gebäcken aus Geschäften neben Chemischen Reinigungen auch wieder »Per«-Verunreinigungen nachgewiesen werden, jedoch lagen diese Gehalte in der Regel weit unterhalb des neuerlichen Grenzwertes von 0,1 mg Tetrachlorethen pro kg Lebensmittel (Lebensmittelrecht, VO Lösungsmittel, Chem. u. Lebensmitteluntersuchungsamt Düsseldorf 1991).

Wo auch immer Gebäcke oder andere fetthaltige Lebensmittel in unmittelbarer Nähe von Chemischen Reinigungen lagern, können gasförmiges »Per« oder andere fettlösende Reinigungsmittel solche Lebensmittel belasten.

Grundsätzlich bestehen ähnliche Risiken, sobald fetthaltiges Gebäck – außer in gasdichter Metallfolien-(Alu-)Verpackung – Treibstoffdämpfen ausgesetzt ist.

Schwermetalle

Da Gebäck zu 40 bis 70% aus Mehl besteht, konzentriert sich die Frage nach möglicher Belastung mit Schadstoffen zuerst auf die aus Getreideerzeugnissen stammenden; entsprechende Analysenwerte könnte man vergleichsweise der Tabelle 41 entnehmen. Dabei müßten die Werte von Weizenvollkornbrot für Vollkorngebäck und die von Weizen(mehl)brot für das aus hellem Mehl hergestellte Gebäck herangezogen werden. Die gesundheitliche Bewertung erfolgt dann durch Vergleich mit den von der WHO (Weltgesundheitsorganisation) vorgeschlagenen, vorläufig duldbaren durchschnittlichen Aufnahmemengen, die für Blei 1,75 mg und Cadmium 0,49 mg pro Person und Woche betragen.

In dem bei Gebäck bzw. in kakaohaltiger Fettglasur üblicherweise mitverarbeiteten stark entölten Kakaopulver (aus sogenannten Konsumkakaobohnen) wurden Cadmium-Spuren gefunden (Knezevic 1987). Außerdem wurde ein beachtlicher Gehalt an Nickel ermittelt.

3.3.4 Wissenswertes für die Praxis

Einkauf und Aufbewahrung

Mit Schokoladen (Kuvertüren) verwechselbare Überzüge müssen als (kakaohaltige) »Fettglasur« gekennzeichnet sein. Aber Gebäcke mit Qualitätshinweisen (»Feine«, »Feinste«, »Edel« o.ä.) oder mit bekannt inhaltsreichen Rezepturen (Baumkuchen, Florentiner, Makronen, Sacher-Torte u.a.) dürfen nur mit Schokolade (Kuvertüre) überzogen sein.

Wegen der beschränkten Hitzestabilität von Siedefetten sollte man bei Fettgebackenem (z.B. Krapfen oder Spritzringe) auf nicht mehr einwandfreien Geruch oder Geschmack des Fettes achten.

Wenn Mohnfüllungen bitter schmecken, gilt das betreffende Gebäck wegen verdorbener Mohnsaat als nicht mehr verzehrsfähig.

Während Hefegebäck und die meisten Kuchen, insbesondere Torten, frisch gebacken gekauft und verzehrt werden sollten, bleiben Mürbegebäck und Stollen (höherer Fettgehalt) länger »frisch«; letztere werden auch durch den entstandenen Invertzucker und durch (teils natürliche) Emulgatoren in Butter bzw. Margarine feucht gehalten.

Kuchen und Stollen sind am besten an einem kühlen Ort, nicht aber im Kühlschrank aufzubewahren, weil sonst leicht Kondenswasser und dadurch wiederum Schimmel entstehen können.

Kuchen mit höherem Wassergehalt (um 25%) sind schimmelgefährdet, insbesondere die »ohne Konservierungsstoff«. Tiefgefrieren kann die Schimmelbildung zwar verzögern, aber nicht alle Füllungen, Cremes und Überzüge sind gefrierstabil.

Kühles Lagern kann auf Dauer das Bitter- bzw. Ranzigwerden z.B. von Vollkorngebäck nicht verhindern, da diese Vorgänge von Enzymen aus Getreide oder Schimmelsporen bzw. vom Luftsauerstoff verursacht werden.

Wasserarmes Gebäck, wie alle Dauerbackwaren, ist gegen Feuchtwerden zu schützen, fetthaltiges Gebäck gegen Lichteinfluß, der sonst den Fettanteil durch Oxidation schneller ranzig werden läßt.

Tips für Hobby-Bäcker von Vollkorngebäck

Möglichst von kleberreichem Qualitätsweizen ausgehen.

Auf Walzenstühlen (also konventionell) hergestelltes Vollkornschrot führt zu besserer Volumenbildung als Schrot aus Stein- oder Hammermühlen.

Vollkornmehl führt zu höherem Volumen als Vollkornschrot.

Mehl grundsätzlich vorher sieben: Lockeres, mit Luft angereichertes Mehl verbessert Teigbildung und Backeigenschaften.

Möglichst dünne Gebäckböden backen (kleiner Krumenanteil) und damit die Auflage zur Geltung kommen lassen.

Die weniger formstabilen Vollkornteige nur in Formen, eventuell in Folien backen.

Vollkorn-Frischgebäck möglichst frisch verzehren, da die Krume schon nach einem Tag fester wird (Schäfer 1987).

Exkurs: Alternatives Gebäck

Bei der alternativen Herstellung von Gebäck gelten folgende Grundsätze:

- Verwendung von Vollkornerzeugnissen aus »ökologischem Anbau«,
- Ersatz von Zucker durch Honig sowie von Speisesalz durch Meersalz,
- Verzicht auf gehärtete und raffinierte Fette, dafür Verwendung von ungehärteten Fetten, Butter und kaltgepreßten Ölen,
- Verzicht auf Zusatzstoffe jeglicher Art, einschließlich derjenigen Backmittel, die Zusatzstoffe enthalten,
- Verzicht auf chemische Triebmittel sowie eingeschränkte Verwendung von Backhefe.

Bei Gebäck aus alternativer Herstellung – ebenso bei konventionellem Vollkorngebäck – liegt der wesentliche ernährungsphysiologische Vorteil im Vollkornmahlerzeugnis und dem damit verbundenen höheren Gehalt an Vitaminen, Mineral- und Ballaststoffen: So sind immerhin der Mineralstoffgehalt mindestens dreimal und der Ballaststoffgehalt etwa doppelt so hoch wie bei konventionellem Gebäck aus hellem Weizenmehl.

Der Einsatz von Vollkornmehl bringt naturgemäß backtechnische Nachteile mit sich: z.B. Biskuitgebäck, Sand- und Rührkuchen haben ein deutlich geringeres Volumen. Zucker durch Bienenhonig zu ersetzen, kann den Geschmack verbessern, nicht jedoch die Krumenstruktur; in jedem Falle wirkt Honig bräunend. Allerdings ist kaum einzusehen, warum Honig ernährungsphysiologisch günstiger sein soll: Bei der Verdauung von Saccharose entsteht zuerst ohnedies Invertzucker, der auch Hauptbestandteil von Honig ist.

Kaltgeschlagene, ungehärtete pflanzliche Öle dagegen sind durch den hohen Anteil an mehrfach ungesättigten Fettsäuren ernährungsphysiologisch vorteilhaft. Andererseits erschweren Öle die Bildung einer Teigstruktur und verringern die Haltbarkeit des Gebäcks.

Da es für Hefe und chemische Triebmittel keinen vergleichbaren Ersatz gibt, müssen sich alternative Bäcker im wesentlichen auf die Herstellung von Mürbe- und Biskuitgebäck beschränken. Denn die meisten anderen Gebäckarten liefern ohne Lockerungsmittel ungewöhnlich dichte und feste Krumen. Demgegenüber können alternativ arbeitende Bäcker, die dennoch Backhefe verwenden, mit kleberreichen Vollkornmehlen so auch Hefegebäck aller Art in brauchbarer Qualität herstellen (Ludewig 1987). Inzwischen bieten sonst konventionell arbeitende Industriebetriebe schon Vollkorn-Mürbekeks, -Hartkeks und -Kräcker an, die aber mit chemischen Triebmitteln gelockert sind.

Wissenswertes in Kürze

Hefegebäck bevorzugt beim Bäcker kaufen, aus Massen hergestelltes Gebäck beim Konditor.

Für eine Zwischenmahlzeit ist Vollkorngebäck zu empfehlen; Gebäck mit Mandeln, Nüssen, Mohn oder Kokosraspeln eignet sich als ballaststoffreiche, aber auch fettreiche Zwischenmahlzeit mit vergleichsweise hohem Sättigungswert.

Nach Verzehr von Gebäck sollte man stets Zähne putzen, um das Kariesrisiko zu vermeiden; das gilt auch für fructosehaltiges Diabetiker-Gebäck.

Kalorienbewußte Verbraucher sollten gerade bei Gebäck auf »verstecktes Fett« achten und leichtes Hefegebäck, Obstkuchen sowie Biskuitgebäck oder Honigkuchen bevorzugen (s. Tabelle **43**).

Kuchen und anderes Gebäck in (angebrochener) Verpackung kühl, Kekse wasserdampfdicht lagern (z. B. in Druckdeckeldosen).

Fetthaltiges und gefülltes Gebäck auch tiefgefroren nicht langfristig lagern.

Hinweis für Diabetiker: Im normalen Warenangebot sind praktisch zuckerfrei: Laugengebäck und Gebäck aus Brandmasse, wie z. B. Windbeutel und Spritzringe ohne süße Füllung bzw. ohne süße Glasur (s. Band II, Kap. 10.2).

Exkurs: »Grund(teig)mischung« und »Backmischung« für Hausfrauen und Hausmänner

Diese industriell vorgefertigten Trockenerzeugnisse sollen das so beliebte häusliche Backen – mehr die unterschiedliche Teigbereitung – erleichtern. Sowohl Grundmischungen als auch Backmischungen bestehen im wesentlichen aus (Weizen-)Mehlen, (vorbehandelten) Stärken, meist Zucker, und sie haben Backtrieb- bzw. Teiglockerungsmittel, Säuerungsmittel sowie oft schon Fett und ggf. die Teigbildung fördernde Zusatzstoffe, wie Emulgatoren.

Es gibt Grundmischungen für Hefeteige, z. B. »für Pizzateig«, Grundmischungen für Mürbeteige, (z. B. »für Käsekuchen«), »für Biskuit«, »für Waffeln«, »für Rührkuchen« u. a. Die aus Grundmischungen bereiteten Teige erhalten in der Regel noch Auflagen oder nach dem Backen noch Füllungen, wobei variiert werden kann.

Die sogenannten Backmischungen sind meistens für eine bestimmte Gebäckart vorgesehen. Daher enthalten Backmischungen über die genannten Zutaten hinaus jeweils solche, die für das deklarierte bzw. namengebende Gebäck charakteristisch sind: z. B. Haselnüsse, Mandeln oder andere Ölsamen, Rosinen, Kakaopulver, Fruchtpulver, Gewürze sowie auch gesondert beigepackt z. B. Cremepulver für Füllungen, Aromen, Spirituosen, Glasuren und Schokoladen- oder kakaohaltigen Überzug.

Allerdings können in diesen Mischungen gewisse Zutaten, wie Flüssigei, Butter bzw. Margarine sowie Sahne nicht mitgeliefert werden; dafür trägt die Verpackung leicht erkennbare Hinweise auf solche Backzutaten und die (vorgeschriebene) Backanleitung sowie z. B. Angaben »Sie benötigen: ...Milch...« oder »Sie fügen noch hinzu: ...200–250 g Margarine oder Butter...«.

Beim Einhalten der Backanleitungen sollen die Gebäcke nicht nur »gelingen«, sondern die Gebäcke (»Frankfurter Kranz« oder »Biskuit«) müssen auch die wertbestimmenden Zutaten in ausreichender Menge aufweisen.

3.4 Salzgebäck und aufgepuffte Knabbererzeugnisse

Von den salzigen Dauerbackwaren ist das Laugengebäck schon seit Jahrhunderten bekannt. Aber auch die jüngeren Käsegebäcke und Kräcker zählen heute schon zu den »klassischen« Knabbererzeugnissen.

»Aufgepuffte« Knabbererzeugnisse werden aus stärkereichen Rohstoffen, meist aus Getreide- und aus Kartoffeltrockenerzeugnissen hergestellt. Mit Hilfe von Schneckenpressen (Extrudern) ist es möglich, die Rohstoffe sekundenschnell in eßbare und gut verdauliche Produkte unterschiedlichster Form umzuwandeln (Arndt 1985).

3.4.1 Die Herstellung – Traditionell und hochmodern

Die Herstellung der Käsegebäcke und Kräcker erfolgt – abgesehen von unterschiedlichen Zutaten – wie bei vergleichbaren süßen Gebäcken (siehe Kapitel 3.3).

Die Herstellung von Laugengebäck siehe S. 188; für Brotstangen verwendet man Wasserteig.

Extrudierte Produkte werden rein maschinell durch Überdruck, kurzzeitiges Erhitzen und Auspressen hergestellt.

Exkurs: Mit dem »Extruder« zu aufgepufften Knabbererzeugnissen

Die Extrudermaschine (oder Schneckenpresse) ähnelt einem Fleischwolf. Ein sich drehendes Schneckengewinde preßt die einfließenden Rohstoffe (z.B. Maisgrieß) so stark zusammen, daß sie sich auf ca. 300 °C erhitzen und gleich zu einer breiartigen Masse verflüssigen. Beim Austritt der Masse durch Düsen verdampft das im Rohstoff enthaltene Wasser explosionsartig, wobei sich der Strang um ein Vielfaches aufbläht und verfestigt. Den Strang schneidet ein rotierendes Messer in passende locker-poröse Stückchen. Nach anschließendem Trocknen entstehen dann krosse, leichte, fast geschmacksneutrale Extruderrohlinge (»Extrudate«). In rotierenden Trommeln können diese z.B. mit Erdnußcreme für die Herstellung der »Corncurls« versetzt werden. Mittels vielseitiggelochter Preßdüsen lassen sich sehr verschiedenartige Extruderrohlinge erzeugen, aus denen durch Zugabe von Fett-Gewürz-Pasten Produkte mit auch sehr verschiedenartigen Geschmacksrichtungen hergestellt werden.

Andere Erzeugnisse erzielt man durch Extrudieren um 100 °C. Dabei bläht sich der Teigstrang nicht auf (siehe Exkurs »Teigwaren [Nudeln]«, S. 166). Die Rohlinge werden in heißem Fett fritiert, wobei das verbliebene Wasser sehr schnell verdampft und die ursprünglich harten Rohlinge zu lockeren und leichten Produkten aufpuffen. Die Geschmacksrichtungen werden durch Zumischen von Gewürzen gleich zu den Hauptrohstoffen bzw. durch nachträgliches Versetzen mit Fett-Gewürz-Pasten erzielt.

Popcorn bzw. Puffmais: Aufgeblähte, typisch zerklüftete, lockere, leichte Maiskörner, schwach süß.

Puffreis bzw. Reiscrispies (s. Kap. 3.1.2, S. 162).

Verpackung: Extruderprodukte sind ähnlich empfindlich wie Chips bzw. Sticks und müssen wie diese gegen Licht- und Druckeinwirkung geschützt verpackt sein.

Popcorn bzw. Puffmais erhält man aus kleinkörnigen Maiskörnern mit hornigem Kern, besonders wasserhaltig, die man in Kesseln mit etwas Fett und Zucker röstet: Das eingeschlossene Wasser verdampft explosionsartig, was die Maiskörner zum Aufplatzen bringt, ihr Kornvolumen um ein Vielfaches aufblähen und ihre Kornstruktur auflockern läßt.

3.4.2 Das Warensortiment – Attraktiv in Form, Gefüge und Geschmack

Nicht-süße Dauerbackwaren – Die »klassischen« Knabberartikel

Käsegebäck: Käsestangen aus schmalem Blätterteig oder *Käseplätzchen* enthalten eingebackenen oder aufgebackenen Käse. Sie können auch mit Mohn o. a. Ölsamen bestreut sein. *Käsewaffeln* sind meist rechteckige Flachwaffeln mit heller Füllung aus pflanzlichem Fett und Käse. Alle Käsegebäckarten sind salzig und schmecken aromatisch nach Käse.

Kräcker: Das blättrige bis knackige, meist flache, fetthaltige Gebäck (auch als Vollkorn erhältlich) ist mit Salz, teils auch mit Kümmel, Mohn, Sesam bestreut. Zuweilen ist auch Käse aufgebacken (s. Kap. 3.3, S. 207).

Laugengebäck: Die knusprigen Brezeln oder Stangen mit bräunlich glänzender Kruste sind mit grobem Salz bestreut, fettarm und weisen durch ihre Vorbehandlung mit Natronlauge den charakteristisch »laugigen« Geschmack auf (siehe Exkurs: Ätzlauge als Zusatzstoff – Laugengebäck, S. 188).

Brotstangen (»Grissini«): Dünne, ca. 25 cm lange zarte Stangen, in die Kümmel und andere Gewürze eingebacken sein können.

Aufgepuffte Erzeugnisse

Erdnußflips/Erdnußlocken/»Corn curls«: Diese ältesten Extruderprodukte sind gelb-bräunliche, leicht gekrümmte, locker-krosse Erzeugnisse mit einer Erdnußnote.

Andere *Extruder-Produkte:* Die salzigen bis würzigen Produkte sind in unterschiedlichster Form (Ringe, Gitter, Tierbilder u. a.m.) erhältlich. Produkte, die erst beim Fritieren aufgepufft werden, weisen zusätzlich einen deutlichen Fritiergeschmack auf.

Ohne Extruder aufgepufft:

Schweinekrusten: Aus der Rückenschwarte des Schweines geschnittene, gekochte und in Öl fritierte, gewölbte breite Streifen, knackig-hart und würzig schmeckend.

3.4.3 Die Inhaltsstoffe – Viel Stärke, Fett und Luft

Nicht-süße Dauerbackwaren bestehen überwiegend aus komplexen Kohlenhydraten und sind zuckerfrei – abgesehen von Kräckern, die geringe Zuckergehalte aufweisen. Beim Extrudieren kommt es zur Verkleisterung (Gelatinierung) der Stärke, wie sie auch bei der bäckerischen Teigentwicklung eintritt. Das Aufblähen zu (Extruder-)Rohlingen erzeugt dann poröse, den Backwaren ähnliche Strukturen. Damit sind beide Produktgruppen auch vergleichbar leicht verdaulich.

Der niedrige Wassergehalt führt zu beachtlichen Brennwerten, die sich bei fettreichen Produkten noch erhöhen. Viele Extruderprodukte, Blätterteiggebäck, Käsewaffeln und manches lockere Käsegebäck sind besonders fettreich, Laugengebäck ist dagegen fettarm. Die überwiegend pflanzlichen Öle und Fette bei den fritierten Produkten sind mit ihren hohen Anteilen an essentiellen Fettsäuren ernährungsphysiologisch günstig zu beurteilen.

Die Zusatzstoffe und Schadstoffe entsprechen – je nach den verwendeten Rohstoffen – den in Kap. 3.2, S. 196f. und Kap. 3.3, S. 214f., sowie in Kapitel 2 »Kartoffeln«, S. 140f., genannten.

3.4.4 Wissenswertes für die Praxis

Nach Anbrechen der Packung lassen sich Knusprigkeit und Frische der Produkte erhalten, indem man den Beutel mehrfach zufaltet und zuklemmt oder den Inhalt vorsichtig in ein verschließbares, lichtundurchlässiges Gefäß umfüllt und an kühler Stelle lagert.

Alle Knabberartikel eignen sich als nahrhafte und schnell sättigende Zwischenmahlzeit. Wer jedoch nach einem normalen Abendessen noch zusätzlich knabbern möchte, bedenke das versteckte Fett in einigen Dauerbackwaren und in den aufgepufften Produkten.

3.5 Kartoffelchips und -sticks sowie Samenkerne und Trockenfrüchte als Knabbererzeugnisse

Lange nachdem sie in den USA und Großbritannien bereits populär waren, hielten Kartoffelchips in den 50er Jahren auch in der Bundesrepublik Deutschland ihren Einzug. Weniger bekannt ist, daß sich in ihnen Fettgehalte verbergen, wie man sie nur von Blätterteiggebäck und Wurstwaren kennt. Fettreduzierte Chips konnten sich wegen der geschmacklichen Einbußen nicht durchsetzen. Ein Ausweg liegt in der Züchtung von Kartoffelsorten mit höherer Trockensubstanz, die beim Fritieren weniger Öl aufnehmen.

3.5.1 Herstellung – Von der Zuchtkartoffel zum fertigen Produkt

Zuchtkartoffeln – bestes Äußeres – festes Inneres

Nur wenige der zum Anbau zugelassenen Kartoffelsorten (1992: 166) eignen sich für die Chips- und Sticksherstellung. Die ideale Kartoffel ist rund bis rundoval, größer als 40 mm und innen hellgelb bis gelb. Sie darf keine Randbeschädigungen, Fäulnis, grüne Verfärbungen oder Schorfstellen aufweisen, und ihr Zuckergehalt soll – bei einer Trockensubstanz von 22–25% – unter 0,15% liegen. Chipskartoffeln müssen gut lagerfähig sein (das bedeutet u.a. eine geringe Neigung zur Bildung von Zuckern während der Lagerung). Um Fäulnisschäden zu vermeiden und zugleich die natürliche Zuckerbildung in der Knolle zu bremsen, lagert man die Chipskartoffeln nicht kühler als bei +10 °C. Deshalb läßt sich das Auskeimen der Kartoffeln derzeitig nur mit chemischen Mitteln hemmen (Putz 1992).

Stapelchips werden aus Instant-Produkten hergestellt, wie Kartoffelgranulat und -püree sowie aus Stärkepuder oder modifizierten Stärken.

Zum Fritieren verwendet man gegenüber Luftsauerstoff weniger empfindliche, reine pflanzliche Fette/Öle; das Risiko einer Oxidation wird zudem dadurch vermindert, daß der ständig austretende Wasserdampf den Luftsauerstoff von den heißen Fritüren fernhält. Durch Fettzersetzung infolge der hohen Temperaturen bei der Chips- und Sticksherstellung entstehen freie Fettsäuren; ihr Gehalt darf 0,5% nicht überschreiten (Bund für Lebensmittelrecht 1987).

Herstellung

Chips und Sticks: Die in Abriebmaschinen geschälten, von Fehlstellen befreiten und mehrfach gewaschenen Kartoffeln werden in Scheibchen oder Stäbchen geschnitten und in Fritüren bei Fettemperaturen von ca. 170–185 °C gebraten, indem sie innerhalb von ca. $2^1/_2$ Minuten automatisch durch lange Friteusen fahren. Dabei verdampft fast deren gesamtes Wasser (Restwassergehalt 2–3%). Danach laufen die fertigen Chips bzw. Sticks über ein Verleseband in einen sogenannten Würzer (meist eine Drehtrommel), wo sie mit Salz, Gewürzen o.a. geschmacksgebenden Lebensmitteln bestreut werden. Danach wird in lichtgeschützten Folienbeuteln verpackt und mit Luftpolstern luftdicht verschlossen.

Stapelchips: Hierfür verarbeitet man Kartoffeltrocken- und Stärkeerzeugnisse mit Wasser zu einem teigähnlichen Produkt, das sehr dünn ausgewalzt wird. Die daraus ausgestochenen Formlinge brät man in Spezialfriteusen, durch die sie fixiert hindurchgeführt werden. Die fertigen Chips laufen auch weiter geordnet zum Bestreuen (Salz, Gewürze, usw.) und werden zu Stapeln geschichtet, in Zellglas sowie in zylindrische Schachteln bruchsicher verpackt.

3.5.2 Das Warensortiment – Blond und knackig

Kartoffelchips: Splittrige, dünne Scheibchen (z.T. auch geriffelt), salzig mit Fritiergeschmack, oft mit Gewürzpulver (z. B. Paprika) versetzt.

Stapelchips: Ovale, völlig gleichmäßige, dünne Scheibchen, eng gestapelt verpackt, von ähnlichem Geschmack wie Kartoffelchips.

Kartoffelsticks: Schmale, fettige knusprig-krosse Stäbchen, 40–50 mm lang und 4–5 mm dick, würziger Geschmack.

3.5.3 Die Inhaltsstoffe – Die Dünnen haben's in sich

Die Verbraucher bevorzugen goldgelbe Chips und Sticks ohne Braunfärbung, die auf einen ins Bittere gehenden Geschmack hinweisen könnte. Da diese Verfärbung schon durch wenig Zucker verursacht wird, muß der Stoffwechsel der Kartoffel beim Lagern so gesteuert werden, daß der sich bildende Zucker stets wieder zu Kohlensäure »veratmet« wird.

Um die Knusprigkeit zu erhalten, dürfen frische Kartoffelchips nur 3% und Sticks 4% Wasser enthalten (Bund für Lebensmittelrecht 1987).

Trotz Einsatz stärkereicher Kartoffeln enthalten Chips durchschnittlich bis zu 40%, Stapelchips ca. 28% (Arndt 1988), Sticks bis zu 32% Öl (Heseker u. Heseker 1993) mit jedoch meist beachtlichen Anteilen an essentiellen Fettsäuren. Der Versuch, »fettreduzierte« Kartoffelchips auf den Markt zu bringen, scheiterte an dem allzu abweichenden Geschmack. Für eine Bezeichnung »brennwertvermindert« war der verbleibende Fettanteil andererseits zu hoch.

Beim Abspülen der geschnittenen Kartoffeln zum Entfernen loser Stärke – die Chips und Sticks würden sonst später zusammenkleben – gehen erhebliche Mengen an wasserlöslichen Vitaminen (z. B. ca. 50% B_6 und ca. 30% C) verloren.

Zusatzstoffe

Fritieröle, die luftempfindlich sind (z. B. Sojaöl), und manche Chips enthalten als Antioxidationsmittel Ascorbylpalmitat und Tocopherol, die meisten Würzmittel Aromastoffe. Als Geschmacksverstärker wird Natriumglutamat, zusätzlich auch Natriuminosinat, -guanylat verwendet. Übliche Emulgatoren sind die Mono- und Diglyceride von Speisefettsäuren, als Säuerungsmittel dient Citronensäure.

Schadstoffe

Die zur Keimhemmung auf lagernde Chipskartoffeln äußerlich aufgebrachten Pflanzenbehandlungsmittel (europaweit meist eine Mischung aus Propham [IPC] und Chlorpropham [CIPC]) werden mit dem Schälen und Waschen weitestgehend entfernt.

3.5.4 Wissenswertes für die Praxis

Die sehr trockenen und daher knusprigen Chips sollte man nicht offen stehen lassen, da sie Luftfeuchtigkeit besonders stark anziehen. Kartoffelchips und -sticks eignen sich als nahrhafte und schnell sättigende Zwischenmahlzeit. Man bedenke dabei jedoch die hohen Brennwerte.

Exkurs: Nüsse, Mandeln und Trockenfrüchte als Knabbererzeugnisse

Diese Naturprodukte sind wohl die ältesten »Knabbererzeugnisse«. Lebensmittelrechtlich dürfen nur Hasel- und Walnüsse als »Nüsse« gekennzeichnet werden, und botanisch sind nur Haselnüsse echte Nüsse.

Das Rösten von Nüssen am Beispiel von Erdnüssen und Haselnüssen

Die von ihren äußeren Hülsen bzw. Schalen befreiten Nüsse werden gereinigt und in Röstmaschinen mit Heißluft (bis ca. 180 °C) bewegt, um sie oberflächlich zu trocknen und so ihre dünnen Samenhäutchen zu lockern. Will man sie ausschließlich »trocken« rösten, erhitzt man hier gleich intensiver. Nach dem Entfernen der Samenhäutchen werden die Kerne in der Regel in einem Bad mit 150–180 °C heißem Öl – meist Erdnußöl – kurzzeitig (ca. 5 min) ölgeröstet. Nach Abkühlen erhalten die Kerne durch »Nachölen« einen Ölfilm (von ca. 1 % Öl), damit die Oberflächen glänzen und das Streusalz besser anhaftet.

Mandeln kommen heute zumeist aus Kalifornien. Diese Produkte aus der jüngsten Anbaukultur enthalten keinerlei bittere Kerne. Weil sich die festhaftende braune Samenhaut von Mandeln erst nach einem aufwendigen Brühprozeß abziehen läßt, röstet man Mandeln zum Knabbern gleich samt der Samenhaut, salzt sie und/oder versieht sie mit Raucharoma.

Cashewkerne röstet man in den Ursprungsländern und befreit sie dort von den kräftigen inneren Samenschalen. Die in der Konsistenz den Mandeln ähnlichen Kerne – auch »Indische Mandeln« genannt – werden in der Regel geröstet und gesalzen oder ungesalzen verkauft.

Pistazien oder »Grüne Mandeln« taucht man samt ihrer leicht geöffneten harten Außenschale in eine Salzlösung und röstet sie nach dem Abtropfen. Ein Teil wird mitsamt Schale verkauft. Auch von der Außenschale befreite, geröstete und gesalzene Pistazien im farbigen Samenhäutchen sind handelsüblich.

Pekannüsse – hier erst in jüngster Zeit im Handel – sind walnußähnlich und werden mitsamt Samenhäutchen ölgeröstet, das die Kerne auch nach dem Rösten dauerhaft umschließt.

Macadamia-Nüsse, die historisch jüngsten (1857 in Australien entdeckt; Rosengarten 1984), sehr teueren, haselnußgroßen Kerne sind hier erst seit kurzem im Handel. Sie haben den höchsten Ölgehalt aller Nüsse (bis 77 %) und kommen ölgeröstet und gesalzen oder roh in den Handel.

Paranüsse und *Walnüsse* werden größtenteils im Naturzustand mit ihren harten Außenschalen zum Selbstaufknacken und Knabbern angeboten.

Pinienkerne sind weiße stiftförmige Kerne. Sie werden roh, zum kleineren Teil auch geröstet als kleinste Knabbererzeugnisse verkauft.

Studentenfutter sind Mischungen aus Rosinen und Samenkernen in unterschiedlichen Mengenverhältnissen. »Klassisches« Studentenfutter enthält neben Rosinen (rohe) Mandel-, Haselnuß- und meist Walnußkerne, seit jüngerer Zeit außerdem Cashewkerne. Neuerdings führen auch Mischungen mit überwiegend Erdnußkernen – teils ohne die teureren Mandeln und Walnüsse – die Bezeichnung »Studentenfutter«. In der Regel sind nur die Erdnuß- bzw. Cashewkerne geröstet und die Rosinen oberflächlich geölt.

Dragierte Kerne: Geröstete Mandeln, Haselnußkerne und Rosinen werden im Dragierverfahren mit meist festen Decken aus Milchschokoladen oder weißer Schokolade überzogen.

Kandierte Trockenfrüchte: Diese neuerdings verstärkt auftauchenden süßen Varianten erweitern das ständig wachsende – bisher formal nicht eingegrenzte – Sortiment der Knabbererzeugnisse. Neben den klassischen kandierten Früchten gibt es getrocknete und mit Zucker glasierte Bananenscheiben, sog. Bananenchips u. a. ähnlich zubereitete und haltbar gemachte tropische Früchte.

Ernährungsphysiologische Kurzhinweise: Mandeln und Nüsse haben hohe bis sehr hohe Ölgehalte (Cashew- ca. 42 %, Erdnußkerne ca. 48 %, Mandeln ca. 58 %, Haselnuß- ca. 66 %, Macadamia-Kerne ca. 77 % (Heseker u. Heseker 1993, Fincke 1981). Durch Ölröstung werden nur noch etwa 1–1,5 % aufgenommen. Die Öle sind mehr oder weniger reich an ungesättigten Fettsäuren. Der verzehrte Inhalt einer 100-g-Packung von Cashewkernen liefert ca. 570 kcal, von Erdnuß- ca. 580 kcal, Mandeln ca. 600 kcal, Haselnuß- ca. 650 kcal, Macadamia-Kernen ca. 750 kcal.

Kapitel 4
Zucker, Süßwaren, Honig

4.1 Zucker und Zuckerarten, Zuckeraustauschstoffe, Süßstoffe

Produkte zum Süßen sind Zucker, der als Weißzucker (Haushaltszucker) oder Raffinade am weitesten verbreitet ist, und andere Zuckerarten, weiterhin Zuckeraustauschstoffe und Süßstoffe, die aus diätetischen Gründen Zucker ersetzen können. Abbildung **4** zeigt die Klassifizierung der verschiedenen Süßungsmittel.

Zucker besteht ausschließlich aus Saccharose, die Zuckerverbindungen haben einen der Saccharose ähnlichen chemischen Aufbau. Sie führen zur Unterscheidung einen »Beinamen«: Traubenzucker (Glucose), Malzzucker (Maltose) und Milchzucker (Lactose); die chemischen Namen – erkenntlich an der Endung -ose – sind dann hilfreich, wenn man Zuckerverbindungen eindeutig benennen will. (Fructose wird wegen ihres besonderen Stoffwechselverhaltens den Zuckeraustauschstoffen zugerechnet.)

Daß Zucker bei reichlichem Konsum nicht gesund ist, hängt mit seinem Energiegehalt und dem Fehlen wichtiger Wirkstoffe wie Vitamine und Mineralstoffe zusammen. Ob dadurch verschiedenen Krankheiten Vorschub geleistet wird, ist umstritten. Die mit dem Zuckerverzehr verbundenen Risiken lassen sich durch Verwendung von Zuckeraustauschstoffen oder Süßstoffen zurückdrängen. Diese teils in der Natur vorkommenden, teils künstlich hergestellten Produkte spielen bei diätetischer Ernährung eine besondere Rolle.

Grundsätzlich sollte der Zuckerkonsum eingeschränkt werden.

4.1.1 Die Herstellung von Zucker – Von der Rübe zur Raffinade

Zucker besteht aus dem pflanzlichen Disaccharid Saccharose, das in allen grünen Pflanzen vorkommt, aber fast nur aus Zuckerrohr (in tropischen Regionen, aus denen zwei Drittel der Weltzuckerproduktion stammt) und Zuckerrüben (in Europa) gewonnen wird, daneben mit lokaler Bedeutung auch aus Ahorn (Kanada), Palmen und Zuckerhirse. Im folgenden wird

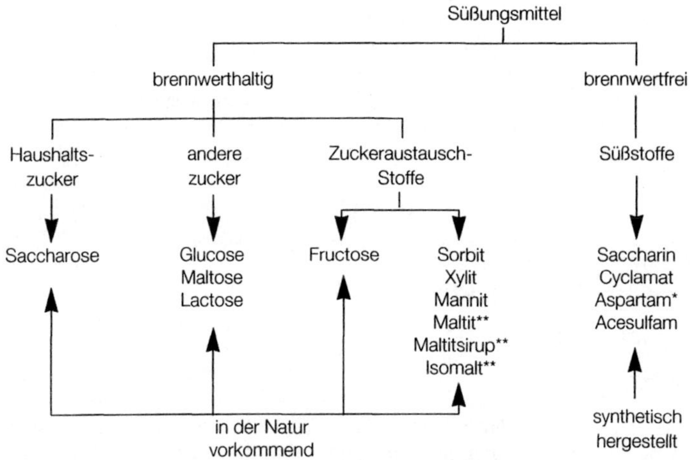

Abb. **4** Produktklassen von Süßungsmitteln (* zum Brennwert von Aspartam s. S. 230; **diese neueren Zuckeraustauschstoffe kommen nicht in der Natur vor, sie werden aus Maltose bzw. Isomaltose gewonnen).

die großindustrielle Gewinnung aus Rüben beschrieben, die sich von anderen Verfahren hauptsächlich durch die verschiedene Herstellung des Rohsaftes unterscheidet.

Die Rüben, deren Saccharosegehalt bei 16% liegt, werden gewaschen und geschnitzelt, um eine große Oberfläche für das Abtrennen der Saccharose mit heißem Wasser (Extraktion) zu erhalten. So kann man 97% der Saccharose aus den Rüben gewinnen; sie steht dann als Rohsaft zur Verfügung. Es folgen verschiedene Reinigungs- und Konzentrationsprozesse: Für die Gewinnung des Dünnsafts wird der Rohsaft mit Kalkmilch von unerwünschten anderen Stoffen wie Pektin und Eiweiß befreit. Die früher durchgeführte Schwefelung ist in der modernen Zuckerfabrikation entbehrlich geworden. Der Dünnsaft wird dann zu Dicksaft eingedampft, bis Rohzucker auskristallisiert. Beim Eindampfen bildet sich eine Fülle von Bräunungsprodukten. Obwohl der ausgefallene Rohzucker zu über 90% aus Saccharose besteht, ist er für den Verzehr nicht empfehlenswert, da er noch verschiedene Verunreinigungen enthält. Die beim Zentrifugieren des Rohzuckers abgeschleuderte sirupöse Masse bezeichnet man als Melasse. Sie ist wegen ihres lakritzähnlichen Geschmacks nicht sehr beliebt und daher im Handel nicht sehr verbreitet. Die weitere Reinigung des Rohzuckers erfolgt auf zweierlei Weise. Entweder wird der äußere Melassefilm mit Wasser oder Dampf abgewaschen, so daß der braune Zucker entsteht, der noch sichtbare und geschmacklich wahrnehmbare Reste an Nichtzuckerstoffen enthält (siehe auch »Exkurs: Brauner Zucker – eine Alternative?«). Oder der Rohzucker wird raffiniert, d. h., er wird in Wasser aufgelöst und erneut auskristallisiert. Nach dreimaliger Wiederholung dieses Vorgangs erhält man Weißzucker, der fast frei ist von Verunreinigungen. Sich anschließende Reinigungs- und Umkristallisationsverfahren liefern die Raffinade, einen Zucker von hoher Reinheit.

4.1.2 Das Warensortiment – Süß, süßer, am süßesten

Zucker (Saccharose)

Zucker ist ein süßes, in Wasser leicht lösliches Kohlenhydrat. Verbrauchszucker wird im Handel in zwei Qualitäten angeboten: als Weißzucker, auch Grundsorte oder Haushaltszucker genannt, und als Raffinade oder raffinierter Weißzucker. Es gibt Zucker in den verschiedensten Formen und Körnungen: vom Würfelzucker bis zum Zuckerhut, vom Puderzucker bis zum Hagelzucker; die Substanz ist immer die gleiche: Saccharose.

Aus Indien ist die Gewinnung festen Zuckers seit dem 4. Jahrhundert bekannt. In Europa fand Zucker als Heil- und Stärkungsmittel Verbreitung; noch Ende des 17. Jahrhunderts war er den Wohlhabenden vorbehalten. Als infolge der Kontinentalsperre Napoleons I. (1806) Rohrzucker immer teurer wurde, suchte man auch aus anderen Pflanzen Zucker zu gewinnen; von diesen erwiesen sich die Rüben (Zuckerrüben) am geeignetsten.

Exkurs: Brauner Zucker – eine Alternative?

Immer wieder werden Rohzucker oder andere braune Zuckersorten ernährungsphysiologisch als günstiger oder gar gesünder gegenüber Weißzucker angepriesen. Trifft diese Bewertung zu?

Rohzucker enthält über 90 % Saccharose, daneben noch Reste an Melasse, die auch seine braune Farbe bewirken. Melasse an sich als Lebensmittel ist wegen ihres bitteren, lakritzähnlichen Geschmacks wenig beliebt. Herstellungsbedingt weist sie neben etwa 60 % Saccharose und unerwünschten Inhaltsstoffen der Zuckerrübe in der Tat noch Mineralstoffe, besonders Kalium, Aminosäuren und Vitamine der B-Gruppe auf. Um diese zu nutzen, müßte man jedoch eine Unmenge an melassehaltigem Rohzucker verzehren. Rohzucker kann auch, je nach Art der Herstellung, verunreinigt sein, z. B. durch Schadmetalle, oder noch reichlich Mikroorganismen enthalten, also hygienisch bedenklich sein. Daher wird manchmal spöttisch, doch zutreffend, gesagt, Rohzucker sei nicht gesünder, dafür aber schmutziger. Auch sensorisch gibt es Einschränkungen: Rohzucker aus Rüben hat einen fischigen Geruch.

Braune Zucker werden hergestellt, indem Rohzucker noch weiter, aber nicht vollständig gereinigt oder dem Weißzucker nachträglich Zuckercouleur oder Melasse beigemischt wird. Der Gehalt an weiteren Nährstoffen ist bei den braunen Zuckersorten unbedeutend; auch sie enthalten in erster Linie nur Saccharose. Gegenüber dem Weißzucker liegt die Bedeutung brauner Zucker also nur in ihrem dekorativen Wert und im malzig-karameligen Geschmack.

Kleines Zucker-Lexikon

Es gibt eine Reihe von Zuckervarianten, die sich in Aussehen, Konsistenz und Körnung stärker vom Haushaltszucker unterscheiden. Die bekanntesten sind im folgenden Zucker-Lexikon aufgeführt.

Ahornsirup: Wird aus dem süßen Saft des kanadischen Ahornbaumes durch Einkochen gewonnen; die Qualität »A« ist bernsteinfarben und mild im Aroma; die Qualität »C« ist dunkelbraun und hat ein intensiveres Aroma; Hauptbestandteil: Saccharose.

Brauner Zucker: Er hat einen aromatischen, karamelartigen Geschmack, ist dem Farinzucker ähnlich, aber feinkörniger.

Demerara-Zucker: Großkristallisierter brauner Rohrzucker mit malzig-karameligem Geschmack.

Doppelraffinade: Eine besonders reine Raffinade, die durch wiederholtes Umkochen gewonnen wird.

Einmachzucker: Raffinade in feiner oder grober Körnung zum Einmachen; er schäumt nicht, weil der schaumbildende Inhaltsstoff aus der Rübe, das Saponin, vollständig entfernt ist.

Farin (Farinzucker): Mehlzucker (von franz. farine, Mehl), der eine gelbliche bis bräunliche Färbung und malzig-karamelartigen Geschmack hat; ein geringer Restgehalt an Melasse bedingt die weiche Kristallstruktur.

Gelierzucker: Mit dem Geliermittel Pektin gemischter, spezialverpackter, weißer Verbrauchszucker zur Herstellung von Konfitüren und Gelees.

Glukosesirup (Stärkesirup): Aus Stärke durch enzymatische oder Säurespaltung gewonnenes Gemisch, das hauptsächlich aus Glucose, Maltose und Dextrinen (längere Spaltstücke) besteht; wegen seines angenehmen Geschmacks bei geringerer Süßkraft wird er oft als Saccharoseersatz (z. B. bei Fruchtnektar, Konfitüren, Obstkonserven, Süßwaren) verwendet. Er ist nicht als Zucker gekennzeichnet, daher entgeht dem Verbraucher oft, daß er in Wirkung und Brennwert dem Zucker ähnelt.

Industriezucker: Abwertende Bezeichnung für reine Saccharose, Weißzucker oder Raffinade, die durch industrielle Bearbeitung aus dem pflanzlichen Rohstoff isoliert und von allen begleitenden Wirkstoffen befreit sind.

Invertzucker: Durch Säureeinwirkung oder Enzyme (Inversion) aus Saccharose gewonnenes Gemisch aus Glucose und Fructose im Verhältnis 1 zu 1.

Isoglucose: Aus enzymatischer Bearbeitung (Isomerisierung) von Glukosesirup erhaltene Zuckerart; sie ähnelt in der Süßkraft dem Invertzuckersirup und wird zunehmend in Erfrischungsgetränken und Obstkonserven eingesetzt.

Kandis: Sammelbezeichnung für sehr grobkristallinen Zucker. Er wird aus reiner Zuckerlösung durch behutsames Auskristallisieren gewonnen. Neben reinem, weißem Kandis gibt es auch durch Zuckercouleur oder Karamel gelblich oder braun gefärbten Kandiszucker.

Karamel: Durch leichtes Erhitzen von Zucker entstandenes braunes Produkt mit dem typischen Karamelaroma (Hauptaromastoff: Maltol); von geringer Süßkraft.

Kristallzucker: Andere Bezeichnung für Verbrauchszucker.

Rohrzucker: Ursprünglich Name für Saccharose aus Zuckerrohr; inzwischen Synonym für Saccharose.

Rohzucker: Nicht gereinigter Zucker; durch Melassereste bräunlich gefärbt. Er ist hygienisch nicht immer einwandfrei. (Zu seinem ernährungsphysiologischen Wert siehe »Exkurs: Brauner Zucker – Eine Alternative?«, S. 230).

Rübenzucker: Aus der Zuckerrübe gewonnene Saccharose.

Vanillezucker: Mit 5% feingeriebener echter Vanille vermischter Zucker.

Vanillinzucker: Mit naturidentischem Aromastoff Vanillin (1%) vermischter Zucker; Vanillin stellt das Hauptaroma der Vanilleschote.

Zuckercouleur (E 150): Dunkelbrauner, farbintensiver, hochmolekularer Zusatzstoff. Er entsteht durch Erhitzen von Zuckern mit Ammoniumsalzen und schmeckt rauchig-bitter und nicht mehr süß. Er kann als Nebenprodukt die Substanz 4-Methylimidazol enthalten, das als gesundheitlich bedenklich einzustufen ist (Classen u. Mitarb. 1987).

Andere Zuckerarten

Fructose (Fruchtzucker) siehe Abschnitt Zuckeraustauschstoffe, S. 233.

Glucose (Traubenzucker, Dextrose) ist die in der Natur am häufigsten vorkommende Zuckerart. Man gewinnt sie technisch durch Spaltung (Hydrolyse) der Maisstärke. Sie dient – u. a. im Sport – als rascher Energiespender, da sie schnell ins Blut übergeht. Reine Glucose wird in Pulverform als »Dextrose« angeboten. Fester Traubenzucker enthält 70 bis 80% Glucose, 6 bis 8% Dextrin (Spaltstücke der Stärke) und Wasser. Der kühlende Effekt im Mund entsteht, weil beim Lösen in Wasser (Speichel) Wärme verbraucht wird, die der Umgebung entzogen wird.

Maltose (Malzzucker) ist der Hauptbestandteil des Malzextrakts, aus Gerstenmalz gewonnen. Sie schmeckt malzig und wenig süß und dient als Kräftigungsmittel.

Lactose (Milchzucker) wird aus der Milch (genauer: Molke) gewonnen. Sie findet als natürliches Kohlenhydrat der Muttermilch in der Kinder- und Krankenkost, der Herstellung von Gebäck und als Trägerstoff bei Instantteegetränken Verwendung. Sie schmeckt wenig süß und wirkt leicht abführend. Als weitere Eigenschaft ist die Verbesserung der Calciumaufnahme aus der Nahrung zu nennen.

Zuckeraustauschstoffe und Süßstoffe

Da Saccharose im Hinblick auf Karies, Diabetes, Übergewicht und Fettstoffwechselstörungen Probleme bringen kann, wird sie in steigendem Maß durch andere Produkte ersetzt. Man unterscheidet dabei Zuckeraustauschstoffe und Süßstoffe.

Die Zuckeraustauschstoffe stehen – im Gegensatz zu den Süßstoffen – in Brennwert und Süßkraft sowie durch ihre bindende und konservierende Eigenschaft dem Zucker noch sehr nahe. Da sie aber langsamer resorbiert und im Körper anders – nämlich insulinsparend – abgebaut werden, besitzen sie bei bestimmten Erkrankungen wie Diabetes diätetische Wirkung. Fructose, Sorbit und Xylit, weniger Mannit, spielen unter den Stoffen, die in der Natur vorkommen, die Hauptrolle. Neu in der Palette der Zuckeraustauschstoffe sind die synthetisch hergestellten Produkte Isomalt (Handelsname »Palatinit«), Maltit und Maltitsirup. Lactit und Polydextrose sind zwar in einigen Nachbarländern, nicht aber in Deutschland zugelassen.

Fructose (Fruchtzucker) ist ein in der Natur weit verbreiteter Zucker, enthalten beispielsweise in süßen Früchten und Honig. Sie ist zur Hälfte Bestandteil des Haushaltszuckers und besitzt mit 17 kJ (4 kcal) pro Gramm den gleichen Brennwert. Ihr Süßungsgrad hängt stark von der Konzentration ab: eine 10prozentige Lösung besitzt bei Raumtemperatur die 1,2fache, bei 60 °C nur noch die 0,8fache Süßkraft der Saccharose. Abführende Wirkung tritt nach Einzeldosen von 80 Gramm und mehr auf. Reine Fructose in Kristallform gibt es im Diätsortiment des Handels.

Die folgenden Zuckeraustauschstoffe sind chemisch keine Zucker (daher auch nicht die Endung -ose). Allerdings werden sie aus Zuckern hergestellt, nämlich durch Anlagerung von Wasserstoff (Hydrierung). Sie gehören zu den Zuckeralkoholen (mehrwertige Alkohole oder Polyole, Endung -it). Da sie verzögert und/oder nur teilweise resorbiert werden, kann der Körper sie nicht vollständig zur Energiegewinnung heranziehen. Die genauen physiologischen Brennwerte sind noch in der Diskussion; der Gesetzgeber (Lebensmittelrecht, Nährwert-Kennzeichnungsverordnung) hat zunächst für alle Stoffe gleichermaßen den Brennwert auf 10 kJ (2,4 kcal) pro Gramm festgelegt. Damit sind sie auch für den Einsatz bei brennwertverminderten Lebensmitteln (s. Kapitel 10.7) interessant.

Sorbit ist der bekannteste Zuckeraustauschstoff. Er wird aus Glucose gewonnen. In der Natur kommt er reichlich in der Eberesche vor. Seine Süßkraft ist nur halb so groß wie die der Saccharose; deshalb wird den

Handelsprodukten zumeist noch 0,11% Saccharin zugesetzt. Dadurch erhält das Produkt die Süße von Zucker und kann wie Zucker dosiert werden. Sorbit hat eine kühlende Wirkung (da, wie beim Traubenzucker, beim Lösen durch den Speichel Wärme verbraucht wird). Er ist koch- und backfest sowie hitzebeständiger als Zucker. Sorbit wird wegen seiner wasserbindenden Eigenschaft auch oft als Feuchthaltemittel (z.B. in Backwaren) eingesetzt. Wegen seiner schweren Vergärbarkeit kann er aus mikrobiologischen Gründen vorteilhaft statt Zucker zum Süßen verwendet werden (z.B. in Mayonnaise).

Xylit ist ähnlich wie Sorbit ein Zuckerabkömmling. Er wird durch ein aufwendiges Verfahren aus Stroh, Haferschalen oder Buchenholz gewonnen und ist daher wesentlich teurer als Zucker. Xylit ist etwas süßer als Saccharose, vermittelt wie Sorbit einen kühlenden Effekt in der Mundhöhle und ist hitzebeständig. Wegen seiner verzögerten Resorption im Darm hat er auch abführende Wirkung.

Isomalt, Lactit, Maltit und Maltitsirup kommen in der Natur nicht vor. Man stellt sie aus den Zweifachzuckern Isomaltose, Lactose und Maltose her; als Vorstufe für Maltitsirup dient Glukosesirup. Die genannten Stoffe sind im Geschmack zum Teil erheblich weniger süß als Saccharose. Isomalt und Lactit wirken besonders stark abführend.

Polydextrose ist ein Gemisch von Kohlenhydraten unterschiedlicher Größe und Verknüpfungsarten mit Glucose als Baustein. Sie besitzt keine Süßkraft mehr und ist relativ beständig gegen mikrobiellen Abbau und die Verdauungsenzyme. Ihr Brennwert ist daher auch nur mit 4,2 kJ (1 kcal) angegeben. Da sie sich technologisch (Viskosität, Textur) ähnlich wie Zucker verhält, dient sie als Füllstoff (Zuckerersatz) in Back- und Süßwaren, Speiseeis, Konfitüren, Desserts oder Nuß-Nougatcreme, außerdem vermittelt sie den Eindruck einer cremigen Konsistenz, weshalb sie auch als Fettersatzstoff Verwendung findet.

Süßstoffe

Die gesetzlich zugelassenen Süßstoffe Acesulfam, Cyclamat, Saccharin – alle wegen der besseren Löslichkeit meist als Salze verwendet – und Aspartam sind synthetische Produkte, die chemisch mit Zucker nicht verwandt sind und in der Natur nicht vorkommen (Abb. **5**).

In Kürze kommen zwei weitere Süßstoffe auf den Markt: Thaumatin ist ein Gemisch süßschmeckender Polypeptide (eiweißartig verkettete Aminosäuren) aus den Früchten der westafrikanischen Pflanze Thaumatococcus. Es wird durch Extraktion mit Wasser gewonnen. Es ist 3500mal süßer als Zucker. Die Süße setzt verzögert ein, ist dann aber sehr nachhaltig. Es besitzt weiterhin auch eine geschmacksverstärkende Wirkung (von Rymon-Lipinski 1994).

Neohesperidin-DC (DC steht für Dihydrochalkon) stellt man durch Anlagerung von Wasserstoff (Hydrierung) aus Neohesperidin oder Naringin her, die beide aus Zitrusschalen isoliert werden. Seine Süßkraft

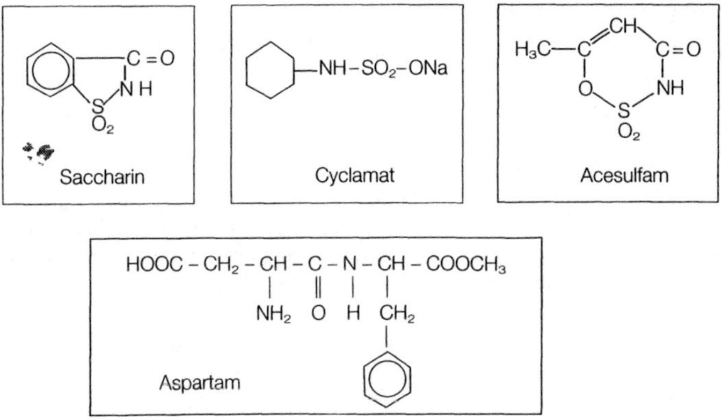

Abb. **5** Chemische Formeln künstlicher Süßstoffe.

ist 330mal stärker als Zucker. Es besitzt einen lakritz- bis mentholartigen Beigeschmack, der seine Verwendungsmöglichkeiten stark einengt. Es wirkt ebenfalls aromaverstärkend (von Rymon-Lipinski 1994).

4.1.3 Die Inhaltsstoffe – Süßer Stoff, sonst Fehlanzeige

Zucker

Haushaltszucker und Raffinade bestehen ausschließlich aus reiner Saccharose (andere Begleitstoffe fallen nicht ins Gewicht). Zucker wird vom Körper vollständig verbrannt und dient mit 1700 kJ (400 kcal) pro 100 g nur als Energielieferant. Man nennt Haushaltszucker daher auch »leeren Kalorienträger« oder »isolierten Zucker«.

Zu den weiteren Eigenschaften gehört sein süßer Geschmack, der sich von der leeren Süße mancher Süßstoffe angenehm unterscheidet. Ab einer Konzentration von etwa 63 % wirkt Zucker konservierend, da er Wasser an sich bindet und den Mikroorganismen so die Lebensgrundlage entzieht. Davon macht man bei der Konfitürenherstellung, beim Kandieren und beim Trocknen von Früchten Gebrauch. Zucker ist zum Sattessen nicht geeignet, im Gegenteil: Da er die Insulinausschüttung im Stoffwechsel anregt, wird er beschleunigt verbrannt. Dies führt zu einem starken Absinken des Blutzuckerspiegels, was im Körper wiederum das Gefühl »Hunger« auslöst. Bei Magen- und Darmbeschwerden ist eine zuckerarme Ernährung angezeigt: Zucker wird nämlich im Darm von Bakterien vergoren, was zu Blähungen und Verdauungsstörungen führen kann.

Zucker – Ein »Schadstoff«?

Die Diskussion über den ernährungsphysiologischen Wert des Zuckers wird sehr kontrovers geführt; die Bewertungen reichen von »nützlich« über »harmlos« bis »schädlich«.

An sich besteht überhaupt kein Bedarf an isoliertem Zucker; Lebensmittel mit natürlichem Zucker- und Stärkegehalt sichern die Energieversorgung hinreichend. Manche Ernährungswissenschaftler halten es jedoch für unbedenklich, bis zu 10% der empfohlenen täglichen Energiezufuhr, derzeit sind es fast 20%, im Rahmen einer vielseitigen Kost mit Zucker (Haushaltszucker und Süßwaren) abzudecken (Cremer u. Mitarb. 1987). Dies entspräche etwa 60 g Zucker pro Tag. Gute Zahnpflege vorausgesetzt, ist gegen Zuckerkonsum in dieser Menge nichts einzuwenden. Größere Mengen – der Bundesbürger nimmt etwa 100 g Zucker pro Tag auf (Leitzmann u. Hixt 1985) – sollen nach weit verbreiteter Auffassung verschiedene Krankheiten wie Übergewicht, Blutfett, Herzkranzgefäßerkrankungen, Allergien begünstigen (siehe auch »Exkurs: Zucker und Karies«). Wissenschaftlich belegt ist dies jedoch nicht. Eine Studie der amerikanischen Bundes-Gesundheitsbehörde (FDA) kam zu dem Ergebnis, daß, abgesehen von Karies, keine Gefahr für die breite Bevölkerung bestehe und daß der in den USA übliche (hohe) Zuckerkonsum keinen eigenständigen Risikofaktor für die Entstehung von Krankheiten darstelle (Berghäuser 1986).

Exkurs: Zucker und Karies

Im Gegensatz zu den Meinungsverschiedenheiten, ob Zucker gewisse Krankheiten begünstigt, besteht kein Zweifel daran, daß Zucker in Verbindung mit mangelnder Zahnpflege hauptverantwortlich ist für die Volkskrankheit Karies (Zahnfäule), an der weit über 80% der Bevölkerung leiden.

Der Zahnschmelz, die harte Schutzschicht des Zahnes, besteht hauptsächlich aus dem Calciumphosphat-Mineral Hydroxylapatit $Ca_5(OH)(PO_4)_3$. Aus diesem an sich sehr widerstandsfähigen Material kann aber durch Säureeinwirkung Calcium herausgelöst werden (Entkalkung), was die Schutzwirkung vermindert. In den feinen Zahnrillen oder Zahnzwischenräumen bleiben bei mangelnder Zahnpflege Speisereste sowie Kalkablagerungen und Schleim als Zahnbelag haften. Aus Saccharose z.B. bilden bestimmte Bakterien einen Schleim (aus Polysacchariden), der sich auf der Zahnoberfläche festsetzt. Solcher Zahnbelag, Plaque genannt, ist ein idealer Ort für die Bakterien der Mundhöhle (Plaque-Streptokokken), die grundsätzlich alle Kohlenhydrate als Nahrung verwerten, allerdings verschieden schnell. Besonders die einfachen Zuckerarten wie Traubenzucker, Fruchtzucker und auch Haushaltszucker in Süßigkeiten, Honig usw.

werden in kürzester Zeit zu Milchsäure vergoren; diese »frißt«, wenn man sie ungestört arbeiten läßt, an den Zähnen: Die Entkalkung nimmt ihren Lauf und damit die Karies, wobei sich tiefe Löcher in den Zähnen bilden können.

Bei der Entstehung von Karies wirken Häufigkeit des Zuckerverzehrs, Verweilzeit des Zuckers im Mund und die Bakterientätigkeit zusammen. Zur Eindämmung helfen also nur die Einschränkung zuckerreicher Schleckereien und rechtzeitiges Zähneputzen. Am wirksamsten ist die Zahnpflege unmittelbar nach dem Essen, da die Milchsäuregärung sofort einsetzt und bereits nach ca. 20 Minuten abgeschlossen ist. Leicht vergärbar sind Saccharose, Glucose und Fructose. Die übrigen Zuckeraustauschstoffe vergären schwer, Xylit überhaupt nicht, ebenfalls nicht die Süßstoffe (Großklaus u. Pahlke 1988), so daß die kritische Säurekonzentration (pH 5,7) nicht erreicht wird.

Zur Härtung des Zahnschmelzes (Calciumfluorid-Bildung) wird Fluorid eingesetzt, um so der Karies vorzubeugen.

Dennoch bleibt folgendes zu bedenken: Sind Erzeugnisse aus reinem Zucker die bevorzugte Ernährung und werden kohlenhydratreiche, pflanzliche Nahrungsmittel wie Getreide, Gemüse, Obst, die wichtige Lieferanten essentieller Nährstoffe sind, vernachlässigt, so hat dies ungünstige Auswirkungen auf die Versorgung mit diesen Nährstoffen (Bäßler u. Mitarb. 1987). Dies läßt sich am Beispiel von Vitamin B_1 verdeutlichen, das zum Abbau aller Kohlenhydrate notwendig ist, also nicht nur zum Abbau von Saccharose, wie der polemische Beiname »Vitamin-B_1-Räuber« für Zucker glauben machen soll. Ernährt man sich statt mit Vitamin-B_1-Trägern wie Vollkorngetreide vorwiegend mit ihren Verarbeitungsprodukten wie hellem Mehl und Stärke oder Zucker, so benötigt der Organismus zu deren Abbau im gleichen Umfang Vitamin B_1, bekommt es aber mit den Verarbeitungsprodukten nicht in notwendiger Menge zugeführt, so daß es zu Vitamin-B_1-Mangel kommt. So enthalten beispielsweise Weizenkörner 0,50 mg Vitamin B_1 pro 100g, ihr Verarbeitungsprodukt Weizenmehl (Type 405) nur 0,07 mg; in Naturreis ist 0,41 mg Vitamin B_1 enthalten, in poliertem Reis lediglich 0,03 und bei Haferflocken beträgt der Gehalt 0,52 mg pro 100 g, bei dem Verarbeitungsprodukt Weizenstärke 0,0 mg.

Auch die Warnungen vor Übergewicht und erhöhtem Blutfett, durch überhöhten Zuckerkonsum und nebenbei genaschte Süßigkeiten mitverursacht, sollten nicht außer acht gelassen werden. Bei mangelnder körperlicher Betätigung wird ein Teil des Zuckers nicht mehr verbrannt, sondern in der Leber zu Fett als Energiereserve umgewandelt. Dies kann zu erhöhtem Risiko für Übergewichtige führen. Schon Ende der siebziger Jahre war jedes vierte Kind in der Bundesrepublik übergewichtig, viele blieben es auch als Erwachsene. Nachdenklich stimmen sollte auch ein

Gerichtsurteil, das Verbraucherverbände erstritten: In Zusammenhang mit leichtsinnig überhöhtem Konsum kann man von Zucker als »Schadstoff« sprechen, weil »in Zucker ein nicht zu vernachlässigendes gesundheitliches Gefährdungspotential« stecke. Ähnlich wird es auch im »Ernährungsbericht 1984« formuliert, der die steigende Nachfrage nach Zucker und zuckerhaltigen Produkten als ungünstige Tendenz einstuft (Deutsche Ges. f. Ernährung 1984).

Angesichts dieser Meinungsverschiedenheiten ist es zweifellos besser den hohen Zuckerverbrauch zu senken und vollkornreiche Nahrung mit wichtigen Wirk- und Ballaststoffen zu bevorzugen. Dies begünstigt gleichzeitig den Vitamin-B_1-Haushalt. Laut »Ernährungsbericht 1988«, bestätigend auch »Ernährungsbericht 1992«, gibt es Hinweise darauf, daß die Verbraucher begonnen haben, ihre Ernährungsgewohnheiten dahingehend zu ändern (Deutsche Ges. f. Ernährung 1988, 1992).

Der meiste Zucker wird derzeit direkt über den Haushaltszucker aufgenommen: sein Anteil am Zuckerkonsum beträgt 27%, gefolgt von der Aufnahme über Erfrischungsgetränke mit 21%, über Süßwaren mit 16%, Brot und Backwaren 6%, Obst 6%, Konfitüre 2% (Leitzmann u. Hixt 1985).

Zuckeraustauschstoffe und Süßstoffe

Bei beiden Stoffgruppen handelt es sich wie bei Zucker um bloße Reinsubstanzen ohne jede Begleitstoffe.

Die günstige Wirkung der Zuckeraustauschstoffe für Diabetiker beruht darauf, daß sie im Körper langsamer resorbiert werden, wodurch sich die Umsetzung in der Leber verzögert, und sie nur zu einem geringen Teil als belastende Glucose ins Blut gelangen. So kommt es nicht zu erhöhtem Blutzuckerspiegel, und der Stoffwechsel läuft weitgehend insulinunabhängig ab.

Die Verwendungsmöglichkeit der Zuckeraustauschstoffe ist aber andererseits begrenzt, da sie abführend wirken, und dies – im Vergleich zur Saccharose – bei nicht unbeachtlichem Energiegehalt, aber geringerer Süßkraft. Dies kommt dadurch zustande, daß sie wegen ihrer verzögerten Resorption bis in den Darm gelangen und dort Wasser an sich binden, was den Stuhl aufweicht. Isomalt und Lactit wirken am stärksten abführend, wogegen Fructose am besten verträglich ist. Produkte mit über 10% an Zuckeraustauschstoffen müssen auf der Packung einen Warnhinweis über die mögliche abführende Wirkung tragen (Ausnahme Fructose). Bei einer Verzehrsmenge von weniger als 20 g pro Tag sind keine abführenden Effekte zu erwarten.

Bei Gewichtsproblemen sind Süßstoffe zum Süßen besonders geeignet, da sie nicht resorbiert werden und brennwertfrei sind (nur Aspartam bildet eine Ausnahme, da es der Körper wie Eiweiß verbrennt; im Vergleich zur Süßkraft ist der Brennwert aber zu vernachlässigen). Der bei Saccharin und Cyclamat 1969 in den USA entstandene Verdacht, daß

Tabelle **44** Wichtige Eigenschaften von Zuckern, Zuckeraustauschstoffen und Süßstoffen (nach Deutsche Ges. f. Ernährung 1988)

Stoff	Relative Süßkraft	Brennwert je 100 g kJ	(kcal)	Empf. Höchstmenge pro Tag g	Diät-Eignung* G	F	D	K
Saccharose	1	1700	(400)	60	–	–	–	–
Glucose	0,5	1700	(400)	60	–	–	–	–
Fructose	0,8 –1,2	1700	(400)	30–60	–	–	+	–
Sorbit	0,5	1000	(240)	30–60	–	–	+	+
Xylit	1,1	1000	(240)	30–50	–	–	+	+
Mannit	0,6	1000	(240)	10	–	–	+	+
Isomalt	0,5	1000	(240)	unbek.	–	–	+	+
Maltit	0,8	1000	(240)	unbek.	–	–	+	+
Maltitsirup	0,8	1000	(240)	unbek.	–	–	–	+
Lactit	0,35	1000	(240)	unbek.	–	–	+	+
Polydextrose	0	420	(100)	unbek.	+	+	+	+
Saccharin	450	0	(0)	0,35	+	+	+	+
Cyclamat	35	0	(0)	0,77	+	+	+	+
Saccharin-Cyclamat-Mischung	90	0	(0)	**	+	+	+	+
Acesulfam	200	0	(0)	0,6	+	+	+	+
Aspartam	140	1700	(400)	2,8	+	+	+	+

* Eignung für:
G = Gewichtsdiät F = Fettstoffwechseldiät (zu hohe Blutfettwerte)
D = Diabetesdiät K = Kariesdiät

** Tabletten: 42 Stück Lösung: 14 Milliliter

sie krebserregend wirkten, hat sich bei der Verwendung reiner Substanzen und wirklichkeitsgerechter Testmengen nicht bestätigt. Gleichwohl sollte ein übermäßiger Verzehr vermieden werden. Ihr Verbrauch wird ohnehin zurückgehen; denn vorsorglich hat der Gesetzgeber ihre zulässige Einsatzmenge bei Getränken halbiert und mit Aspartam und Acesulfam zwei weitere Süßstoffe zugelassen, die gegenüber Saccharin günstigere ADI-Werte aufweisen. Allerdings ist bei Aspartam für Personen mit der angeborenen Stoffwechselkrankheit Phenylketonurie (Fölling-Krankheit) Vorsicht geboten, da dieser Süßstoff den kritischen Aminosäurebaustein Phenylalanin enthält. Produkte mit Aspartam sind daher mit einem entsprechenden Warnhinweis versehen.

Die gewerbliche Verwendung der Süßstoffe ist gesetzlich begrenzt. Auch beim Privatgebrauch sollte man die festgelegten täglichen Grenzwerte nicht überschreiten (s. Tabelle **44**).

4.1.4 Wissenswertes für die Praxis

Einsparung von Zucker

Wegen seiner beliebten Süße dürfte Zucker nicht zu verdrängen sein. Um den Zuckerkonsum dennoch deutlich einzuschränken, sollte folgendes beachtet werden:

- Generell weniger süßen (nicht »süßen«, sondern »würzen«).
- Zucker teilweise durch Zuckeraustauschstoffe oder Süßstoff ersetzen.
- Weniger Süßigkeiten, mehr Obst essen.
- Vollkornreiche Nahrung mit Wirk- und Ballaststoffen bevorzugen.
- Saftkonzentrat oder getrocknete Früchte zum Süßen verwenden; das macht die Speisen zwar nicht gesünder, aber das Fruchtaroma überdeckt die geringere Süßkraft.

Wenn »Ohne Zucker« auf der Verpackung steht

Oft stehen auf Lebensmittelpackungen Hinweise, daß das Produkt frei von Zucker, ohne Zuckerzusatz oder zuckerfrei gesüßt sei. Da der Begriff »Zucker« lebensmittelrechtlich nicht genormt ist, hat sich ein entsprechender Begriffswirrwarr eingeschlichen. So könnten sich durch diese schlagwortartigen Hinweise sowohl Übergewichtige, Diabetiker, Zuckergegner und Personen, die Karies bekämpfen wollen, in gleicher Weise angesprochen fühlen.

Ob Zucker nun gewisse Krankheiten verursacht und fördert oder nicht, er besitzt zweifellos folgende (unerwünschte) Eigenschaften: er hat einen relativ hohen Brennwert, er fördert Karies und ist für Diabetiker nicht geeignet. Außer den Süßstoffen erfüllen alle Süßungsmittel mindestens eine dieser Eigenschaften. Es ist also wichtig zu wissen, was mit dem Hinweis »Süßung ohne Zucker« gemeint ist; das Zutatenverzeichnis auf der Verpackung gibt darüber Auskunft.

Aufbewahrung von Zucker

Zucker, vor allem Puderzucker und die Zuckeraustauschstoffe, müssen im Haushalt trocken aufbewahrt werden, da sie sonst verklumpen und hart werden. Sie nehmen auch leicht fremde Gerüche an, besonders die feinkristallinen Sorten. Richtig gelagert sind alle Zuckersorten unbegrenzt haltbar. Flüssiger Süßstoff hält sich nach Anbruch am besten im Kühlschrank; zuweilen enthält er Konservierungsstoffe (Verpackung beachten).

4.2 Schokoladen

Schokoladenähnliche Produkte wurden ab dem 17. Jahrhundert zunächst nur in Apotheken zubereitet; Ende des 18. Jahrhunderts begann die fabrikmäßige Fertigung (Fincke u. Mitarb. 1965). Die Qualität der Schokoladen ist vor allem von den Kakaobestandteilen abhängig, und zwar davon, ob Konsumkakao- oder Edelkakaobohnensorten verwendet werden; das Schokoladenaroma wird entscheidend durch die Art der Verarbeitungsverfahren mitbestimmt. Obwohl dunkle Schokoladensorten als wertvoller gelten, bevorzugen die meisten Verbraucher Milchschokoladenerzeugnisse.

Bei Schokoladen ist noch kein Zutatenverzeichnis vorgeschrieben, und aus der Angabe »Kakao ...« kann nur der eingeweihte Verbraucher auf den tatsächlichen Gehalt an Kakaobestandteilen schließen. Schokoladen sind »Kalorienbomben«, deren ernährungsphysiologischer Wert nicht nur von Kakaobutter und Zucker bestimmt wird, sondern bei vielen Sorten auch von Milch- und Nußanteilen abhängt. Kein vergleichbares Lebensmittel hat so ausgeprägte Genußqualitäten und zugleich anregende Eigenschaften.

An eventuellen Schadstoffen sind – in Abhängigkeit von den verwendeten Kakaobohnensorten – nur Cadmium und Nickel erwähnenswert.

4.2.1 Die Herstellung – Von der Kakaomasse zur Schokolade

Die Rohstoffe

Die wichtigsten Rohstoffe zur Herstellung von Schokolade sind Kakaomasse, Kakaobutter, Zucker, Milchpulver, Lecithin und auch Kakaopulver.

Kakaomasse ist die Muttersubstanz aller Schokoladen- bzw. Kakaoerzeugnisse. Sie wird durch Vermahlen von gerösteten und geschälten Kakaobohnen, den Kakaokernen, gewonnen. Die anfangs zähflüssige, tiefbraune Masse wird bei Raumtemperatur hart und spröde, sie enthält ca. 52 bis 56% Kakaobutter und hat bereits kakaoähnlichen Geschmack.

Kakaobutter ist trotz des niedrigen Schmelzpunktes (32 bis 35 °C) bei Raumtemperatur das härteste aller Speisefette, übrigens auch eines der teuersten. Sie ist bei Lichtausschluß außerordentlich stabil gegen Verderb. Man unterscheidet Kakaopreßbutter, Expeller-Kakaobutter und raffiniertes Kakaofett (Lebensmittelrecht, Bd. II, Kakaoverordnung).

Kakaopreßbutter, die beste Qualität, erhält man durch Abpressen von Kakaokernen oder Kakaomasse. Expeller-Kakaobutter wird in Schneckenpressen (Expellern) aus ungeschälten Kakaobohnen oder anderen schalenhaltigen Kakaorohstoffen gewonnen. Beide Kakaobutter-Qualitäten dürfen zur Reinigung und Desodorierung (Entfernen störender Gerüche) nur im Vakuum mit Dampf (max. 170 °C), das heißt schonend behandelt werden. Dadurch bleiben ihr blaßgelbes Aussehen, ihr Kakaogeruch und -geschmack weitgehend erhalten. Im Rahmen von EG-Vereinbarungen wird auch die Expeller-Qualität heute ebenso als »Kakaobutter« gekennzeichnet. Falls ausschließlich Kakaopreßbutter verarbeitet wurde, darf der Hersteller darauf hinweisen.

Raffiniertes Kakaofett darf aus minderen Kakaoerzeugnissen gepreßt bzw. mit Lösungsmitteln extrahiert werden und muß deshalb auch vollständig raffiniert sein.

Kakaopulver wird ausschließlich aus dem Rückstand der Kakaopreßbutterherstellung gewonnen.

Zucker (Saccharose) macht bei fast allen Schokoladen etwa die Hälfte des Rohstoffanteils aus; in begrenzten Mengen dürfen auch andere Zuckerarten, z. B. Milchzucker und insbesondere Traubenzucker, verwendet werden.

Vollmilchpulver ist die charakteristische Zutat für Milchschokolade. Sprühgetrocknetes Milchpulver ergibt eine bessere Haltbarkeit als ein auf Walzen getrocknetes.

Herstellung und Verpackung

Die Hauptrohstoffe werden zunächst in Knetmischern zu einer noch feinkörnigen Schokoladengrundmasse verrieben; diese wird dann durch engstehende, gegeneinander rotierende Walzen gepreßt, und unter dem starken Druck lassen sich die Kakao- und Zuckerteilchen sehr fein vermahlen.

Die nunmehr krümelig-pulverige Schokoladengrundmasse wird durch das Conchieren, so genannt nach den ersten muschelförmigen Rührbottichen (conche, franz. = Muschel), zur eigentlichen Schokolade. Bei dieser klassischen Endveredelung wird die erwähnte Schokoladenmasse unter Zugabe von Kakaobutter meist bis zu 2 Tagen oder auch länger intensiv gerührt, gewendet und belüftet. Dadurch erzeugt man eine fließfähige, homogene Masse; es entstehen einerseits erwünschte Aromastoffe, andererseits werden unerwünschte Stoffe (flüchtige Säuren, Aldehyde und Phenole) zusammen mit überschüssigem Wasser ausgetrieben. Gleichzeitig erhält die Schokolade den hochgeschätzten Schmelz, eine Geschmacksempfindung, die entsteht, wenn die harten Kakao- und Zuckerteilchen von einem Kakaobutterfilm umhüllt sind.

Neuerdings hat man davon stark abweichende und verkürzte Veredelungsverfahren entwickelt. Art und Dauer dieser Behandlung bestimmen stets maßgeblich die Qualität und den Preis der Schokoladen.

Danach werden beim sogenannten Temperieren durch stufenweises Abkühlen und Wiedererwärmen in der Schokoladenmasse unzählige Kakaobutterkriställchen einer ganz bestimmten Form gezüchtet, die später zum schnellen Erstarren und zur »knackigen« Konsistenz der Schokoladen führen.

Zum Eintafeln wird die Schokoladenmasse in vorgewärmte Tafel- bzw. Riegelformen abgefüllt oder in einteiligen oder zweiteiligen Klappformen zu Pralinen bzw. Figuren gegossen.

Das Verpacken erfolgt in zugefalteter oder besser luftdicht verschweißter Alufolie, neuerdings auch in verklebter Kunststoffolie, um Schokoladen vor Aromaverlust und Geruchseinwirkung zu schützen.

4.2.2 Das Warensortiment – Von »knackig« bis »auf der Zunge zergehend«

»Schokolade« wird einerseits als Oberbegriff für alle Schokoladen, andererseits als Bezeichnung für »dunkle«, d. h. kakaomassereiche, milchfreie Schokolade verwendet. Je mehr eine Schokolade an Kakaomasse enthält, um so herber und bitterer ist sie, um so stärker ist ihr natürliches Aroma, und um so höher ist auch der Preis. Die vorgeschriebenen Hauptanteile in Schokoladen zeigt Tabelle **45**.

Tabelle **45** Vorgeschriebene Hauptanteile in Schokoladen (Lebensmittelrecht, Bd. II, Kakaoverordnung)

Schokoladen-arten	Wertgebende Mindestanteile			Höchst-anteile Zucker
	»Kakao« = Gesamtkakao-trockenmasse* (in %)	davon Kakao-butter (in %)	Milch-bestand-teile** (in %)	(in %)
Dunkle Schokoladen				
Schokolade	35	18		65
Schokolade, »Feine«, »Feinste«, »Extra«, »Edel«	43	26		57
Halbbittere Schokolade	50	18		50
Schokoladenüberzugs-masse = Kuvertüre, dunkel	47	31		53
Milchschokoladen				
Milchschokolade	25		14	55
Sahne-/Rahmschokolade	25		14	60
Milchschokolade, »Voll-«, »Feine«, »Feinste«, »Extra«, »Edel«	30		18	50
Milchschokoladen-überzugsmasse = Milchkuvertüre	25		14	55
Weiße Schokolade		20	14	55

* Fettfreie Kakaotrockenmasse und Kakaobutter.

** Fettfreie Milchtrockenmasse und Milchfett.

Massive Schokoladen

Neben den genannten Hauptrohstoffen darf Schokolade weitere Lebensmittel enthalten: Nüsse, Sojamehl, Milchzucker, »Knusperreis«, Krokant, Trockenfrüchte, Kaffee, Molkenpulver usw. (ausgenommen andere Fette als Kakaobutter und Milchfett). Soweit diese in der Schokolade sichtbar sind, darf deren Gehalt maximal 40% betragen, bei nicht sichtbaren, also fein verteilten Lebensmitteln 30%. Hier kann die Kakaoverordnung zu Unklarheiten führen, weil solche Zutaten erst mit Anteilen ab 5% aufwärts anzugeben sind. Danach könnten theoretisch bis zu 6 verschiedene feinverteilte Lebensmittel von jeweils weniger als 5% (Gesamtanteil weniger als 30%) zugesetzt sein, ohne daß dies dem Verbraucher angezeigt werden müßte. Soweit auch Schokoladenverpackungen Zutatenverzeichnisse tragen – was bisher freiwillig weitgehend geschieht – sind allerdings auch diese aufgeführt. (Siehe auch »Exkurs: Kakao: 30% mindestens«.)

Außerdem darf in Schokoladen der Zucker (Saccharose) bis zu 5% durch andere Zuckerarten ersetzt werden, bei Verwendung von Traubenzucker sogar bis zu 20%; bei mehr als 5% ist dies kennzeichnungspflichtig (»mit Traubenzucker« bzw. »mit Dextrose«).

Bei Hinweisen auf Kaffee und Spirituosen müssen davon mindestens 1%, bei Cola-Schokolade 0,15% bis höchstens 0,25% Coffein (mit Deklaration) enthalten sein (Zipfel 1989).

Bitterschokolade hat die meisten Kakaobestandteile (60%) (Muermann u. Kiesgen 1982); sie schmeckt dadurch bitter-herb.

Halbbitter- oder »Zartbitter«-Schokolade braucht nur zur Hälfte aus Kakaobestandteilen zu bestehen und schmeckt daher nicht so bitterherb. Beide Sorten eignen sich auch als Umhüllung für Schokolade mit süßen Füllungen.

Vollmilch- und »Feine«, »Extra« oder ähnliche Milchschokoladen haben zugunsten von Milchpulver wesentlich niedrigere Gehalte an Kakaobestandteilen, die hier übrigens zu ca. vier Fünfteln aus Kakaobutter bestehen. Wegen des milden und süßen Geschmacks der Milchschokoladen sind sie die weitaus beliebtesten Sorten; dennoch enthalten sie im Durchschnitt nur wenige Prozent mehr an Zucker als die bitteren Schokoladen.

Gianduja-Haselnuß- bzw. -Haselnußmilchschokolade, auch »Noisette« genannt, sind italienisch-schweizerische Spezialitäten mit hohen Anteilen zerkleinerter und evtl. zusätzlich ganzer Nüsse bzw. Mandeln (mindestens 15 bis maximal 60%).

Weiße Schokolade unterscheidet sich von allen anderen Sorten dadurch, daß sie neben Kakaobutter keine anderen fettfreien (braunen) Kakaobestandteile enthält.

In Diabetiker-Schokolade ist Zucker durch Zuckeraustauschstoffe ersetzt, meistens durch Fructose, Sorbit oder Isomalt (= »Palatinit«), manchmal auch durch die teureren Stoffe Mannit oder Xylit.

Exkurs: »Kakao: 30 % mindestens«

Diese wertbestimmende Angabe »Kakao: 30% mindestens« ist für Tafelschokoladen (Ausnahmen: Gianduja- und Haselnußschokolade) zwar so vorgeschrieben, aber in zweifacher Weise mißverständlich: Erstens wird »Kakao« hier nicht als Abkürzung für »Kakaopulver« verwendet, wie dies landläufig üblich ist, sondern steht für alle aus den Kakaokernen stammenden (Kakao-)Bestandteile, insbesondere auch für Kakaobutter; denn gerade sie macht innerhalb dieses Anteiles »Kakao« stets den größten Prozentsatz aus, weil die Kakaomasse von Natur aus schon ca. 54% Kakaobutter enthält und den Schokoladen außerdem Kakaobutter zugesetzt wird.

Bei Schokoladen mit anderen Lebensmittelzutaten ist noch ein zweiter Umstand wichtig: Die Prozentangabe (»Kakao: 30% ...«) bezieht sich dann nicht auf das Gesamterzeugnis, sondern nur auf seinen »eigentlichen« Schokoladenanteil. Das bedeutet für eine 100-g-Tafel, die z.B. aus 90 g eigentlichem Schokoladenanteil und 10 g anderen Lebensmitteln besteht, daß sie 30% von 90 g, also 27 g »Kakao«(-bestandteile) enthält (statt vermeintlicher 30 g).

Gefüllte Schokoladen, Pralinen, Schokoriegel

Bei gefüllten Schokoladen, Pralinen und Schokoriegeln müssen der Schokoladenüberzug bzw. -anteil mindestens 25% ausmachen und die Art der Füllungen gekennzeichnet sein. Pralinen sind immer bissengroß, und man unterscheidet drei große Gruppen:

- Pralinen mit fester bis halbfester Füllung (mit Marzipan, Nugat, Trüffelmasse usw.), mit Schokolade überzogene, z.B. die klassischen Mozartkugeln;
- Pralinen mit weicher bis flüssiger Füllung (mit Fondantcreme, Eierlikör, Spirituosen usw.) in vorgefertigten Schokoladen-Hohlkörpern;
- Pralinen aus aufeinandergelegten – teilweise sichtbaren – Schichten aus Schokoladen und anderen Lebensmitteln (mit Marzipan, Nugat, Krokant, Fruchtpasten usw.).

Bei den Schokoladen- und Pralinenfüllungen mit Spirituosen werden aus technischen und geschmacklichen Gründen nicht die konzentrierten Spirituosen, sondern Verdünnungen mit Zuckerlösung verwendet. Der Alkoholgehalt solcher Füllung soll bei der Herstellung etwa ein Drittel dessen der Originalspirituosen betragen (Muermann u. Kiesgen 1982). Durch Verdunstung vermindert sich der Alkoholgehalt allerdings ständig.

Schokoriegel haben als Kerne normalerweise geschnittene oder in Schneckenpressen hergestellte Strangformen aus Zuckerwaren, die meist aus Schichten verschiedenartiger Konsistenz und Geschmacksrichtungen bestehen: Häufig mit Toffeemassen, Hasel-, Erdnüssen, Kokosraspel u. a. Samenkernen oder Ölsaaten. (Bei Riegeln mit Überzügen aus kakaohaltiger Fettglasur muß diese gekennzeichnet sein, und solche Riegel gelten dann insgesamt als Zuckerware.)

Schokoladenersatz

»Kakaohaltige Fettglasur« unterscheidet sich äußerlich kaum von Schokolade, enthält aber anstelle der teuren Kakaobutter gehärtete andere pflanzliche oder tierische Fette und fettarmes Kakaopulver. Bessere Sorten, insbesondere für Eiskonfekt, sind mit ungehärtetem Kokosfett, Traubenzucker und nicht alkalisiertem Kakaopulver hergestellt. Der erwünschte kühlende Geschmackseindruck entsteht, indem durch das Schmelzen von Kokosfett und das Lösen von Traubenzucker im Mund Wärme verbraucht wird.

Mit kakaohaltiger Fettglasur können Backwaren, Speiseeis und Zuckerwaren überzogen sein. Um Verwechslungen mit Schokolade zu vermeiden, muß sie stets als »(kakaohaltige) Fettglasur« gekennzeichnet sein (Muermann u. Kiesgen 1982, Zipfel 1989). Sie neigt weniger zur Bildung von Fettreif (siehe »Wissenswertes für die Praxis«, S. 251) als Schokolade.

4.2.3 Die Inhaltsstoffe – Schokolade, ein nahrhaftes Genußmittel

Nährstoffe, Ernährungsphysiologisches

Schokoladen und Pralinen sind Lebensmittel mit stets hohem physiologischem Energiegehalt (Brennwert). So deckt eine 100-g-Tafel Milchschokolade mit 550 kcal (2300 kJ) bereits ein Fünftel des täglichen Energiebedarfs eines Erwachsenen. Charakteristisch ist eine schnell einsetzende und lang anhaltende Sättigung, weil der Zucker praktisch sofort und danach noch das Fett als Energielieferanten zur Verfügung stehen. Milchschokolade mit Nüssen wird ernährungsphysiologisch am günstigsten beurteilt. Da sie fast alle lebensnotwendigen Nährstoffe enthält, kann sie in Sondersituationen als kompakte Kraftnahrung dienen, z. B. bei Expeditionen. Wenn Schokolade als »Zwischendurch-Mahlzeit« genossen wird, ist der hohe Brennwert zu beachten. Gerbstoffe und der hohe Fettgehalt können außerdem Verstopfungen fördern. (Siehe auch »Exkurs: Schokolade als Genußmittel«.)

Tabelle **46** Die wichtigsten Inhaltsstoffe in 100 g dunkler und Milchschokolade

	dunkle Schokolade	Milch-schokolade	Tages-bedarf*
Eiweiß (g)	5,3	9,2	55
Fett (g)	30,0	31,5	70
Saccharose (g)	47,0	44,6	–
Lactose (g)		9,5	–
Brennwert (kJ)	2050	2300	10000
(kcal)	490	550	2400
Calcium (mg)	63	214	900
Eisen (mg)	3,2	2,3	10–15 (Frauen)
Kalium (mg)	397	471	2000
Magnesium (mg)	100	86	350
Phosphor (mg)	287	242	1400
Vitamin B_1 (mg)	0,04	0,11	1,3
Vitamin B_2 (mg)	0,13	0,37	1,7
Niacin (mg)	0,86	0,46	18
Theobromin (mg)	0,6	0,3	–

* Empfohlener Tagesbedarf für Erwachsene (Lebensmittelrecht, Nährwert-Kennzeichnungsverordnung)

Exkurs: Schokolade als Genußmittel

Kein anderes Lebensmittel hat neben einem hohen Brennwert bzw. Energiegehalt – und bei Nußschokolade auch gewissem ernährungsphysiologischen Wert – gleichzeitig so ausgeprägte Genußqualitäten wie Schokolade.

Hauptaromaträger sind die fettfreien Kakaobestandteile. Deshalb ist der Geschmackseindruck am intensivsten in den Bitterschokoladen (auch »Herrenschokolade« genannt). Milchschokolade – die bevorzugte Schokoladenart – schmeckt vor allem wegen ihres kleineren Anteils an fettfreien Kakaobestandteilen milder.

Trotz intensiver Bemühungen sind nur einige chemische Stoffgruppen erforscht, die zu den typischen Geschmacksmerkmalen aromatisch, herb, bitter, säuerlich-adstringierend (insbesondere bei dunkler Schokolade) führen. Durch Erhitzen entstehen vor allem Karamel- und Maillardprodukte; daneben wirken unter anderem Aldehyde, Ketone, Ester, ätherische Öle als Aromaträger. Theobromin und Coffein tragen zur Bitterkeit bei, und bestimmte Polyphenole verursachen den adstringierenden Geschmack. Die bislang nur sensorisch wahrnehmbaren Kakaoröstnoten kann man neuerdings auch analytisch erfassen (mittels bestimmter Methylpyrazine) und objektivieren (Ziegleder 1982).

Für eine anregende Wirkung sorgen Coffein und Theobromin, die beide zur Stoffklasse der Purine (= Purinalkaloide) gehören. Der Puringehalt in dunklen Schokoladen beträgt 0,4 bis 0,8%, in Vollmilchschokoladen 0,2 bis 0,4%. Davon wiederum sind 80 bis 90% Theobromin und nur 10 bis 20% Coffein (Fincke u. Mitarb. 1965). Theobromin wirkt etwas anders als Coffein: schwächer anregend auf Herz und Zentralnervensystem, aber stärker harntreibend.

Schokolade enthält – wie zahlreiche andere Lebensmittel – auch Spuren »biogener Amine«, die den Blutdruck steigern und die Gehirnfunktionen sowie das psychische Befinden beeinflussen. Weil einer dieser Stoffe (2-Phenylethylamin) gemütsaufhellend wirkt, wurde schon empfohlen, bei Liebeskummer Schokolade zu essen. Auch sollen solche Amine bei »schokoladesensitiven« Personen Migräneanfälle auslösen können. Da jedoch die mit üblichen Schokoladenportionen aufgenommenen Aminmengen vergleichsweise gering sind, ist diese Wirkung bisher schwerlich erklärbar (Fincke 1988).

Die wichtigsten Nährstoffe in dunkler und Milchschokolade zeigt Tabelle **46**.

Eiweiß: Der Eiweißgehalt von Schokolade wird insbesondere durch die Milchpulveranteile bestimmt; das aus dem Kakao stammende Eiweiß ist von geringer biologischer Wertigkeit, die aber beim Verzehr von Milch- sowie Mandel- und Nußschokoladen erheblich aufgebessert wird.

Fett: Mit ca. 30% bis fast 40% ist der Fettgehalt von Schokolade bemerkenswert hoch. Die darin vorherrschende Kakaobutter ist bei Raumtemperatur hart, schmilzt aber bei Körpertemperatur schnell und vollständig. Dadurch entsteht beim Anbiß von Schokolade das knackige und beim Lutschen das angenehme »Mundgefühl«. Der geringe Gehalt der Kakaobutter an essentiellen Fettsäuren (2 bis 4%) wird durch zugesetzte fetthaltige pflanzliche Lebensmittel (z. B. Nüsse) etwas aufgebessert. Hierdurch und durch Milchpulver steigt auch der Gehalt an Vitaminen der B-Gruppe und Vitamin E. Die Mitverarbeitung anderer pflanzlicher (billigerer) Fette als Kakaobutter ist in der Bundesrepublik bisher nicht zulässig, in England, Irland und Dänemark aber in Mengen von weniger als 5% erlaubt.

Kohlenhydrate/Zucker/Zuckeraustauschstoffe: Schokoladen enthalten meist 50 bis 60% Zucker (Saccharose), daneben Milchzucker und manchmal anstelle von Saccharose bis zu 20% Traubenzucker. In Diabetiker-Schokoladen ist Saccharose durch Zuckeraustauschstoffe ersetzt; deren Brennwert ist – abgesehen von Fruchtzucker – neuerdings mit nur noch 10 kJ bzw. 2,4 kcal deutlich niedriger angesetzt als der von Zucker.

Mineralstoffe: Schokoladen enthalten nennenswerte Mengen des aus den Kakaokernen stammenden Kaliums und Magnesiums; in Milchschokoladen herrscht dagegen das aus der Milch stammende Calcium vor.

Zusatzstoffe

Schokoladen enthalten bemerkenswert wenige (zugelassene) Zusatzstoffe. Von Bedeutung für die Qualität sind nur die in begrenzter Menge erlaubten Emulgatoren Lecithin und die stärker emulgierenden Ammoniumsalze von (lecithinähnlichen) Phosphatidsäuren. Weil der naturidentische Aromastoff Vanillin schon lange fast selbstverständlich zum Schokoladengeschmack gehört, braucht er normalerweise nicht deklariert zu werden; denn nur wenn ein Gewürz oder ein Aromastoff vorherrscht, muß dessen Name angegeben sein.

Von den künstlichen Aromastoffen ist nur das sehr geruchsintensive Ethylvanillin erlaubt – allerdings nur mit Kennzeichnung – jedoch ohne praktische Bedeutung. Nicht erlaubt ist der Zusatz von Aromen, die Kakao, Schokolade oder Milchfett nachahmen (Lebensmittelrecht, Kakao-VO).

Konservierungsstoffe dürfen nur in bestimmten Füllungen (Fruchtpasten und Marzipanrohmasse) von Pralinen und gefüllten Schokoladen enthalten sein.

Schadstoffe

Die Belastung der Kakaobohnen durch Schädlingsbekämpfungsmittel war in den achtziger Jahren schon ständig zurückgegangen (Fincke 1988); und in Schokoladenerzeugnissen wurden inzwischen keine Rückstände gemessen.

Von den Umweltverunreinigungen spielen nur die Schwermetalle Cadmium und Nickel eine Rolle.

Cadmium: Kakaobäume haben die merkwürdige Eigenschaft, dieses Element bevorzugt aus dem Boden aufzunehmen und anzureichern. Bei einigen Edelsorten in Ecuador und Venezuela, die auf cadmiumreichen Böden wachsen, führt dies zu einem ungewöhnlich hohen Cadmiumgehalt in den Kakaobohnen. Insbesondere an Edelschokoladen hatte man bei früheren Untersuchungen Cadmiumwerte von 0,2–0,6 mg pro kg gefunden (Knezevic 1979). Um diese Gehalte zu senken, waren Hersteller von Edelschokolade dazu übergegangen, von den Edelsorten stärker belastete mit schwächer belasteten Kakaobohnen zu mischen (Knezevic, pers. Mitt.). Bei amtlichen Untersuchungen an 25 Zartbitter- bzw. Edelbitterschokoladen aus dem Handel (1991) hatte gerade eine Probe mit z. B. 0,41 mg den inzwischen festgelegten Toleranzwert von 0,4 mg pro kg erreicht. Bei gleichzeitig untersuchten 25 Milchschokoladen verschiedener Herkünfte lag auch der maximale Wert von z. B. 0,13 mg (Chem. Untersuchungsamt Bochum 1991) noch unterhalb des neuen Toleranzwertes für Milchschokoladen von 0,15 mg pro kg (Bundesgesundheitsamt 1993). Der Anteil der stärker cadmiumhaltigen Kakaobohnen an der Welternte wird auf unter 5% geschätzt (Fincke 1988). So ist die Masse der Schokoladenproduktion davon weniger betroffen. Auch der in Milchpulver und Haselnüssen festgestellte Cadmiumgehalt (0,01 bis 0,05 mg pro kg) kann in Milch-/Nußschokoladen somit auch nicht zu einer nennenswerten Belastung beitragen (Bulletin International Dairy Federation 1978; Knezevic, pers. Mitt.). Bei ebenfalls amtlichen Untersuchungen an Kakaopulver aus dem Handel wurden 1991 an 48 Proben (46 schwach, 2 stark entölte) Cadmiumgehalte von 0,12–1,25 mg pro kg ermittelt (Chemisches Untersuchungsamt Krefeld 1991) und 1993 an 50 Proben Kakaopulver (meist schwach entölte) 0,06–0,72 mg pro kg (Chemisches und Lebensmitteluntersuchungsamt Neuss 1993). Bei diesen teils höheren Cadmiumgehalten ist jedoch im Vergleich zu Schokoladen zu bedenken: Kakaopulver wird – ob gewerblich oder im Haushalt – stets mit anderen Lebensmitteln im Überschuß vermischt und verdünnt, so daß die verzehrsfertigen Produkte oder Zubereitungen stets auch nur zu einem kleineren Teil aus Kakaopulver bestehen.

Nickel: Typisch für Kakao ist auch ein relativ hoher Nickelgehalt. Nickel ist einerseits ein für den menschlichen Körper essentielles Spurenelement, das bei verschiedenen enzymatischen Reaktionen im Stoffwechsel mitwirkt. Allerdings ist auch bekannt, daß der Hautkontakt mit nickelhaltigen Gegenständen allergische Reaktionen auslösen kann. Nickel, das über Lebensmittel aufgenommen wird, kann bei nickelsensibilisierten Menschen solche Allergien ebenfalls auslösen (Souci u. Mitarb. 1994, Großklaus u. Pahlke 1988).

4.2.4 Wissenswertes für die Praxis

Ernährungsphysiologisches

Von Schokoladen sind Milchschokoladen mit Nüssen ernährungsphysiologisch zu bevorzugen. Beim Verzehr (z. B. vor dem Zubettgehen) sollte man die harntreibende Wirkung vor allem dunkler Schokoladen berücksichtigen. Zur Vermeidung von Karies (siehe »Exkurs: Zucker und Karies«, S. 236f.) sollte man nach jedem Schokoladenverzehr die Zähne putzen.

Aufbewahrung

Unter günstigen Bedingungen kann man dunkle, massive Tafelschokoladen 12 bis 24 Monate, Milchschokoladen bis zu 12 Monaten aufbewahren. Gefüllte Schokoladen und Pralinen sind – je nach Füllungsart – von unterschiedlicher und kürzerer Haltbarkeit: manche Pralinen bis zu 9 Monate, solche mit alkoholischer Füllung 3 bis 4 Monate, Trüffeln nur etwa 1 bis zu 4 Wochen. In Nußschokoladen können sich in der wärmeren Jahreszeit Insekten entwickeln, nach Eiablage auch durch die geschlossene Verpackung. Für langfristige Lagerung sind Temperaturen zwischen +5 und +10 °C am günstigsten (im Kühlschrank in verschweißter Alufolie). Man sollte Schokolade nicht, auch nicht kurzfristig, über 20 °C und nie in der Sonne lagern: Oberhalb 23 °C bildet sich leicht ein zwar unbedenklicher, aber unansehnlicher »Fettreif«. Dies ist eine weißlich-bräunliche, filmdünne Schicht ausgetretener Kakaobutter, die sich in mikroskopisch erkennbar »falscher« Fettkristallform wieder verfestigt hat. Sie bildet sich insbesondere auf gefüllten Schokoladen und Pralinen sowie auf milchfreien Schokoladen mit Nuß- und Mandelerzeugnissen.

Wissenswertes in Kürze

Tafelschokoladen zählen in der Bundesrepublik zu den preiswertesten unter den veredelten Lebensmitteln.

Milchschokolade mit Haselnüssen ist ernährungsphysiologisch noch die günstigste Schokoladensorte; allerdings die hohen Fett- und Zuckergehalte beachten.

Nach Verzehr von Schokolade stets für Mundhygiene sorgen. Bei längerer Vorratshaltung Schokolade unter +10 °C lagern und auf das meistens – bisher freiwillig – aufgedruckte Mindesthaltbarkeitsdatum achten.

Im Sommer bei Nußschokolade auf Insekten achten.

Pralinen mit alkoholhaltigen Füllungen nur kurzfristig aufbewahren.

4.3 Zuckerwaren

Der im wahrsten Sinne des Wortes »bunte Markt« der Zuckerwaren ist nicht nur für Kinder verlockend. Bonbons, Gummifigürchen, Lakritzen, Marzipan und die vielen anderen Formen dieser Lebensmittelsparte sind vor allem bei übermäßigem Verzehr ernährungsphysiologisch problematisch. Im Gegensatz zu Produkten mit verborgenem Zuckergehalt (wie bei Erfrischungsgetränken) läßt sich hier die aufgenommene Zuckermenge allerdings gut kontrollieren. Bei dem verbreiteten »Zwischen-durch-Verzehr« muß der zahnschädigenden Wirkung vorgebeugt werden; hierfür sind Produkte zu empfehlen, in denen Zucker durch süßende Austauschstoffe ersetzt ist. Zuckerwaren sind traditionell meist gefärbt. Die verwendeten Farbstoffe sind die auffälligsten, aber nicht die einzigen Zusatzstoffe. Es kommen auch pastellfarbene Produkte »ohne Farbstoff« in den Handel.

Schadstoffe sind bei Zuckerwaren kaum erwähnenswert.

4.3.1 Die Herstellung – Zucker ist die Basis

Für Zuckerwaren werden vorrangig Zucker (Saccharose) sowie Stärke- bzw. Glukosesirup und Invertzuckersirup verarbeitet. Die Zuckerwaren erhalten ihre besonderen Eigenschaften in erster Linie durch Hinzufügen anderer Lebensmittel wie Fette, Früchte, Honig, Mandeln, Nüsse, Milch- und Kakaoerzeugnisse, Gelier- bzw. Quellmittel, Aroma- und Farbstoffe, aber auch durch ihre Herstellungsverfahren. Weil diese so unterschiedlich sind wie die Produkte selbst, werden einige charakteristische Verfahren erst bei den jeweiligen Zuckerwaren im folgenden Kapitel (4.3.2 Das Warensortiment) kurz erläutert.

4.3.2 Das Warensortiment – Vom Bonbon bis zum »Türkischen Honig«

Einige Zuckerwaren, deren Hauptzutat schon im Namen erscheint – z. B. Malz in »Malzbonbons«, Milch in »Milchkaramellen« oder charakteristische Bestandteile wie Kakao oder Schokolade – müssen Mindestmengen dieser Zutaten enthalten. Bei Produkten mit dem Beinamen »Kaffee« oder mit Angaben alkoholischer Getränke muß die Zutat lediglich »geschmacklich deutlich wahrnehmbar« sein. Einige Erzeugnisse dürfen nur einen begrenzten Zuckeranteil enthalten (Andersen 1988, Bund für Lebensmittelrecht ... 1982).

Nachstehend werden die bekanntesten Zuckerwaren in alphabetischer Reihenfolge mit ihren besonderen Eigenarten kurz beschrieben.

Dragees

Sie bestehen entweder aus einem festen, weichen oder flüssigen Kern und einer zucker- oder schokoladenhaltigen Decke. Man unterscheidet hier Hart-, Weich- und Schokoladendragees. So werden zumeist Kristallzucker, Mandeln oder Nüsse als feste Kerne, Trockenfrüchte, Fondant oder ähnliches als weiche Kerne in rotierenden Kesseln vielfach wiederholt mit konzentrierten Zuckerlösungen, zuweilen mit (warmer) Schokolade besprüht bzw. beschichtet.

Bei Hartdragees verdampft das Wasser durch Warmluft, und der Zucker kristallisiert sehr fein aus: Sie sind meist außen geglättet, poliert und gefärbt, wie Nonpareille (Streukügelchen), Liebesperlen, Dragee-Eier und »Kieselsteine«; eine gekrauste Decke haben z. B. die karamelisierten sogenannten gebrannten Mandeln. Dagegen sind die echten gebrannten Mandeln nicht dragiert und daher hygroskopisch und klebrig.

Weichdragees bestreut man mit Puderzucker und bindet so das Wasser.

Schokoladendragees haben entweder eine Schokoladendecke, z. B. um einen Nußkern, oder eine Zuckerdecke um einen Schokoladenkern, z. B. »Schokolinsen«.

Eiskonfekt

Die pralinenähnlichen Stücke aus kakaohaltiger Fettglasurmasse – daher sind sie eigentlich kein Konfekt – verdanken ihren charakteristisch kühlenden Geschmackseindruck ungehärtetem Kokosfett oder anderem Fett mit hoher Schmelzwärme und Traubenzucker (Kakaobestandteile mindestens 5%).

Fondantmasse oder »Weichzucker«

Aus einer eingekochten Lösung von Saccharose mit Glukosesirup oder Invertzucker entstehen in einer speziellen (»Tablier«-)Maschine durch starkes Kneten und rasches Abkühlen feinste, nicht spürbare Zuckerkristalle und damit die erst pastöse, dann schnittfeste Fondantmasse. Durch ihr leichtes Schmelzen wirkt sie im Munde schwach kühlend.

Fondanterzeugnisse oder Fondants: Sie sind aus aromatisierter, oft gefärbter Fondantmasse geformt, teils gefüllt, kandiert oder glasiert, z. B. Meraner Konfekt, Baumbehang, Dottereier.

Fondantkremfüllungen gibt es in Pralinen, »Creme-Schokoladen« und Kremhütchen sowie eingearbeitet in den kegelförmigen, oft mit Schokolade überzogenen Kokosflocken.

Pfefferminzfondant (-bruch) nennt man die halbseitig rosa gefärbten Platten, die durch Pfefferminzöl verstärkt kühlend schmecken.

Geleezuckerwaren, Gummizuckerwaren

Geleezuckerwaren, z. B. Geleefrüchte, -kränze, Baumbehang sowie Gummizuckerwaren, z. B. Wein-, Fruchtgummi (Gummifigürchen) und Gummipastillen: Beide Produktgruppen bestehen wesentlich aus Glukosesirup, Saccharose und aus den für sie charakteristischen unterschiedlichen Quell- oder Gelierstoffen; sie schmecken durch Genußsäuren stets säuerlich und sind meist gefärbt. Geleeartikel werden durch Agar-Agar oder Pektin typisch plastisch, leicht abbeißbar und zergehen schnell im Mund. Dagegen sind Gummizuckerwaren durch Gummi arabicum, Gelatine oder modifizierte Stärke gummiähnlich und schwer abbeißbar. Dank ihres höheren Gehalts an Wasser (ca. 20% bzw.16%) und Quellstoffen haben sie von den Zuckerwaren mit die niedrigsten physiologischen Brennwerte.

Kanditen, kandierte Früchte

Kanditen bzw. kandierte Früchte sind natürliche Früchte und andere Pflanzenteile (wie Ingwer), die vorübergehend meist chemisch konserviert, zur langfristigen Haltbarmachung in Zucker-Glukosesirup-Lösung bis zu 12 Tagen eingelegt und 2- bis 3mal kurzzeitig aufgekocht werden; dabei steigert man die Zuckerkonzentration langsam von 25% auf 75%, so daß die kandierten Früchte dann zu etwa 60% aus Zucker und Stärkesirup bestehen. Sie sind oft gefärbt, teils überzuckert, glasiert oder mit Schokolade überzogen (kandierte Fruchtschalen wie Orangeat, Zitronat/Sukkade zählen nicht zu diesen Zuckerwaren).

Karamellen

Bei den Karamellen unterscheidet man Hart- und Weichkaramellen.

Hartkaramellen entstehen durch Einkochen von Zucker und Glukosesirup-Lösungen zu zähflüssigen Massen, die man auf Kühlplatten erstarren und zu Bonbons verformen läßt; nach dem Erkalten zeigen diese wasserarmen Drops, Honig-, Husten-, Malzbonbons, Rocks oder Fruchtbonbons die charakteristisch glasähnliche Beschaffenheit (bei Honig- und Malzbonbons ist eine Mindestmenge an Honig bzw. Malz vorgeschrieben). Für gefüllte Hartkaramellen fertigt man hohle Stränge aus Bonbonmasse und füllt sie mit Fruchtmus, alkoholischen oder anderen Massen.

Weichkaramellen, Toffees enthalten dagegen zusätzlich weiteren Glukosesirup, stets Fett, Geliermittel und Emulgatoren, oft Milchbestandteile und bleiben wasserhaltiger. Indem man in die halbweichen Massen Luft einziehen läßt (als feinste Kanälchen), werden Weichkaramellen spezifisch leichter und geschmeidiger. Die bekannten Kau-, Fruchtbonbons und Sahnekaramellen (Mindestmenge an Sahne vorgeschrieben) sind teils zäh, teils leicht kaubar, teils enthalten sie noch Nüsse, Mandeln, Kokosraspel, Fruchtpasten oder Schokolade. Die typisch bröckeligen Toffees (engl. »Fudge«) entstehen, indem man solcher Bonbonmasse Puderzucker zusetzt und dadurch feinstkörnigen Zucker auskristallisieren läßt.

Kaugummi

Bei Kaugummi unterscheidet man zwischen weicher Ware in Streifen und dragierter in Form von Kissen oder Kugeln. Der wesentliche Anteil (höchstens ca. 80 %) besteht aus Puderzucker sowie Glukosesirup und ist eßbar; der restliche Anteil ist die charakteristische, nicht verzehrsfähige Kaugrundmasse oder »Kaubase«. Beim normalen Auskauen sind die Zucker nach etwa 15 Minuten herausgelöst; die verbleibende Kaumasse quillt mit Speichel stark auf, wird weich-elastisch und ist dauerhaft kaubar. Zuckerfreie Kaugummisorten enthalten die schwer oder nicht vergärbaren Zuckeraustauschstoffe Sorbit, Isomalt (= »Palatinit«), Maltit, Mannit oder Xylit und bieten so nur ein geringes oder kein Kariesrisiko. Die Hersteller von Kaugummi können theoretisch aus ca. 90 Zusatzstoffen auswählen; davon sind 32 ausschließlich für die Kaubase zugelassen, und zwar natürliche und künstliche Kautschukarten, natürliche und künstliche Wachse, natürliche Harze, Paraffine und Kunststoffe (z. B. Polyethylen).

Komprimate

Aus Puderzucker, oft mit Traubenzucker (Mindestmenge vorgeschrieben), mit wenig Binde- und Gleitmitteln, werden Komprimate zu bonbonähnlichen Stücken, auch zu Pastillen und Tabletten einfach kalt gepreßt, z. B. Pfefferminzpastillen und Brausekomprimate. Sie sind auch dragiert erhältlich. Bei Brausekomprimaten dienen zur Kohlensäureentwicklung Natriumhydrogencarbonat (Natron) und Genußsäuren. Zuckerfreie Komprimate aus Sorbit und Xylit erzeugen im Munde eine besonders kühlende Wirkung.

Krokant

Krokant besteht überwiegend aus geschmolzenem (über 190 °C), karamelisiertem Zucker und gerösteten Mandeln oder Nüssen (mindestens 20%); Produkte mit Kokosraspel oder Erdnüssen müssen als »Erdnuß-« oder »Kokoskrokant« gekennzeichnet sein. Man unterscheidet Hart-, Weich- und Blätterkrokant.

Hartkrokant hat als braungebrannte Zuckerschmelze mit Röstgeschmack eine knackig-splittrige Struktur; Weichkrokant ist durch Glukosesirup oder Honig pastenartig und Blätter- bzw. Mürbekrokant enthält Schichten mit Nugat-, Nuß- oder Mandelpasten.

Lakritze, Lakritzwaren, Salmiakpastillen

Lakritzen (begrenzter Zuckeranteil) bzw. Lakritzwaren und Salmiakpastillen enthalten neben Mehl, Zucker und Sirup als charakteristische Bestandteile schwärzlichen Süßholztrockendicksaft (mindestens 3%), scharf schmeckendes Salmiaksalz (maximal 2% Ammoniumchlorid), meist auch Anisöl sowie Quellstoffe; je nach Rezeptur sind sie weich-elastisch bis hart-spröde. Die bisher in Dänemark und Holland schon handelsüblichen Lakritzwaren mit höherem Anteil an Süßholztrockendicksaft und bis zu 8% Salmiaksalz sind jetzt auch hier in drei unterschiedlich stark aromatisierten Sorten als ausländische Produkte verkehrsfähig, allerdings nur bei folgender Deklaration: »Erwachsenenlakritz – kein Kinderlakritz« (Ammoniumchlorid 2–4,49%) und »Extra stark, Erwachsenenlakritz – kein Kinderlakritz« (Ammoniumchlorid 4,5–7,99%) sowie der gleiche Warnhinweis für »Zuckerlutscher mit Lakritzgeschmack« (Ammoniumchlorid 2,5%; zum charakteristischen Glycyrrhizin siehe Kapitel 4.3 »Inhaltsstoffe«) (Bundesanzeiger 1993, 1994).

Lakritzkonfekt sind Lakritzen mit gefärbten Schichten aus Zucker- oder Kokospasten.

Marzipan

Für Marzipan werden Mandeln – süße Mandeln mit maximal 5% bitteren (Lebensmittelrecht, Bd. III, Ölsamen) – naß geschält, mit Zucker fein vermahlen und bei ca. 90 °C »abgeröstet«. Diese so gewonnene, unter hygienischen Vorsichtsmaßnahmen verpackte Marzipanrohmasse (höchstens 35% Zucker) wird in der Regel nicht konserviert. Durch Verreiben mit Puderzucker (im Verhältnis 1 : 1) entsteht das verfestigte und länger haltbare Marzipan (z. B. Marzipanfiguren, -früchte). Qualitäts-Marzipan enthält weniger hohe Zuckeranteile und schmeckt aromatischer. Spirituosenhaltiges Marzipan ist durch den Alkohol gleichzeitig etwas geschützt gegen vorzeitige Gärung.

Edelmarzipan muß aus etwa 70%, Lübecker Marzipan fast ganz aus Marzipanrohmasse bestehen.

Nugat

Geröstete, zerkleinerte Haselnüsse oder Mandeln werden mit Puderzucker, Kakaoerzeugnissen, auch mit Milchpulver, seltener mit Sahnepulver gemischt (max. 50% Zucker) und – ähnlich der Schokoladenmasse – fein gewalzt zu einer geschmeidigen Paste, der Nugatrohmasse. Durch Verreiben mit Puderzucker (im Verhältnis 1 : 0,5) entsteht der eigentliche Nuß-, Mandel- oder Sahnenugat (Lebensmittelrecht, Bd. III, Ölsamen). Diese wasserarmen Nugatwaren sind in ihrem hohen Brennwert den Schokoladen vergleichbar; durch die hohen Anteile an mehrfach ungesättigten Fettsäuren im Nuß- bzw. Mandelöl sind sie ernährungsphysiologisch günstiger.

Persipan

Für Persipan – ursprünglich nachgemachtes Marzipan – verarbeitet man anstelle der Mandeln naß geschälte, aufwendig entbitterte Aprikosenkerne, selten Pfirsichkerne, ganz ähnlich zu bitteraromatischer Persipanrohmasse. Diese wird mit einem Zuckerüberschuß im Verhältnis von 1 : 1,5 zu Persipan verrieben. Um Verwechslungen mit Marzipan vorzubeugen, muß es als »Persipan« gekennzeichnet sein.

Schaumzuckerwaren

Schaumzuckerwaren bestehen aus Zucker, Glukosesirup, schaumbildenden Eiweißstoffen und schaumstabilisierenden Verdickungsmitteln. Man unterscheidet nach der Beschaffenheit weiche und harte Schaumzuckerwaren.

Weiche Schaumzuckerwaren sind vor allem die Negerküsse (auf Waffelblatt), meist mit Schokoladenüberzug, aber auch mit kakaohaltiger Fettglasur. »Hamburger Speck« und Marshmallows sind mehrschichtig, zäh-elastisch und teils gefärbt.

Harte Schaumzuckerwaren sind die zu Figuren geformten, meist bunten, plastischen und dehnbaren Kinderartikel (Mäuse u. ä.).

Trüffeln

Trüffeln sind aus schokoladenartiger Trüffelmasse von besonderer Güte, meist bissengroß, zu Kugeln geformt; sie dürfen keine anderen Fette als Kakaobutter und Milchfett enthalten. Trüffeln sind häufig mit Spirituosen »verfeinert«, was ihre sonst sehr kurze Haltbarkeit etwas verlängert. Trüffeln mit Schokoladenüberzug (mind. 25%) gelten als Trüffelpralinen.

Weißer Nugat

Weißer Nugat wurde früher als »Türkischer Honig«, Nugat Montélimar oder französischer Nugat bezeichnet. Er besteht aus Zucker, Glukosesirup, aufgeschlagenem Eiklar, Gelatine, eventuell aus Mandeln, Nüssen oder Pistazien, kandierten Früchten und Honig. Dieser klassische Jahrmarktsartikel ist stets fest bis splittrig und zäh-klebrig, teils gefärbt.

Halwa unterscheidet sich davon im wesentlichen durch hohe Anteile an zerkleinerten Sesamkernen. Das ernährungsphysiologisch günstige Sesamöl bringt mit dem hohen Brennwert auch einen höheren Sättigungswert (Hoffmann u. Mitarb. 1985, Lebensmittel-Lexikon 1993).

4.3.3 Die Inhaltsstoffe – Geschmack, Genuß, Gesundheit?

Bei Zuckerwaren reizen auffälliges Äußeres, die Süße und die sehr verschiedenartigen Geschmacksrichtungen zu wiederholtem Genuß. Zumal schon Kleinkinder Süßes bevorzugen, gilt es, Kinder möglichst bald zu einem vernünftigen Umgang mit Süßigkeiten anzuleiten.

Ernährungsphysiologisches

Zuckerwaren ißt man meist »nebenbei«, also zwischen den Hauptmahlzeiten; dadurch können dem Körper erhebliche Energiemengen zusätzlich zugeführt werden. Dieser Tatsache kann man sich aber bei Zuckerwaren eher bewußt werden als bei Produkten mit »verstecktem« Zucker: Ein Glas Limonade (0,2 l) enthält immerhin genausoviel Zucker wie 5 Bonbons zu je 4 g.

Mit der schnellen Erhöhung des Blutzuckerspiegels sind ein Sättigungsgefühl und bessere Leistung verbunden; vor Mahlzeiten wirken Zuckerwaren deshalb als »Eßbremse«. Dies gilt verstärkt für ölhaltige Erzeugnisse und infolge der Quellmittel auch für Gummizuckerwaren. Sobald jedoch der zugeführte Zucker verbraucht ist, kommt es durch die nun beschleunigte Zuckerverbrennung erneut, und zwar verstärkt, zu Hungergefühl: »Süß macht hungrig.« (Thomas 1977)

Bonbonartikel sind meist »leere Kalorienträger«, d. h., sie enthalten meist keine anderen lebenswichtigen Inhaltsstoffe. Bei überhöhtem Zucker(waren)verzehr kann es am ehesten zu einem Mangel an Vitamin B_1 kommen, weil dieses beim Abbau von Zucker – wie bei allen anderen Kohlenhydraten auch – verbraucht wird. Das hat zu dem mißverständlichen Schlagwort vom Zucker als »Vitamin-B_1-Räuber« geführt (s. auch S. 237). Deshalb gibt es schon einige Zuckerwaren mit Vitaminen und Mineralstoffen, »die in einem physiologisch vertretbaren Verhältnis zu der durchschnittlich verzehrten Tagesmenge ...« (Andersen 1988) stehen müssen.

Kariesrisiko: Der Kariesbefall hängt nicht von der Gesamtmenge des konsumierten Zuckers ab, sondern vielmehr von der Häufigkeit der Zuckereinnahme (Großklaus u. Pahlke 1988). Weil gerade Zuckerwaren länger oder öfter im Mund verweilen, ist auf das hierdurch erhöhte

Kariesrisiko (s. auch »Exkurs: Zucker und Karies«, S. 236) besonders hinzuweisen: Stets vorhandene Mundbakterien bilden zuerst Zahnbeläge (Plaques) und können dann Zucker sehr schnell, unter günstigen Bedingungen schon nach ca. 20 Minuten, in zahnschädigende Säuren umwandeln. Dem ist zu begegnen, indem man jeweils innerhalb kürzester Zeit seine Zähne putzt. So verhindert man die Bildung von Zahnbelag (Zahnstein), und ohne diesen entsteht keine Karies (Großklaus u. Pahlke 1988). Einige besonders »zahnunfreundliche« Zuckerwaren, wie Kaugummi und andere zähklebrige Süßigkeiten enthalten neuerdings anstelle von Zucker Sorbit, Isomalt (=»Palatinit«), Mannit und manchmal den noch sehr teuren Xylit (siehe auch »Exkurs: Diabetiker-Erzeugnisse«).

Aufgrund des Glycyrrhizingehaltes kann übermäßiger und häufiger Verzehr von Lakritze zu überhöhtem Blutdruck sowie zu Störungen des Kochsalz-, Kalium- und Wasserhaushaltes führen (Lindner 1990).

Nährstoffe

Zuckerwaren bestehen überwiegend aus Zuckerarten. Eiweißstoffe und Fette mit zumeist hohen Gehalten an mehrfach ungesättigten Fettsäuren kommen in nennenswerten Anteilen nur in mandel-, nuß- und ölsamenhaltigen Produkten vor, wie Marzipan, Nugatwaren, Krokant u.ä. Tabelle **47** zeigt die Hauptinhaltsstoffe einiger Produkte.

Exkurs: Diabetiker-Erzeugnisse

Diabetiker-Karamellen, -Komprimate, -Marzipan u.a. enthalten zumeist Sorbit oder Fructose, manchmal Xylit, teilweise Mannit (Kaugummi und Karamellen), neuerdings auch Isomalt und evtl. Maltit. Während Fructose wie die anderen Zucker im Munde zu kariesfördernden Säuren abgebaut wird, sind die Nicht-Zucker Sorbit und Mannit nur schwer vergärbar und Xylit überhaupt nicht (Großklaus u. Pahlke 1988). Daher können Diabetiker-Erzeugnisse ohne Fructose zugleich auch ohne besonderes Kariesrisiko genossen werden; allerdings ist wegen der abführenden Wirkung auf deren (begrenzte) Verzehrsmenge zu achten. Für diese 5 Zuckeraustauschstoffe gilt seit 1991 der niedrigere Energiegehalt von 10 kJ bzw. 2,4 kcal (Lebensmittelrecht, Bd. I, Nährwert-Kennzeichnungsverordnung).

Zusatzstoffe

Von den Zusatzstoffen in Zuckerwaren können hier nur die wichtigsten erwähnt werden: Konservierungsstoffe sind lediglich für wasserhaltige und dadurch verderbsanfällige Produkte zugelassen, jedoch wird praktisch darauf verzichtet. Durch Antioxidationsmittel dürfen in Kaugummi und fettreichen Rohmassen die Aromen bzw. Öle vor Luftsauerstoff geschützt werden; Gelier- und Verdickungsmittel sind für Gelee- und Gummizuckerwaren sowie für Kaugummi unentbehrlich, weil durch sie erst die charakteristische Konsistenz erzeugt wird; Säuerungsmittel, hier Genußsäuren, wie Citronensäure, sind in verschiedenen Zuckerwaren mit geschmacksbestimmmend und gleichen die sonst sehr starke Süße aus; Trennmittel und Überzugsmittel sollen das Zusammenkleben nicht einzeln verpackter Zuckerwaren verhindern bzw. das Aussehen verbessern.

Farbstoffe: Schon von Kind an ist man gerade bei Zuckerwaren an kräftige Farben gewöhnt. Natürliche Färbungen werden nachgeahmt oder verstärkt (bei Gelee- oder Marzipanfrüchten) oder auffällige Phantasiefarben ausgewählt, die zum Kauf anregen sollen. Dafür bevorzugt man die hitzebeständigen künstlichen Farbstoffe, von denen übrigens aufgrund ihrer enormen Farbintensität geringe Zusatzmengen ausreichen. Von den theoretisch zugelassenen etwa 40 natürlichen und künstlichen Farbstoffen werden in der Bundesrepublik Deutschland inzwischen nur noch etwa ein Dutzend praktisch eingesetzt.

Tabelle **47** Zusammensetzung einiger Zuckerwaren (Inhaltsstoffe je 100 g) (Fincke 1983, Hoffmann u. Mitarb. 1985)

	Fondantmasse	Weich-Karamellen	Hart-Karamellen (Bonbons)	Marzipan
Saccarose (g)	70–74	30–60	40–70	67,5
Stärkesiruptrocken/masse (g)	8–11	20–50	30–60	2,8
Invertzucker (g)	3–4	1–10	1–8	0–20
Lactose (g)	0	0–6	0	0
Fett (g)	0	2–15	0	14–16
Eiweiß (g)	0	0–0,5	0	5–6,5
Mineralstoffe (g)	0	0,5–1,5	0,1–0,2	0,7–0,8
Citronen-/Weinsäure (g)	0	0	0,5–2	0
Gelatine (g)	0	0–0,5	0	0
Wasser (g)	10–12	4–8	1–3	7–8,5
Energiegehalt, physiologischer Brennwert (kJ)	1500–1530	1650–1870	ca. 1640	1875–1900
(kcal)	350–360	390–440	ca. 386	430–450

Ins Gespräch gekommen waren solche Zuckerwaren, die mit dem gelben Farbstoff Tartrazin (E 102) gefärbt wurden (z. B. Fruchtgummi), weil sie bei Kindern offensichtlich allergische Reaktionen auslösen können. Dazu soll erheblich weniger Farbstoff ausreichen, als es der duldbaren täglichen Aufnahmemenge (ADI-Wert) entspricht. Deshalb ist Tartrazin seit 1990 nur noch für einige Liköre und Spirituosen zugelassen.

Durch kritisches Kaufverhalten vieler Verbraucher werden zunehmend farbgebende Lebensmittel wie Spinat- und Rote-Beete-Saft, Karamel oder Kurkuma verwendet und solche pastellfarbenen Produkte mit dem Zusatz »ohne Farbstoff« angeboten. Um Täuschungen zu vermeiden, dürfen Zuckerwaren dann nicht gefärbt werden, wenn auf wertbestimmende Bestandteile wie Butter, Ei, Honig, Kaffee, Schokolade usw. hingewiesen wird, die eine natürliche Eigenfärbung haben; nur für Lakritzwaren ist Zuckercouleur erlaubt.

Zuckeraustauschstoffe: In vielen Zuckerwaren dienen kleine Anteile an Sorbit zur Feuchthaltung. Diabetiker-Produkte, insbesondere Karamellen und Süßwarenkomprimate, dürfen die süßen Nicht-Zucker Sorbit, Maltit, Isomalt (= Palatinit), Mannit und Xylit unbegrenzt enthalten; allerdings bei mehr als 10 % müssen diese wie folgt gekennzeichnet sein: »Mit Zuckeraustauschstoff Sorbit [bzw. Xylit] ... %. Kann bei übermäßigem Verzehr abführend wirken.« (Lebensmittelrecht, Bd. I, Zusatzstoff-Zulassungsverordnung)

Schadstoffe

Zucker, Zuckeraustauschstoffe und Glukosesirupe sind hoch gereinigte Lebensmittel, so daß Schadstoffe allenfalls aus den anderen Zutaten stammen können. Da diese aber meist nur in kleinen Anteilen vorkommen (z. B. Kakao), sind die Schadstoffspuren hier in der Regel unerheblich.

4.3.4 Wissenswertes für die Praxis

Beim Kauf von Geleeartikeln, Eiskonfekt, Marzipan, Trüffeln, Nugat und Negerküssen das Mindesthaltbarkeitsdatum beachten.

Harte Fondantfüllungen in Pralinen gelten als fehlerhaft.

Da viele Zuckerwaren hygroskopisch (wasseranziehend), meist aber nicht wasserdicht verpackt sind, bewahre man sie möglichst in trockener Umgebung auf, solche mit Schokoladenüberzug unterhalb Raumtemperatur.

Man sollte Kinder von vornherein an einen mäßigen Zuckerverzehr gewöhnen; Zuckerwaren möglichst nur nach einer Mahlzeit essen und gleich die Zähne putzen, notfalls wenigstens den Mund ausspülen lassen oder (unterwegs) etwas Käse essen.

Zahnschonende (fructosefreie) Diabetiker-Erzeugnisse sind auch für Nicht-Diabetiker empfehlenswert.

Von Kaugummisorten sind sorbit-, isomalt-, mannit- und ggf. xylithaltige zu empfehlen, z. B. während der Entwöhnungskur für Raucher.

Bei erhöhtem Zuckerwarenverzehr ist darauf zu achten, daß man mit anderen Lebensmitteln von den lebenswichtigen Wirkstoffen zumindest die Vitamine der B-Gruppe sowie die Mineralstoffe Calcium und Eisen zuführt, z. B. regelmäßig Vollkornerzeugnisse ißt.

4.4 Speiseeis

Gefrorene Süßspeisen wurden bereits vor 3000 Jahren als Köstlichkeit von den Chinesen geschätzt; die alten Griechen und Römer schleckten aromatisierten Schnee als Delikatesse. Mit der Möglichkeit, künstlich Kälte zu erzeugen, konnte sich ein Markt in der heutigen Vielfalt entwickeln, wobei das Angebot während des ganzen Jahres verfügbar ist. Der jährliche Pro-Kopf-Verzehr an Speiseeis liegt in der Bundesrepublik Deutschland bei 8,5 Litern (Bundesverband der Deutschen Süßwarenindustrie e. V. 1994).

Speiseeis wird in verschiedenen Sorten angeboten, die sich voneinander insbesondere durch die verwendete Milchmenge und den Milchfettgehalt unterscheiden. Die Nährstoffe aus der Milch entscheiden somit über seinen ernährungsphysiologischen Wert. In die Ernährungsbeurteilung mit einzubeziehen ist der hohe Zuckergehalt, besonders in den auf Wasserbasis aufgebauten Sorten. Speiseeisherstellung ohne Verwendung von Zusatzstoffen ist bei den heutigen Ansprüchen des Marktes nicht denkbar. Der Einsatz künstlicher Farb- und Aromastoffe ist allerdings auf Kunstspeiseeis beschränkt. Den mikrobiellen Zustand bestimmt die Hygiene bei der Herstellung und beim Verkauf.

4.4.1 Die Herstellung – Milch, Früchte und viel Luft

Etwa 80 % des Speiseeises werden industriell hergestellt; der Rest entfällt auf Eisdielen, Konditoreien und Softeis-Automaten. Ausgangsstoffe sind je nach Eissorte Milch, Sahne (beide auch in Pulverform), Butter, Eier, Zucker, Früchte, Nüsse, Pistazien, Stabilisatoren bzw. Emulgatoren, Aromen sowie andere geschmacksgebende Stoffe, wie Schokolade, Kakao, Vanille, Vanillin. Das Lebensmittel Eis ist ausgesprochen keimanfällig; Reinheit der Zutaten und die Hygiene bei der Verarbeitung spielen eine große Rolle. So muß z. B. bei der Sorte Eiskrem die Milch grundsätzlich pasteurisiert sein.

Die industrielle Fertigung läuft in drei Stufen ab: Mischen der Komponenten, Gefrieren und Aufschlagen sowie Ausformen. Zunächst werden alle eingewogenen Zutaten kräftig verrührt und homogenisiert, wobei das Milchfett in feinste Tröpfchen zerschlagen wird; die Oberfläche der Fetteilchen beträgt dann ca. 1000 m^2 pro Liter. Bei den fettreichen Eissorten gelingt die Fettverteilung nur mit aufwendiger Technologie; daher wird Eiskrem nicht handwerklich hergestellt.

Das nun vorliegende Zwischenprodukt, Mix genannt, ist eine komplizierte, außerordentlich keimanfällige Emulsion; durch Pasteurisieren wird sie fast keimfrei gemacht.

In der zweiten Stufe muß der Mix in einer speziellen Kühlanlage (Freezer) schnell heruntergekühlt werden, damit die Zutaten in feinsten Kristallen erstarren und keine Großkristalle entstehen, wie man sie häufig bei der Eigenherstellung von Eis im häuslichen Tiefgefrierfach feststellen muß; ein solches Eis schmeckt wäßrig und nicht kremig. Gleichzeitig rühren Quirler Luft ein (aufschlagen), so daß – physikalisch gesehen – ein lockeres Gefüge (ähnlich wie bei Schlagsahne) entsteht. Dabei kann sich das Volumen auf fast das Doppelte vergrößern. Das Eis besitzt nun seine vollmundige, kremige Konsistenz. Die eingeschlagene Luft behindert auch den Wärmedurchgang, so daß das Schmelzen beim Lutschen verzögert wird. Es versteht sich, daß dieses komplizierte Gefüge ohne die Hilfe von Emulgatoren oder Stabilisatoren nicht zusammenhielte.

Die bei –4 bis –8 °C gefrorene frische Masse ist noch plastisch und läßt sich daher in die gewünschten Formen wie Quader, Becher und Figuren bringen. Bei Eis am Stiel werden zu diesem Zeitpunkt die Holzstiele gleichsam eingeschossen. Danach senkt man die Temperatur auf –30 °C und härtet so das Eis in seiner endgültigen Form. Gelagert wird es bei –18 °C, besser hält es sich bei noch tieferer Temperatur. Temperaturschwankungen und überlange Lagerung können dazu führen, daß Wasser oder Milchzucker (Lactose) auskristallisieren und das Eis rauh, körnig oder »sandig« werden lassen.

4.4.2 Das Warensortiment - Verlockend süß und kremig

Speiseeis wird nach Sorten angeboten, die in der Speiseeis-Verordnung von 1993 (Lebensmittelrecht, Band II, S. 109), gesetzlich festgelegt sind. Unterscheidungsmerkmale sind vor allem die Geschmacksrichtung und die Art und Menge der verwendeten Zutaten, also der Gehalt an Ei, Früchten oder Milchprodukten, die ihrerseits wiederum an ihrem Fettgehalt gemessen werden. In Eisdielen produziertes Eis enthält in der Regel weniger Fett als Industrieeis; Konditoreneis dagegen ist üblicherweise mit einem Schlag Sahne verfeinert und daher fettreicher.

Die beliebtesten Sorten sind Eiskrem, Einfacheiskrem, Milchspeiseeis und Fruchteis. Allein Eiskrem in der Geschmacksrichtung Vanille macht über die Hälfte des gesamten Eiskonsums aus. Diese Sorte gibt es allerdings in unterschiedlicher Qualität: während »Eis mit Vanillegeschmack« in der Regel mit dem naturidentischen Stoff Vanillin aromatisiert ist, verlangt »Vanille-Eis« eine hochwertige Geschmacksgebung durch gemahlene Vanilleschoten oder zumindest durch natürliche Auszüge von Vanille. Trotz dieser Bestimmung erhält der Gast bei loser Abgabe, z.B. in Restaurants, häufig als »Vanille-Eis« nur die geschmacklich einfachere Variante.

Kunstspeiseeis trifft man in zwei Typen auf dem Markt an: Einerseits nach Art von Milchspeiseeis, aber mit weniger wertbestimmendem Milchfett, andererseits auf Wasserbasis nach Art von Fruchteis, aber mit vermindertem Fruchtgehalt. In beiden Fällen ist chemisches Färben, zum Teil auch künstliches Aromatisieren üblich.

Softeis stellt keine eigene Eissorte dar; meistens wird es vor Ort in Gefrierautomaten als Milchspeiseeis hergestellt. Es hat seinen Namen (soft = weich) von seiner typischen weichen, schaumigen und schnell abtropfenden Konsistenz. Bewirkt werden diese Eigenschaften durch den hohen Gehalt an Magermilchpulver, den niedrigen Fettgehalt in Kombination mit geeigneten Stabilisatoren, einem hohen Aufschlag und der relativ hohen Abgabetemperatur von –5 °C.

Diäteis ist normalerweise auf die Bedürfnisse von Diabetikern abgestellt. Es handelt sich meist um Milchspeiseeis oder Einfacheiskrem, da der Fettgehalt niedrig sein soll. Zucker ist üblicherweise durch den Zuckeraustauschstoff Fructose, seltener durch Sorbit ersetzt, womit eine zusätzliche Brennwertverminderung verbunden ist.

4.4.3 Die Inhaltsstoffe – Milch und Zucker

Ernährungsphysiologisch wichtige Stoffe

Die Zusammensetzung hängt von der jeweiligen Eissorte ab. Eine Eiskrem enthält im Durchschnitt 11% Milchfett, 4% Milcheiweiß und 20% Kohlenhydrate, davon zwei Drittel zugesetzte Saccharose und ein Drittel Milchzucker. Aus dem Milchanteil stammen auch die Mineralstoffe Calcium mit 140 mg, Phosphat mit 117 mg sowie Vitamin B_2 mit 0,25 mg in 100 g (Timm 1985). Diese Verzehrsmenge entspricht einer täglichen Bedarfsdeckung von ca. 15%. Bei der Umrechnung der Werte auf Volumen, wie es auf den Packungen angegeben ist, müssen die Dichte und der Lufteinschlag berücksichtigt werden. Nach einer vereinfachten Rechnung kann man die 100-g-Werte halbieren, um die Angaben für 100 ml zu erhalten.

In Speiseeis auf Milchbasis finden sich also die wertvollen Inhaltsstoffe der Milch wieder; insofern besitzt es einen ansehnlichen Ernährungswert. Die Mitverwendung von anderem Fett als Milchfett ist unzulässig, um die Vortäuschung von fettreichen Milcherzeugnissen (Sahne) zu verhindern. Nachteilig ist der hohe Gehalt an einfachen Zuckern, besonders auch bei Fruchteis und Kunstspeiseeis auf Wasserbasis, die fett- und eiweißfrei sind bei einem Zuckergehalt von stattlichen

Tabelle **48** Mindestanforderungen, Brennwert und Nährstoffe der wichtigsten Eis-Sorten (Lebensmittelrecht, Cremer u. Mitarb. 1987, Timm 1985)

Sorte	Wertbestimmende Merkmale Mindestanteil (in %)	Durchschnittliche Werte für Brennwert kJ	kcal	Fett (in %)	Eiweiß (in %)	Kohlenhydrate (in %)
Rahm-/Sahneeis	60 Schlagsahne (≙ 17% Milchfett)	925	220	17,0	2,0	15,0
Eiskrem	10 Milchfett	840	199	10,5	4,0	22,0
Fruchteiskrem	8 Milchfett	669	160	8,0	2,0	20,0
Einfacheiskrem	3 Milchfett	568	134	3,3	4,4	21,6
Milchspeiseeis	70 Vollmilch (≙ 2,5% Milchfett)	575	137	3,0	4,8	22,5
Milchspeiseeis	(für Diabetiker)	428	102	3,2	5,6	12,4
Fruchteis auf Wasserbasis	20 Frucht (10% bei Zitrone)	552	127	0	0	32,0
Kunstspeiseeis auf Milchbasis		520	123	1,5	4,8	22,5
Kunstspeiseeis auf Wasserbasis		510	120	0	0	30,0

30%. Neben der Karies-Gefahr (siehe »Exkurs: Zucker und Karies«, S. 236) ist die erhebliche zusätzliche Energiemenge zu beachten, da es meist nebenher, d. h. außerhalb des täglichen Speiseplans geschleckt wird (Tabelle **48**).

Die braune Glasur auf dem Eis besteht selten aus Schokolade; meist handelt es sich um einen aus Kakao, Kokos- oder Erdnußfett bereiteten Überzug, der ausdrücklich kenntlich gemacht sein muß (»mit kakaohaltiger Fettglasur«). In den Eissorten, die mit alkoholischen Getränken verfeinert sind, beträgt der Alkoholgehalt zwischen 0,6% (Eiskrem Kirsch) und 2,2% (Eiskrem Rumtopf).

Keimbefall

Speiseeis ist in ungefrorenem Zustand ein ausgezeichneter Nährboden für Mikroorganismen (Bakterien). Der Keimgehalt der Zutaten und die Sauberkeit bei der Herstellung sind ausschlaggebend für den Hygienezustand im fertigen Eis. In gefrorener Form bleibt ein erheblicher Teil der Keime lebensfähig.

Bei amtlichen Speiseeiskontrollen fiel Softeis häufiger als verkeimt auf als handwerklich hergestelltes Eis oder in Restaurants portioniertes Industrieeis (Keimbefall des Portionierlöffels oder der angebrochenen Packung). Am besten schnitt originalverpacktes Industrieeis ab (Timm 1985).

Gefürchtet sind die – allerdings nur selten vorkommenden – Infektionen mit Salmonellen. Als Ursache ergaben sich in der Vergangenheit unzureichende Pasteurisation und Kühlung, zu lange Standzeit des Mixes sowie infiziertes Personal. Dabei war Eis aus Eisdielen und Konditoreien am meisten betroffen (Timm 1985).

Zusatzstoffe

Zur Festigung der Konsistenz enthält Speiseeis Stabilisatoren (Bindemittel), vorzugsweise Johannisbrotkernmehl (E 410), Guarkernmehl (E 412) und Alginate (E 401), wobei letztere auch Phosphate enthalten können. Ihre Zusatzmenge ist gesetzlich begrenzt (zwischen 0,3 und 0,6 %). Als Emulgatoren dienen Mono- und Diglyceride von Speisefettsäuren (aus Palmkernöl oder Sojaöl) oder Zitronensäure (E 471, E 472). Künstliche rote Farbstoffe können für einige rote Früchte in allen Eissorten und auch zum direkten Färben von Kunstspeiseeis eingesetzt werden, das man zudem noch künstlich aromatisieren darf. Zunehmend stellen sich die Hersteller auf die Forderung vieler Verbraucher ein und verwenden färbende Lebensmittel wie β-Carotin, Spinat- oder Rote-Bete-Saft.

Weiterhin kommen bei aromatisiertem Eis verschiedene Zusatzstoffe als Trägerstoffe für Aromen vor, wenn auch in sehr geringer Konzentration. In diesem Zusammenhang erregte der in manchen EG-Ländern hierfür zugelassene Diethylenglykolmonomethylester Aufsehen (obwohl nur in Spuren und in konzentrierten Zwischenerzeugnissen nachgewiesen), vermutlich weil sein Vorkommen 1985 kurz nach der Glykol-Wein-Affäre aufgedeckt wurde. In der Bundesrepublik darf der Stoff als Lösungsmittel für Aromen nicht verwendet werden.

4.4.4 Wissenswertes für die Praxis

Speiseeis ist zwar in seiner Zusammensetzung gesetzlich streng nach Sorten unterschieden, aber nur die einfachen Sorten Milchspeiseeis, Einfacheiskrem und Kunstspeiseeis müssen mit ihren Sortennamen so benannt sein. Die anderen (höherwertigen) Sorten werden meistens als »Eis« in Verbindung mit verführerischen Phantasienamen angeboten. Auf die Verwendung von fermentierten Milcherzeugnissen wie Buttermilch, Joghurt oder Kefir ist gesondert hinzuweisen.

Bei verpacktem Eis lassen sich die verwendeten Lebensmittel und Zusatzstoffe dem Zutatenverzeichnis entnehmen. Bei lose portioniertem Eis ist lediglich die künstliche Färbung anzuzeigen.

Die richtige Lagertemperatur von Eis liegt bei mindestens –18 °C: es hält so mehrere Wochen. Im Ein-Stern-Kühlfach (–6 °C) kann man es nach dem Kauf einige Stunden, im Zwei-Sterne-Fach (–12 °C) bis zu zwei Tagen aufbewahren. Der Kälteverlust auf dem Weg vom Kaufmann zur Wohnung läßt sich klein halten, wenn man das Eis in mehrere Lagen Zeitungspapier einwickelt.

Die manchmal geäußerte Befürchtung, Eisgenuß verkühle den Magen, ist unbegründet: Beim Lutschen im Mund und auf dem Weg in den Magen erwärmt es sich auf etwa 30 °C.

4.5 Honig

Seit Urzeiten dient Honig als aromatisches Süßungs- und Kräftigungsmittel; sogar heilende Eigenschaften und Wirkungen bei der Schönheitspflege werden ihm nachgesagt.

Vorzüge wie feines Aroma und stärkende Wirkung infolge seines hohen Zuckergehalts stehen fest. Dagegen wird die Bedeutung anderer Inhaltsstoffe wie Enzyme (s. S. 271) oder Pollen offenbar weit überschätzt. Die Qualität von Honig ergibt sich aus seiner Herkunft und seiner Gewinnung. Wichtig aus der Sicht des Verbrauchers sind Fragen nach der Wärmeschädigung und der Zuckerkristallisation. Pflanzenschutzmittelrückstände sind selten anzutreffen, zunehmend jedoch Spuren von Bienenarzneimitteln. Neben Honig liefern die Bienen noch die ernährungsphysiologisch vieldiskutierten Pollen und das Gelee royale.

4.5.1 Die Herkunft – Von der Blüte ins Glas

Honig ist pflanzlicher Herkunft: Bienen sammeln Blütennektar und Honigtau, fügen eigene Sekrete hinzu und lassen das Produkt in ihren Wachswaben reifen.

Nektar ist eine zuckerreiche, aromatische Flüssigkeit, die von den Nektarien ausgeschieden wird. Das sind Pflanzenorgane vor allem im Bereich der Blüten, die durch »Ablassen« dieses Nektars den osmotischen Druck der Pflanze regulieren. Der Zuckergehalt von Nektar liegt zwischen 5 und 80 %.

Manche Insekten wie Schild- und Blattläuse zapfen das Leitungssystem der Pflanzen an und saugen so reichlich die zuckerhaltige Flüssigkeit auf, daß sie einen Teil davon wieder ausscheiden müssen. Diese als Honigtau bezeichneten Abscheidungen dicken an der Luft schnell zu einer zuckerreichen Masse (35 bis 50 %) ein, die man bei genauem Hinsehen auf Blättern oder Nadeln als Tröpfchen erkennen kann.

Neben Nektar oder Honigtau (bei gefüllter Honigblase bis zu 70 Milligramm pro Flug) befördert die Biene an ihren Hinterbeinen noch Pollen, die ihr als eiweißreiche Nahrung dienen. Im Bienenstock werden die süßen Säfte durch Fächeln, Umpumpen usw. eingedickt und dann – in dieser jetzt haltbaren Form – in Bienenwaben eingelagert. Bei diesen Vorgängen gelangen bieneneigene Sekrete in den Honig, die Aromastoffe entwickeln und die Zuckerzusammensetzung verändern: aus stärkeartigen Produkten entsteht so Maltose; Saccharose wird fast vollständig in ihre Bausteine Glucose und Fructose gespalten. Dieses Zuckergemisch aus gleichen Anteilen Glucose und Fructose nennt man Invertzucker.

Der Imker gewinnt den Honig aus den Waben, indem er ihn ausschleudert, auspreßt oder auslaufen läßt.

Beim Schleuderhonig, der wichtigsten Honigsorte, werden Honig und Waben in einer Zentrifuge voneinander getrennt. Den Junghonig läßt man zunächst einige Tage stehen: Luftblasen und Wachsteilchen scheiden sich dabei als Schaum ab und werden abgehoben.

Durch Rühren erhält der Imker einen feinkristallinen, kremfarbigen Honig und verhindert die Ausscheidung von großen Zuckerkristallen, die beim Verbraucher wenig geschätzt sind. Größere Honigverarbeiter mischen zueinander passende Honigsorten und standardisieren so Geschmack und Konsistenz ihres Honigs.

Flüssige Honige können ohne weiteres in Gläser, Blech- oder Polyethyleneimer verpackt werden, kristallisierte Honige muß man durch leichtes Erhitzen, nicht über 40 °C, vorher verflüssigen, wobei sich die Zuckerkristalle auflösen. Weil zu starkes Erhitzen das Aroma erheblich beeinträchtigt, erhitzen qualitätsbewußte Hersteller keinesfalls darüber hinaus, obwohl der Honig dünnflüssiger würde und sich leichter abfüllen ließe. (Siehe auch »Exkurs: Wärmeschädigung«.)

4.5.2 Das Warensortiment – Natur und Imker machen die Qualität

Neben dem Bienenhonig, der nach Herkunft und Gewinnungsart klassifiziert werden kann, hat Invertzuckercreme als nachgemachter Honig, landläufig noch immer als »Kunsthonig« bezeichnet, eine geringe Bedeutung. Außerdem sind noch verwandte Produkte wie Pollen, Gelee royale und Propolis im Handel.

Honig

Die bloße Bezeichnung »Honig« verrät nichts über die Herkunft oder Gewinnungsart; meistens handelt es sich dann um Mischungen verschiedener Honige. Angaben wie »Auslese« oder »Auswahl« versprechen überdurchschnittliche Eigenschaften in Farbe, Aussehen, Konsistenz und Geschmack.

Exkurs: Wärmeschädigung

Sehr zähfließende oder kristallisierte Honige lassen sich nicht abfüllen; durch Erwärmen werden sie dünnflüssiger. Die kritische Temperatur liegt bei 40 °C; darüber hinaus erhitzte Honige erleiden vor allem Schaden an ihrem feinen Aroma; andere hitzeempfindliche Stoffe, die ernährungsphysiologisch wichtig sind, enthält Honig nicht.

Der Lebensmittelchemiker kann neben der sensorischen Prüfung einen Qualitätsverlust infolge starker Erhitzung nachweisen, indem er einmal die gesetzlich (Lebensmittelrecht, Honigverordnung) geforderte Funktionstüchtigkeit der hitzeempfindlichen Honigenzyme (frühere Bezeichnung: Fermente) nachprüft und zum andern den von Natur aus in Honig nicht enthaltenen, ungiftigen Stoff Hydroxymethylfurfurol (HMF) bestimmt, der bei Hitzeeinwirkung aus Zucker entsteht. Überhitzter Honig darf nur noch als »Backhonig« gehandelt werden.

»Kalt geschleudert«, »mit hohem Fermentgehalt«, »wabenecht«, »feinste« und »beste« stellen Hinweise auf besonders sorgfältige Gewinnung, Lagerung und Abfüllung dar. Für sie gelten höhere Anforderungen an bestimmte Inhaltsstoffe (siehe auch »Exkurs: Wärmeschädigung«).

Die Qualität läßt sich besser einschätzen, wenn auf eine bestimmte Herkunft oder Gewinnungsart hingewiesen wird.

Unterscheidung nach der Herkunft

Oberbegriffe zur Unterscheidung nach der Herkunft sind Honigtauhonig und Blütenhonig.

Blütenhonige haben eine helle bis braune Farbe und einen süßen, duftig-hocharomatischen, bisweilen auch aufdringlich parfümigen Geruch (je nach Blüten); ihr Zucker ist meist auskristallisiert (kandiert).

Honigtauhonige sind dunkel bis schwarz gefärbt, meist flüssig und haben ein malziges, rauchiges, herbes bis leicht harzig-terpeniges Aroma.

Aussagekräftiger sind Spezifizierungen, die sich auf eine Blüten- oder Pflanzenart (Trachthonig) beziehen.

Wanderimker gehen mit den Bienenstöcken in die Trachtgebiete (Rapsblüte, Heideblüte, Wald) und erhalten so die Trachthonige. Dies wäre ohne die Blütenstetigkeit der Bienen (darunter verbirgt sich die Eigenart, nur eine Tracht zu befliegen, so lange deren Nahrungsangebot reicht) nicht möglich.

Ein Trachthonig stammt also überwiegend von bestimmten Blüten oder Pflanzen. Er ist für den Fachmann leicht an seinen sensorischen Merkmalen (Geruch, Geschmack, Farbe, Kandierung), seiner chemischen Zusammensetzung und den blütentypischen Pollen erkennbar; der Laie kann sich hinreichend an den sensorischen Eigenschaften orientieren (Tabelle **49**).

Tabelle **49**: Beschaffenheit deutscher Trachthonige

Tracht	Farbe	Aroma	Zucker-kristallisation
Akazie (Robinie)	farblos bis hellgelb	mild, schwach aromatisch	langsam
Edelkastanie	hellbraun	herb, leicht bitter	langsam
Klee	gelb bis hellbraun	mild, weich	Rotklee: langsam Weißklee: schnell
Heide	rötlichbraun	stark aromatisch	schnell, grobkristallin, geliert
Linde	grünlich-gelb	mild, aromatisch	langsam
Löwenzahn	gelb	hocharomatisch, etwas brennend	schnell, fest, körnig
Obstblüte	hell bis dunkelgelb	mild, blütenartig	schnell
Raps	weißlich bis hellgelb	süß, mild, arteigen	schnell, schmalzartig
Sommerblüte	dunkelgelb bis -braun	aromatisch, blütenartig	zögerlich
Wald	hell- bis rotbraun	würzig, herb	langsam; Lärche: schnell
Tanne	dunkelbraun bis grünlich-schwarz	würzig, terpenartig	langsam

Waldhonig ist ein gemischter Trachthonig aus Honigtau von Fichten zusammen mit Laubbaumarten; Blatthonig nennt man einen Honig, der vorwiegend aus Honigtau von Laubbaumarten stammt.

Unterscheidung nach der Gewinnungsart

Schleuderhonig wird durch Ausschleudern der Waben gewonnen. Tropf-, Lauf-, Leck- oder Senkhonig läuft nach Zerschneiden der Waben durch ein Sieb ab. Der ausgelaufene Honig wird nicht weiter bearbeitet.

Preßhonig erhält man durch Auspressen der Waben. Er ist trübe und schmeckt herb-mehlig nach Pollen und deutlich nach Bienenwachs. Dieses Verfahren wird bei deutschem Honig allenfalls bei schon in den Waben gelartig erstarrtem Heidehonig praktiziert.

Seimhonig gewinnt man durch Auspressen erwärmter Waben. Dieses Verfahren liefert die höchste Ausbeute, aber auch den qualitativ schlechtesten Honig; es wird in der Bundesrepublik nicht praktiziert.

Wabenhonig ist natürlicher Honig. Er gelangt im Originalzustand in den noch verdeckelten Waben an den Verbraucher. Das Wachs der Waben muß frisch sein; es darf weder bebrütet gewesen sein noch wachslösliche Arzneistoffe gegen Bienenkrankheiten enthalten. Speziell Scheibenhonig nennt man in Scheiben geschnittene Waben mit Heidehonig. Wegen seiner gelartigen Konsistenz läuft Heidehonig dabei nicht aus den Waben heraus.

Unterscheidung nach dem Herkunftsland

Wichtige Honigländer sind Rußland, China, die Vereinigten Staaten, Argentinien, Kanada, Mexiko, Australien und Neuseeland. Besondere Wertschätzung genießt der deutsche Honig, der nach strengen Richtlinien gewonnen und meist in speziellen Gläsern mit Gütesiegeln abgegeben wird. Selbstverständlich muß auch ausländischer Honig die in der Bundesrepublik geltenden Anforderungen erfüllen.

Nachgeahmter Honig – Invertzuckercreme (»Kunsthonig«)

Das Erzeugnis erinnert stark an Honig und wird aus Invertzucker, Glukosesirup, Aromen und zuweilen künstlichem Farbstoff hergestellt. Es ist der klassische Typ eines nachgemachten Lebensmittels: Sein Aussehen, seine kremige Konsistenz und sein Geschmack lassen es leicht mit einem (durchschnittlichen) Honig verwechseln. Der traditionelle und sehr treffende Name »Kunsthonig« mußte aufgrund der EG-Gesetzgebung 1981 aufgegeben werden; an seine Stelle trat die phantasielose Bezeichnung »Invertzuckercreme«, die beim Verbraucher noch wenig bekannt ist.

Pollen, Gelée royale, Propolis

Pollen (Blütenstaub) besitzen einen arteigenen Geschmack und sind ernährungsphysiologisch durchaus günstig zusammengesetzt. Sie bestehen zu 18% aus Eiweiß (Talpay) und enthalten auch Fett, Kohlenhydrate, Mineralstoffe und Vitamine, speziell der B-Gruppe. Ihr tatsächlicher Beitrag zur Ernährung ist bei 2 gehäuften Teelöffeln (8 Gramm) täglich – diese Menge wird allgemein empfohlen – gering. Die Wirkungen wie Regelung der Darmträgheit, Vermehrung der roten Blutkörperchen und Hemmung von Prostatakrebs, die den Pollen nachgesagt werden, sind wissenschaftlich nicht bestätigt. Da die Pollen im Handel teuer sind, werden sie auch schon mal mit Honig vermischt oder mit Zucker gestreckt. Wegen ihrer Schimmelanfälligkeit dürfen sie nicht feucht abgepackt oder gelagert werden.

Gelée royale nennt man den Futtersaft der Bienen, mit dem sich aus dem befruchteten Ei statt einer Arbeitsbiene eine Bienenkönigin entwickelt. Der diesen erstaunlichen Vorgang auslösende Inhaltsstoff ist bisher nicht bekannt. Die möglicherweise biologisch aktivierenden Substanzen sind Pantothensäure, 10-Hydroxydecen(2)-säure und vielleicht auch gewisse Pheromone.

Die auch als Königinnen- oder Weiselsaft der Königin bezeichnete gallertige Flüssigkeit steht nur in geringen Mengen zur Verfügung. Sie ist sehr teuer und wird daher mit Honig als Basis vermischt (gestreckt).

In letzter Zeit wurde über den Futtersaft viel geforscht, aber noch mehr geredet und geschrieben. Fest steht nach wie vor nur seine königliche Wirkung an der Bienenmade; auf die Gesundheit positiv wirkende Effekte sind bei den geringen Einnahmemengen nicht bewiesen.

Propolis ist eine harzartige Masse aus Blütenknospen, mit dem die Bienen Ritzen und Fugen zukitten. Es enthält antibiotische und bakterizide Wirkstoffe und kann – roh eingenommen – Reizungen und Allergien hervorrufen (Talpay). Extrakte des Kittharzes finden in der Medizin Anwendung.

4.5.3 Die Inhaltsstoffe – An erster Stelle Zucker und Aroma

Honig gehört zu den wenigen wirklichen Naturprodukten. Es ist gesetzlich verboten, ihm Stoffe zu entziehen oder hinzuzufügen. Das betrifft gleichermaßen Zusatzstoffe wie Lebensmittel (Zucker) zum Verändern der Konsistenz, zum Färben, Strecken, Konservieren oder Aromatisieren.

Ernährungsphysiologisch wichtige Stoffe

Honig besteht etwa zu 81 % aus Kohlenhydraten und zu 18 % aus Wasser, der Rest entfällt vornehmlich auf Mineralstoffe. Bei den Kohlenhydraten (Zuckern) stellen Fructose und Glucose (Invertzucker) den Hauptanteil dar. Er beträgt bei Blütenhonig 65 bis 75 %, bei Honigtauhonig 50 bis 60 %; letzterer enthält weiterhin Maltose, Melezitose und Oligosaccharide (= höhere Zucker ab drei Monosaccharideinheiten). Fett, Eiweiß, Vitamine, Enzyme, Aminosäuren und eine Vielzahl sonstiger Stoffe sind in Honig zwar vorhanden, aber im Hinblick auf die übliche Verzehrsmenge und den gleichzeitig aufgenommenen Zucker fast zu vernachlässigen (Tabelle **50**).

Die ernährungsphysiologische Bedeutung des Honigs wird gemeinhin weit überschätzt; Ernährungswissenschaftler erkennen – abgesehen von seinen sensorischen Eigenschaften – keinen ausgeprägten Vorzug gegenüber vergleichbaren Zuckergemischen. Honig hat einen den Zuckern vergleichbaren Brennwert und ebenfalls kariogene Wirkung. Diese Tatsachen relativieren gleichfalls die weitverbreitete Behauptung, Honig sei als Zuckerersatz besonders geeignet. Er weist in dieser Funktion allenfalls den Vorteil auf, daß aufgrund seines Aromas eine sparsamere Verwendung und damit generell eine Zuckereinsparung möglich ist.

Die Enzyme Diastase (baut die Stärke ab) und Saccharase (spaltet die Saccharose) bringen keine ernährungsphysiologische Aufwertung:

Tabelle **50** Die wichtigsten Inhaltsstoffe in (je 100 g) Zucker und Brotaufstrichen. (a = Inhaltsstoff ist nur in Spuren vorhanden; b = es liegen keine genauen Analysen vor) (Cremer u. Mitarb. 1987, Deutsche Gesellschaft für Ernährung 1991, Fröleke u. Dincher 1978, Souci u. Mitarb. 1982, Test [Stiftung Warentest] 1981, Wirths 1985)

		Raffinierter Zucker	Rohrrohzucker	Honig	Erdbeer-Konfitüre	Nuß-Nugat-Creme	Tagesbedarf*
Eiweiß (g)		0	0	a	0	4	55
Fett (g)		0	0	a	a	31	70
Kohlenhydrate (g)		100	98	81	63	55	390
Brennwert	(kJ)	1700	1666	1275	1030	2200	10000
	(kcal)	400	392	303	255	520	2400
Eisen (mg)		0,3	b	1,3	0,4	2	10/15
Kalium (mg)		2	90	45	70	b	2000
Phosphor (mg)		a	24	20	18	b	1400
Vitamin B_1 (mg)		0	0,01	a	b	0,06	1,3

* Empfohlener Tagesbedarf für Erwachsene (Deutsche Gesellschaft für Ernährung 1991)

Der Mensch ist auf sie nicht angewiesen (Wirths 1985); außerdem werden sie durch die Magensäure unwirksam gemacht (denaturiert). Sie haben im wesentlichen für Untersuchungszwecke Bedeutung: Sind sie intakt, weist das auf eine schonende Behandlung des Honigs hin.

Die Aromastoffe stammen vorwiegend aus den Nektar- und Honigtauspendern: Es sind komplexe Gemische von organischen Säuren, Aldehyden, Ketonen und Estern. Aber auch die Bienen sind am Honigaroma beteiligt; sie steuern aromatische Verbindungen wie Benzylalkohol und Phenylessigsäure bei, die auch in den Waben vorkommen.

Pollen gelangen über die Bienen oder über Luftbewegung in den Honig. Einen Beitrag zur Ernährung können die inhaltsreichen Pollen wegen ihrer hierfür zu geringen Menge nicht liefern.

Verunreinigungen in mikroskopischer Größe von Kleinstlebewesen, pflanzlichen Bestandteilen, Pilzfäden und Algen oder Bruchstücke von Bienenflügeln oder -haaren sowie feine Wachspartikel sind normal und im Prinzip typisch.

Schadstoffe

Rückstände von Pflanzenschutzmitteln sind in Honig kaum anzutreffen. Eine Untersuchung mehrerer hundert Proben ergab, daß von den auf Chlorkohlenwasserstoffe untersuchten Honigen lediglich 5 % überhaupt nachweisbare Mengen enthielten, die meisten davon unterhalb von 0,01 mg pro kg Honig. In einzelnen Fällen erreichte die Konzentration eine Größenordnung von 0,1 mg pro kg. In einer anderen Untersuchungsreihe (Wahrlich 1987) lagen die Werte unter 0,01 mg pro kg.

Spuren von Bienenarzneimitteln wie Tetracyclin und Penicillin (Bund für Lebensmittelrecht 1982) lassen sich in Honig verschiedentlich ebenso nachweisen wie Mittel zur unvermeidlichen Bekämpfung der tückischen Varroa-Milbe, die ganze Bienenvölker vernichten kann. Die Wirkstoffe Brompropylat (Handelsname Folbex VA Neu), Coumaphos (Handelsname Perizin) oder Flumethrin (Handelsname Bayvarol) kommen über Reste von Wachs, in dem sie sich anreichern, in den Honig. Die zu erwartenden Mengen geben keinen Anlaß zu Bedenken, sonst hätte das Bundesgesundheitsamt sie nicht zulassen dürfen. »Naturrein« sind betroffene Honige allerdings nicht mehr.

Von radioaktiver Belastung (Tschernobyl 1986) ist der Honig weitgehend verschont geblieben. Der EG-Grenzwert von 600 Bq pro kg wurde in keinem Fall erreicht; der höchste von vereinzelt festgestellten Werten betrug 205 Bq pro kg (Wahrlich 1987).

Exkurs: Honig und Zuckerkristallisation (Kandierung)

Physikalisch gesehen, stellt flüssiger Honig eine übersättigte Zuckerlösung dar. Bestimmend für Konsistenzveränderungen sind vier Einflüsse: Art der enthaltenen Zucker, Wassergehalt, Temperatur und Lagerzeit. Die übliche, im Handel anzutreffende Konsistenz verschiedener Trachthonige zeigt Tabelle 50. Zum Auszuckern neigt besonders Honig mit einem relativ hohen Glucose- bzw. Melezitosegehalt. Paradebeispiele für solche Typen sind Raps-, Löwenzahn- oder Lärchenhonig. Deutlich überschüssige Fructose behindert dagegen die Kristallisation; deshalb bleiben Honige aus Akazien, Edelkastanien oder Eukalyptus länger flüssig.

Der Imker oder Abfüller kommt dem Wunsch vieler Verbraucher nach kremig-festem Honig dadurch entgegen, daß er den Honig vor dem Abfüllen mehrfach rührt oder ihn mit bereits fein auskristallisiertem anderem Honig versetzt (»impft«). Dabei bildet sich eine Unmenge kleinster Kristalle, die in Mischung mit dem sirupösen Anteil dem Honig die kremige Konsistenz verleihen. Bei körnigem Honig sind viel weniger, dafür um so größere Kristalle vorhanden. Sie entstehen, wenn ein Honig ruhig steht und sie – von relativ wenigen Kleinstkristallen (»Kristallkeimen«) ausgehend – langsam weiterwachsen, ohne daß neue Kristallkeime hinzukommen. Meistens wächst die körnige Schicht vom Boden des Glases nach oben, weil abgesetzte feste Partikel als Kristallkeime wirken.

Honige aus Übersee werden häufig pasteurisiert, d.h. auf 65 bis 80 °C erhitzt, wodurch die meisten Kristallkeime aufgelöst und eine

Kandierung über Monate aufgeschoben oder gar verhindert wird. Solche Honige – selbst wenn sie nach dem Gesetz noch handelsfähig sind – weisen eine mehr oder weniger ausgeprägte Aroma- und Enzymschädigung auf. Man kann sie nicht mehr als naturbelassen bezeichnen.

Eine Kandierung infolge naturgegebener Umstände stellt an sich keine Qualitätsminderung dar, gleichfalls nicht eine weiße Schicht auf der Oberfläche, helle Flecken infolge Lufteinschlusses zwischen den Zuckerkristallen kandierter Honige (sogenannte Blüten- oder Eisblumenbildung) oder eine »Wolkenbildung«, hervorgerufen durch ungleichmäßige Kristallisation nach ungenügendem Vermischen. Die Zuckerkristallisation kann aber so vollständig werden, daß eine regelrechte Entmischung eintritt: die auskristallisierten Zuckerkristalle setzen sich ab, und es bildet sich darüber ein viskoser Sirup, der aber nunmehr so an Zucker verarmt ist, daß er geschmacklich verändert ist und in Gärung übergehen kann. Ein solcher Honig ist erheblich in seiner Qualität gemindert und kein Speisehonig mehr.

4.5.4 Wissenswertes für die Praxis

Geschmack

Der Verbraucher bewertet Honig vorwiegend nach Geschmack und Konsistenz: Weder zu kräftiges noch scheinbar untypisches Aroma, wie es z. B. bei reinem Buchweizenhonig auftritt (»Schweinestall-Note«), ist erwünscht. Aus diesem Grund mischen besonders Großabfüller Honige verschiedener Geschmacksrichtungen miteinander. Sie gewährleisten damit, daß Honig ihrer Marke einen möglichst gleichbleibenden, also standardisierten Geschmack besitzt. Wer individuellen Honig bevorzugt, sollte auf zusätzliche Sorten- und Qualitätshinweise achten oder auf das Angebot kleinerer Imkereien zurückgreifen.

Konsistenz

Die Konsistenz ist neben Farbe und Aroma ein gewichtiges äußeres Merkmal von Honig. Sie kann fest, kremig, flüssig mit körnigen Kristallen, viskos oder dünnflüssig sein.

Der Verbraucher schätzt Honige, die streichfähig sind, aber nicht flüssig. Diese Bedingungen erfüllen zähfließende oder kremig-feste Erzeugnisse. Grobkörnige oder sandige Zuckerausscheidungen sind weniger gefragt (siehe auch »Exkurs: Honig und Zuckerkristallisation«). Solchen Honigen wird im übrigen oft zu Unrecht unterstellt, sie seien mit Verbrauchszucker (Saccharose) gestreckt. Eine derartige – nicht erlaubte – Manipulation kommt in der Praxis kaum vor; sie ließe sich bei der lebensmittelchemischen Honiganalyse auch leicht aufdecken.

Kristallisierter Honig läßt sich im Wasserbad bis 40 °C (s. S. 273) erweichen und streichfähig machen; nach längerer Standzeit kandiert er wieder.

Aufbewahrung

Honig sollte man trocken und vor Licht geschützt aufbewahren.

Auf einen guten Verschluß ist zu achten: Honig nimmt leicht Fremdgerüche auf und zieht Wasser an, wodurch die Möglichkeit der Gärung (Treiben) gegeben ist.

Unter dem Aspekt der Streichfähigkeit lagert man weich kristallisierten Honig am besten kühl, grob kristallisierten Honig dagegen bei Raumtemperatur.

Ist Honig ein Heilmittel?

Als Naturprodukt werden dem Honig häufig der Gesundheit förderliche Wirkungen zugeschrieben. Die bald einsetzende, kräftigende Wirkung, die besonders auf seinem hohen Gehalt an der schnell resorbierbaren Glucose beruht, ist unstrittig, allerdings auch die mit Zuckern verbundene Energiezufuhr sowie das Kariesrisiko.

Dem Honig werden noch weitere Wirkungen nachgesagt: z.B. soll das in ihm enthaltene Acetylcholin günstigen Einfluß auf die Blutversorgung des Herzens nehmen, oder das Enzym Glucoseoxidase soll aufgrund seiner Wasserstoffperoxid-Freisetzung eine gesundheitlich bedeutsame antibakterielle Wirkung ausüben. Solche Zuordnungen stellen meist überlieferte, aber schwer überprüfbare Einzelbeobachtungen dar; wissenschaftlich objektivierbar sind sie bisher nicht. So führt die Schulmedizin die bakteriostatische Wirkung von Honig schlicht auf die hohe Zuckerkonzentration zurück: Auch mit Invertzuckersirup könne man diesen Effekt erzielen. Die heilsame Wirkung der Kombination aus heißer Milch und Honig bei Erkältungen wird von Medizinern ebenfalls bezweifelt: Diese Mischung unterstütze als idealer Nährboden eher die Krankheitserreger im Hals. Eine berechenbare Heilwirkung kann indes von Honig schon deshalb nicht ausgehen, weil das Vorkommen seiner Wirkstoffe pflanzenabhängig ist und ihre Konzentration biologischen Schwankungen unterliegen. Ein Honig ist dann gut, wenn er gut schmeckt und bekommt; er ist schon dadurch weit wertvoller als ein bloßer Zuckersirup. Ein Heilmittel ist er nicht – diese Auslobung ist auch gesetzlich nicht zulässig.

»Fenchelhonig« dagegen ist ein Arzneimittel; er dient als Zubereitung aus Honig und Kräuterextrakten in erster Linie der Linderung von Krankheiten.

4.6 Konfitüre und süße Brotaufstriche

Früchte durch Zuckerung haltbar zu machen, ist von alters her bekannt. Ein Zuckergehalt ab etwa 63% verhindert weitgehend das Wachstum von Schimmel und Hefen, unterdrückt allerdings auch das Fruchtaroma. Daher dienen diese Erzeugnisse heute nicht mehr als Frischfruchtersatz, sind aber als Brotaufstriche sehr beliebt. Bezeichnend für diese Produktgruppe ist ihr jeweils typisches Aroma und ihr hoher Zuckergehalt, demgegenüber sind die Mineralstoffe aus den Früchten kaum mehr von Bedeutung. Bedingt durch die Herstellung sinkt der Vitamin-C-Gehalt der Früchte stark ab. Als Abfüllhilfen und zur Stabilisierung der Konsistenz benötigt man verschiedene Zusatzstoffe. In Brotaufstrichen auf Erdnußbasis werden zuweilen Schimmelpilzgifte (Aflatoxine) angetroffen.

4.6.1 Die Herstellung – Von der Frucht aufs Brot

In Deutschland gibt es die industrielle Fertigung von fruchthaltigen Brotaufstrichen etwa seit 1900. Der Herstellungsablauf entspricht auch heute noch weitgehend der häuslichen Zubereitungsart, wenn auch in vollautomatisierter Form.

Die Rohware

Als »Frucht« zählen neben den traditionellen Obstarten infolge der europäischen »Harmonisierung« auch Tomaten, Gurken, Karotten, Süßkartoffeln, Melonen, Kürbisse, Rhabarber, Ingwer und Eßkastanien.

Je nach gewünschtem Enderzeugnis verarbeitet man die Früchte zunächst zu Pülpe, Mark oder Saft. Unter Pülpe versteht man die Fruchtmasse aus ungeteilten oder grob-stückig zerkleinerten Früchten; als Zwischenerzeugnis für die Konfitüre der Extra-Qualität verlangt sie einwandfreie, feste Rohware in geeignetem Reifezustand. Bei Fruchtmark dagegen werden keine gesonderten Anforderungen an die Festigkeit der Rohware gestellt; es dient zur Herstellung von »Konfitüre einfach«.

Die Zwischenerzeugnisse können frisch oder saisonunabhängig in haltbar gemachter Form weiterverarbeitet werden. Die schonendste und verbreitetste Art der Vorbehandlung ist Tiefgefrieren; auch auf Sterilisieren oder Trocknen (nur bei Aprikosenkonfitüre einfach oder Pflaumenmus zulässig) greift man mitunter zurück; Säfte für Gelees werden konzentriert.

Die Herstellung und Abfüllung

Die vorbereiteten Früchte werden mit Zucker im Vakuum schonend aufgekocht; starke Schaumbildung läßt sich mit Speiseöl oder Diglyceriden zurückdrängen.

Verschiedentlich ersetzt man einen Teil des Zuckers durch Glukosesirup. Das Erzeugnis erhält dadurch eine angenehme (»glatte«) Konsistenz und schmeckt weniger süß; eine Brennwertverminderung ist damit nicht verbunden.

Als Geliermittel dient Pektin, das wie ein wasserbindendes, elastisches, aber festes Skelett wirkt und dem Erzeugnis seine Streichfähigkeit verleiht. Pektin wird erst am Schluß des Kochprozesses zugegeben, da es sonst seine Wirksamkeit verlöre.

Voraussetzung für eine gute Gelierung ist die richtige Abstimmung des Zucker-Fruchtsäure-Verhältnisses. Es kann durch Zugabe von Zitronensäure, die gleichzeitig auch einen säuerlich-spritzigen Geschmack mitbringt, optimiert werden. Eine Geschmacksaufbesserung durch Aromen ist nicht erlaubt. Die fertige Fruchtmasse füllt man noch heiß ab, gegebenenfalls unter Einsatz von Schaumverhütern. Meist wird vor dem Verschließen der Gläser die Oberfläche des Füllguts mit Wasserdampf besprüht, damit die Luft darüber verdrängt und mögliche Schimmelbildung unterdrückt werden. Beim Abkühlen entsteht im Kopfraum des Glases ein Unterdruck, der beim Öffnen ein zischendes Geräusch verursacht.

4.6.2 Das Warensortiment – So bunt wie die Früchte

Fruchthaltige Brotaufstriche bestehen hauptsächlich aus Zucker und Früchten, deren beliebteste die Erdbeere ist. Konfitüren, Gelees und Marmeladen beherrschen den Markt; man differenziert nach Fruchtart, Fruchtmenge und Konsistenz.

Konfitüren und *Gelees* sind in zwei Qualitätsstufen eingeteilt: »extra« und »einfach«.

Die Extra-Qualität überwiegt auf dem Markt; sie verlangt gegenüber Einfach-Ware unter anderem einen um ca. ein Drittel höheren Fruchtanteil und duldet weder die Verwendung von weniger geschätzten Fruchtarten wie Äpfel, Birnen, Weintrauben, Tomaten, Gurken, Melonen in Mehrfruchterzeugnissen, noch von geschwefelter Pülpe.

Marmelade mußte 1982 einen EG-verordneten Namenswechsel durchmachen: Nunmehr verbirgt sich hierunter eine englische Spezialität aus Zitrusfrüchten. Sie besteht zu mindestens 20 % aus Früchten, davon (nur) mindestens 7,5 % Fruchtfleisch oder Saft, der Rest entfällt auf die Schalen, die – in feine oder grobe Streifen geschnitten – für den herbbitteren Geschmack sorgen.

Die frühere deutsche Marmelade entspricht in etwa der heutigen »Konfitüre einfach«.

Weiterhin finden sich noch eine Reihe von Spezialitäten auf dem Markt.

Erdnußmus erhält man durch feines Vermahlen von gerösteten Erdnußkernen; aus geschmacklichen Gründen ist eine kräftige Salzung üblich. Fügt man Zucker hinzu, ergibt sich eine nussig-süße Masse, die Erdnußkrem.

»Fruchtmus«, »Brotaufstrich«: Bioläden oder Reformhäuser bieten Zubereitungen aus Früchten an, die mit Zusatzstoffen (Agar-Agar oder Pektin) verdickt sind, aber nur wenig Zucker, verschiedentlich auch in Form von Honig oder Fruchtsaftkonzentrat, enthalten. Bei diesen Erzeugnissen tritt die Frucht gegenüber dem Zucker in den Vordergrund. »Konfitüre« darf man solche Produkte nicht nennen, weil der gesetzlich vorgeschriebene Zuckergehalt (60 %) nicht erreicht ist.

In Hobbyrezepturen wird zuweilen völlig ohne Zucker gearbeitet. Es sind dann allerdings überhöhte Pektinmengen (über 10 g Pektin auf 1 kg Frucht) zum Gelieren notwendig. Gewerblich dürfen derartige Erzeugnisse nicht vertrieben werden.

Maronencreme ist eine französische Spezialität aus Maronenmark (mindestens 38 %) und Zuckerarten.

Nugatcreme ist eine Zubereitung aus Nüssen (und/oder Mandeln) mit Zucker, Speisefett, Kakao, Milchpulver und meist Lecithin als Emulgator. Der Gehalt an Zucker beträgt höchstens 67 %, an Nüssen mindestens 10 %. Außer als Brotaufstrich findet man Nugatcreme auch als Füllungen von Pralinen, Schokoladen und Keksen.

Obstkraut, als rheinische Spezialität besonders bekannt ist Apfelkraut, gewinnt man durch Eindicken von Apfel- und/oder Birnensaft bis zur streichfähigen Konsistenz. Dabei karamelisiert ein Teil des fruchteigenen Zuckers, auch bildet er mit Aminogruppen anderer Inhaltsstoffe braunschwarze Umsetzungsprodukte (Melanoidine). Eine Streckung der Erzeugnisse durch Zuckerzusatz ist gesetzlich unter Deklaration möglich; sie stellt allerdings eine erhebliche Qualitätsverschlechterung dar.

Pflaumenmus erhält man durch Einkochen von Pflaumenpülpe oder -mark. Trockenpflaumen können bei entsprechender Deklaration bis zu einem Viertel des Pflaumenanteils verwendet werden; auch eine Zuckerung (höchstens 30 %) ist möglich.

Rübensirup(-kraut): Mit Obstkraut verwandt ist Rübensirup(-kraut); die Herstellung geht vom Zuckerrübensaft aus. Als gemischtes Kraut bezeichnet man eine Mischung von mindestens 50 % Apfelkraut mit Rübensirup(-kraut).

4.6.3 Die Inhaltsstoffe – Zucker überragt alles

Ernährungsphysiologisch wichtige Stoffe

Hauptbestandteil ist Zucker (60 bis 65 %), von dem etwa ein Zehntel aus der Frucht stammt. Er wirkt konservierend und ist für den relativ hohen Energiegehalt (Brennwert) verantwortlich. Sparsamer Umgang mit stark zuckerhaltigen Produkten ist angezeigt. Von den wertvollen Fruchtinhaltsstoffen finden sich – vom Aroma abgesehen – in nennenswerter

Menge nur noch die Mineralstoffe wieder, an denen es normalerweise in der Ernährung keinen Mangel gibt. Der Vitamingehalt ist bei gekochten Erzeugnissen minimal; das »Hauptvitamin« C geht in erheblichem Umfang beim Kochprozeß verloren. Überhaupt werden bei der geringen Verzehrsmenge andere Inhaltsstoffe als Zucker ziemlich bedeutungslos.

Nugatcremes enthalten neben über 50% Zucker noch etwas Eiweiß aus den Nüssen und Fett, was ihren Brennwert noch erhöht. Der Gehalt an Vitamin- und Mineralstoffen ist dagegen gering, speziell auch im Hinblick auf ihre tägliche Verzehrsmenge als Brotaufstrich, und steht in krassem Widerspruch zur massiven Werbung über die gesundheitliche Bedeutung dieser Produkte. Das Fettsäurespektrum läßt keine ernährungsphysiologischen Vorzüge erkennen; vier Fünftel des Fettes bestehen aus langkettigen, nicht essentiellen Fettsäuren (Fröleke u. Dincher 1978).

Zusatzstoffe

Der Einsatz chemischer Farb- und Konservierungsstoffe ist nicht zugelassen; die Industrie ist daher gefordert, die Produkte schonend herzustellen und hygienisch abzufüllen. Ausgenommen vom Konservierungsstoff-Verbot sind bestimmte brennwertverminderte Erzeugnisse, da infolge des verringerten Zuckergehalts dessen haltbarmachende Wirkung fehlt. Das Geliermittel Pektin aus Äpfeln oder Zitrusschalen bewirkt das Gelieren; den hierfür optimalen Säuregrad kann man durch Fruchtsäuren in Verbindung mit Salzen der Milch-, Zitronen- und Weinsäure (= Säureregulatoren) einstellen. Neben Speiseöl dienen Mono- und Diglyceride von Speisefettsäuren als Schaumverhüter. Schwefeln kommt allenfalls für Einfach-Ware oder Zitrusmarmelade in Frage. Diese Behandlung wird aber kaum noch eingesetzt, weil man nämlich später zu lange kochen müßte, um den Schwefeldioxidgehalt unter den zulässigen Grenzwert von 50 mg pro kg zu bringen. Das erhaltene Produkt wäre farbschwach und schmeckte kaum noch fruchtig. Nußcremes enthalten zuweilen als Sauerstoffänger Antioxidationsmittel, um vorzeitigem Ranzigwerden vorzubeugen. Einfach-Konfitüren oder -Gelees kann man durch Rote-Bete-Saft (der kein Zusatzstoff ist) nachfärben. Das Zutatenverzeichnis enthält dann den Hinweis »Saft aus roten Rüben zur Verstärkung der Farbe«.

Schadstoffe

Trotz Überprüfung der Rohware durch den Hersteller wurden an Erdnußerzeugnissen bei Kontrollen durch die amtliche Lebensmittelüberwachung verschiedentlich Schimmelpilzgifte (Mykotoxine) der Klasse der Aflatoxine B und G angetroffen (Kiermeier 1985, Chemisches und Lebensmitteluntersuchungsamt Düsseldorf 1983 ff.). Die größte Gefahr von Schimmelwachstum besteht zwischen Ernte und Weiterverarbeitung der noch naturfeuchten Erdnüsse in den tropischen Ländern. Eventuelle

Schimmelreste – meist handelt es sich um den Gelbschimmel Aspergillus flavus – sind in den käuflichen Cremes nicht (mehr) erkennbar.

4.6.4 Wissenswertes für die Praxis

Entsprechend der gesetzlichen Norm (Lebensmittelrecht) enthalten Konfitüren, Gelees usw. Zuckerzusätze von 41 bis 59 g pro 100 g. Alternativen mit weniger Zucker können »Fruchtmus«, brennwertverminderte (»light«-) oder diätetische Erzeugnisse sein. Bei letzteren liegt allerdings eine Joule-/Kalorien-Reduktion nur dann vor, wenn die Saccharose durch Süßstoffe oder Sorbit, nicht aber durch Fructose ersetzt ist.

Ein zusätzlicher Quarkbelag auf dem Brot macht das Frühstück in jedem Fall nährstoffreicher.

Einmal geöffnete Gläser sollte man grundsätzlich in den Kühlschrank stellen, um Schimmelbildung zu vermeiden.

Verschimmelte Produkte sind auch nach dem Abheben der befallenen Stellen nicht mehr genußfähig; abgesehen von hygienischen Bedenken, könnten sich Schimmelpilzgifte – häufig auf verschimmelten Früchten, ist Patulin – gebildet und aufgrund ihrer Wasserlöslichkeit in der Fruchtmasse verteilt haben (Kiermeier 1985).

Kapitel 5
Neuartige Lebensmittel

5.1 »Novel Food« – Neuartige Lebensmittel

Gleichbehandlung in der EG

Die Zulassungs- und Kennzeichnungspraxis neuartiger Lebensmittel – darin eingeschlossen sind auch Lebensmittelzutaten – muß in allen Mitgliedstaaten nach gleichen Prinzipien verlaufen. Allerdings ist die Bewertung dieser Lebensmittelgruppe ausgesprochen strittig. Die EG-Kommission mußte daher einen neuen geänderten Entwurf der Novel-Food-Verordnung (Kommission der EG 1994) vorlegen.

Betroffen davon sind auch Lebensmittel, die unter Einsatz der Gentechnik (oft auch mit »moderne biotechnologische Verfahren« umschrieben) hergestellt werden (s. auch Kapitel 1.3.4). Lebensmittel mit gentechnisch veränderten Organismen (GVO) und genmanipulierten Pflanzen oder Tieren sind in Deutschland derzeitig (noch) nicht auf dem Markt (Verbraucher-Zentralen Hessen und Nordrhein-Westfalen 1992, Jany 1992).

Worin das Neuartige liegt

Unter den Begriff »neuartig« fallen Lebensmittel mit folgenden Merkmalen:

1. Lebensmittel, die noch vermehrungsfähige, »lebende« gentechnisch veränderte Organismen enthalten.
   Diese Produkte sind deshalb besonders kritisch zu betrachten, weil mit einem Genaustausch zwischen lebenden gentechnisch veränderten Organismen und Mikroorganismen des menschlichen Darmtrakts gerechnet werden muß.
   Beispiele für die Zukunft könnten Joghurt mit gentechnisch veränderten Milchsäurebakterien oder Salami-Rohwurst sein, die mit genveränderten Bakterien oder Schimmelpilzen gereift ist.
2. Lebensmittel, die (schon in naher Zukunft?) durch gentechnisch veränderte Organismen oder Pflanzen erzeugt werden, aber nur, wenn dadurch eine wesentliche Änderung gegenüber herkömmlich hergestellten Lebensmitteln eintritt, z. B.:
   – das für die Käseherstellung wichtige Labferment Chymosin, das – auf gentechnologischem Weg gewonnen – in einigen EU-Ländern

bereits im Einsatz ist; damit hergestellter Käse darf auch in Deutschland verkauft werden.
- das in Europa umstrittene und verbotene, in den USA ohne Auflagen beim Rind verwendbare Wachstumshormon BST (= Bovine Somatotropin); es erhöht die Futterverwertung und die Milchleistung um bis zu 25 Prozent (»Turbokuh«).
- Kartoffeln mit veränderbaren Stärkearten und Eiweißgehalten;
- Getreide mit Eiweiß hoher biologischer Wertigkeit.

3. Stoffe, die zur Beeinflussung ihrer Eigenschaften in ihrem Molekülaufbau verändert und bisher nicht als Lebensmittel verwendet wurden.
4. Lebensmittel, die nach einem bisher nicht üblichen Verfahren hergestellt wurden, das eine bedeutende Änderung des Nährwertes, der Verdaulichkeit oder unerwünschter Begleitstoffe zur Folge hat.
5. Einzellerproteine, zum Beispiel »Quorn« (Verbraucherzentrale Nordrhein-Westfalen 1993a). Dies ist Eiweiß kleinster, einzelliger Mikroorganismen wie Schimmelpilze, die sich in einer Nährlösung vermehren (fermentatives Verfahren). Das isolierte und entsprechend aufbereitete und mit Geschmacksstoffen versetzte Eiweiß ist sogar mit Fleisch verwechselbar.

Zulassungsverfahren und Verbraucherschutz

Wer ein neuartiges Lebensmittel auf den Markt bringen will, muß dies beantragen und Belege und Studien vorweisen, daß

- das Lebensmittel für den Verzehr unbedenklich ist;
- der Verbraucher nicht getäuscht wird;
- der Verzehr des Lebensmittels keinen »Ernährungsmangel« mit sich bringt.

Für Lebensmittel, die gentechnisch veränderte Organismen enthalten oder aus solchen bestehen, sind weitergehende Unbedenklichkeitsbescheinigungen notwendig.

Alle Eingaben werden von Institutionen, die von den EU-Mitgliedstaaten benannt sind, überprüft. Bestehen gegen das Lebensmittel Einwände, ist der Ständige Lebensmittelausschuß als Beratungsgremium einzuschalten. Bedenken gegen Lebensmittel aus gentechnisch veränderten Organismen lösen zusätzliche Umweltsicherheitsanforderungen aus (Richtlinie 1990).

Hat ein einzelner Mitgliedstaat gegen ein neuartiges Lebensmittel gravierende gesundheitliche Vorbehalte, so kann er den Handel mit diesem Lebensmittel vorübergehend bis zur Klärung einschränken oder verbieten. Die abschließende Entscheidung über die Zulassung eines neuartigen Lebensmittels behält sich die EG-Kommission vor.

Eine Pflicht zur Kennzeichnung als neuartiges Lebensmittel ist nicht vorgesehen; lediglich über »etwaige, signifikante Unterschiede« zwischen den neuartigen und den gleichwertigen herkömmlichen Lebensmitteln ist der Verbraucher zu unterrichten.

Im übrigen sind gentechnisch erzeugte Zusatzstoffe und Aromen sowie bestrahlte Lebensmittel nicht von dem beschriebenen Zulassungsverfahren erfaßt; sie werden in speziellen Rechtsvorschriften geregelt.

Die Meinung der Verbraucherverbände

Die vorgesehenen Regelungen sind aus Sicht der Verbraucherverbände nicht ausreichend. Sie fordern für die Öffentlichkeit zugängliche Zulassungsverfahren, ausreichende Sicherheitsüberprüfungen der Verfahren wie auch der Produkte, eine eindeutige, konsequente Kennzeichnung der Herkunft und eher einen Verzicht auf neuartige Produkte als eine übereilte Zulassung.

Die analytischen Kontrollen – ein Problem

Der Nachweis der gentechnischen »Vergangenheit« eines Lebensmittels ist zwar möglich, kann jedoch nur an der genveränderten Pflanze oder dem genveränderten Mikroorganismus selbst geführt werden. Dazu benötigt man detaillierte Kenntnisse des veränderten Gens. Zu solchen speziellen Untersuchungen sind derzeitig nur wenige Lebensmittelüberwachungslabors in der Lage.

Ohne Chance ist der Analytiker auf jeden Fall bei Produkten und Zusatzstoffen, die nachgereinigt sind und keine zum Nachweis erforderlichen genveränderten Organismen mehr enthalten, wie z. B. Zusatzstoffe oder Aromen.

5.2 Designer-Food – Lebensmittel vom Reißbrett

Unter diesem Namen verbirgt sich ein Konzept der Lebensmittelherstellung, das von der Idee her zwar nicht neu ist, das sich jedoch erst vor dem Hintergrund der heutigen technologischen Möglichkeiten und unter dem Druck des Wettbewerbs auf dem Markt zu entfalten beginnt: nämlich Lebensmittel regelrecht zu erdenken, zu entwerfen und zu gestalten (englisch: »design«) (Verbraucherzentrale Nordrhein-Westfalen 1993b), vergleichbar mit der Errichtung eines Fertighauses aus einzelnen, vorgefertigten und teilweise austauschbaren Bauelementen.

Während die traditionelle Lebensmittelgewinnung von natürlich gewonnenen Rohstoffen ausgeht und darauf bedacht ist, deren Charakter trotz mehr oder weniger massiver Bearbeitung bis ins fertige Erzeugnis hin zu bewahren, beschreitet der Lebensmittel-Designer den umgekehrten Weg: Er geht vom Endprodukt aus, das bestimmten Vorstellungen entsprechen soll. Danach wählt er die Zutaten und Produktionstechniken aus. Als klassisches Beispiel hierfür kann die Herstellung von Margarine als Butternachahmung angesehen werden.

Ohne maßgeschneiderte Zutaten und neue Produktionstechniken kein Food-Design

Lebensmittel-Design wäre nicht denkbar, gäbe es nicht eine Vielfalt von Zutaten oder – um im Bild zu bleiben – Bausteinen, die schon die Eigenschaften besitzen, die das Weiterverarbeitungsverfahren und das Endprodukt verlangen, sowie neue Herstellungstechniken.

Für die Gewinnung passender Rohstoffe steht eine Fülle moderner Methoden zur Verfügung:

- Züchterische und in Zukunft wahrscheinlich auch genverändernde Eingriffe in der landwirtschaftlichen Praxis begünstigen höhere Erträge sowie die Anreicherung wichtiger Inhaltsstoffe wie Eiweiß, Fette, Stärke, Zucker, Ballaststoffe, Quellstoffe, Lecithin u.v.a.m. und führen gleichzeitig zur Senkung der Kosten.
- Ausgewählte Mikroorganismen produzieren Aromen, Geschmacksverstärker, Genußsäuren, Aminosäuren oder Vitamine.
- Chemische Verfahren liefern Ersatzstoffe (Imitate), Zusatzstoffe, Mineralstoffe oder naturidentische Aromen.

Verwertbare Inhaltsstoffe aus Pflanzen wie z. B. Öl, Eiweiß oder Lecithin aus der Sojabohne werden isoliert (sog. »Isolate«) und in eine für die Weiterverarbeitung geeignete Form gebracht (»modifiziert«). Sie sind dann als Bausteine für die Herstellung der verschiedensten Lebensmittel verfügbar. Typisch ist auch die zunehmende Austauschbarkeit der Rohstoffe.

Als Beispiel für eine neue kostengünstige Produktionstechnik steht die Schneckenpresse oder der Extruder (s. Kapitel 3.4.1). Damit können Getreide, Zucker, getrocknete Früchte, Rohstoffe aus der Milch, Schokolade, Soja, Gemüse, auch mit Fleisch und Fisch preiswert zu neuen, attraktiven Produkten wie Cornflakes, Süßwaren, Knabberartikel, fleisch- oder fischähnlichen Erzeugnissen (z.B. Krebsfleischersatz Surimi) »durchgedreht« werden.

Lebensmittel – ein Spielball der Food-Designer?

Zwischen den Extremen »weitgehende Naturbelassenheit« (Fleisch, Früchte, Pflanzenteile) und »vordefinierte Zusammensetzung« (Fleischimitat, Nahrungsergänzungsmittel, Power-Drink) gibt es viele Übergänge, bei denen nur einzelne, oft als gesundheitlich kritisch geltende oder brennwertreiche Inhaltsstoffe ersetzt werden, z. B. tierisches durch pflanzliches Fett (cholesterinfrei, essentielle Fettsäuren enthaltend). Oder Fett allgemein durch Fettersatzstoffe mit vergleichbaren sensorischen Eigenschaften, aber ohne Brennwert; auch die Light-Produkte zählen hierzu. Weitere Beispiele enthält die Tabelle **52**, die aufzeigt, mit

Tabelle **52** Beispiele für Food-Design

Geplante Eigenart des fertigen Lebensmittels (Zweck)	Zutaten und Techniken zur Erreichung des Zwecks
Nachahmung von:	
Butter (durch Margarine)	pflanzliche Fette, Emulgator, Aroma, Färbung
Eipulver	Hühnereiweiß, Milcheiweiß, Sojaöl, Stärke, Emulgatoren, Verdickungsmittel, Aroma, Färbung
Fleisch	Sojaeiweiß, Aroma, Extrudertechnik
Fruchtgetränk	Aroma, Färbung
Kondensmilch	pflanzliche Fette, Milcheiweiß, Emulgator (= »Kaffeeweißer«)
Zucker	Glukosesirup, Isoglucose oder Süßstoffe
Natürliche Aromen	synthetische Aromastoffe
Brennwert- oder Nährstoffverminderung, Diabetikererzeugnisse:	
Zuckerhaltige Erzeugnisse	Zuckeraustauschstoffe, Süßstoffe
Halbfettbutter	Wasser, modifizierte Stärke, Konservierungsstoff
Fett	Fettersatzstoffe (z.B. auf Eiweiß-, Stärke- oder Saccharosebasis)
Sonstige Zwecke:	
Bilanzierte Diäten, Nahrungsergänzungsmittel, Sportlergetränke, Power-Drinks	Vitamine, Mineral- oder Spurenstoffe, Pflanzenfasern (als Ballaststoffe), Aminosäuren
Knabbererzeugnisse	Mehl, Kartoffelstärke, pflanzliche Fette, Aroma, Extrudertechnik

welchen Mitteln man das geplante Produkt oder die gewünschte Produkteigenschaft erreichen kann.

Kritisches

Bisher ist es der Industrie gelungen, Lebensmittel-Design unauffällig zu praktizieren oder vielen solcher Lebensmittel ein positives Image zu geben. Selbst wenn Ersatzprodukte oft weniger gut schmecken, Zusatzstoffe enthalten (worauf die Verbraucher normalerweise sehr empfindlich reagieren) oder trotz billigerer Herstellung mehr kosten, rangieren sie in der Werteskala der Verbraucher unter gesund und attraktiv, weil sie die Verbindung von Genuß mit gesunder Ernährungsweise in Aussicht stellen (Mühleisen 1994, s. auch Exkurs Light-Produkte, Band II, Kapitel 10.8).

In diesem, wie auch in einigen weiteren Punkten sehen Kritiker (Verbraucherzentrale Nordrhein-Westfalen 1993b) eine Fehlentwicklung des Lebensmittel-Design-Konzepts:

- Das fehlerhafte Ernährungsverhalten der Verbraucher, bei falscher Nahrungszusammenstellung zuviel zu essen und die Vorzüge von Natur aus vollwertiger Lebensmittel zuwenig zu nutzen, wird nicht verändert, sondern eher unterstützt. Begleitet von massiver Werbung kommen immer wieder neue, verführerische Produkte, auch zum »Nebenbei-Verzehr«, auf den Markt. Der Hersteller will mehr Umsatz, die Ernährungswissenschaft drängt dagegen den Konsumenten, weniger zu essen.
- Die fortschreitende Entfremdung von der traditionellen, durch landwirtschaftlich erzeugte Lebensmittel geprägten Ernährungsweise in Richtung auf »künstlich« zusammengestellte und aromatisierte Lebensmittel (Baukastenprinzip). Beispiele: »Astronautennahrung«, viele Sportler- und Fitneß-Präparate, bequeme Fertiggerichte/»Convenience-Food«.
- Die Isolierung und nach technologischen Gesichtspunkten ausgerichtete Bearbeitung der Grundnährstoffe. Möglicherweise sehr wichtige, natürliche Lebensmittelbegleitstoffe, die in vollwertiger Nahrung »automatisch« enthalten sind, bleiben bei der Verwendung isolierter Baukasten-Rohstoffe auf der Strecke.
- Die zunehmende Einführung biotechnologischer Verfahren im Industriemaßstab bis hin zum Einsatz genveränderter Organismen.

Wissenswertes für die Praxis

Wie erkennt man designte Erzeugnisse? Je länger das Zutatenverzeichnis, je mehr Zusatzstoffe, Hilfsstoffe und Ersatzstoffe, je mehr »modifizierte« und isolierte Bestandteile – um so eher dürfte es sich um ein Produkt nach dem Baukastenprinzip handeln (Verbraucherzentrale Nordrhein-Westfalen 1993b).

Anhang

Tabelle **53** Soviel Ballaststoffe enthalten unsere Lebensmittel (Gramm Ballaststoffe pro 100 Gramm)

	Unlösliche Ballaststoffe	Löslche Ballaststoffe	Gesamt-Ballaststoffe
Getreide			
Reis, poliert	0,9	1,2	2,1
Buchweizen, geschält	2,1	1,6	3,7
Hirse, geschält	2,5	1,4	3,9
Naturreis (Vollkornreis)	1,1	2,9	4,0
Mais, Korn	6,5	1,2	7,7
Gerste, entspelzte Kerne	6,9	1,8	8,7
Hafer, entspelzte Kerne	4,9	4,4	9,3
Weizen	7,4	2,2	9,6
Dinkel, Grünkern	7,2	2,7	9,9
Roggen	10,2	3,2	13,4
Gertreidemahlerzeugnisse			
Weizenmehl Type 405	1,2	2,0	3,2
Weizenmehl Type 550	1,3	2,2	3,5
Weizenmehl Type 1050	3,1	2,1	5,2
Weizenbackschrot Type 1700	6,9	2,3	9,2
Weizenvollkornmehl/-schrot	7,7	2,3	10,0
Roggenmehl Type 815	3,9	2,6	6,5
Roggenmehl Type 997	3,9	3,0	6,9
Roggenmehl Type 1150	4,4	3,3	7,7
Roggenbackschrot Type 1800	8,7	3,3	12,0
Roggenvollkornmehl/-schrot	10,2	3,3	13,5
Brot und Kleingebäck			
Weizen(mehl)brot	1,7	1,5	3,2
Weizenbrötchen	1,4	2,0	3,4
Toastbrot	2,0	1,8	3,8
Weizenmischbrot	2,1	2,7	4,8
Roggenmischbrot	3,8	2,2	6,0
Roggen(mehl)brot	4,4	2,4	6,8
Weizenvollkornbrot	4,9	2,0	6,9
Sonnenblumenbrot	5,0	2,6	7,6
Weizenvollkornbrötchen	5,3	2,4	7,7
Mehrkornbrot	5,1	2,9	8,0
Roggenvollkornbrot	6,3	2,6	8,9
Weizenknäckebrot	9,6	3,3	12,9
Roggenknäckebrot	10,0	4,1	14,1

Tabelle **53** (Fortsetzung)

	Unlösliche Ballaststoffe	Lösliche Ballaststoffe	Gesamt-Ballaststoffe
Feine Backwaren			
Sandkuchen	0,3	0,3	0,6
Streuselkuchen	0,4	0,3	0,7
Dresdner Stollen	1,0	0,3	1,3
Biskuit-Tortenboden (unbelegt)	0,4	0,9	1,3
Butterkeks	0,8	0,6	1,4
Butterkuchen	1,0	0,6	1,6
Bienenstich	0,7	1,0	1,7
Erdbeertorte	0,8	1,2	2,0
Plunder	1,0	1,1	2,1
Kräcker	0,7	1,7	2,4
Vollkorn-Biskuit-Tortenboden (unbel.)	2,9	1,4	4,3
Pflaumenkuchen	3,8	1,1	4,9
Zwiebelkuchen	3,3	1,6	4,9
Zwieback	3,6	1,6	5,2
Getreidenährmittel			
Cornflakes	2,8	1,2	4,0
Gerstengraupen	2,7	1,9	4,6
Müsli, je nach Zusammensetzung	1,2	3,4	4,6
Weizengrieß	5,0	2,1	7,1
Müsliriegel	4,2	3,0	7,2
Maisflocken	6,4	1,3	7,7
Gerstenflocken	6,8	1,7	8,5
Haferflocken	5,0	4,5	9,5
Weizenflocken	7,5	2,2	9,7
Roggenflocken	10,1	3,2	13,3
Müsli, je nach Zusammensetzung	11,7	2,6	14,3
Haferspeisekleie	10,4	8,2	18,6
Weizenspeisekleie	45,7	3,6	49,3
Weißreis, gekocht	0,2	0,3	0,5
Reis, parboiled, gekocht	0,2	0,4	0,6
Naturreis (Vollkornreis), gekocht	0,4	0,6	1,0
Nudeln, gekocht	0,4	1,1	1,5
Vollkornnudeln, gekocht	0,7	3,7	4,4
Gemüse und Salat			
Gurke	0,8	0,1	0,9
Zucchini	0,8	0,3	1,1
Rettich	0,9	0,3	1,2
Tomaten	0,8	0,5	1,3
Chicorée	0,9	0,4	1,3
Aubergine	1,3	0,1	1,4
Zwiebeln	0,7	0,7	1,4
Spargel	1,3	0,1	1,4

Tabelle **53** (Fortsetzung)

	Unlösliche Ballaststoffe	Lösliche Ballaststoffe	Gesamt-Ballaststoffe
Radieschen	1,3	0,2	1,5
Kohlrabi	1,0	0,5	1,5
Blattsalat	1,4	0,2	1,6
Chinakohl	1,5	0,2	1,7
Eisbergsalat	1,4	0,4	1,8
Feldsalat	1,4	0,4	1,8
Blattspinat	1,3	0,5	1,8
Champignons	1,5	0,4	1,9
Kartoffel	0,6	1,3	1,9
Paprika, grün	1,7	0,3	2,0
Porree	1,7	0,5	2,2
Rote Beete	2,0	0,5	2,5
Rotkohl	1,7	0,8	2,5
Wirsing	1,8	1,0	2,8
Gemüsemais	2,1	0,7	2,8
Blumenkohl	2,4	0,5	2,9
Möhren	1,5	1,4	2,9
Broccoli	1,7	1,3	3,0
Weißkohl	2,2	0,8	3,0
Fenchel	2,5	0,8	3,3
Knollensellerie	3,6	0,6	4,2
Rosenkohl	3,3	1,1	4,4
Hülsenfrüchte (verzehrsfertig)			
Linsen	1,8	1,0	2,8
Kichererbsen	1,6	2,8	4,4
gelbe Erbsen	2,5	2,4	4,9
grüne Erbsen	4,0	1,0	5,0
rote Bohnen	2,6	3,4	6,0
weiße Bohnen	3,4	4,1	7,5
Kidneybohnen	3,2	5,1	8,3
Obst			
Wassermelone	0,1	0,1	0,2
Grapefruit	0,3	0,3	0,6
Honigmelone	0,7	0,3	1,0
Sauerkirsche	0,4	0,7	1,1
Ananas	0,9	0,5	1,4
Passionsfrucht	0,7	0,7	1,4
Weintrauben	1,2	0,4	1,6
Mango	1,1	0,6	1,7
Pfirsich	0,8	0,9	1,7
Pflaume	0,9	0,8	1,7
Papaya	1,1	0,8	1,9
Süßkirsche	1,0	0,9	1,9

Tabelle **53** (Fortsetzung)

	Unlösliche Ballaststoffe	Lösliche Ballaststoffe	Gesamt-Ballaststoffe
Banane	1,4	0,6	2,0
Erdbeeren	1,2	0,8	2,0
Orange	0,9	1,3	2,2
Apfel	1,1	1,2	2,3
Birne	2,2	0,6	2,8
Brombeeren	2,2	1,0	3,2
Johannisbeeren	3,1	0,4	3,5
Kiwi	2,4	1,5	3,9
Himbeeren	3,7	1,0	4,7
Heidelbeeren	3,5	1,4	4,9
Trockenobst			
Korinthen	3,5	1,5	5,0
Sultaninen	3,8	1,6	5,4
Aprikosen	3,7	4,3	8,0
Pflaumen	4,1	4,9	9,0
Datteln	6,9	2,3	9,2
Feigen	7,7	1,9	9,6
Nüsse und Ölsamen			
Cashewnüsse	1,3	1,6	2,9
Walnüsse	2,5	2,1	4,6
Pistazien	3,5	3,0	6,5
Paranüsse	5,3	1,4	6,7
Erdnüsse	6,3	0,8	7,1
Haselnüsse	4,6	2,8	7,4
Kokosnüsse	6,9	2,1	9,0
Mandeln	6,5	3,3	9,8

Zur Bestimmung der unlöslichen und löslichen Ballaststoffe wurde die modifizierte AOAC-Methode nach den Empfehlungen der Amtlichen Sammlung von Untersuchungsverfahren nach §35 LMBG herangezogen, die in ihren Ergebnissen mit der ebenfalls empfohlenen modifizierten Berliner Methode übereinstimmt. Der Gesamtballaststoffgehalt ergibt sich durch Addition der beiden Ballaststoff-Fraktionen. Alle Angaben beziehen sich auf das verzehrsfertige Frischgewicht des jeweiligen Lebensmittels. Die Analysen wurden an entsprechend ihrer üblichen Verzehrsform vorbereiteten (geschälten, entsteinten usw.) Lebensmitteln durchgeführt. Der Ballaststoffgehalt unterliegt in Abhängigkeit von Herkunft und Verarbeitungsweise der Lebensmittel Schwankungen, so daß der tatsächliche Ballaststoffgehalt im Einzelfall von den Angaben dieser Tabelle abweichen kann.

(Aus: Ballaststoffe in unseren Lebensmitteln. Hrsg.: Vereinigung Getreide-, Markt- und Ernährungsforschung e.V., Bonn, und Bundesanstalt für Getreide-, Kartoffel- und Fettforschung, Detmold)

Autoren der einzelnen Kapitel bzw. Abschnitte dieses Bandes

Gunter Josst:

1.1.1 Übersicht Energie- und Nährstoffbedarf
1.1.2 Nährstoffe (Mineralstoffe und Vitamine)
2.4 Kartoffeln
4.1 Zucker und Zuckerarten, Zuckeraustauschstoffe, Süßstoffe
4.4 Speiseeis
4.5 Honig
4.6 Konfitüre und süße Brotaufstriche
5 Neuartige Lebensmittel
5.1 »Novel Food« – Neuartige Lebensmittel
5.2 »Designer-Food« – Lebensmittel vom Reißbrett

Dieter Schenker:

1.1.4 Zubereitung und Werterhaltung in Lebensmitteln
1.3.1 Schadstoffe
1.3.2 Mikrobiologie/Hygiene
1.3.4 Gentechnologie
1.4 Kennzeichnung verpackter Lebensmittel
2.1 Obst und Obstprodukte
2.2 Gemüse und Gemüseerzeugnisse
2.3 Hülsenfrüchte
2.5 Pilze und Pilzerzeugnisse

Wolfgang Sturm:

1.1 Ernährung
1.1.3 Ballaststoffe
3 Getreide, Backwaren und Knabbererzeugnisse
3.1 Getreide und Getreideerzeugnisse
3.2 Brot und brotartiges Kleingebäck
3.3 Gebäck
3.4 Salzgebäck und aufgepuffte Knabbererzeugnisse
3.5 Kartoffelchips und -sticks sowie Samenkerne und Trockenfrüchte als Knabbererzeugnisse
4.2 Schokoladen
4.3 Zuckerwaren

Norbert Vreden:

1.1.2 Nährstoffe (Eiweiß, Fett, Kohlenhydrate)
1.2.1 Technische Hilfsstoffe
1.2.2 Zusatzstoffe
1.3.3 Bestrahlung von Lebensmitteln

Literatur

Ammon, H.P.T.: Arzneimittelneben- und wechselwirkungen. Stuttgart 1986 (S. 666)

Amtliche Sammlung von Untersuchungsverfahren nach § 35 LMBG. Bestimmungen der Gesamtballaststoffe in Lebensmitteln. L 00.0018 vom Dezember 1988

Amtsblatt der Europäischen Gemeinschaften Nr. C 172/28. Gemeinsamer Standpunkt zur (EG-)Richtlinie Nr. 17/1994, Anhang III vom 24.6.1994

Andersen, G.: Begriffsbestimmungen und Verkehrsregeln für Zuckerwaren und verwandte Erzeugnisse. Süßwaren Nr. 1/2 (1988) 34

Anemueller, H. (Hrsg.): Lebensmittelkunde und Lebensmittelqualität in der Ernährungsberatung. Hippokrates, Stuttgart 1993

Arbeitsgruppe »Backwaren«, Fachgruppe Lebensmittelchemie der GDCh: Lebensmittelchemie 48 (1994) 18

Arbeitskreis Lebensmittelchemischer Sachverständiger der Länder und des Bundesgesundheitsamtes: Bericht über die 53. Sitzung. Stuttgart 1989, S. 6

Arens, F.-J.: Die neue Mehltypen-Regelung. AID-Verbraucherdienst 37 (1992) 210

Arndt, W.-D.: Snackprodukte auf der Grundlage von Kartoffeln und Kartoffelstärken. 7. Filderstädter Colloquium »Süßwaren und Snacks« am 11.10. 1985 in Leinfelden-Echterdingen

Arndt, W.-D.: Knabberartikel. In: R. Heiss: Lebensmitteltechnologie, 2. Aufl. Springer, Berlin 1988 (S. 272)

Bässler, K.H., E. Grühn, D. Loew, K. Pietrzik: Vitamin-Lexikon. Fischer, Stuttgart 1992

Bässler, K.H., W. Fekl, K. Lang: Grundbegriffe der Ernährungslehre. Springer, Berlin 1987

Baum, F., u.a.: Ernährungslexikon. Fachbuchverlag, Leipzig 1986 (S. 453)

Baumann, U., H.R. Hunziker, B. Zimmerli: Mutterkornalkaloide in schweizerischen Getreideprodukten. In: Dtsch. Lebensm. Rundsch. 83 (1987) 61

Becker, H.G.: Ballaststoffe – Chemische Zusammensetzung, gesundheitliche Bedeutung, Verzehr. AID-Verbraucherdienst Nr. 33 (1988) 231

Becker, H.G.: Ballaststoffgehalt unserer Lebensmittel. Vereinigung Getreide-Markt- und Ernährungs-Forschung e.V./ Bundesanstalt Getreide-, Kartoffel- und Fettforschung, Bonn 1995

Becker, H.G.: Buchweizen, Dinkel, Gerste, Hafer, Hirse, Mais, Reis. In: AID-Informationsdienst, Nr. 1194 (1987) 30

Belitz, H.-D., W. Grosch: Lehrbuch der Lebensmittelchemie, 4. Aufl. Springer, Berlin 1992 (S. 611, S. 661)

Benk, E.: Zur Kenntnis von Wildreis (Wilder Reis). In: AID-Verbraucherdienst Nr. 8 (1986) 174

Benz, F., u.a.: Backwarenherstellung – Fachkunde für Bäcker. Schroedel, Hannover 1980

Berghäuser, J.: Zuckerind. 111 (1986) 1060

Bertling, L.: Oxalsäure. In: AID-Verbraucherdienst Nr. 32 (1987) 17 ff.

Brugger, M.: Landbau – Alternativ und konventionell. AID-Verbraucherdienst Nr. 1070 (1987) 9

Brümmer, J.M.: Was Sie über Brot wissen sollten. Verbraucher-Rundschau Nr. 9 (1988) 10 u. 25

Brümmer, J.M., G. Morgenstern: Backeigenschaften der Pseudo-Cerealien Amarant und Quinua. Getreide, Mehl und Brot 3 (1992) 78

Brümmer, J.M., W. Seibel: Lebensmittelrechtliche Betrachtungen zur Herstellung von Sauerteigbroten sowie Land- und Bauernbrot. Dtsch. Lebensm. Rundsch. Nr. 80 (1984) 5

Bulletin International Dairy Federation: Metal contaminants in milk and milk products. Document 105, 1978

Bund für Lebensmittelrecht und Lebensmittelkunde: Begriffsbestimmungen und Verkehrsregeln für Zuckerwaren und verwandte Erzeugnisse. Schriftenreihe des BLL, H. 99, Hamburg 1982

Bund für Lebensmittelrecht und Lebensmittelkunde e.V. (BLL): Richtlinien für Kartoffelverarbeitungserzeugnisse. Heft 109, 1987

Bundesanzeiger vom 23.2.1994, Nr. 37, S. 1617: Bekanntmachung einer Allgemeinverfügung gemäß § 47a des Lebensmittel- und Bedarfsgegenständegesetzes über die Einfuhr und das Inverkehrbringen von Lakritzerzeugnissen mit einem Ammoniumchloridgehalt von mehr als 2% bis 7,99% sowie mit oder ohne Zusatz des Farbstoffes Carbo medicinalis vegetabilis (E 153) vom 10. Februar 1993

Bundesanzeiger vom 23.2.1994, Nr. 37, S. 1618: Bekanntmachung einer Allgemeinverfügung gemäß § 47a des Lebensmittel- und Bedarfsgegenständegesetzes über die Einfuhr und das Inverkehrbringen von Zuckerlutschern mit Lakritzgeschmack mit einem Ammoniumchloridgehalt von 2,5% sowie mit Zusatz des Farbstoffes Carbo medicinalis vegetabilis (E 153) vom 11. Februar 1994

Bundesgesundheitsamt: Mitteilung über ein Sachverständigengespräch zum Konservierungsstoff Propionsäure. Bundesgesundheitsblatt Nr. 10 (1987) 370

Bundesgesundheitsamt (neu: Bundesinstitut für gesundheitlichen Verbraucherschutz und Veterinärwesen – bgvv): Richtwerte für Schadstoffe in Lebensmitteln. Bundesgesundheitsblatt H. 5 (1993) 210

Bundesgesundheitsamt: Tätigkeitsbericht 1988 (S. 273)

Bundesgesundheitsamt: ZEBS-Berichte Nr. 1/1979a (S. 16)

Bundesgesundheitsamt: Zusammenhänge zwischen Nahrungsphosphat und hyperkinetischem Syndrom. Bundesgesundheitsblatt Nr. 22 (1979b) 73

Bundesministerium für Jugend, Familie, Frauen und Gesundheit: Zusatzstoff-Zulassungs-Verordnung (Stand: 20. Dezember 1993)

Bundesverband der Deutschen Süßwarenindustrie e.V.: Statistik 1994 vom 15.2.1995.

Carl, M.: dmz deutsche molkerei-zeitung 34 (1989) 1042–1048

Chemische Landesuntersuchungsanstalt Freiburg: Jahresbericht 1992

Chemische Landesuntersuchungsanstalt Karlsruhe: Jahresbericht 1991, Jahresbericht 1992

Chemische Landesuntersuchungsanstalt Offenburg: Jahresbericht 1986

Chemisches und Lebensmitteluntersuchungsamt Duisburg: Jahresbericht 1985

Chemisches und Lebensmitteluntersuchungsamt Duisburg: Jahresbericht 1987, Sonderberichtsteil

Chemisches und Lebensmitteluntersuchungsamt Duisburg, W. Sturm, unveröffentlicht, Duisburg 1988

Chemisches und Lebensmitteluntersuchungsamt Düsseldorf: Jahresbericht 1991, Sonderbericht

Chemisches Untersuchungsamt Krefeld: Jahresbericht 1991

Chemisches und Lebensmitteluntersuchungsamt Düsseldorf: Sonderbericht 1983, 1984, Jahresberichte 1985–1988

Chemisches und Lebensmitteluntersuchungsamt Neuss: Jahresbericht 1993

Chemisches Untersuchungsamt Bielefeld: Jahresbericht 1988 (S. 44)

Chemisches Untersuchungsamt Bochum: Jahresbericht 1991

Classen, H.G., u.a.: Toxikologisch-hygienische Beurteilung von Lebensmittelinhalts- und -zusatzstoffen sowie

bedenklicher Verunreinigungen. Parey, Berlin 1987
Cremer, H.D., u.a.: Die große GU-Nährwert-Tabelle 1988/1989. Gräfe & Unzer, München 1987
Deutsche Forschungsgemeinschaft: Rückstände und Verunreinigungen in alkoholfreien Getränken. VCH, Weinheim 1983
Deutsche Forschungsgemeinschaft, Arbeitsgemeinschaft Toxikologie der Kommission für Pflanzenschutz-, Pflanzenschutzbehandlungs- und Vorratsschutzmittel: Datensammlung zur Toxikologie der Herbizide. VCH, Weinheim 1986 (S.12) (Deiquat)
Deutsche Gesellschaft für Ernährung: Ernährungsbericht 1984. Henrich, Frankfurt am Main 1984, 1988, 1992
Deutsche Gesellschaft für Ernährung: Empfehlungen für die Nährstoffzufuhr, 5. erweiterte Überarbeitung. Umschau, Frankfurt (Main) 1991
Deutsche Gesellschaft für Kinderheilkunde, Deutsche Gesellschaft für Kinder- und Jugendpsychiatrie. Mschr. Kinderheilk. Nr. 134 (1986) 703
Deutsche Landwirtschafts-Gesellschaft: Prüfbestimmungen für die DLG-Qualitätsprüfungen Brot und Feine Backwaren, 34. Aufl. Deutsche Landwirtschafts-Gesellschaft, Frankfurt am Main 1994 (S. 6 u. 18)
Doose, O.: Verfahrenstechnik Bäckerei, 6. Aufl. Gilde, Alfeld 1982
Drews, H.: Allergien durch bestimmte pflanzliche Lebensmittel. AID-Informationsdienst Nr. 12 (1987) 32
Droese, W., u.a.: Phosphat-Zusätze zur Nahrung – Hyperkinetisches Syndrom: Eine unbewiesene Behauptung. Ernährungs-Umschau, Nr. 25 (1978) 393 und 26 (1987) S. 32
Fachgruppe Lebensmittelchemie und gerichtliche Chemie in der GDCh (Hrsg.): Zusatzstoffe – Ihre Wirkung und Anwendung in Lebensmitteln. Schriftenreihe Lebensmittelchemie, Behr Hamburg 1986
Fincke, A., H. Lange, J. Kleinert: Handbuch der Kakaoerzeugnisse, 2. Aufl. Springer, Berlin 1965 (S. 8, 388)
Fincke, A.: Untersuchungen zur Zusammensetzung von Haselnußkernen und süßen Mandeln verschiedener Herkunft. Gordian Nr. 11 (1981) 253
Fincke, A.: Zuckerwaren. Ullmanns Enzyklopädie der technischen Chemie, Bd. 24, 4. Aufl. VCH, Weinheim 1983 (S. 797)
Fincke, A.: Analytische und technologische Entwicklungen auf dem Gebiet der Kakaoerzeugnisse. Vortrag auf dem Lebensmittelchemikertag, 15. September 1988, Bremen
Fröleke, H., B. Dincher: Zur ernährungsphysiologischen Beurteilung eines Brotaufstrichmittels auf Nuß-Nugat-Basis. Ernährungs-Umschau 25 (1978) 25
Glatt, V., u.a.: Gaschromatographische Bestimmung von Propham und Chlorpropham in Kartoffeln und Kartoffelprodukten. In: Mitt. Gebiete Lebensm. Hyg. Nr. 71 (1980) 526
Gööck, R.: Das neue Kochbuch. Bertelsmann, Gütersloh 1974
Großklaus, R., G. Pahlke: Einsatz von Zuckersubstituten im Kampf gegen Karies. Medizin, München 1988
Hafer, H.: Phosphat-Zusätze zur Nahrung – Hyperkinetisches Syndrom: Eine unbewiesene Behauptung. Ernährungs-Umschau Nr. 26 (1979) 113
Hanneforth, U., M. Lewandrowski: Croissants aus eigener Herstellung, Dänisch Gebäck und Plunder. Deutsche Bäckerzeitung Nr. 1 (1989) 10, Nr. 3 (1989) 73
Hensel, H., u.a.: Verfahrenslehre Konditoreiwesen. VEB, Leipzig 1976
Heseker, B. u. H.: Nährstoffe in Lebensmitteln. Umschau, Frankfurt 1993
Heseker, B. u. H.: Die aktuelle Umschau Nährwert- und Kalorientabelle 1993/94. Umschau, Frankfurt 19
Hoffmann, H., W. Mauck, W. Untze: Zucker und Zuckerwaren. Parey, Berlin 1985
Jany, K.-D.: Gentechnik im Ernährungsbereich. AID-Verbraucherdienst 37 (1992) 223 u. 245
Jekat, F.: Nahrungseiweiß. AID-Verbraucherdienst 9 (1984) 179 ff.
Kiermeier, F.: Das Mykotoxinproblem – Ergebnisse der Lebensmittelüberwa-

chung. Z. Lebensm. Unters. Forsch. 180 (1985) 389
Killeit, U.: Zur Stabilität von Vitaminen. Food Europe (1986) 3
Klostermeyer, H.: Handbuch Milch. Hamburg 1985 (S. 41)
Knezevic, G.: Schwermetalle in Lebensmitteln. Deutsche Lebensmittel-Rundschau 75 (1979) 305
Knezevic, G.: In Rohkakao und Kakao-Halb- und -Fertigprodukten keine Belastung durch Spurenelemente. Zucker- und Süßwarenwirtschaft Nr. 40 (1987) 287
Kniel, B., E. Regula: Verhalten der Phytinsäure bei der Herstellung von Roggenbroten. Bericht über die 45. Tagung für Bäckerei-Technologie 1994, Granum, Detmold 1995, im Druck
Kommission der EG, Geänderter Vorschlag für eine Verordnung (EG) des Europäischen Parlaments und des Rates über neuartige Lebensmittel und neuartige Lebensmittelzutaten (KOM[93] 631 endg.) vom 1. Dezember 1993, Amtsblatt der Europäischen Gemeinschaften Nr. C 16/10 vom 19.1.1994
Kuhnert, P.: Technische Hilfsstoffe. Gordian Nr. 5 (1991) 77–79
Landesuntersuchungsamt Stuttgart. Jahresbericht 1987
Lebensmittellexikon, 3. Aufl. Behrs, Hamburg 1993
Lebensmittelrecht Bd. I, 17. Nährwert-Kennzeichnungsverordnung vom 25.11.1994. Beck, München
Lebensmittelrecht Bd. I, 17a. Verordnung (EWG) Nr. 2092/91 des Rates über den ökologischen Landbau und die entsprechende Kennzeichnung der landwirtschaftlichen Erzeugnisse und Lebensmittel vom 20. Juni 1994. Beck, München
Lebensmittelrecht Bd. I, 3. Zusatzstoff-Zulassungsverordnung vom 2. März 1988. Beck, München
Lebensmittelrecht Bd. I, 7. Rückstands-Höchstmengenverordnung vom 22.2. 1994. Beck, München
Lebensmittelrecht Bd. I, 9b. Lösungsmittel-Höchstmengenverordnung vom 25.7.1989. Beck, München
Lebensmittelrecht Bd. III, Anhang 2/76: Leitsätze für Ölsamen und daraus hergestellte Massen und Süßwaren, Stand: 1. Oktober 1987. Beck, München
Lebensmittelrecht Bd. I, 15. Diätverordnung vom 23. Juni 1993. Beck, München
Lebensmittelrecht Bd. I, 16. Verordnung über vitaminisierte Lebensmittel vom 25. 11. 1994. Beck, München
Lebensmittelrecht Bd. II, 92a. Aflatoxin-Verordnung vom 6. 11. 1990. Beck, München
Lebensmittelrecht Bd. II, Nr. 117a: Kakaoverordnung vom 27. April 1993. Beck, München
Lebensmittelrecht Bd. II, 80. Getreidegesetz vom 26. 2. 1993. Beck, München
Lebensmittelrecht Bd. II, 105. Honigverordnung vom 27. 4. 1993. Beck, München
Lebensmittelrecht Bd. II, 109. Speiseeis-Verordnung vom 15. 7. 1993. Beck, München
Lebensmittelrecht Bd. III, Anhang 2/72, Leitsätze für Feine Backwaren vom 6. 2. 1992. Beck, München
Lebensmittelrecht Bd. III, Anhang 2/54. Neufassung der Leitsätze für Pilze und Pilzerzeugnisse vom 27./28. 1. 1974. Beck, München
Lebensmittelrecht Bd. III, Anhang 2/70. Leitsätze für Brot und Kleingebäck vom 31. 1. 1994. Beck, München
Leitzmann, C.: Vollwert-Ernährung – eine zeitgemäße Ernährungsweise. Lebendige Erde 6 (1993) 335
Leitzmann, C., U. Hixt: Schadstoff Zucker. Verbraucher-Rundschau Nr. 10/1985
Leitzmann, C., W. Sichert: Alternative Lebensmittel – Alternative Ernährung. AID-Verbraucherdienst Nr. 32 (1987) 3
Lindner, E.: Toxikologie der Nahrungsmittel. 4. Aufl. Thieme, Stuttgart 1990 (S. 41f, 79, 128, 168)
Link, H., W. Titze: Der Nutzgarten. Ulmer, Stuttgart 1982
Ludewig, H.-G.: Spezialrezepte. Gildefachverlag, Alfeld 1987

Macholz, R., H. J. Lewerenz: Lebensmitteltoxologie. Springer, Berlin 1989, S. 201

Mourier, H., O. Winding: Bestimmungsbuch – Tierische Schädlinge und andere ungebetene Tiere in Haus und Lager. BLV Verlagsgesellschaft, München 1979 (S. 57)

Menger, A.: Zur Auswertung thermoelektrischer Messungen der Innentemperatur von Backwaren. Brot und Gebäck Nr. 12 (1958) 147

Merz-Ulrich, G.: Vitamine und Mineralstoffe sind notwendig. AID-Verbraucherdienst Nr. 117 (1984)

Meuser, F., u.a.: Verfahren zur Bestimmung von unlöslichen und löslichen Ballaststoffen in Lebensmitteln. Z. Lebensm. Unters. Forsch. Nr. 181 (1985) 101

Mühleisen, I.: Knackpunkt, Januar 1994, Verbraucherzentrale Nordrhein-Westfalen, Düsseldorf (S. 2)

Münzing, K.: Getreide und Getreidemahlerzeugnisse aus der Sicht alternativer Ernährungsweisen. Getreide, Mehl und Brot Nr. 41 (1987) 181

Münzing, K., H. Zwingelberg, H. Bolling: Zur Haltbarkeit von Speisegetreide und Getreidemahlerzeugnissen. Ernährungs-Umschau Nr. 3 (1988) B 13

Muermann, B. K., H. Kiesgen: Lebensmittelrecht für den Einzelhandel, 4. Aufl. Fachverlag, Frankfurt/Main 1982, S. 119f

Ocker, H. D.: Schadstoffe in Getreide – Kenntnisstand und Lückenkatalog. Getreide, Mehl und Brot Nr. 37 (1983) 37

Ocker, H.D.: Schadstoffsituation bei Brotgetreide und Brot. GDCh-Fortbildungskursus 652/1986, Detmold

Ocker, H.D.: Rückstände und Kontaminanten in Getreide und Getreideprodukten. Behr, Hamburg 1992 (S. 74)

Ocker, H.D., J. Brüggemann: Rückstandssituation und Radioaktivität des Brotgetreides während der letzten Jahre. VDLUFA-Schriftenreihe 28, Kongreßband 1988a, Teil II (S. 849, 852 f., 857 f., 860–864)

Ocker, H.D., J. Brüggemann: Schwermetall- und Radioaktivitätsbelastung von Vollkornmehl-Broten. Ernährungs-Umschau, Nr. 35 (1988b) 116

Opitz, K.: Der Ergotismus und seine heutige Bedeutung. Getreide, Mehl und Brot, Nr. 38 (1984) 282

Puff, I.: Lebensmittelkunde. München 1978

Putz, B.: Chips und Sticks aus frischen Kartoffeln. Süßwaren 12 (1992) 18

Rabe, E.: Die Veränderung der Nährwerte von Backwaren durch unterschiedliche Rohstoffzusammensetzungen. Brot & Backwaren, Nr. 3 (1987) 55

Richtlinie 90/220/EWG des Rates vom 23. April 1990 über die absichtliche Freisetzung genetisch veränderter Organismen in die Umwelt, Amtsblatt der Europäischen Gemeinschaften Nr. L 117/15 vom 8.5.1990

Rohrlich, M., G. Brückner: Das Getreide. Band 4, Teil II, 2. Aufl., Hamburg 1967

Rosengarten, Fr. Jr.: The Book of Edible Nuts. Walker, New York 1984 (p. 117)

Rüdt, U.: Essen wir Gift? Verbraucherschutz durch Lebensmittelüberwachung. Stuttgart 1978

Rymon-Lipinski, G.-W. v.: Süßstoffe und Zuckeraustauschstoffe. Lebensmittelchemie 48 (1994) 34

Schäfer, W.: Backe, backe Kuchen. Maier, Ravensburg 1987

Schäfer, W., J. Flechsig: Das Getreide, 5. Aufl. Strothe, Frankfurt am Main 1985

Schellmann, B., u.a.: Cadmium- und Kupferkonzentration in Stuhl, Urin und Blut nach Aufnahme wachsender Champignons. Z. Lebensm. Unters. Forschung, Nr. 178 (1984) 445–449

Schieberle, P., W. Grosch: Potent odorants of rye bread crust-differences from the crumb and from wheat bread crust. Z. Lebensm. Unters. Forschung 1 (1994) 292-296

Schieberle, P.: Bildung von Aromastoffen bei der Herstellung von Backwaren. Bericht 9. Detmolder Studientage 1995

Schlierf, G., P. Oster, R. Mordasini: Diagnostik und Therapie der Fettstoffwechselstörungen, 2. Aufl. Thieme, Stuttgart 1982

Schobinger, U.: Frucht- und Gemüsesäfte. Ulmer, Stuttgart 1978 (2. Aufl 1987)
Seibel, W.: Ernährungsphysiologische Bedeutung von Brot und anderen Getreideprodukten. AID-Verbraucherdienst, Ausgabe B, Nr. 21 (1976) 107
Seibel, W.: Kritische Betrachtung von Bewertungsmaßstäben alternativer Ernährungsformen für Lebensmittel auf Getreidebasis. Getreide, Mehl und Brot 41 (1987) 143–147
Seibel, W.: Leitsätze für Brot und Kleingebäck. Getreide, Mehl und Brot 1 (1992) 25
Seibel, W., E. Rabe: Backwaren – Einteilung und Analytik. Labor 2000, (1987) 184
Seibel, W., u. a.: Begriffsbestimmungen für verschiedene Angebotsformen von Weizenkleingebäck. Bericht über die 45. Tagung für Bäckerei-Technologie 1994. Granum, Detmold 1995 (im Druck)
Sengupta, Christine: Medikamentenführer für die Bundesrepublik, 2. Aufl. dtv, München 1988 (S. 175–250)
Souci, S.W., W. Fachmann, H. Kraut, Scherz H. (Hrsg.): Die Zusammensetzung der Lebensmittel – Nährwert-Tabellen 1994. medpharm., Stuttgart 1986 (S. 6 f., 13 f., 472–558)
Souci, S.W., E. Mergenthaler: Fremdstoffe in Lebensmitteln. München 1958
Spicher, G., H. Stephan: Handbuch Sauerteig. Behrs, Hamburg 1982 (S. 254)
Streit, H.: Gerichtliche Entscheidungen zu »Vollwert-Lebensmitteln«. Getreide, Mehl und Brot 47 (1993) 57
Sturm, W.: Zusatzstoffe und deren technologische Wirkung in Feinen Backwaren. Lebensmittelchem. gerichtl. Chem., Nr. 38 (1984) 43
Sturm, W.: Buchweizen – ein wiederentdecktes Getreide. AID-Verbraucherdienst 36 (1991) 207
Sturm, W., H. Thaler: Zur Problematik der Bestimmung von Ammoniak in Braunen Lebkuchen und zur Bedeutung von Ammoniumhydrogencarbonat für deren Herstellung. Mitt. Gebiete Lebensm. Hyg., 66 (1975) 159
Talpay, B.: Der Pollen – Versuch einer Standortbestimmung, Bremen
Test (Stiftung Warentest) Nr. 10 (1987) 75 ff.
Test (Stiftung Warentest) Nr. 1 (1981) 78
Teubner, C., A. Wolter: Backvergnügen wie noch nie. Gräfe & Unzer, München 1986
Thiel, C.: Ernährungs-Kongreß Gesundheit (EKG) 12./13. Oktober 1993 in Duisburg
Thomas, B.: Leben ohne Brot? Sind Kohlenhydrate zu vermeiden? Mehl und Brot 31 (1977) 30
Tietz, U., G. Koball, E. Mrowietz: Schwermetalle und Pflanzenschutzmittelrückstände im Brotgetreide. 9. Internationale Tagung zu Problemen der Brotgetreideverarbeitung und Getreidechemie vom 18.10. bis 20.10.1993 in Bergholz-Rehbrücke
Timm, F.: Speiseeis – Grundlagen und Fortschritte der Lebensmitteluntersuchung und Lebensmitteltechnologie. Parey, Berlin 1985
Todt, A.: Risiken der Gentechnologie. Kongreßband: Ernährungskongreß Gesundheit, Duisburg. Rheinisches Institut für Ökologie, Köln 1993
Ullmanns Enzyklopädie der technischen Chemie. Bd. 20, 4. Aufl. VCH, Weinheim 1981 (S. 79)
Verbraucherzentrale Nordrhein-Westfalen (Hrsg.): Informationsblatt Wissenswertes über den Umtausch von Kartoffeln. Düsseldorf Oktober 1980
Verbraucherzentrale Nordrhein-Westfalen, Düsseldorf: »Knackpunkt«, November 1993 (S. 2)
Verbraucherzentrale Nordrhein-Westfalen: Schlaraffenland aus dem Labor? Lebensmittel durch Food Design, Düsseldorf 1993
Verbraucher-Zentralen Hessen und Nordrhein-Westfalen e.V.: Novel-Food – Zulassung neuartiger Lebensmittel in der EG; EG '93 Binnenmarkt, 1992
Vollmer, G., M. Franz: Chemische Produkte im Alltag. Thieme, Stuttgart 1985
Wahrlich, H.: Öko-Test-Magazin Nr. 2/1987, S. 28

Wassermann, L.: Vom Mehl zum Brot. Int. Z. Vitamin u. Ernähr.-Forschung. Beiheft 21 (1981) 42

WHO/FAO: Joint FAO/WHO Expert Committee on Food Additives, PCS/ 93.8, Summary and Conclusions, 41. Meeting, Geneva 1993

Wirths, W.: Lebensmittel in ernährungsphysiologischer Bedeutung. Schöningh, Paderborn 1985

Wisker, E., W. Feldheim: Ballaststoffgehalte von Schwarzbroten. Deutsche Lebensmittel-Rundschau 81 (1985) 108

Wisker, E., W. Feldheim: Ballaststoffe – kein überflüssiger Ballast in Lebensmitteln. AID-Verbraucherdienst, Bonn 1986, und: Ballaststoffe in der Ernährung, 1987

Wolff., J.: Mutterkorn in Getreide und Getreideprodukten. In: Ocker, H.-D.: Rückstände und Kontaminanten in Getreide und Getreideprodukten. Behrs, Hamburg 1992 (S. 115ff.)

World Health Organisation: WHO Food Additives Series, Nr. 5/1974

Ziegleder, G.: Gaschromatographische Röstgradbestimmung von Kakao über methylierte Pyrazine. Deutsche Lebensmittel-Rundschau 78 (1982) 77

Zipfel, W.: Bedeutung der Rechtsprechung für die Bäckereipraxis. Getreide, Mehl und Brot, Nr. 41 (1987) 41

Zipfel, W.: Lebensmittelrecht Bd. 3, Stand: 1. 7. 1989, C 370, § 9, Rdn. 9, § 14, Rdn. 45/46. München 1989

Sachverzeichnis

N